U0158746

爱阅读

爱阅读

5大要点延伸，精彩再现
极具阅读价值的“经典选本”

阅读领航
——快速洞悉全书结构，教你巧抓重点
阅读准备
——丰富全面的文学常识，助你加深理解
阅读指导
——名师全程陪伴，轻松享受快乐阅读
阅读链接
——分享心得感悟，更多精彩收入囊中
阅读训练
——考查阅读效果，真正实现读写贯通

阅读经典　获益一生

语文爱阅读

无障碍·导读本

KUNCHONG JI

# 昆虫记

[法] 法布尔 / 著

陈筱卿 / 译

中国教育出版传媒集团

高等教育出版社·北京

**图书在版编目（CIP）数据**

昆虫记 / ( 法 ) 法布尔著 ; 陈筱卿译 .-- 北京 : 高等教育出版社 , 2023.9

ISBN 978-7-04-059925-1

Ⅰ . ①昆… Ⅱ . ①法… ②陈… Ⅲ . ①昆虫学－少儿读物 Ⅳ . ① Q96-49

中国国家版本馆 CIP 数据核字（2023）第 024432 号

策划编辑 王 羽　　责任编辑 孙 杰　　封面设计 书香文雅

责任校对 张 然　　责任印制 存 怡

出版发行 高等教育出版社

社　　址 北京市西城区德外大街 4 号

邮政编码 100120

印　　刷 肥城新华印刷有限公司

开　　本 787mm × 1092mm 1/16

印　　张 28

字　　数 458 千字

购书热线 010-58581118

咨询电话 400-810-0598

网　　址 http://www.hep.edu.cn

http://www.hep.com.cn

网上订购 http://www.hepmall.com.cn

http://www.hepmall.com

http://www.hepmall.cn

版　　次 2023 年 9 月第 1 版

印　　次 2023 年 9 月第 1 次印刷

定　　价 55.00 元



物 料 号 59925-00

# 总　序

前不久，高等教育出版社“爱阅读”系列丛书总策划与我联系，说他们策划了一套“爱阅读”文库，读者对象主要是中小学生。这套丛书可以作为他们的课外阅读用书，希望我写篇序。作为一名语文教育工作者，在最近“双减”政策的大背景下，我为学生介绍这套优秀课外读物责无旁贷，也觉得更有意义。

## 一、“双减”以后怎么办?

前不久，中共中央办公厅、国务院办公厅印发了《关于进一步减轻义务教育阶段学生作业负担和校外培训负担的意见》，对减轻义务教育阶段学生作业负担和校外培训负担做出严格规定。我认为这是一件好事。教育的根本任务是立德树人，是培根铸魂，是启智增慧，是培养德智体美劳全面发展的社会主义建设者和接班人，是为中华民族伟大复兴提供人才，而不是培养只会考试的“机器”，更不能被资本所绑架。所以中央才“出重拳”“放实招”，减轻学生过重的课业负担，减轻家长过重的经济和精神负担。

“双减”政策出台后，学生、家长一片欢呼，再也不用在各种培训班之间奔波了，但对学校老师来说，这是一个新挑战，当然也是新机遇。学生在校时间增加，这部分增加的时间怎么安排？如何让学生利用好课外时间？这都考验着老师们的智慧。而开展丰富的课外活动正好可以解决这个难题。比如，热爱人文的，可以参加阅读写作、演讲辩论、传统文化、民风民俗等方面的社团活动；喜爱数理的，可以参加科普科幻、研究实验、统计测量、天文观测等方面的兴趣小组；学校也可以组织开展体育比赛、艺术体验（音乐、美术、书法、戏剧）和劳动教育等实践活动。当然，这些活动应以培养学生的兴趣爱好为目的，以自愿参加为前提，既不能成为给学生“加码”的课时，也不是教师实施“题海战术”的手段。学校可以通过多方拓展资源开展课后服务，比如，利用博物馆、图书馆、科技馆、陈列馆、少年宫、青少年活动中心，甚至校外培训机构的优质服务资源；还可组织志愿服务、社会调查等，促进学生全面发展。

## 二、课外阅读新机遇

近年来，新课标、新教材、新高考成为语文教育改革的热词。前不久，我在“朋友圈”看到一个视频，视频中说语文在中高考中的地位提高了，难度也加大了。这种说法有一定道理，但并不准确。说它有一定道理，是因为语文能力主要指一个人的阅读和写作能力，而阅读和写作又是一个人综合素养的体现。语文能力强，有利于学习别的学科。比如数学、物理中的应用题，如果阅读能力上不去，读不懂题干，便不能准确把握解题要领，也就没法准确答题。英语中的英译汉、汉译英题更是侧重考查学生的语言表达能力。历史题和政治题往往是通过阅读大段材料，让学生去分析、判断，从而得出自己的结论，并表述自己的观点或看法。从这个意义上说，语文在中高考中的地位提高是有一定道理的。说它不准确，有两个方面的原因：一是语文学科本来就重要，不是现在才变得重要的。之所以产生这种错觉，是因为过去在应试教育的背景下，语文的重要性被弱化了；二是语文考试的难度并没有增加，增加的只是阅读思维的宽度和广度，考试注重考查阅读理解、信息筛选、应用写作、语言表达、批判性思维、辩证思维等关键能力。可以说，实施真正的素质教育必须重视语文。因为语文是工具，是基础。不少家长和教师认为课外阅读浪费学习时间，这主要是教育观念问题。他们之所以有这种想法，无非是认为考试才是最终目的，希望孩子可以把更多时间用在刷题上。其实，他们只看到课标和教材的变化，以为考试还是过去那一套，没有看到考试评价已发生深刻变革。中共中央、国务院印发的《深化新时代教育评价改革总体方案》明确指出："稳步推进中高考改革，构建引导学生德智体美劳全面发展的考试内容体系，改变相对固化的试题形式，增强试题开放性，减少死记硬背和'机械刷题'现象。"显然就是要通过改革教育评价引领素质教育。新高考招生录取强调"两依据，一参考"，即以高考成绩和高中学业水平考试成绩为依据，以综合素质评价为参考。这也就是说，高考成绩不再是高校选拔新生的唯一标准，高校不只看谁考的分数高，而是看谁更有发展潜力，更有创造性，综合素质更高，从而实现由"招分"向"招人"的转变。这绝不是仅凭一张高考试卷能够区分出来的，"机械刷题"无助于全面发展，学生必须在课内学习的基础上，辅之以内容广泛的课外阅读，才能全面提高综合素养。

### 三、"爱阅读"助力成长

这套书是为中小学生读者量身打造的，符合"好读书、读好书、读整本的书"的课改理念，可以作为学生课内学习的有益补充。我一向认为，要学好语文，一要读好三本书，二要写好两篇文，三要养成四个好习惯。三本书指"有字之书""无字之书"和"心灵之书"，两篇文指规矩文和放胆文，四个好习惯指享受阅读的习惯、善于思考的习惯、乐于表达的习惯和自主学习的习惯。

对于中小学生来说，首先是读好"有字之书"。"有字之书"，有课本，有课外自读课本，还有"爱阅读"这样的课外读物。所以我们不能眉毛胡子一把抓，要区分不同的书，采取不同的读法。一般说来，有精读，有略读。精读需要字斟句酌，需要咬文嚼字，但费时费力。当然也不是所有的书都需要精读，可以根据自己的需要决定精读还是略读。新课标提倡中小学生进行整本书阅读，但是学生往往不能耐住性子读完一整本书。新课标提倡的整本书阅读，主要是针对过去的单篇教学来说的，并不是说每本书都要从头读到尾。教材设计的练习项目也是有弹性的、可选择的，不可能有统一的“阅读计划”。我的建议是，整本书阅读应把精读、略读与浏览结合起来，精读重在示范，略读重在博览，浏览略观大意即可，三者相辅相成，不宜偏于一隅。不仅如此，学生还可以把阅读与写作、读书与实践、课内与课外结合起来。整本书阅读重在掌握阅读方法，拓展阅读视野，培养读书兴趣，养成阅读习惯。

再说写好两篇文。学生读得多了，素养提高了，自然有话想说，有自己的观点和看法要发表。发表的形式可以是口头的，也可以是书面的，书面表达就是写作。写好两篇文，一篇规矩文，一篇放胆文。规矩文重打基础，放胆文更见才气。规矩文要求练好写作基本功，包括审题、立意、选材、结构等方法，掌握记叙文、议论文、说明文、应用文的基本要领和写作规矩。规矩文的写作要在教师的指导下进行。放胆文的写作可鼓励学生放飞自我、大胆想象，各呈创意、各展所长，着力训练应用写作能力、语言表达能力、批判性思维能力和辩证思维能力。放胆文可以多种多样，除了大作文外，也可以写小作文。有兴趣的，还可以进行文学创作，写诗歌、小说、散文、剧本等。

学习语文还要养成四个好习惯。第一，享受阅读的习惯。爱阅读比读什么更重要。每个同学都应该有自己的个性化书单，有的同学喜欢网络小说也没有关系，但需要防止沉迷其中，钻进“死胡同”。这套书就给中小学生课外阅读提供了大量古今中外的名家名作。第二，善于思考的习惯。在这个大众创业、万众创新的时代，创新人才的标准，已不再是把已有的知识烂熟于心，而是能够独立思考，敢于质疑，能够自己去发现问题、提出问题和解决问题，需要具有探究质疑能力、独立思考能力、批判性思维和辩证思维能力。第三，乐于表达的习惯。表达的乐趣在于说或写的过程，这个过程比说得好、写得完美的结果更重要。表达形式可以不拘一格，比如作文、日记、笔记、随语、漫画等。第四，自主学习的习惯。我的地盘我做主，我的语文我做主。不是为老师学，也不是为父母长辈学，而是为自己在精神上的成长学，为自己的未来学。

愿广大中小学生能借助这套书，真正爱上阅读，插上想象的翅膀，飞向未来的广阔天地！

顾之川

2021年10月15日

于京东大运河畔之两不厌居

# 译　序

陈筱卿

19世纪末到20世纪初，在法国，一位昆虫学家的一部令人耳目一新的书出版了。全书共10卷，多达二三百万字。该书一出版，便立即成为畅销书。该书书名按照法文直译，应为《昆虫学回忆录》，但通常被简单、通俗地称为《昆虫记》。该书出版之后，好评如潮。法国著名戏剧家埃德蒙·罗斯丹称赞该书作者时称，“这个大学者像哲学家一般地去思考，像艺术家一般地去观察，像诗人一般地去感受和表达”。法国20世纪初的著名作家、《约翰·克利斯朵夫》的作者罗曼·罗兰称赞道，“他（法布尔）观察之热情耐心、细致入微，令我钦佩，他的书堪称艺术杰作。我几年前就读过他的书，非常地喜欢”。英国生物学家达尔文夸赞道，“他（法布尔）是无与伦比的观察家”。中国的周作人也说，“见到这位‘科学诗人’的著作，不禁引起旧事，羡慕有这种好的书看的别国少年，也希望中国有人来做这翻译编纂的事业”。鲁迅先生早在“五四”以前就已经提到过《昆虫记》这本书，想必他看的是日文版。当时国际学术界称赞该书作者为“动物心理学的创始人”。总之，这是根据对昆虫习性、昆虫生活的详尽而真实的观察而写成的不可多得的一本书。书中所记述的昆虫的习性、生活等等各方面的情况真实可信，而且，作者描述起这些昆虫来文笔精炼、清晰。因此，该书被人们冠以“昆虫的史诗”之美称，作者也被赞誉为“昆虫的维吉尔”。

该书作者就是法布尔。他出身贫苦，一生刻苦勤奋，锐意进取，自学成才，用12年的时间先后获得业士、双学士和博士学位。但是，他的这种奋发向上并未获得法国教育界、科学界的权威们的认可，以致一直梦想着能执大学教鞭的法布尔始终不能遂愿，只好屈就中学的教职，以微薄的薪酬维持一家七口的生活。但法布尔并未因此而气馁、消沉，除了兢兢业业地教好书，完成好本职工作以外，他还利用业余时间对各种各样的昆虫进行细心的观察研究。他的那股钻劲儿、韧劲儿、孜孜不倦劲儿，简直到了废寝忘食的程度。他对昆虫的那份好奇，那份爱，非常人所能理解。好在他的家人给予了他大力的支持，使他得以埋首于自己的观察研究之中。法布尔对昆虫深入细致的研究，使他笔下的那些小虫子，一个个活泛起来，活灵活现，栩栩如生，充满着灵性，让人看了之后觉得它们着实可爱，就连一般人所讨厌的食粪虫，让人看了都觉得妙趣横生。

该书堪称鸿篇巨制，既可视为一部昆虫学的科普书籍，又可称为一部描写昆虫的文学巨著。因而，在法布尔晚年时，也就是 1910 年，他曾获得诺贝尔文学奖的提名。《昆虫记》全集本于 1879 年到 1907 年间陆续完成、发表，最后一版发表于 1919 年到 1925 年间。后来，该书便一再地以选本的形式出版发行，冠名为《昆虫的习性》《昆虫的生活》《昆虫的漫步》等。由此可见，该书是多么地受到读者们的欢迎。

我的这个译本基本上独立成篇，读者既可以从头往下看，也可以根据目录，先挑选自己最感兴趣的昆虫去看。因此，我劝读者们不妨拨冗一读这本老少咸宜、国内外皆获好评的有趣的书，你一定会从中感受到它的美妙、朴实和生动。它既可以让你增加有关昆虫方面的知识（有些昆虫虽说是我们天天或经常见到的，但我们对它们却知之甚少，或全然不知），又可以让你从中了解到作者那种似散文诗般的语言的美妙。与此同时，你也会从书的字里行间看到作者法布尔的那种坚韧不拔，那种孜孜不倦，那种求实悟真，那种不把事情弄个水落石出、明明白白绝不罢休的博物学家的感人至深的科学态度和科学精神。

接受文学名著的滋养，读写贯通，读为写用，读写双升

阅读准备

作者介绍

让·亨利·卡西米尔·法布尔（1823—1915），法国著名昆虫学家、动物行为学家、文学家，被誉为“昆虫界的荷马”“昆虫界的维吉尔”和“科学界的诗人”。

1823年，法布尔出生在法国南部圣莱昂。他的幼年时期在祖父母家度过，整日与蝈蝈、蝴蝶等可爱的昆虫为伴。这种单纯质朴的快乐，给法布尔的一生带来了巨大影响。

法布尔

青年时期的法布尔几经坎坷。14岁那年他进入了一所神学院，但为生活所迫，他中途退学，外出打工，曾做过铁路工人、卖柠檬的小贩。但法布尔上进好学，这点挫折并没有阻碍他完成学业。经过努力，他考进了阿维尼翁师范学校，获得了丰厚的奖学金，三年后，他顺利拿到了毕业文凭，成了一名自然科学史教师。

1849年，法布尔成为科西嘉岛阿雅克肖国立高级中学的一名物理教师。他来到科西嘉岛上，一下子就被迷人的自然风光深深吸引。他沉醉其中，怀念起儿时的岁月，燃起了研究动植物的热情。在这段时间里，他认识了许多科学界的重要人物。先是阿维尼翁的植物学家勒基安向他传授了自己的知识，后来他又随着莫坎·唐通到处采集植物标本。这些良师的教导为法布尔成为博物学家打下了基础。

离开科西嘉岛后，法布尔并没有停止对动植物，尤其是对昆虫的研究。1857年，他发表了《节腹泥蜂习性观察记》，这篇论文对莱昂·杜福尔的错误观点进行了修正。法布尔能对昆虫学导师的研究成果进行驳斥，足见其研究的深入性。为此，法布尔被法兰西研究院授予实验生理学奖。

· 1 ·

## 阅读准备

“作者介绍”，走近作者，一睹作者风采；“创作背景”，了解作品创作的时代背景；“作品速览”，把握故事全貌、主题意蕴；“文学特色”，发掘作品深刻的文学价值，增进读者对作品的理解，提高阅读效率。

荒石园

名师导读

被人们废弃的荒石园，在“我”四十年的不懈努力下，呈现出勃勃生机，成了很多昆虫的天堂。很多科学家花费重金打造豪华的实验室，研究那些日常生活之外的生物；“我”则用自己的爱心打造了“荒石园”这座天然实验室，研究这些渺小、与我们的生活息息相关的昆虫们。

那儿是我情有独钟的地方，虽然地方不算太大，但却是我的“钟情宝地”。那里周围有围墙围着，与公路上的熙来攘往、喧闹沸扬相隔绝，虽说是偏僻荒芜的不毛之地，无人问津，又遭日头的曝晒，但却是蓟茎菊科植物和膜翅目昆虫们喜爱的地方。因无人问津，我便可以在那里不受过往行人的打扰，一心一意地对砂泥蜂和石泥蜂等去进行艰难的探索，这种探索难度极大，只有通过实验才能完成。我无须在那里耗费时间，伤心劳神地跑来跑去，东寻西觅，也无须慌里慌张地赶来赶去，我只是安排好自己的周密计划，细心地设置下陷阱圈套，然后，每天不断地观察记录所获得的效果。是的，“钟情宝地”，那就是我的夙愿、我的梦想所在，那就是我一直苦苦追求但每每总难以实现的梦想天地。

一个每天都在为生计操劳的人，想要在旷野之中为自己准备一个实验室，实属不易。我四十年如一日，凭借自己顽强的意志力，与贫困潦倒的生活苦斗着，终于有一天，我的心愿得到了满足。这是我孜孜不倦、顽强奋斗的结果，其中的艰苦繁难我在此就不赘述了。反正，我的实验室算是有了，尽管它的条件并不十分理想。但是，有了它，我就必须拿出点时间来侍弄它。其实，我如同一个苦役犯，身上带着沉重的锁链，闲暇时间并不太多。但是，

· 5 ·

## 阅读指导

“名师导读”，指引读者快速知晓章节内容，提高阅读兴趣；“名师点评”，名师妙语，见解独特，视角新颖；“名师注解”，帮助你更好地理解原文；“精华赏析”，评点章节要旨，发人深省；“延伸思考”，开拓思维，启迪智慧；“知识拓展”，在轻松阅读中开阔视野。

名家心得

“现在中国屡经绍介的法国昆虫学大家法布尔（Fabre），也颇有这倾向。他的著作还有两种缺点：一是嗤笑解剖学家，二是用人类道德于昆虫界。但倘无解剖，就不能有他那样精到的观察，因为观察的基础，也还是解剖学；农学家根据对于人类的利害，分昆虫为益虫和害虫，是有理可说的，但凭了当时的人类的道德和法律，定昆虫为善虫或坏虫，却是多余了。有些严正的科学者，对于法布尔颇有微词，实也并非无故。但倘若对这两点先加警戒，那么，他的大著作《昆虫记》十卷，读起来也还是一部很有趣，也很有益的书。”

——鲁迅（中国作家）

“这个大学者像哲学家一般地去思考，像艺术家一般地去观察，像诗人一般地去感受和表达。”

——埃蒙德·罗斯丹（法国戏剧家）

“法布尔那些极富天才的观察令我痴迷得毫无倦意，在一种持久不衰的期待中使愉悦得到满足。这种满足，就和痴迷于艺术创作时的感觉一样。”

——罗曼·罗兰（法国作家）

· 415 ·

## 阅读链接

“名家心得”，听听名家怎么说；“读者感悟”，看看别人怎么想，交流阅读体会；“延伸阅读”，帮读者丰富文学知识，增强艺术感受力。

真题演练

一、填空

1.《昆虫记》的作者是_____国作家______，他被称为______、______、______。

2.《昆虫记》共有_____卷，历时_____年，堪称科学与文学完美结合的典范。

3. 作者观察昆虫，并撰写《昆虫记》的主要地点是_____。

二、简答

1. 请对作者进行简单介绍。

2. 作者为什么说“荒石园”是他的“钟情宝地”？

3.《昆虫记》介绍了很多昆虫，你最喜欢哪一种？请对它进行简单介绍。

4.《昆虫记》中大量运用了对比手法，请试举两例，并说明其作用。

三、思考

请模仿法布尔的研究方法，选择一种小动物进行观察，并写出研究成果。

· 419 ·

## 阅读训练

“真题演练”，考查阅读能力，巩固阅读成果；“写作出击”，和读者一起回顾精彩名篇，书写内心真实感受，视野独特、内容丰富的写作知识，为读者的写作保驾护航！

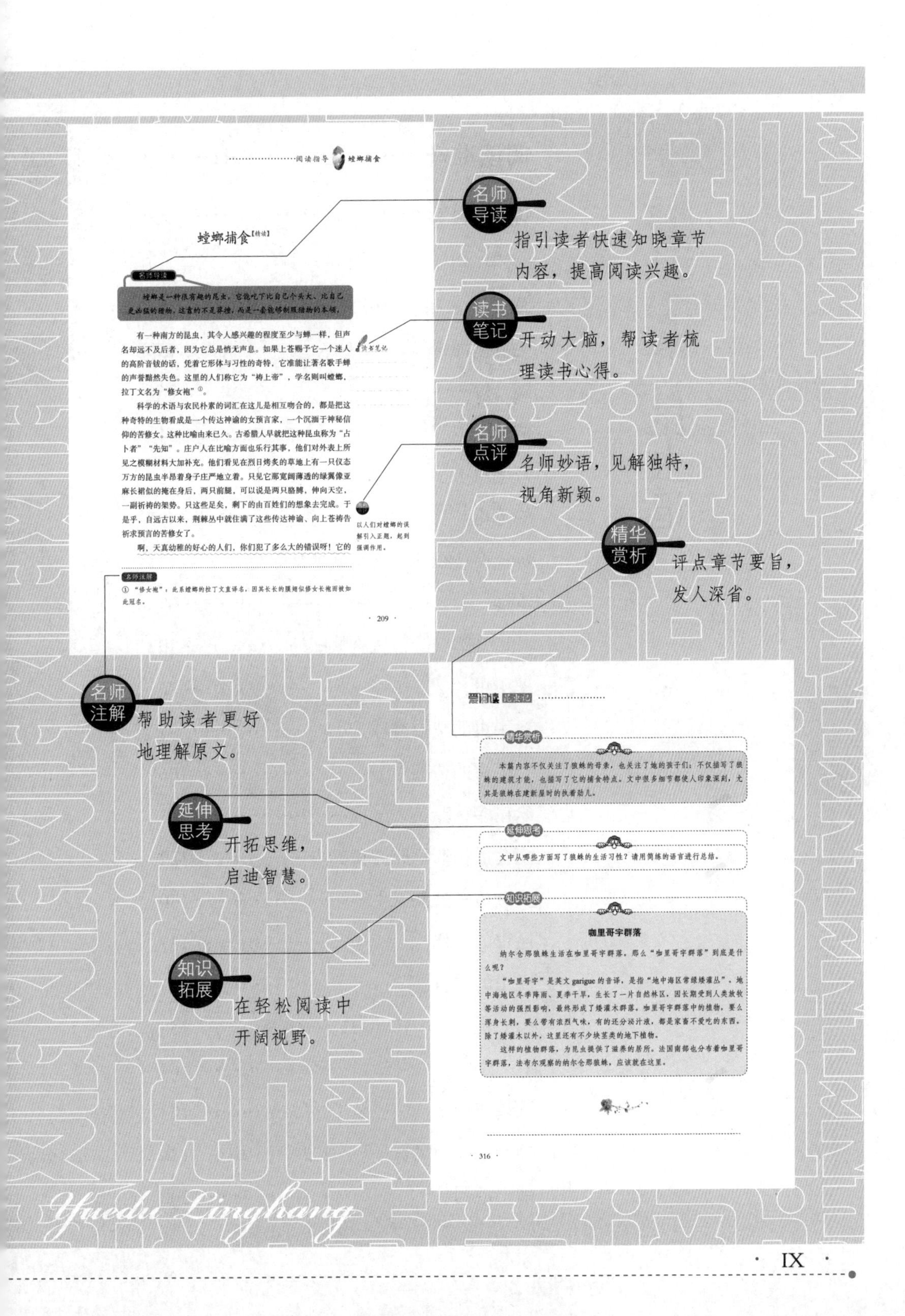


阅读指导 螳螂捕食

螳螂捕食【精读】

名师导读

螳螂是一种很有趣的昆虫，它能吃下比自己个头大、比自己更凶猛的猎物，这靠的不是蛮横，而是一套能够制服猎物的本领。

有一种南方的昆虫，其令人感兴趣的程度至少与蝉一样，但声名却远不及后者，因为它总是悄无声息。如果上苍赐予它一个迷人的高阶音钹的话，凭着它形体与习性的奇特，它准能让著名歌手蝉的声誉黯然失色。这里的人们称它为“祷上帝”，学名则叫螳螂，拉丁文名为“修女袍”①。

科学的术语与农民朴素的词汇在这儿是相互吻合的，都是把这种奇特的生物看成是一个传达神谕的女预言家，一个沉湎于神秘信仰的苦修女。这种比喻由来已久。古希腊人早就把这种昆虫称为“占卜者”“先知”。庄户人在比喻方面也乐行其事，他们对外表上所见之模糊材料大加补充。他们看见在烈日烤炙的草地上有一只仪态万方的昆虫半昂着身子庄严地立着。只见它那宽阔薄透的绿翼像亚麻长裙似的掩在身后，两只前腿，可以说是两只胳膊，伸向天空，一副祈祷的架势。只这些足矣，剩下的由百姓们的想象去完成。于是乎，自远古以来，荆棘丛中就住满了这些传达神谕、向上苍祷告祈求预言的苦修女了。

啊，天真幼稚的好心的人们，你们犯了多么大的错误呀！它的

读书笔记

以人们对螳螂的误解引入正题，起到强调作用。

名师注解

① “修女袍”：此系螳螂的拉丁文直译名，因其长长的膜翅似修女长袍而被如此冠名。

· 209 ·

爱阅读 昆虫记

精华赏析

本篇内容不仅关注了狼蛛的母亲，也关注了她的孩子们；不仅描写了狼蛛的建筑才能，也描写了它的捕食特点。文中很多细节都使人印象深刻，尤其是狼蛛在建新屋时的执着劲儿。

延伸思考

文中从哪些方面写了狼蛛的生活习性？请用简练的语言进行总结。

知识拓展

咖里哥宇群落

纳尔仓那狼蛛生活在咖里哥宇群落。那么“咖里哥宇群落”到底是什么呢？

“咖里哥宇”是英文 garigue 的音译，是指“地中海区常绿矮灌丛”。地中海地区冬季降雨、夏季干旱，生长了一片自然林区，因长期受到人类放牧等活动的强烈影响，最终形成了矮灌木群落。咖里哥宇群落中的植物，要么浑身长刺，要么带有浓烈气味，有的还分泌汁液，都是家畜不爱吃的东西。除了矮灌木以外，这里还有不少块茎类的地下植物。

这样的植物群落，为昆虫提供了滋养的居所。法国南部也分布着咖里哥宇群落，法布尔观察的纳尔仓那狼蛛，应该就在这里。

· 316 ·

爱阅读

昆虫记

不容错过的经典

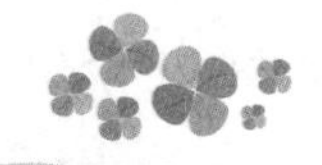

## 作者介绍

让·亨利·卡西米尔·法布尔（1823—1915），法国著名昆虫学家、动物行为学家、文学家，被誉为“昆虫界的荷马”“昆虫界的维吉尔”和“科学界的诗人”。

1823 年，法布尔出生在法国南部圣莱昂。他的幼年时期在祖父母家度过，整日与蝈蝈、蝴蝶等可爱的昆虫为伴。这种单纯质朴的快乐，给法布尔的一生带来了巨大影响。

法布尔

青年时期的法布尔几经坎坷。14 岁那年他进入了一所神学院，但为生活所迫，他中途退学，外出打工，曾做过铁路工人、卖柠檬的小贩。但法布尔上进好学，这点挫折并没有阻碍他完成学业。经过努力，他考进了阿维尼翁师范学校，获得了丰厚的奖学金，三年后，他顺利拿到了毕业文凭，成了一名自然科学史教师。

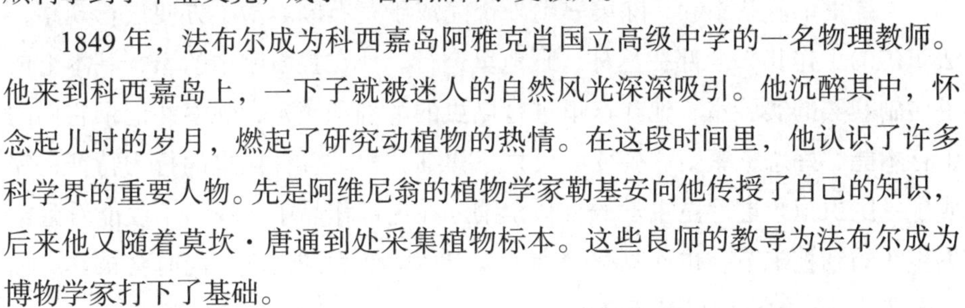

1849 年，法布尔成为科西嘉岛阿雅克肖国立高级中学的一名物理教师。他来到科西嘉岛上，一下子就被迷人的自然风光深深吸引。他沉醉其中，怀念起儿时的岁月，燃起了研究动植物的热情。在这段时间里，他认识了许多科学界的重要人物。先是阿维尼翁的植物学家勒基安向他传授了自己的知识，后来他又随着莫坎·唐通到处采集植物标本。这些良师的教导为法布尔成为博物学家打下了基础。

离开科西嘉岛后，法布尔并没有停止对动植物，尤其是对昆虫的研究。1857 年，他发表了《节腹泥蜂习性观察记》，这篇论文对莱昂·杜福尔的错误观点进行了修正。法布尔能对昆虫学导师的研究成果进行驳斥，足见其研究的深入性。为此，法布尔被法兰西研究院授予实验生理学奖。

1861 年，根据其多年的观察研究记录，他创作了《昆虫记》的第一卷。1879 年，他买下了荒石园，在这里完成了《昆虫记》的后九卷。

法布尔的博学令人赞叹。他先后取得了业士学位、数学学士学位、自然科学学士学位和自然科学博士学位；他精通拉丁语和希腊语，热爱古罗马文学，尤其是贺拉斯和维吉尔的作品；他在绘画方面自学成才，绘制了不少菌类图鉴，十分精致。作为博物学家，他留下了很多专利论文；作为教师，他编写了很多化学、物理课本；作为诗人，他用普罗旺斯语写下了优美的诗歌，被称为“牛虻诗人”。他还是个不错的翻译者，常将普罗旺斯语诗歌翻译成法语。闲暇时，他还用口琴谱曲。

在法布尔的所有作品中，最重要的仍然是《昆虫记》。这部体量庞大的作品，不仅展示了他的科学研究成果，同时也显示了他深厚的文学造诣。其中饱含强烈的人文精神和对生命的无限热爱，让人深深感动。

1915 年，法布尔与世长辞，长眠于他钟爱的荒石园中，享年 92 岁。

## 创作背景

《昆虫记》共十卷，除第一卷外都完成于荒石园。为了方便进行观察，法布尔的工作几乎全部在丛林、野地里进行。他在荒石园中的家，基本上成了名副其实的实验室，他在这里进行昆虫的解剖和繁殖，观察并记录它们的生存本能、好恶、繁衍、蜕变和死亡，详细分析了各种昆虫的行为特征，完成了《昆虫记》这部昆虫学的百科全书。在这部作品中，我们不仅能看到昆虫生活的细枝末节，也深刻感受到了大自然的活力和情趣，同时会被其中描绘的甜美单纯的自然风光所吸引。

同时，法布尔良好的文学修养也促进了其对昆虫学研究的深入。《昆虫记》中随处可见法布尔的感慨，他常由昆虫的行为联想到人类生活，引用希腊神话、圣经故事、历史事件来佐证自己的观点；文中也常见拉丁文和希腊

文诗歌。这种写作方法使《昆虫记》突破了作为一篇昆虫学科普作品的局限，转而成为一部歌颂生命的著作。通篇读来，文辞诗意盎然，既有科学的理性，又富于艺术的感性。

《昆虫记》不仅展示了作者的研究成果，更是将其研究的过程毫无保留地呈现在读者面前。因此，这本书又像是一本讲授研究方法的课程讲义，其内容包括提出问题、选择研究对象、设计观察实验、统计观察数据、得出研究结论、总结经验教训等许多方面，形成了一套完整的研究过程。阅读这本书对培养读者的科学精神，建立理性的思维方式，有很大帮助。

## 作品速览

《昆虫记》是法布尔毕生的研究成果和人生感悟的结晶，记录了他观察到的各种昆虫的生活习性和特征，体现了他严谨的科学精神。同时，法布尔以人性观照虫性，又用虫性反映人生，在丰富的昆虫学知识背后，以生动的文字表现了生命的伟大天性，引领读者迈入理性科学王国。

## 文学特色

《昆虫记》体现了法布尔对生命的敬畏之情，书中内容充满了冷静而深刻的理性思考。在作者眼中，昆虫和人类一样值得尊重，他笔下的昆虫具有和人类一样的生活方式。

作者在书中不仅大量运用拟人手法，而且使用了各种象征手法。与昆虫有关的一切仿佛充满了与人类社会相同的生活气息。同时，为了突出各种昆虫的异同之处，法布尔还大量运用了对比手法。有时候是同一种昆虫雌雄、长幼之间的对比，有时候是同一科、属的昆虫之间的对比，有相同习惯或生活方式、体貌特征的昆虫也可以进行对比。在不断的对比中，各种昆虫的独特性都在书中得到了体现。

# 荒石园

名师导读

被人们废弃的荒石园，在“我”四十年的不懈努力下，呈现出勃勃生机，成了膜翅目昆虫的天堂。很多科学家花费重金打造昂贵的实验室，研究那些日常生活之外的生物；“我”则用自己的爱心打造了“荒石园”这座天然实验室，研究近在眼前、与我们的生活息息相关的昆虫们。

那儿是我情有独钟的地方，虽然地方不算太大，但却是我的“钟情宝地”。那里周围有围墙围着，与公路上的熙来攘往、喧闹沸扬相隔绝，虽说是偏僻荒芜的不毛之地，无人问津，又遭日头的曝晒，但却是刺茎菊科植物和膜翅目昆虫们喜爱的地方。因无人问津，我便可以在那里不受过往行人的打扰，一心一意地对砂泥蜂和石泥蜂等去进行艰难的探索。这种探索难度极大，只有通过实验才能完成。我无须在那里耗费时间，伤心劳神地跑来跑去，东寻西觅，也无须慌里慌张地赶来赶去，我只是安排好自己的周密计划，细心地设置下陷阱圈套，然后，每天不断地观察记录所获得的效果。是的，“钟情宝地”，那就是我的夙愿、我的梦想所在，那就是我一直苦苦追求但每每总难以实现的梦想天地。

一个每天都在为生计操劳的人，想要在旷野之中为自己准备一个实验室，实属不易。我四十年如一日，凭借自己顽强的意志力，与贫困潦倒的生活苦斗着，终于有一天，我的心愿得到了满足。这是我孜孜不倦、顽强奋斗的结果，其中的艰苦繁难我在此就不赘述了，反正，我的实验室算是有了，尽管它的条件并不十分理想，但是，有了它，我就必须拿出点时间来侍弄它。其实，我如同一个苦役犯，身上带着沉重的锁链，闲暇时间并不太多。但是，愿望实现了，总是好事，只是稍嫌迟了一些，我可爱的小虫子们！我真害怕，到了采摘梨桃瓜果之时，我的牙却啃不动它们了。是的，确实是来得晚了点儿：当初的那广阔的旷野，而今已变成了低矮的穹庐，令人窒息憋闷，而且还在日益地变低变矮变窄变小。对于往事，除了我已失去的东西以外，我并无丝毫的遗憾，没有任何的愧疚，甚至包括那消逝而去的光阴，而且，我对一切都已不再抱有希望了。世态炎凉我已尝遍，体味甚深，我已心力交瘁，心灰意冷，我禁不住时不时地问问自己，为了活命，吃尽苦头，是否值得？我此时此刻的心情就是这样。

我放眼四周，只见一片废墟，唯有一堵断墙残垣危立其间。这堵断墙残垣因为由石灰沙泥浇灌凝固，所以仍然兀立在废墟的中央。它就是我对科学真理的执着追求与热爱的真实写照。啊，我的心灵手巧的膜翅目昆虫们啊，我的这份热爱能否让我有资格给你们的故事追加一些描述呀？我会不会心有余而力不足？我既然心存这份担忧，为何又把你们抛弃了这么长的时间呢？有一些朋友已经因此而责备我了。啊，请你们去告诉他们，告诉那些既是你们的也是我的朋友们，告诉他们我并不是因为懒惰和健忘，才抛弃了你们的；告诉他们我一直在惦记着你们；告诉他们我始终深信节腹泥蜂的秘密洞穴中还有许多尚待我们去探索的有趣的秘密；告诉他们飞蝗泥蜂的猎食活动还会向我们提供许多有趣的故事……然而，我缺少时间，又是单枪匹马，孤立无援，无人理睬，何况，我在高谈阔论、纵横捭阖之前，必须先考虑生计的问题。我请你们就这么如实地告诉他们吧，他们是会原谅我的。

还有一些人在指责我，说我用词欠妥，不够严谨，说穿了，就是缺少书卷气，没有学究味儿。他们担心，一部作品让读者读起来感觉容易，不费脑子，那么，该作品就没能表达出真理来。照他们的说法，只有写得晦涩难懂，让人摸不着头脑，那作品就是思想深刻的了。你们这些身上或长着螫针或披着鞘翅的朋友们，你们全都过来吧，来替我辩白，替我作证。请你们站出来说一说，我与你们的关系是多么亲密，我是多么耐心细致地观察你们，多么认真严肃地记录下你们的活动。我相信，你们会异口同声地说："是的，他写的东西没有丝毫的言之无物、空洞乏味的套话，没有丝毫不懂装懂、不求甚解的胡诌瞎扯，有的却是准确无误地记录下来的观察到的真情实况，既未胡乱添加，也未挂一漏万。"今后，但凡有人问到你们，请你们就这么回答他们吧。

另外，我亲爱的昆虫朋友们，如果因为我对你们的描述没能让人生厌，因而说服不了那帮嗓门儿很大的人的话，那我就会挺身而出，郑重地告诉他们说："你们对昆虫是开肠破肚，而我却是让它们活蹦乱跳地生活着，对它们进行观察研究；你们把它们变成了又可怕又可怜的东西，而我则是让人们更加喜爱它们；你们是在酷刑室和碎尸间里干活，而我却是在蔚蓝色的天空下，边听着蝉儿欢快地鸣唱边仔细地观察着；你们是使用试剂测试蜂房和原生质，而我则是在它们的各种本能得以充分表现时探究它们的本能；你们探索的是死，而我探究的是生。因此，我完全有资格进一步表明我的思想："野猪把清泉的水给搅浑了"，原本是青年人的一种非常好的专业——博物史，因越分越细，相互隔绝，互不关联，竟成了一种令人心生厌恶、不愿涉猎的东西。诚然，我是在为学者们而写，是在为将来有一天或多或少地为解决"本能"这一难题做点贡献的哲学家们而写，但是，我也是在，而且尤其是在为年轻人而写，我真切地希望他们能热爱这门被你们弄得让人恶心的博物史专业。这就是我为什么在竭力地坚持真实第一，一丝不苟，绝不采用你们的那种科学性的文字的缘故。你们的那种科学性的文字，说实在的，好像是从休伦人[①]所使用的土语中借来的。这种情况，并不鲜见。

然而，此时此刻，我并不想做这些事。我想说的是我长期以来一直魂牵梦绕着的那块计划中的土地，我一心想着把它变成一座活的昆虫实验室。这块地，我终于在一个荒僻的小村子里寻觅到了。这块地被当地人称为"阿尔玛"，意为"一块除了百里香恣意生长，几乎没有其他植物的荒芜之地"。这块地极其贫瘠，满地乱石，即使辛勤耕耘，也难见成效。春季来临，偶尔带来点雨水，乱石堆中也会长出一点草来，随即引来羊群的光顾。不过，我的阿尔玛，由于乱石之间仍夹杂着一点红土，所以还是长过一些作物的。据说从前那儿就长着一些葡萄。的确，为了种上几棵树，我就在地上挖来刨去，偶尔会挖到一些因时间太久而已部分地炭化了的实属珍稀的乔本植物的根茎来。于是，我便用唯一可以刨得动这种荒地的农用三齿长柄叉来又刨又挖的。

名师注解

① 休伦人：17世纪时北美洲印第安人中的一支。

然而，每每都会感到十分地遗憾，据说最早种植的葡萄树没有了，而百里香、薰衣草也没有了。一簇簇的胭脂虫栎也见不着了。这种矮小的胭脂虫栎本可以长成一片矮树林的，它们确实长不高，只要稍微抬高点腿，就可以从它们上面迈过去。这些植物，尤其是百里香和薰衣草，能够为膜翅目昆虫提供它们所需要采集的东西，所以对我十分有用，我不得不把它们中被我刨出来的那部分重新又给栽了进去。

在这儿大量存在着的，而又无须我去亲手侍弄的是那些开始时随着风吹的土粒而来的，之后又长年积存起来的植物。最主要的是犬齿草，一种令人讨厌的禾本植物，三年的炮火连天、硝烟弥漫的战争都没能让它们灭绝。数量上占第二位的是矢车菊，全都是一副桀骜不驯的样子，浑身长满了刺，或者长满着棘，其中又可分为两年生矢车菊、蒺藜矢车菊、丘陵矢车菊、苦涩矢车菊等，而尤以两年生矢车菊数量最多。各种各样的矢车菊相互交织，彼此纠缠，乱糟糟地簇拥在一起，其中可见一种菊科植物，形同枝形大烛台似的支棱着，凶相毕露，它叫西班牙刺柊，其枝杈末梢长着很大的橘红色花朵，似火焰一般，而其刺茎则是硬如铁钉。长得比西班牙刺柊更高的是伊利大刺蓟，它的茎笔直硬挺，高达一两米，梢头长着一个硕大的紫红色绒球，它身上所佩带的利器，与西班牙刺柊相比，毫不逊色。也别忘了，还有刺茎菊科类植物。首先必须提到的是恶蓟，浑身带刺，致使采集者无从下手；第二种是披针蓟，阔叶，叶脉顶端是梭镖状硬尖；最后是越长颜色越黑的染黑蓟，这种植物集缩成一个团，状如插满针刺的玫瑰花结。这些蓟类植物之间的空地上，爬着荆棘的新枝杈，结着淡蓝色的果实，枝条长长的，像是长着刺的绳条。如果想要在这杂乱丛生的荆棘中观察膜翅目昆虫采蜜，就得穿上半高筒长靴，否则腿肚子就会被划得满是条条血丝，又痒又疼。当土壤尚留下春雨所能给予的水分，墒情[1]尚可时，角锥般的刺柊和大翅蓟细长的新枝杈便会从由两年生矢车菊的黄色头状花序铺就的整块的地毯上生长出来。这时候，在这片荒凉贫瘠的艰苦环境下，这种极具顽强生命力的荆棘必定会展现出它们的某些娇媚来。四下里矗立着一座座的狼牙棒似的金字塔，那是伊利里亚

名师注解

① 墒情：土壤湿度的情况。

矢车菊投出它那横七竖八的标枪来。但是，等到干旱的夏日来临时，这儿呈现的是一片枯枝败叶，划根火柴，就会点着整块的土地。这就是我意欲从此永远与我的昆虫们亲密无间地生活的美丽迷人的伊甸园，或者，更确切地说，我一开始拥有这片园子时，它就是这么一座荒石园。我经过了四十年的艰苦努力，顽强奋斗，最终才获得了这块宝地。

我称它为美丽迷人的伊甸园，看来我这么说还是恰如其分的。这块没人看得上眼的荒地，可能没一个人会往上面撒一把萝卜籽的，但是，对于膜翅目昆虫来说，它可是个天堂。荒地上那茁壮成长的刺蓟类植物和矢车菊，把周围的膜翅目昆虫全都吸引了过来。我以前在野外捕捉昆虫时，从未遇到过任何一个地方，像这个荒石园那样，聚集着如此之多的昆虫，可以说，各行各业的所有的膜翅目昆虫全都聚集到这里来了。它们当中，有专以捕食活物为生的“捕猎者”，有以湿土造房的“筑窝者”，有梳理绒絮的“整理工”，有在花叶和花蕾中修剪材料备用的“备料工”，有以碎纸片建造纸板屋的“建筑师”，有搅拌泥土的“泥瓦工”，有为木头钻眼的“木工”，有在地下挖掘坑道的“矿工”，有加工羊肠薄膜的“技工”……还有不少干什么什么的，我也记不清了。

这是个干什么的呀？它是一只黄斑蜂。它在两年生矢车菊那蛛网般的茎上刮来刮去，刮出一个小绒球来，然后，它便得意洋洋地把这个小绒球衔在大颚间，弄到地下，制造一个棉絮袋子来装它的卵。那些你争我斗、互不相让的家伙是干什么的呀？那是一些切叶蜂，腹部下方有一个花粉刷，刷子颜色各异，有的呈黑色，有的呈白色，有的则是火红火红的。它们还要飞离蓟类植物丛，跑到附近的灌木丛中，从灌木的叶子上剪下一些椭圆形的小叶片，把它们组装成容器，来装它们的收获物——花粉。你再看，那些一身黑绒衣服的，都是干什么的呀？它们是石泥蜂，专门加工水泥和砂石的。我们可以在荒石园中的石头上，很容易地看到它们所建造起来的房屋。还有那些突然飞起，左冲右突，大声嗡鸣的，是干什么的呀？它们是砂泥蜂，它们把自己的家安在破旧墙壁和附近向阳物体的斜面上。

现在，我们看到的是壁蜂。有的在蜗牛空壳的螺旋壁上建造自己的窝；有的在忙着啄一段荆条，吸去其汁液，以便为自己的幼虫做成一个圆柱形的房屋，而且，房屋中用隔板隔开，隔成一层一层的，俨然一幢楼房；有的还在设法将一个折断了的芦苇那“天然通道”派上用场；还有的，干脆就乐享其成地免费使用高墙石蜂建造的空闲着的走廊。让我们再来看看：那是大头蜂和长须蜂，其雄蜂都长着高高翘起的长触角；那是毛斑蜂，它的后爪上长着一个粗大的毛钳，是它的采蜜器官；那些是种类繁多的土蜂；此外，还有一些隧蜂，腰腹纤细。我就先这么简要地提上一句，不一一赘述，否则我得把采花蜜的昆虫全都记录下来了。我曾经把我新发现的昆虫呈送给波尔多的昆虫学家佩雷教授，他问我是否有什么特别的捕捉方法，怎么会捕捉到这么多既稀罕鲜见而又全新的昆虫品种？我并不是什么捕捉昆虫的专家学者，更不是一心一意地在寻找昆虫、捕捉昆虫、制作标本的专家学者，我只是对研究昆虫的生活习性颇感兴趣的昆虫学爱好者。所有的昆虫全都是我在长着茂密的蓟类植物和矢车菊的草地上捉到的，并且我一直在喂养着它们。

真是机缘巧合，与这个采集花蜜的大家庭在一起的还有一群群的捕食采蜜者的猎食者。泥瓦匠们曾在我的荒石园中垒造园子围墙时遗留下来不少的沙子和石头，随意堆放在这里、那里。由于工程进展缓慢，拖了又拖，一开始就运到荒石园来的这些建筑材料便这么遗弃着。渐渐地，石蜂们选中石头之间的空隙投宿过夜，一堆一堆地挤在一起。粗壮的斑纹蜂遇到袭击时，会向你迎面扑来，不管侵袭者是人还是狗。它们往往选择洞穴较深的地方过夜，以防金龟子的侵袭。白袍黑翅的脊令鸟，宛如身着“多明我会”[①]服装的修士，栖息在最高的石头上，唱着它那并不动听的小曲短调。离它所栖息的石头不远，必定有它的窝巢，大概就在某个石头堆中，窝巢内藏着它的那些天蓝色的小蛋蛋。不一会儿，这位“多明我会修士”便不见了踪影，消失在石头堆中了。我对脊令鸟却是颇有点怀念，而对于那些长耳斑纹蜂，我却并不因它们的消失而感到遗憾。

沙堆却是另一类昆虫的幽居之所。泥蜂在那儿清扫门庭，用后腿把细沙往后蹬踢，形成一个抛物形；朗格多克飞蝗泥蜂用触角把无翅螽斯[②]咬住，拖入洞中；大唇泥蜂正在把它的储备食物——叶蝉藏入窖中。让我心疼不已的

名师注解

① “多明我会”：又称布道兄弟会，俗称黑衣兄弟会，是天主教四大托钵修会之一。

② 螽斯：俗称蝈蝈，善于鸣叫。螽，读音为 zhōng。

是，泥瓦匠终于把那儿的猎手们全都给撵走了，不过，一旦有这么一天，我想让猎手们回来的话，我只需再堆起一些沙堆来，它们很快也就归来了。

居无定所的各种砂泥蜂倒是没有消失。我在春季里可看见某些品种的砂泥蜂，在秋季里又可看见另一些品种的砂泥蜂，飞到荒石园的小径草地上，跳来飞去，寻找毛虫。各种蛛蜂也留在了园中，它们正拍打着翅膀，警惕地飞行着，朝着隐蔽的角落去捕捉蜘蛛。个头儿大的蛛蜂窥伺着狼蛛[①]，而狼蛛的洞穴在荒石园中则有的是。这种蜘蛛的洞穴呈竖井状，井口由禾本植物的茎秆中间夹着蛛丝做成的护栏保护着。往洞穴底部看去，大多数的狼蛛个头儿很大，眼睛闪烁发亮，让人看了直起鸡皮疙瘩。对于蛛蜂来说，捕捉这种猎物可是非同小可的事啊！好吧，让我们观观战吧。在这盛夏午后的酷热之中，蚂蚁大队爬出了“兵营”，排成一个长蛇阵，到远处去捕捉奴隶。让我们不妨忙里偷闲，随着这蚂蚁大军前行，看看它们是如何围捕猎物的吧。那儿，在一堆已经变成了腐殖质的杂草周围，只见一群长约一点五法寸[②]的土蜂正没精打采、懒洋洋地飞动着，它们被金龟子、蛀犀金龟子和金匠花金龟子的幼虫吸引住，所以便一头钻进那堆杂草中去了，那可是它们的丰盛的美餐啊。

值得观察研究的对象简直是太多太多了，而且，光是这里，也只是提到了一部分而已！这座荒石园，人去楼空，房屋闲置，地也撂荒了。没有人住的这座荒石园，成了动物的天堂，没有人会伤害它们了，它们也就占据了这儿的各个角落。黄莺在丁香树丛中筑巢搭窝；翠鸟在柏树那繁茂的枝叶间落户安家；麻雀把碎皮头和稻草麦秆衔到屋瓦下；南方的金丝雀在它们那建在梧桐树梢的没有半个黄杏大的小安乐窝里鸣叫；红角鸮习惯了这儿的环境，晚间飞来唱它那单调歌曲，声似笛音；被人称为“雅典娜鸟”的猫头鹰也飞临此地，发出它那刺耳的“咕咕”声响。这座废弃屋前有一个大池塘。向村子里输送泉水的渡槽，顺带着也把清清的流水送到这个大池塘中。动物发情的季节，两栖动物便从方圆一公里处往池塘边爬来。灯芯草蟾蜍——有的个

名师注解

① 狼蛛：又称纳尔仑那狼蛛。纳尔仑那是法国南部海岸一座城市的名字。

② 法寸：法国长度单位，一法寸约为 27.07 毫米。

头儿大如盘子——背上披着窄小细长的黄绶带，在池塘里幽会、沐浴；日暮黄昏时，“助产士”雄蟾蜍的后腿上挂着一串胡椒粒似的雌蟾蜍的卵；这位宽厚温情的父亲，带着它的珍贵的卵袋从远方蹦跳而来，要把这卵袋没入池塘中，然后再躲到一块石板下面，发出铃铛般的声响。成群的雨蛙躲在树丛间，不想在此时此刻哇哇乱叫，而是以优美动人的姿势在跳水嬉戏。五月里，夜幕降临之后，这个大池塘就变成了一个大乐池，各种鸣声交织，震耳欲聋，以致你若是在吃饭，就甭想在饭桌上交谈，即使躺在床上，也难以成眠。为了让园内保持安静，必须采取严厉的措施。不然又怎么办？想睡而又被吵得无法入睡的人，当然心就会变硬的。

读书笔记

膜翅目昆虫简直无法无天，竟然把我的隐居之所也给侵占了。白边飞蝗泥蜂在我屋门槛前的瓦砾堆里做窝；为了踏进家门，我不得不倍加小心，否则，一不留神，就会把它的窝给踩坏，正在忙活的“矿工们”将会遭灭顶之灾。我已经有整整二十五年没有看到过这种捕捉蝗虫的高手了。记得我第一次看见它时，是我走了好几里地去寻找的；其后，每次去寻访它时，都是顶着那八月的火热的骄阳前去的，还须忍受着那艰难的长途跋涉。可是，今天，我却在自家门前见到了它们，它们竟然成了我的好芳邻了。关闭的窗户框为长腹蜂提供了温度适宜的套房，它那泥筑的蜂巢建在了规整石材砌成的内墙壁上。这些捕食蜘蛛的好猎手归来时，穿过窗框上本来就有的一个现成的小洞孔，钻入房内。百叶窗的线脚上，几只孤身的石蜂建起了它们的蜂房群落。略微开启着的防风窗板内侧，一只黑胡蜂为自己建造了一个小土圆顶，圆顶上面有一个大口短细颈脖。胡蜂和马蜂经常光顾我家，它们飞到饭桌上，尝尝桌上放着的葡萄是否熟透了。

名师点评

这段文字描写昆虫如何占据了“我”的生活空间，一方面展现出昆虫对生存环境极强的适应能力；另一方面，也描绘了一幅人与大自然和谐相处的生动图景。

这儿的昆虫确实是又多又全，而我所见到的只不过是一小部分。如果我能与它们交谈的话，那么，我就会忘掉孤苦寂寥，情趣盎然。这些昆虫，有些是我的新朋，有的则是我的旧友，它们全都在我这里，挤在这方小天地之中，忙着捕食、采蜜、筑窝搭巢。另外，若是想要改变一下观察环境，这也不难，因为几百步开外便是一座山，山上满是野草莓丛、岩蔷薇丛、欧石南树丛；山上有泥蜂们所偏爱的沙质土层，有各种膜翅目昆虫喜欢开发利用的泥灰质坡面。我正是因为早已认准了这块风水宝地，这笔宝贵财富，才逃离了城市，躲到这乡间里来的，来到塞里尼昂这儿，给萝卜地锄草，给莴苣地浇水。

人们花费大量资金，在大西洋沿岸和地中海边建起许许多多的实验室，解剖对我们来说并无多大意义的海洋中的小动物；人们耗费大量钱财，购置显微镜、精密的解剖器械、捕捞设备、船只，雇用捕捞人员，建造水族馆，为的是了解某些节肢动物的卵黄是如何分裂的。我如今都没弄明白，这些人搞这些有什么用处？为什么他们偏偏就对陆地上的小昆虫瞧不上眼、不屑一顾？这些小昆虫可是与我们息息相关的，它们向普通生理学研究提供着难能可贵的资料。它们中有一些在疯狂地吞食我们的农作物，肆无忌惮地在侵害着公共利益。我们迫切需要一座昆虫学实验室，一座不是研究三六酒①里的死昆虫，而是研究活蹦乱跳的活昆虫的实验室，一座以研究这个小小的昆虫世界的动物之本能、习性、生活方式、劳作、争斗和生息繁衍为目的的昆虫实验室，而我们的农业和哲学又必须对之予以高度的重视。彻底掌握对我的葡萄树进行吞食、蹂躏的那些昆虫，可能要比了解一种蔓足纲动物的某一根神经末梢的顶端是个什么状态更加重要。通过实验来划分清楚智力与本能的界线，通过比较动物系列的各种事实，以揭示人的理性是不是一种可以改变的特性等，这一切应该比了解一个甲壳动物的触须有多少要重要得多。为了解决这些大的问题，必须动用大批的工作人员，可是，就目前来说，我只是孤军一人在奋战。当下，人们的注意力放在了软体动物和植虫动物的身上了。人们花费大量的资金购置许许多多的拖网去探索海底世界，可是，对自己脚下的土地却漠然处之，不甚了了。我在等待着人们改变态度的同时，开辟了我的荒石园这座昆虫实验室，而这座实验室却用不着花纳税人的一分钱。

名师注解

① 三六酒：旧时一种85度以上的烧酒，取三份该烧酒，兑三份水，即成六份普通烧酒。

## 精华赏析

作者对膜翅目昆虫进行了生动的描写，通过食物链将各种昆虫联系起来，用精彩的文字搭建了一个生机勃勃的昆虫王国。在大自然中的荒芜之处，昆虫表现出了旺盛的生命力，令人兴趣盎然。

## 延伸思考

作者详细描写了哪些膜翅目昆虫？请列举它们的名称。

# 毛刺砂泥蜂【精读】

名师导读

法维埃是个见识广博的人，他丰富的经历为“我们”的生活带来了不少乐趣。而更大的乐趣是，在“我”孜孜不倦的努力下，“我”终于又能够观察到毛刺砂泥蜂捕猎灰毛虫的过程。

五月里的某一天，我在巡视我那荒石园实验室，想看看能否获得新的发现。法维埃正在不远处的菜地上干活。法维埃是何许人也？大家马上就会知晓的，因为他将在下面的故事中出现。

法维埃行伍出身。他曾经在非洲荒原的角豆树下搭建起自己的茅草屋，在君士坦丁堡捕捞过海胆，在没有军事行动时，他还在克里木捕捉过椋鸟。他经历十分丰富，见多识广。冬季里，不到下午四点，地里的活儿便收工了。冬季的漫漫长夜，无所事事，绿橡树圆木在厨房间的炉子里烧得正旺，火光熊熊，他把耙子、叉子、双轮小车收拾停当之后，便坐在炉边的高大的石头上，掏出烟斗，用大拇指沾上点口水，技术娴熟地往烟斗里塞满、压实烟丝，美滋滋地吞云吐雾开来。他把烟闷在肚里，久久地不吐出来，几个小时之前他的烟瘾便上来了，只是因为烟草价格昂贵，他舍不得抽，憋到现在才抽上一口。

大家便在这个时候，围着炉火闲扯瞎聊。法维埃兴致颇高，海阔天空，天南地北。因为他把故事讲得精彩动听，所以他就像是古代的说书人似的，被安排坐在最佳的位置上，成了中心人物。只不过我们的这位说书人是在兵营里练就的说书本领的。这倒无伤大雅，反正一家老小，无论大人孩子，都在聚精会神地听他讲述。即使他说的故事纯属杜撰编造的，但却总是编得合情合理，顺理成章。所以，当他干完活儿后，如果不在炉边歇上一会儿的话，我们大家全都会感到有一种说不出的惆怅。他到底跟我们讲了些什么，让我们这么如痴如醉、倾心入迷？他给我们讲述了他亲身经历的一场推翻一个专制帝国的政变中的所见所闻。他说道，他们先是把烧酒分着喝光了，然后便向人群开枪射击。他信誓旦旦地对我说，他自己则只是对着墙开枪的。我对他的话十分相信，因为我感到，他是纯属无奈才参加了这场疯狂大屠杀的，而他一直在痛悔自己的这一经历，感到十分地悲哀、羞耻。

他还向我们讲述了他在塞瓦斯托波尔城外战壕中的不眠之夜。他讲述道，他曾在冰天雪地的黑夜里，孤立无援地蜷缩在雪堆旁，眼看着被他称为“花瓶”的玩意儿落在了他的近旁，他惊恐万状，不能自已。那只“花瓶”在燃烧，在喷射，在发光，把周围照得如同白昼。那些可恶而吓人的东西随时随地地在爆炸，令人胆战心惊，毛骨悚然。他的很多战友死去了，而他却侥幸地活下来。“花瓶”熄灭了。那所谓的“花瓶”，其实就是照明弹，在黑暗中发射，用以侦察围城敌军的动静与活动情况。

在讲述了残酷激烈的战斗故事之后，法维埃又给我们讲了不少兵营中的趣闻乐事。他告诉我们军队里是如何烧菜做饭的，士兵们的饭盒里都藏了些什么秘密，以及土堡里的一些可笑可乐的琐碎事情。他脑子里真的是装着说不完的故事，而且讲述起来又眉飞色舞，生动活泼，引人入胜，不知不觉地便到了吃晚饭的时间了。

法维埃还有一手令我叹服。我的一位朋友从马赛给我捎来两只大螃蟹，那是一种被渔民们称为“海上蜘蛛”的蜘蛛蟹。当工人们——忙于修缮破房屋的油漆工、泥瓦匠、粉刷工等——吃完晚饭回来时，我便把捆绑着那两只大螃蟹的绳子解开了。工人们一看，吓得直往后缩。这两只怪模怪样的动物，从甲壳四周呈辐射状地伸出它们的“螯针”[①]，而且竖立在细长的腿上爪上，状如蜘蛛，看着瘆人。可法维埃却根本不把它们当一回事，只见他手这么一伸，便一把按住了那个可怕的“横行霸道”的“蜘蛛”，然后说道：“我知道这家伙，我在瓦尔拉吃过，味道鲜美极了。”他一边说着，一边用嘲讽的目光看着他周围的人，那意思像是在说：“你们这帮人啊，简直是孤陋寡闻，从来就没有走出过自己的窝。”

名师注解

① 螃蟹有一对螯足和四对步足，并没有“螯针”。螃蟹的步足足尖非常尖利，此处疑为作者用“螯针”代指螃蟹的步足足尖。

最后，再举一个证明他见多识广的例子。他的一位芳邻遵照医生的嘱咐，前往塞特去泡海水浴。归来时，带回来一个稀罕的东西，像是一个奇异的果实，她觉得这个果实种上后，一定会有收获的。拿起这个果实放在耳边摇动，可以听见响声，说明壳内有种子。这个果实呈圆形，壳上多刺，一端像是一朵小白花的未曾开放的花蕾，另一端则略有些凹陷，上面有几个洞孔。这位女邻居便跑到法维埃那儿去，把东西拿出来给他看，并让他转告我。后来她把这果实给了我，并说将来必定会长出非常漂亮的小灌木，可以为我的花园增添一景。她指着这个果实的两端对法维埃说："这儿是花，这儿是尾巴。"

读书笔记

法维埃听她这么一说，不禁放声大笑起来，随即便告诉她说："这是一只海胆，我在君士坦丁堡吃过。"然后，他便详尽地解释给她听，海胆是什么，是怎么回事。女邻居始终未能听明白他说的话，仍抱着那是"果实"的顽固看法。而且，她心里还在想，法维埃一定是因为这么宝贵的种子不是由他，而是由别人送给了我，因而心生嫉妒，才编出这么一套说法来欺骗他的。他俩因无法说服对方，便跑到我家里来。那位热心肠的女邻居对我又说了一遍："这儿是花，这儿是尾巴。"我看了之后，便跟她解释道，她所说的那"花"，其实是海胆的五颗聚在一起的白牙齿，而那"尾巴"则是"跟海胆的嘴相对应的部位"。她仍旧心存疑惑地走了。也许她的那些"种子"，那些在空壳中摇动起来发出响声的沙粒，现在正放在一个破旧的土瓮里"发芽"哩。

以对女邻居的讽刺表现出了法维埃的见多识广。

从这一点，我们不难看出，法维埃确实了解不少的东西，而且他是因为亲口吃过尝过才认识的。他知道獾的里脊肉非常好吃；他知道狐狸的后臀尖肉很香；他了解"荆棘鳗鱼"——游蛇的哪个部位的肉最佳；他曾把臭名昭著的"南方玻璃珠"——单眼蜥蜴用油煎炸而食；他曾经考虑用油来炸蚱蜢，做成一道美味。他跑遍了全世界，这种生活让他长足了见识，能够做出一般人想象不出来的菜肴来，让我看了真的是惊叹不已，自叹弗如。

我对他的观察力、鉴别力以及对事物的记忆力也十分地钦佩。不管我告诉他一种什么植物，只要我仔细地向他描述清楚，哪怕是一种毫不起眼的小花或杂草，只要我们周围的树林里有这种植物的话，他都能替我找回来，并且告诉我是在什么地方、什么方位寻找到的。再细小难辨的植物，他都能分辨得一清二楚。为了对我已发表的关于沃克吕兹的球菌的文章加以增添、补充，在气候恶劣的季节里，昆虫们都躲起来了，我不得不拿起放大镜，去采集植物标本。这时候，由于严寒使得土地变得又实又硬，或者由于大雨使得地上满是泥浆，法维埃便无法侍弄园子，我就带着他一起跑到树林里去，在荆棘丛生的杂草堆中寻找我所需要的那些又细又小的植物。球菌的一个个小黑点，使得遍地蔓生的荆棘的枝枝杈杈长满了黑色斑点。我把那些最大的黑斑点称为“黑色火药”。这些球菌中的某一种正是被植物学家们冠以这一名称的。法维埃在寻找过程中的发现，比我的发现要多，他对此感到颇为自豪。玫瑰茄像一团黑色的乳头，乳头上包着一层透红颜色的棉絮状绒毛，这是一种绝佳的植物，如果法维埃发现了一枝这样的植物，会高兴得什么似的，立即掏出烟斗，抽上一袋，以示庆贺。

采集过程总会引来一些不识相的瞧热闹的人，而法维埃则很善于把他们打发开去。这些人都是附近的农民，出于好奇，总爱提一些像小孩子们提的问题。而且，他们的好奇中还掺杂着鄙夷和嘲讽，凡是他们不懂的东西，他们都得嘲笑几句。有什么能比一位绅士模样的人在研究捕捉来放在玻璃瓶中的一只苍蝇，或者翻来覆去地琢磨一块捡到的烂木头，更让他们觉得滑稽可笑的呢？然而，法维埃只要一句话，就能噎住他们的那些并非善意的探询。

我们弓着身弯着腰，一步一步地前行，寻找着史前时期的遗留物，什么蛇形斧啦，黑陶器碎片、燧石制箭镞和矛头啦，碎片、刮削器、燧石块啦，等等。这些东西在山的南坡多得很。一个农民见状，突然问道：“您的主人要这些破玩意儿干什么呀？”法维埃便立即顶他一句：“给配门窗玻璃的人做填料。”

我收集了一把兔子粪，在放大镜下一看，可以见到粪上有一种隐花植物，值得带回去加以研究。正在这时候，又来了一个好奇而饶舌的乡下人，他见我这么小心仔细地把发现的“宝物”装进一只纸袋里去，心想，那一定是很值钱的东西，定能卖个好价钱。在乡下人的眼里，一切之一切，最终都归之为一个“钱”字。在他们看来，我一定是靠着这些兔子粪发了大财。于是，他便狡猾诡谲地向法维埃打听：“您的主人弄这些兔子粪干什么呀？”法维埃便一本正经地回答他说：“他要蒸馏这些兔子粪，好提取粪汁。”那个好奇者被这个回答弄得莫名其妙，悻悻地走开了。

我们先打住吧，就别在这位脑子灵活、巧于应对、喜欢打趣的军人身上花费太多的笔墨了。我们还是回到我那荒石园昆虫实验室里引起我关注的东西上来。几只砂泥蜂用脚在扒拉着、搜寻着，不一会儿又向前飞上一小段路，时而落在有草的地方，时而又飞到寸草不生之处。五月中旬的一天，风和日丽，我看见那几只砂泥蜂落在满地尘土的小路上，懒洋洋地沐浴在温暖的阳光中。它们全都是毛刺砂泥蜂。我曾经叙述过这种砂泥蜂是如何冬眠的，以及春天到来时，当其他的捕食性膜翅目昆虫仍旧躲在它们的茧里的时候，它们就已经开始飞来飞去地寻觅食物了。我还描述了它们是如何肢解毛虫，以便利于自己的幼虫嚼食。我还叙述了它们把自己的螫针多次地刺到毛虫的神经中枢里去。我还是头一回看到这种如此精巧的“活体解剖”，而且也只看过一次，所以我希望有机会能再亲眼看一次这种外科手术。那头一次的观察，十分地浮皮潦草，很不仔细，因为上次我有事在身，经过长途奔波，人很疲惫，很可能有很多的细节被我忽略掉了。而且，就算我真的全都看得一清二楚，我也很有必要再仔细地观察一番，使自己的观察结果更加地臻于完善、真实可靠、无可置疑。我还要补充一句，即使我看过这种场面上百次，我还想再看一看，读者们也不会觉得我多此一举、令人生厌的。

因此，当毛刺砂泥蜂一出现，我便开始跟踪监视。而现在，它们既然来到了我家门前，离大门只有几步路的地方，我只要稍微留意一点，就一定能够找到它们。三月末和四月份已经过去了，我一直留心观察着，但却一无所获，这也许是因为尚未到毛刺砂泥蜂筑巢做窝的时间，或者，更可能是因为我观察监视的方法欠妥。直到五月十七日，我终于有了幸运之机了。

只见几只砂泥蜂突然出现在我的眼前，它们飞来飞去，十分地忙碌。我们就先来观察其中那只最活跃的砂泥蜂吧。我是在被踩得结结实实的小径的土里发现它们的，我当时正在对砂泥蜂耙最后的那几耙。这时候，这些捕食者把已经被它们麻醉了的毛虫暂时地弃置在离它们的窝几米远处，尚未把自己的猎获物弄进窝里去。当砂泥蜂确定洞穴很合适，洞口较宽，足以把一个体积庞大的猎物弄进洞中去时，它便飞过去寻找刚被自己麻醉了的那个猎物。那条被麻醉了的毛虫僵直地躺在那儿，身上爬满了蚂蚁。捕食者砂泥蜂对这条爬满了蚂蚁的毛虫已不感兴趣。许多捕食性膜翅目昆虫总是先把猎获物弃置在一边，以便先把自己的窝巢加以完善，或者是刚刚开始做窝，一时顾不

名师点评

这段文字是对砂泥蜂搬运猎物和放弃猎物的活动所进行的描写，将昆虫的生存本能加入了人性化的思考，表现了机灵的小生命充满智慧，显得更加可爱。

上被自己麻醉了的猎获物。不过，通常，它们总是把自己的猎获物置于高处，放在草丛中，免得遭受其他的昆虫的侵扰或掠夺。砂泥蜂是精于此道的，但这一次，不知是疏忽大意，掉以轻心了呢，还是因为这个猎物太大太重，搬运时掉落了下去，反正，猎物已经成了群蚁争抢撕咬的美味了。即使想要把这帮强徒赶跑，那也是不可能的，因为你赶跑了一只，马上又有十来只攻了上来。砂泥蜂大概正是这么考虑的，因为它看到自己的猎物被蚂蚁侵占了之后，并没有上前去驱赶，而是飞到别处再寻猎物去了。

砂泥蜂寻找猎物的活动都是在自己的窝巢周围十来米范围内进行的。它用脚在土里一点一点地、不紧不慢地探查着，再用弯成弓状的触角不停地拍击着土地。无论是光秃秃的地，满是碎石的地，还是杂草丛生的地，它都要仔细地搜索个遍。烈日当空，天气闷热，预示第二天将要下雨，甚至当晚就会有雨落下。而我却在这样的闷热天气里，眼睛始终盯着寻找猎物的砂泥蜂，足足盯了有三个钟头。足见，对于急需觅食的这只膜翅目昆虫来说，要寻找到一只灰毛虫该有多么困难啊。

即使对于我这么个大活人来说，要找到一只毛虫也同样是颇费周折的。读者们知道，我曾经采取了什么办法去观察一只捕食的膜翅目昆虫的，也知道膜翅目昆虫为了给自己的幼虫提供一块动弹不了但未死的活物，是如何对它的猎物进行外科手术的：我把那膜翅目昆虫的猎物拿走，偷梁换柱，给了它一块一模一样的活肉。为了观察砂泥蜂，我仍旧如法炮制，为了让它重复它的那种外科手术，必须尽快找到几只灰毛虫，让它见到之后，用自己的螫针去麻醉它。

读书笔记

这时候，法维埃正在园子里忙碌着，我便冲他喊道："快点来，法维埃，我需要几只灰毛虫。"我已经给他介绍过这种虫子，而且，近一段时间以来，他对这种"外科手术"已经有所了解了。我便告诉他砂泥蜂以及它们需要觅食灰毛虫的情况。他基本上算是较为了解我所关心的昆虫的生活习性。他对我的要求十分理解。于是，他便开始寻找开来。他在莴苣叶下翻找，在鸢尾旁边查看。我对他的眼尖手快深有体会，我相信他一定能够替我找到。可是，时间一分一秒地过去了，始终未听到他报捷的佳音。"怎么样，法维埃，有

读书笔记

灰毛虫吗？”“我还没有发现，先生。”“唉！那么就让克莱尔、阿格拉艾和其他的人，一齐上阵，分头去找，非要找到不可！”全家人聚在了一起，人人都像是准备奔赴战场似的，严阵以待，积极地行动起来。我本人则是坚守在岗位上，一直盯着那只砂泥蜂捕食者。我一只眼睛在盯着它，而另一只眼睛也没忘记在寻找灰毛虫。但是，天不遂我愿，三个小时都过去了，我们仍旧是一无所获，谁都未能发现灰毛虫。

砂泥蜂也没能挖到灰毛虫。只见它仍在毫不懈怠地在一些有裂隙的地方寻找着。砂泥蜂在继续清扫地面。它已经筋疲力尽。它把一块杏核般大小的土给刨了开来，但它很快便把这地方给撇下了。我顿有所悟，不禁猜想到：虽然我们几个大活人没能找到一只灰毛虫，但这并不能说砂泥蜂也同我们四五个人一样地又蠢又笨。人办不到的事，昆虫有时却是能大功告成的。昆虫具有极其敏锐的感觉，它们是不会连续几个小时迷失方向，瞎找一通的。也许是毛虫们预感到大雨将至，全都躲到更深的洞穴中去了。砂泥蜂一定知道毛虫躲在哪儿，只不过它无法从很深的地方把它们给挖出来。如果它在一处地方刨挖了几次之后，把这地方放弃了，那并不说明它缺乏敏锐的洞察力，而是它没有能力往深处挖下去。凡是砂泥蜂挖过的地方，都可能有一条灰毛虫存在；而它之所以放弃了这个地方，那只是它不得不承认自己力量有限，无法完成这项挖掘工程。我真是愚不可及，竟然未能早一点悟出这番道理来。像砂泥蜂这样的猎食灰毛虫的高手，会在没有灰毛虫的地方浪费气力，乱挖一气吗？绝对不会的！

人与昆虫互相合作，完成了各自无法单独完成的任务。

于是，我便决定去帮它一把。此时此刻，砂泥蜂正在一处翻耕过的光秃秃的土地上搜寻着。它最终又像在其他地方那样，把这个地方也放弃了。我便握住一把刀，往它挖过的地方继续向下挖去。我同样是一无所获，不得不放弃，走了开去。这时候，砂泥蜂却飞了回来，在我清查过的地方又刮又耙开来。我觉得这个膜翅目昆虫像是在对我说道：“滚一边去吧，你这蠢笨的人，让我来指给你看灰毛虫藏在什么地方吧。”我按照它指示的地方，用刀又挖了起来，终于挖出来一条灰毛虫。啊！我没猜错，你是不会在没有灰毛虫的地方无端地去又挖又耙的!

从这时起，我便采取了“狗鼻子捕猎法”：狗嗅出猎物的藏身地，人就去那儿找，一定能找到猎物。因此，我就按照砂泥蜂所指示的地点，把洞穴深处的猎物挖出来。就这样，我获得了第二只，然后，又弄到了第三只、第四只，而且全都是在数日前用铁锨翻动过的光秃秃的地方挖到的。从外表上看，地面无任何迹象表明地下藏有灰毛虫。法维埃、克莱尔、阿格拉艾，还有其他人，你们觉得怎么样？你们服不服气呀？你们花了三个小时连一只灰毛虫也没见着，可我，想要助砂泥蜂一臂之力，竟然，要多少只，它就会帮我指点出多少只来。

现在，我已经拥有充足的替代品了，但我还想让砂泥蜂帮我找到第五只。下面，我将分段、按照编号顺序来叙述我眼前所发生的这出精彩的戏剧的各个场次。我是在最有利的条件下进行观察研究的。我趴在地上，与砂泥蜂离得很近，所以任何一点细节都未能逃过我的眼睛。

（1）砂泥蜂用它那大颚上的弯钩钳子抓住毛虫的脖颈。那毛虫在拼命地挣扎，臀部扭曲着，扭过来转过去。膜翅目昆虫无动于衷，不予理会，紧守在猎物身旁，谨慎小心，不让对方碰着自己。它用螯针刺入猎物位于腹部中线的皮肤最细嫩处把头部第一个环节分开来的那个关节中。螯针在那关节中停留了片刻。不用说，毛虫的致命部分就在那儿，砂泥蜂完全可以制服毛虫了，使之听任它的摆布。

（2）接着，砂泥蜂放开猎物，匍匐在地，侧身转动，肢体明显地在抽搐着，翅膀在颤抖着。我十分地担心，以为捕食者砂泥蜂在搏斗中受到了致命的攻击，就这么英勇地牺牲了，以致我期盼了那么长时间想要进行的一次实验就这么功败垂成了。但是，不一会儿，砂泥蜂便平静了下来，抖抖翅膀，弯弯触角，又敏捷地奔向那被麻醉了的毛虫。我一开始所认为的它那预示死亡将至的痉挛，实际上只不过是它捕猎成功的欣喜若狂的举动。膜翅目昆虫这是在以自己那独特的方式庆贺扑杀敌人成功。

（3）外科手术施行者砂泥蜂咬住猎物背部的皮层，然后，把螯针刺入比第一针稍低一点的第二个环节，仍旧是腹部的那一面。只见它在灰毛虫身上逐渐地往后退着，每次都咬住毛虫背部稍低一点的位置。它的大颚上的弯把儿阔钳子咬住猎物，然后，再把螯针刺入猎物腹部的下一个环节。它的动作有板有眼，有条不紊，十分精确，先后退，再咬住猎物背部稍低点的地方，像是用尺子量过似的那么准确无误。它每后退一步，螫针就刺入毛虫的下一个环节，就这样，逐一地把毛虫真腿上的那三个胸部环节、后面的两个无足的环节以及假腿上的四个环节，全都刺了一遍，一共刺了九针。不过，毛虫身上的那最后的四个节段，砂泥蜂并没有刺。那四个节段上有三个无足环节和最后一个带假腿的环节（第十三环节）。外科手术施行者在手术过程中没有遇到什么大的麻烦，比较顺利，因为毛虫被刺了第一针之后，就已经麻木了，丧失了任何的反抗能力。

（4）最后，砂泥蜂把自己大颚上的那只锐利无比的钳子完全张开，夹住毛虫的脑袋，谨慎小心地咬住它，压它，但又不把它给压伤。它一下接一下地，不慌不忙，慢条斯理地压挤猎物，仿佛是想要了解每一次的压挤所产生的后果似的。它停下来，等了一下，然后再进行压挤。为了达到它所预期的目的，对毛虫头部的操作要慎之又慎，要掌握好分寸，操作不能过度，否则便会把毛虫弄死。毛虫一死，尸体很快就会腐烂。因此，捕食者砂泥蜂使用大颚上的那把锐利的钳子时，用力很有节制，而大钳压挤的次数较多，大约二十来下。

砂泥蜂的外科手术做完了。灰毛虫侧着身子，呈半蜷缩状地躺在地上，一动不动，没有一点生气了。它的捕食者正在挖洞造屋，将把它运进窝巢中去，对此，它无可奈何，无一丝一毫的反抗或挣扎的能力，它也根本不可能再对将以它为食的砂泥蜂的幼虫造成任何的伤害。胜券在握的捕食者把灰毛虫撇在它对灰毛虫动过手术的地方，自己回到窝里去了。我的眼睛一直在紧盯着砂泥蜂。它在对自己的窝巢进行修缮，以便储存食物。它那窝巢的拱顶上有一块卵石凸了出来，有碍它把那庞大的猎物运进其地下食物储存室，于是，它便想方设法把那块卵石给弄下来。它在拼命地工作着，翅膀摩擦，发出吱吱嘎嘎的声响。窝巢中，卧室不够宽敞，它又在努力地把它加宽加大。它在继续努力地劳动着，我因为害怕漏掉这膜翅目昆虫劳作中的一点一滴，所以没有去照看那只毛虫。实际上，不一会儿，蚂蚁们便会蜂拥而至。当砂泥峰(还有我)回到毛虫那儿的时候，只见毛虫身上黑乎乎的一片，爬满了这些撕咬扯拉的掠食者。对我而言，此情此景，让人好不遗憾，而对于砂泥蜂来说，真让它叫苦不迭，恼火不已，因为这种倒霉的事已经发生过两次了，到嘴的食物竟变成了他人的美味佳肴。

砂泥蜂看上去非常的沮丧、泄气。我便立即用一只备用的毛虫来替换，但没能奏效，砂泥蜂对这只备用毛虫连看都不看一眼。随后，夜幕降临，天阴沉沉的，还下了几滴雨。在这种情况之下，再观察砂泥蜂的捕猎活动已经是不可能的了，整个实验只好宣告结束。我真的很遗憾，准备好的几只毛虫竟然未能派上用场。我可是从午后一点一直观察到傍晚六点呀，整整五个钟头，眼睛都不敢多眨一眨。

## 精华赏析

对砂泥蜂捕猎的过程，作者进行了十分详尽的观察，对砂泥蜂每一个动作的描写都细致入微。砂泥蜂捕猎灰毛虫，是砂泥蜂为了哺育后代而进行的一项不辞辛苦的劳作，作者在文字中倾注了自己的关怀之情。

## 延伸思考

在仔细描写砂泥蜂之前，作者花了很多笔墨描写了一个知识丰富、幽默风趣的法维埃。请你说说这一部分的作用是什么。

# 隧 蜂

名师导读

隧蜂是制作“甜点”的高手，它们用这种“小点心”来养育子女。但狡猾的小飞蝇十分胆大，竟敢公然挑衅，大吃白食。

你了解隧蜂吗？你大概是不了解的。这无伤大雅，即使你不了解隧蜂，照样可以品尝人生的种种温馨甜蜜。然而，只要努力地去了解，这些不起眼的昆虫就会告诉我们许多奇闻趣事，而且，如果我们对这个纷繁的世界拓宽一点我们的知识面的话，同隧蜂打打交道并不是什么让人鄙夷不屑的事。既然我们现在有空闲的时间，那就了解了解它们吧。它们是值得我们去了解的。

怎么识别它们呢？它们是一些酿蜜工匠，体形一般较为纤细，比我们蜂箱中养的蜜蜂更加修长。它们成群地生活在一起，身材和体色又多种多样。有的比一般的胡蜂个头儿要大，有的与家养的蜜蜂大小相同，甚至还要小一些。这么多的种类，会让没经验的人无法分辨，束手无策，但是，它们有一个特征是永远不会改变的。任何隧蜂都清晰可辨地烙有本品种的印记。

你看看隧蜂肚腹背面腹尖上那最后一道腹环。如果你抓住的是一只隧蜂，那么其腹环则有一道光滑明亮的细沟。当隧蜂处于防卫状态时，细沟则忽上忽下地滑动。这条似出鞘兵器的滑动槽沟证明它就是隧蜂家族之一员，无须再去辨别它的体形、体色。在针管昆虫属中，其他任何蜂类都没有这种新颖独特的滑动槽沟。这是隧蜂的明显标记，是隧蜂家族的族徽。

四月份，工程谨慎小心地开始了，若不是地面出现了一些新的小土包，外面是一点也看不出来的。外面工地上没有一点动静。工匠们极少跑到地面上来，因为它们在井下的活计十分地繁忙。有时候，这儿那儿，有这么一个小土包的顶端晃动起来，随即便顺着圆锥体的坡面滑落下去，这是一个工匠造成的，它把清理的杂物抱出来，往土包上推，但它自己并没露出地面。眼下，隧蜂只忙乎这种事。

五月带着鲜花和阳光到来了。四月里挖土方的工人现在变成了采花工。我无论何时都能够看见它们待在开了天窗的小土包顶上，个个都浑身沾满黄花粉。个头儿最大的是斑纹蜂，我经常看见它们在我家花园小径上筑巢建窝。我们仔细地观察了一下斑纹蜂。每当储存食物的活计干起来的时候，总会不知从何处突然来了这么一位吃白食者。它将让我们目睹强抢豪夺是怎么回事。

这一拟人的写法将昆虫的生活比拟成人类社会，分工得当，秩序井然。

五月里，上午十点钟左右，当斑纹蜂储备粮食的工作正干得欢时，我每天都要去察看一番我那“人口稠密”的昆虫小镇。我在太阳地里，坐在一把矮椅子上，弓着腰，双臂支膝，一动不动地观察着，直到吃午饭时为止。引起我注意的是一个吃白食者，是一种叫不上名字的小飞虫，但对隧蜂来说，它是一个凶狠的暴君。

这歹徒有名字没有？我想应该是有的，但我却并不太想浪费时间去查询这种对读者来说并没多大意义的事情。花时间去弄清枯燥的昆虫分类词典上的解说，倒不如把清楚明白地叙述的事实提供给读者为好。我只需简略描绘一下这个罪犯的体貌特征就可以了。它是一种身长五毫米的双翅目昆虫，眼睛暗红，面色白净，胸廓深灰，上有五行细小黑点，黑点上长着后倾的纤毛，腹部呈浅灰色，腹下苍白，爪子系黑色。

读书笔记

在我所观察过的隧蜂的经历中，这个吃白食者的数量很多。它常常蜷缩在一个地穴附近的阳光下静候着。一旦隧蜂收获归来，爪上沾满黄色花粉，它便冲上前去，尾随隧蜂，前后左右飞来转去，紧追不舍。最后，隧蜂突然钻入自家洞中，这双翅目食客也随即迅疾落在洞穴入口附近。它一动不动，头冲着洞门，等待着隧蜂干完自己的活计。隧蜂终于又露面了，头和胸廓探出洞穴，在自家门前停留片刻。那吃白食者仍旧纹丝不动。

它们常常是面对面，间隔不到一指宽。双方都不动声色。隧蜂没有戒备伺机偷食的食客，至少，其外表之平静让人作如是想；而食客也丝毫没有担心自己的大胆行为会受到惩罚。面对一根指头就能把它压扁的巨人，这个侏儒却仍旧岿然不动。

我本想看到双方有哪一方表现出胆怯来，但却未能如愿：没有任何迹象表明隧蜂已知自己家里有遭到打劫之虞；而食客也没有流露出任何会遭到严厉惩处的担心。打劫者与受害者双方只是互相对视了片刻而已。

巨大的宽宏大量的隧蜂只要自己愿意，就可以用其利爪把这个毁其家园的小强盗给开膛破肚了，可以用其大颚压碎它，用其螫针扎透它，但隧蜂压根儿就没这么干，任由那个小强盗血红着眼睛盯住自己的宅门，一动不动地待在旁边。隧蜂表现出这种愚蠢的宽厚到底是为什么呢?

隧蜂飞走了。小飞蝇立刻飞进洞去，大大方方地，像进自己家门似的。现在，它可以随意地在储藏室里挑选了，因为所有的储藏室都是敞开着的；它还趁机建造了自己的产卵室。在隧蜂归来之前，没有谁会打扰它。让爪子沾满花粉，胃囊中饱含蜜汁，是件颇费时间的活计，而私闯民宅者要干坏事也必须有充裕的时间。但罪犯的计时器非常精确，能准确地计算出隧蜂在外面的时间。当隧蜂从野外返回时，小飞蝇已经逃走了。它飞落在离洞穴不远的地方，待在一个有利位置，瞅准机会再次打劫。

万一小飞蝇正在打劫时，被隧蜂突然撞见，会怎么样呢?出不了大事的。我看见一些大胆的小飞蝇跟随隧蜂钻入洞内，并待上一段时间，而隧蜂则正在调制花粉和蜜糖。当隧蜂掺兑甜面团时，小飞蝇尚无法享用，于是它便飞出洞外，在门口等待着。小飞蝇回到太阳地里，并无惧色，步履平稳，这就明显地表明它在隧蜂工作的洞穴深处并未遇到什么麻烦事。

如果小飞蝇太性急，太讨厌，围着糕点转个不停，后颈上准会挨上一巴掌，这是糕点主人会有的举动，但也就仅此而已。盗贼与被偷盗者之间没有严重的打斗。这一点，从“侏儒”步履平稳、安然无恙地从忙着干活儿的“巨人”的洞穴出来的样子就可以看得出来。

当隧蜂无论满载而归或一无所获地回到自己家中时，总要迟疑片刻，它迅速地贴着地面前后左右地飞上一阵。它的这种胡乱飞行让我首先想到的是，它在试图以这种凌乱的轨迹迷惑歹徒。它这么做确实是必要的，但它似乎并没有那么高的智商。

它所担心的并非敌人，而是寻找自家宅门时的困难，因为附近小土包一个又一个，相互重叠，昆虫小镇又街小巷窄，再加上每天都有新的杂物清理出来，小镇面貌日日有变。它的犹豫不决明显可见，因为它经常摸错了门，闯到别人家中。一看到门口的细微差异，它立刻知道自己走错门了。

于是，它重又努力地开始弯来绕去地探查，有时突然飞得稍远一点。最后终于摸到自家宅穴。它喜不自胜地钻了进去，但是，不管它钻得有多快，小飞蝇还是待在其宅门附近，脸冲着门口，等待着隧蜂飞出来后好进去偷蜜。

当屋主人又出了洞门时，小飞蝇则稍稍退后一点，正好留出让对方通过的地方，仅此而已。它干吗要多挪地方呀？二者相遇相安无事，如果不知道一些其他情况的话，你是想不到这是窃贼与屋主人间的狭路相逢。

小飞蝇对隧蜂的突然出现并没有惊慌失措，它只是稍加小心了点而已。同样，隧蜂也没在意这个打劫它的强盗，除非后者跟着它飞，纠缠于它。这时，隧蜂一个急转弯就飞远了。

吃白食者此刻也处于两难境地。隧蜂回来时蜜汁在其嗉囊中，花粉沾在其爪钳里，蜜汁盗贼吃不着，而花粉尚无定型，是粉末状的，也进不了口。再者，这一点点花粉也不够塞牙缝的。为了集腋成裘制成圆面包，隧蜂要多次外出去采集花粉。必需材料采集齐备之后，隧蜂才用大颚尖掺和搅拌，再用爪子将和好的面团制成小丸。如果小飞蝇把卵产在做小丸的材料上，经这么一番揉捏，那肯定是完蛋了。

所以，小飞蝇的卵要被产在做好的面包上面，因为面包的制作是在地下完成的，吃白食者就必须进入隧蜂的洞宅之中。小飞蝇贼胆包天，果真钻下去了，即使隧蜂身在洞中也全然不顾。失主要么是胆小怕事，要么是愚蠢的宽容，竟然任窃贼自行其是。

小飞蝇悉心窥探、私闯民宅的目的并不是想损人利己，不劳而获，它自己就可以在花朵上找到吃的，而且并不费事，比这么去偷去抢要省劲儿得多。我在想，它跑到隧蜂洞中也就是想简单地品尝一下食物，知道一下食物的质量如何，仅此而已。它的宏大的、唯一的要事就是建立自己的家庭。它窃取财富并非为了自己，而是为了自己的后代。

我们把花粉面包挖出来看看，将会发现这些花粉面包经常是被糟蹋成碎末状，白白地浪费了。散落在储藏室地板上的黄色粉末里，我们会看见有两三条尖嘴蛆虫蠕动着，那是双翅目昆虫的后代。有时与蛆虫在一起的还有真正的主人——隧蜂的幼虫，但却因吃不饱而孱弱不堪。蛆虫尽管不虐待隧蜂幼虫，但却抢食了后者最好的食物。隧蜂幼虫可怜兮兮，食不果腹，身体每况愈下，很快便一命呜呼了。其尸体变成了微小颗粒，与剩下的食物混在一起，成了蛆虫的口中之物。

可隧蜂妈妈在孩子遭难之时在干什么呢？它随时都有空去看看自己的宝宝的，它只要探头进洞，便可清楚地知晓孩子们的惨状。圆面包被糟蹋一地，蛆虫在钻来钻去，它稍看一眼就全清楚是怎么回事了。那它非把窃贼子孙弄个肚破肠流不可！用大颚把它们咬碎，扔出洞外，简直是轻而易举的事。可是愚蠢的妈妈竟然没有想到这么做，反而任由鸠占鹊巢者逍遥法外。

随后，隧蜂妈妈干的事更加愚蠢。成蛹期来到之后，隧蜂妈妈竟然像封堵其他各室一样把被洗劫一空的储藏室用泥盖封堵严实。这最后的壁垒对于正在变形期的隧蜂幼虫来说是绝妙的防护措施，但是当小飞蝇来过之后，你这么一堵，那可是荒唐透顶了。隧蜂妈妈对这种荒唐之举却毫不犹豫，这纯粹是本能使然，它竟然还把这个空房给贴上封条。我之所以说是空房，是因为狡猾的蛆虫吃光了食物之后，立即抽身潜逃了，仿佛预见到日后变成小飞蝇后会遇到一道无法逾越的屏障似的。在隧蜂妈妈封门之前，它们就已经离开了储藏室。

吃白食者既卑鄙狡诈，又小心谨慎。所有的蛆虫都会放弃那些黏土小屋，因为这些小屋一旦堵上，那它们就会被葬身其间。黏土小屋的内壁有波状防水涂层，以防返潮，隧蜂幼虫的表皮很敏感娇嫩，似乎对这种小屋倍感舒适，是其理想的栖身之地，然而蛆虫却并不喜欢。它们担心一旦变成小飞蝇，却被困在其中，所以便匆匆离去，分散在升降井附近。

我挖到的小飞蝇确实都在小屋外面，从未在小屋里面见到过它们。我发现它们一个一个都挤在黏土里的一个窄小的窝儿内，那是它们还是蛆虫时移居到此后营建的。来年春天，出土期来临时，成虫只需从碎土中挤出去就能到达地面了，这一点儿也不困难。

吃白食者的这种迫不得已的搬迁还有另一个也是十分重要的原因。七月里，隧蜂要进行第二次生育。而双翅目的小飞蝇则只生育一次，其后代此时尚处于蛹的状态，只等来年变为成虫。采蜜的隧蜂妈妈又开始在家乡小镇忙着采蜜，它直接利用春天建筑的竖井和小屋，这可大大地节约了时间！精心构筑的竖井房舍全都完好如初，只需稍加修缮便可交付使用。

如果生来就喜欢干净的隧蜂在打扫屋子时发现一只蝇蛹，会怎么样呢？它也许会把这个碍事的玩意儿当作建筑废料似的给处理掉。它会把这玩意儿用大颚夹起，把它夹碎，搬到洞外，扔进废物堆中。蝇蛹被扔到洞外，任凭风吹日晒，必死无疑。

我很钦佩蛆虫明智的预见，不求一时之欢快，而谋未来的安然无恙。有两个危险在威胁着它：一是被堵在死牢中，即使变成飞蝇也无法飞出去；二是在隧蜂修缮宅子后清扫垃圾时把它一块儿扔到洞外，任风吹雨打，抛尸野外。为了逃避这双重的灾难，在屋门被封堵之前和在七月里隧蜂清扫洞宅之前，它便先行逃离险境。

我们现在来看一看吃白食者后来的情况。在整个六月里，当隧蜂休闲的时候，我对我那昆虫众多的昆虫小镇进行了全面的搜索，总共有五十来个洞穴。地下发生的惨案没有一件逃过我的眼睛。我们一共四个人，用手把洞里挖出的土过筛，让土从手指缝中慢慢地筛下去。一个人检查完了，另一个人再重新检查一遍，然后第三个人、第四个人再进行两次复检。检查的结果令人心酸。我们竟然没有发现一只隧蜂的虫蛹，一只也没有。这隧蜂密集于此的街区，居民全部丧生，被双翅目昆虫取而代之。后者呈蛹状，多得无以计数，我把它们收集起来，以便观察其进化过程。

昆虫的生活季结束了，原先的蛆虫已经在蛹壳内缩小，变硬，而那些棕红色的圆筒却保持静止不动状态。它们是一些具有潜在生命力的种子。七月的似火骄阳无法把它们从沉睡中烤醒。在这个隧蜂第二代出生期的月份中，好像上帝颁发了一道休战圣谕：吃白食者停工休整，隧蜂和平地劳作。如果敌对行动接二连三，夏天同春天时一样大开杀戒，那么受害太深的隧蜂也许就要灭种了。第二代隧蜂有这么大一段休养生息期，生态的平衡也就得以保持了。

四月里，当斑纹隧蜂在围墙内的小径上飞来飞去，寻找一个理想地点挖洞建巢时，吃白食者也在忙着化蛹成虫。啊！迫害者与受迫害者的历法是多么的精确，多么的令人难以置信呀！隧蜂开始建巢之时，小飞蝇也已准备就绪：它那以饥饿之法消灭对方的故伎又重新开始了。

如果这只是一个孤立的情况，我们就不用去注意它了：多一只隧蜂少一只隧蜂对生态平衡并不重要。可是，不然！以各种各样的方式进行杀戮抢掠已经在芸芸众生中横行无度了。从最低等的生物到最高等的生物，凡是生产者都受到非生产者的盘剥。以其特殊地位本应超然于这些灾难之外的人类本身，却是这类弱肉强食的残忍表现的最佳诠释者。有人在心中想："做生意就是弄别人的钱。"正如小飞蝇心里所想："干活就是弄隧蜂的蜜。"为了更好地抢掠，人类创造了以战争这种大规模屠杀和绞刑这种小型屠杀为荣的艺术。

人们每个星期日在村中小教堂里唱诵的那个崇高的梦想："荣耀归于至高无上的上帝，和平归于凡世人间的善良百姓！"① 我们将永远也看不到它的实现。如果战争关系到的只是人类本身，那么未来也许还会为我们保存和平，因为那些慷慨大度的人在致力于和平。但是，这灾祸在动物界也极其肆虐，而动物是冥顽不化的，是永远不会讲道理的。既然这种灾祸是普遍现象，那也许就是无法治愈的绝症了。未来的生活令人不寒而栗，将会如同今日之生活一样，是一场永无休止的屠杀。

于是，人们便挖空心思，终于想象出来一个巨人，能把各个星球把玩于股掌之中。他是无坚不摧的力量的化身，他也是正义和权力的代表。他知晓我们在打仗，在杀戮，在放火，野蛮人在获得胜利；他知晓我们拥有炸药、炮弹、鱼雷艇、装甲车以及各种各样的高级杀人武器；他还知晓包括草民百姓在内的人们因贪婪而引起的可怕的竞争。那么，这位正义者，这位强有力的巨人，如果他用拇指按住地球的话，他会犹豫着不把地球按碎吗？

他不会犹豫的，但他会让事物顺其自然地发展下去的。他心中也许会想："古代的信仰是有道理的，地球是一个长了虫的核桃，被邪恶这只蛀虫在啃咬。这是一种野蛮的雏形，是朝着更加宽容的命运发展的一个艰难阶段。我们顺其自然吧，因为秩序和正义总是排在最后的。"

名师注解

① 原文为拉丁文。

## 精华赏析

作者以隧蜂和小飞蝇之间的生态关系来比照人类社会，阐述了其对战争和信仰的思考。将动物世界与人类社会联系起来，这种写作方法并不少见，但很少有人像作者这样观察得细致入微。在隧蜂的整个生命过程中，作者选取了最重要的阶段进行观察：筑窝、采蜜、被吃白食，串起了隧蜂一系列最有特点的行为。同时，作者还对隧蜂的敌人进行了同样细致的观察。

## 延伸思考

阅读本文后，结合作者在文中发出的感想，请你说说，隧蜂被小飞蝇掠夺食物，隧蜂幼虫被小飞蝇幼虫伤害，却为何听之任之？

# 隧蜂门卫【精读】

名师导读

隧蜂们在家中出入秩序井然，这要归功于隧蜂门卫——隧蜂外婆。它们是住所的建造者，后来又成了住所的保卫者。

初春时节由孤独的隧蜂单独挖好的住所，到夏季来临时便成了全家人的共同财产。地下有将近一打的蜂房。可从这些蜂房里出来的全是雌蜂。这是我饲养的那三种隧蜂的共同规律。它们每年繁殖两代。春天出生的一代全是雌蜂；而夏季出生的一代则有雌有雄，而且雌雄数量几乎相等。

结合上一章对小飞蝇繁殖期的描述，读者可以知道隧蜂的种群基本可以保持雌雄数量平衡。

隧蜂家庭成员的减少，并非因事故所致，而是由饥不择食的小飞蝇造成的。隧蜂全家有一打姐妹（只是姐妹），个个勤劳，人人都能无需性伙伴而生儿育女。另外，隧蜂妈妈的住处绝不是一间破屋陋室，其住宅的主要部分是出入通道，清除一点瓦砾之后就可以进出。这就节省了对于隧蜂而言极其宝贵的时间。洞底的蜂房是一些黏土小屋，也几乎是完好无损的，如要加以利用，只需用细毛刷轻轻清理一下即可。

那么，在有同等权利的幸存的雌蜂中，谁将继承这所住宅呢？根据死亡的概率，继承者应有六七只或更多一点。隧蜂妈妈的住宅将属于谁呢？它们之间根本不为这事争吵。妈妈的宅子被认为是共有财产，这是无可争议的。隧蜂姐妹们从同一个通道平静地钻进钻出，去忙各自的活计，从不你争我夺。

在井的底部[1]，每个隧蜂姐妹都有自己的一小块领地，那是一些新近挖好的一个个蜂房，因为旧的蜂房已被占用，现在数量不够用了。在这些属于私产的凹室里，每个隧蜂姐妹都在一旁干活儿，看守着自己的财产，严守自己的隐私。其他的地方全都是可以自由往来的。

隧蜂忙着干活儿时进进出出的景象煞是好看。一只采花粉的雌蜂从田野归来，毛茸茸的爪子上沾满了花粉。如果洞门无蜂进出，它便立刻钻进地下去。在门口稍停片刻纯属浪费时间，而活儿不等人。有时候，有好几只间隔不久，相继而来。通道太狭窄，容不下两只同时进出，特别是要避免相互摩擦，蹭掉了各自爪子上的花粉，于是离洞口最近的就赶快钻入，其他的隧蜂则在门口按先后次序排好，不挤不拥，等着轮到自己进入。第一只一钻入地下，第二只便紧随其后，然后第三只、第四只，一只一只地快捷地跟着钻入地下。

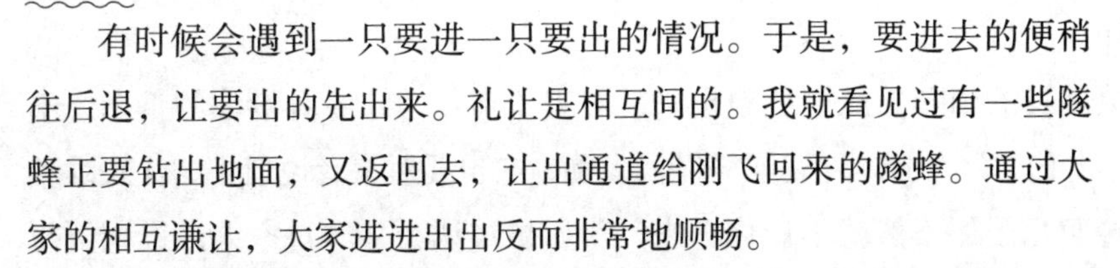

名师点评

隧蜂干活儿时“好看”的景象，主要体现在惜时和守序两个方面。后文中还有很多句子也表现了相同的内容，请画出来。

有时候会遇到一只要进一只要出的情况。于是，要进去的便稍往后退，让要出的先出来。礼让是相互间的。我就看见过有一些隧蜂正要钻出地面，又返回去，让出通道给刚飞回来的隧蜂。通过大家的相互谦让，大家进进出出反而非常地顺畅。

我们再仔细地观察，还有比这种进出的良好秩序更好的哩。当一只隧蜂在花间采集归来时，我看见一种关闭屋门的活门突然降了下去，让通道可以通行。当到来的隧蜂一钻进门里，活门又升回到原先的位置，几乎与地面持平，又关上了。有隧蜂出来，活门也同样操作。活门从后面推顶，往下降去，门就启开，隧蜂便可飞出。隧蜂一飞出来，门又重新关上。

这个在隧蜂每次飞进或飞出时在井坑圆柱体内像活塞似的或升或降、或开或闭的活门到底是什么东西？这是一只隧蜂，它已成了宅子的看门人。它用自己的大脑袋在前厅上面形成一道无法逾越的

名师点评

设问的修辞方法，先提出问题，引起读者的兴趣和好奇，再指出答案。这样的写法有效地吸引了读者的注意力。

名师注解

① 上一章提到过，隧蜂在春天开始建造竖井和小屋。

障碍。如果宅子里有谁要进来或出去，“它就拉动绳子”，也就是说，它就退至通道的一处较宽、可以容下两只隧蜂的地方。对方通过之后，它便立即回到洞口，用脑袋把洞口堵住。它一动不动，用目光搜索着，只有在驱赶那些不知趣的家伙时它才离开自己的岗位。

我们趁它飞出来的这一短暂时刻仔细观察一番。它看上去与其他现在正忙着采集花粉的隧蜂一模一样，不过，它已秃顶，衣服破旧，已无光泽。在其半脱毛的背部，漂亮的褐色与棕红相间的斑马纹腰带几乎已丧失殆尽。它的这身因长期干活而破损的衣服明白无误地告诉了我们一些情况。

在洞口站岗放哨看门守屋的这只隧蜂比其他的隧蜂年岁大。它是这个住宅的建造者，是现在正在忙着采集花粉的隧蜂姐妹们的妈妈，是现在还是幼虫的隧蜂们的外婆。三年前，当它还是个花季少女时，它单枪匹马地拼命干活儿，累得精疲力竭。现在，它的卵巢已经萎缩，它该休息了。不，“休息”一词在此运用不当。它还在干活儿，它在为这个家尽自己的绵薄之力。它已经不能再生儿育女，便当上了看门人。它为自己的家人开门关门，把陌生人拒之门外。

谨慎多疑的山羊羔从门缝望出去，对狼说道：“让我看看你的爪子，不然我就不开门。”[①] 隧蜂外婆同样谨慎多疑，它也要对来者说道：“让我瞧瞧你的隧蜂黄爪子，不然就不让你进来。”如果被认为并非自家人，谁也甭想进得洞来。

我们就来看看。一只蚂蚁路过洞穴附近。蚂蚁是个厚颜无耻的亡命徒，它很想知道洞底下为何有蜜的甜香味飘上来。隧蜂看门人脖子一扭，意思是说：“滚开，不然要你的命！”通常，这种威吓的动作就足够了。蚂蚁见状赶紧走开。如果它赖着不走，隧蜂看门人便会飞出洞来，向那大胆狂徒扑过去，推搡它，驱赶它。把它赶跑之后，隧蜂看门人便立刻回到哨位，继续站岗放哨。

现在我们来谈谈切叶蜂。切叶蜂不谙挖洞技巧，便学着同胞的样儿，使用一些别的蜂留下的旧通道。当春天的小飞蝇把隧蜂的地下通道掏得空空荡

名师注解

① 引自法国17世纪寓言诗人拉·封丹的寓言《狼、山羊和山羊羔》。

荡的时候，这通道对于切叶蜂来说就很合适了。切叶蜂在寻找一处可以堆放其用刺槐叶制作的羊皮袋似的住所时，经常绕着我的隧蜂小镇飞来飞去，寻寻觅觅。它觉得有一个洞穴挺合适的。但是，在它落地之前，它的嗡嗡声已经被隧蜂看门人察觉了，只见后者突然飞出，在其门口做了几个手势。这就够了，切叶蜂立刻就明白了，赶紧离去。

有时候，切叶蜂还有时间迅疾落下，将头探入井口。隧蜂看门人立即出现，脑袋稍稍抬起，把洞口堵住。随即出现一种不太严重的对峙。外来者很快便明白这个洞穴已有主儿了，不可冒犯，也就不再坚持，到别处寻觅住所去了。

我曾亲眼看到一个老窃贼——切叶蜂的寄生虫媚态尖腹蜂，被猛烈地推搡了一阵。这个冒失鬼原以为自己钻入的是切叶蜂的住所。它弄错了，它遇上了隧蜂看门人，受到严厉惩戒。它赶忙溜之大吉。其他的那些或因忙中出错，或因野心勃勃而欲闯入隧蜂洞穴的昆虫也遇到了同样的对待。

在隧蜂外婆们之间，也是同样地互不相容。将近七月中旬，当隧蜂小镇热闹繁忙的时候，有两种隧蜂是很容易辨认的：年轻的隧蜂妈妈和隧蜂老媪。隧蜂妈妈数量更多，体轻身健，衣着鲜艳，不停地从田野到洞穴，从洞穴到田野地飞来飞去。而隧蜂老媪则面容枯槁，无精打采，懒散闲淡地从一个洞穴逛到另一个洞穴，让人看着好像是迷失了路径，摸不着自己的家门了。它们这么游来荡去的是怎么回事？我看见它们一个个都一副伤心痛苦状，由于春天的可恶的小飞蝇干的好事它们已无家可归了。很多洞穴被扫荡一空。夏季来临，隧蜂外婆孤身一人，只好离开自己那已成空房的家屋，去寻找一处有摇篮需看护、有岗要站的住宅。但是，这些幸福的家庭已经有了自己的守卫，亦即其创建者，它紧把着自己的权利，对于自己无业的邻居十分冷漠。一个哨兵足矣，两个哨兵的话，哨位太小，容纳不下。

有时候我还能看到两位隧蜂外婆在争吵。当寻找职业的游荡者突然来到大门前的时候，那位合法的看守者并不离开自己的哨位，不像见到自己的孩子从田野回来那样，退回到过道里去。它绝不让出通道，并用爪子和大颚进行威胁。对方也不示弱，仍旧想要闯入。双方便推搡起来。争斗会以外来者的失败而告终，失败者只好去别处找茬儿寻衅了。

这些小场景让我们从斑马纹隧蜂的习性中隐约看到某些极有意思的细

节。春季筑巢做窝的隧蜂妈妈一旦工程完工，就不再走出家门。它要么隐于狭小肮脏的洞穴深处，一心一意地干些琐碎的家务活儿，要么懒洋洋地等待着孩子们的出世。夏日炎炎，隧蜂小镇又一片繁忙热闹时，外面采集的活儿用不着它去干，它只好在前厅入口处站岗放哨，只许自己外出劳作的孩子们进入，不许别有用心的歹徒有非分之想。没有隧蜂外婆的许可，谁也甭想入内。

没有任何迹象表明，这个警惕的门卫擅离过职守。我从未见过它离开家门，去花间大快朵颐，以恢复体力。它年事已高，看家护院的活儿也不很累，也许就用不着吃什么东西。也许孩子们采集归来，时不时地从自己的胃囊中吐出一点儿来给它。不管吃与不吃，反正隧蜂外婆是不再出门了。

但是，它却需要有天伦之乐。它们当中有不少已无家庭欢乐了。双翅目小飞蝇把它们的家洗劫一空。被洗劫者们只好撇弃那已空空荡荡的洞穴。衣衫褴褛忧心忡忡地在隧蜂小镇四处游荡的正是它们。它们并不走远，更经常的是待在原地一动不动。它们因而变得脾气暴躁，粗暴地对待他人，竭力赶走别人。它们就这样一天一天地变少，变衰弱，最后消亡。它们的下场是什么？小灰蜥蜴一直在窥伺着它们，拿它们饱了口福。

那些安居于自己领地中、看守着自己的孩子们劳作的制蜜作坊的隧蜂，始终保持着高度的警惕，一丝不苟。我同它们接触越多，就愈发地钦佩它们。清晨凉爽时，采集花粉的隧蜂们因找不到被太阳晒熟的花粉而闭门不出的时候，我就看见隧蜂门卫待在通道上端入口的自己的岗位上。它们一动不动地待在那儿，脑袋堵住入口，与地面持平，以防外来者侵入。如果我离得太近地观察它们，它们就稍稍后退，在暗处等着我这个不速之客离去。

上午八点至十二点，采集高峰时，我又来观察。由于采集女工们进进出出，一片繁忙，我就看见那扇门一会儿开一会儿关的，忙个不停。这时是隧蜂门卫最紧张最累的时刻。

午后，天气太热，花粉采集工们不再去田间野地里了。它们钻进住宅底部，油漆新建的蜂房，制作供虫卵变成幼虫后所需的圆面包。隧蜂外婆始终留在上面，用自己那光秃秃的脑袋堵住大门。即使天气再热，门卫也不能午睡，它必须保证全家人的安全。

夜幕降临或者更晚一些，我又回来观察。我凭借提灯的光亮又看到隧蜂门卫仍旧如白天一样地忠于职守。其他的隧蜂都休息了，而门卫却没有，它明显地是在担心夜间会出现危险，而这些危险只有它才了解。那么它最后会不会回到下一层的安静处去呢？有这种可能，因为这么长时间的全神贯注地看家护院非常累人，必须休息休息。

很明显，如此这般地守卫着的洞穴就可以避免类似于五月那使家庭大量减员的灾祸的发生。让盗窃隧蜂面包的窃贼小飞蝇现在来试试看！它的贼心不改，它的大胆妄为，绝逃不过时刻高度警惕着的门卫的，后者稍加威胁就能吓退来犯者，要是来犯者执意不走，那它非用大钳把来犯者夹碎不可。窃贼小飞蝇将不会来了，个中原委我们很清楚，因为到春回大地之前，它们都待在地下，处于蛹的状态。

但是，就算小飞蝇没了，可在蝇科这种低下层次的昆虫中，还有其他一些强盗。这些家伙什么坏事都干得出来，无所不用其极。可是，七月里，我在各个洞穴附近查看时就一个都没有撞见。这帮混账东西真是暗中偷盗的高手！它们多么了解隧蜂门口有门卫在把守着啊！对于它们来说，今天是没有机会了，所以一只蝇科昆虫都未出现，春天的那种灾祸未再降临。

隧蜂外婆因年岁大而免除了做母亲的烦恼，专司大门守卫、保护全家老小安全之职，这告诉我们在本能起源中突然出现的一些事。隧蜂外婆向我们展示了一种突然而至的才能。而这种才能，无论是在它自己过去的行为举止中还是在它女儿们的一举一动中都没有任何东西使我们能够猜测出来。

从前，当凶残的小飞蝇当着它的面闯入家中时，或者更经常的是，当小飞蝇待在入口处，与它面面相对时，愚蠢的隧蜂竟然一动不动，甚至连吓唬一下这个红眼强盗都没有，而它本可以轻易地就把这个小侏儒制服的。它这是被吓住了吗？不会的，因为它仍然像没事似的忙着自个儿的事。不会的，因为强者不会就这么被弱者吓倒的。这是因为它对大祸临头一无所知，这是因为它愚不可及。

可是今天，三个月前还愚昧无知的隧蜂无师自通地非常了解危险之所在了。任何外来者，只要一出现，无论个儿大个儿小，无论属于哪一种属，一概拒之门外。如果肢体的威吓无济于事的话，隧蜂门卫就会跑出洞外，向赖着不走者扑过去。原先的胆小者现在无所畏惧了。

人的行为转变，通常是依靠其获得的经验教训，但隧蜂不是人类。作者在文中善于将昆虫与人类社会进行对照，但此处却加以区分。

怎么会有这种一百八十度的大转弯呢？我倒是希望这是因为隧蜂吸取了春天灾难的教训，从今往后便开始提防危险了；我也很想赞扬它受到经验教训的启迪转而学会担当门卫的重任。但是，我这种想法是错误的。如果说隧蜂是由于一点点的进步，终于学会了安排一个门卫来看家护院的话，那又怎么会对窃贼的担心时有时无呢？五月时节，它单枪匹马，的确无法长期把守大门，首当其冲的是要干家务活儿。但是，自它的家族遭受迫害时起，它至少是应该了解这种寄生虫——小飞蝇的，而且当后者每时每刻几乎都在自己的脚前爪下转悠时，甚至跑到自己的家中来时，它至少应该把窃贼赶走才对，但它并没有这么做。

读书笔记

所以，祖辈的深重苦难并没有给后代的平和性格留下任何本质的改变，而它亲身经历过的苦难与它七月里突然的警觉也毫不相干。动物与我们人一样，有自己的欢乐，也有自己的不幸。它疯狂地享受着欢乐，却很少去操心不幸之事，这不管怎么说，是动物享受生活的最佳方法。为了减轻苦难和保护家族，动物会受到本能的启迪，用不着凭什么经验或教训，隧蜂因此知道要设立一个门卫之职。

粮食准备充足之后，隧蜂便不再外出去采集花粉，也不再满载花粉而归，可这时候，隧蜂外婆仍一如既往地保持着警惕，坚守自己门卫的岗位。最后的准备工作就在地下洞穴中进行，那关系到一窝小隧蜂，各个蜂巢关闭了起来。直到所有的一切全部结束之前，洞口大门将始终被严密地把守着。然后，隧蜂外婆和隧蜂妈妈将离开家屋。它们毕生忠于职守，将去往我不知道的什么地方默默地死去。

自九月起，第二代隧蜂便出现了，既有雌蜂，也有雄蜂。

## 精华赏析

作者对隧蜂门卫的描写，表现了隧蜂高度的责任感。通过其对几个不同外来者的反应，表现出隧蜂外婆忠于职守，牢牢捍卫家庭安全，给人一种直观的感动。但作者并没有将这一行为夸大，引申出人类的相关情感；反而强调了昆虫在不同阶段的行为是出于不同的需要和本能。这是对本作品惯用的拟人手法的突破。

## 延伸思考

从文中可以看出，家对于昆虫也同样重要。享受天伦之乐的隧蜂外婆日夜看守家门，而无家可归的游荡者则命运凄惨。请你用自己的语言对相关内容进行复述。

# 灰毛虫

名师导读

砂泥蜂可以通过触角感知灰毛虫的存在，但其原理却让人百思不得其解。于是“我”亲自饲养了灰毛虫，想一探究竟。不过灰毛虫与砂泥蜂各自的食物链，让彼此的数量保持了动态平衡，对农作物意义重大，远远不是人类可以干预的。

我在前面详尽地叙述了砂泥蜂捕捉毛虫的过程。我觉得我所观察到的情况有着重要的意义，即使我那荒石园昆虫实验室不再为我提供任何东西，那么，光是这一次的观察就足以弥补一切了。膜翅目昆虫为了制服灰毛虫所采取的“外科手术”，简直是达到了登峰造极的程度，我迄今为止尚未见到在本能方面胜过它的。它的这种天生的本领真的让人刮目相看呀！它的这种本领难道不足以引起我们的深思吗？砂泥蜂宛如无意识的生理学家，它具有多么巧妙的逻辑，多么准确稳健的本领啊！

如果谁想要看到这种奇迹，那绝不是在田野里悠闲地散散步就能碰巧遇到的，就算是真的出现了这种大好机会，你也来不及利用。我可是花了整整五个钟头，而且始终坚守在那里，即使如此，也未能完成计划中的实验项目，因此，如果想要很好地完成这种观察实验，就必须在自己家中，利用空闲时间来进行。

按照砂泥蜂的工作顺序来观察它的捕猎情况，首先就必须考虑一个问题：砂泥蜂这种膜翅目昆虫是如何发现灰毛虫在地下的藏身处的？

从表面上看，至少用眼睛去观察，没有任何的迹象表明毛虫就藏在那儿。毛虫的藏身处可以是光秃秃的土地或者是长着草的地方，可以是满是石头或泥土的地方，也可以是连成一片的土地或裂隙小缝。地面的这种种不同，对捕猎者砂泥蜂来说，无关紧要，它搜索所有的地方，而不是专门喜欢搜索某一处。不管它停在何处，并搜索了多长时间，我都看不出那个地方有何与众不同，但是，恰恰是在那儿，一定会有一只灰毛虫藏着。我前面的叙述已经指出了这一点，我曾经接连五次在砂泥蜂的指引下，找到了灰毛虫，而砂泥蜂却因无力深挖下去，前功尽弃，而十分地沮丧。因此，我可以肯定，这绝不是视觉的问题。

那么，到底是它的什么器官在起作用呢？是它的嗅觉吗？我们来看一下相关情况。进行搜索的器官是触角，这一点是已经证实了的。触角的末端弯成弓形，不断地在颤动着，昆虫便用它来轻巧而快速地拍击土地。如果发现有缝隙，它便把颤动的细丝伸进缝隙中去进行探查；如果一簇禾本植物的根茎像网似的蔓延在地面上，它便加紧抖动触角，以搜索根茎网里凹陷的地方。触角的末端彼此贴在一起这么一会儿，在所探索的地方，犹如两根有触觉的丝条或两个活动自如的手指，通过触摸，了解情况。但是，光这么触摸是查不出来地下到底有什么的，因为它要寻找的是灰毛虫，可这灰毛虫却躲在地下好几寸深的洞穴中。

于是，我们便会想到嗅觉器官。毫无疑问，昆虫的嗅觉器官十分发达。埋葬虫、扁甲虫、阎虫、皮蠹等“食尸者”昆虫，就是靠着自己的嗅觉，才会急匆匆地赶往有一只死鼹鼠的地方去。

如果说昆虫确实拥有较强的嗅觉器官，那么就必须知道它的嗅觉器官究竟生在它身体的哪一部位。有许多人肯定地说，是长在它的触角里。即使这种说法不无道理，但我们仍很难理解，由角质的环一节一节连接而成的一根“茎”怎么会起到鼻子的功能作用呢？因为鼻子的构造与触角可是大不相同的。鼻子与触角是两个毫无相同之处的器官组织，怎么会产生出相同的感觉来呢？譬如工具不同，它们的功用能一样吗？

再说，就我们所说的这种膜翅目昆虫来说，就我们所观察到的那种膜翅目动物而言，我们就可以对上述的说法提出异议来。嗅觉是一种被动的器官，而不是主动的器官：它是在等到气味传来时，就接受下来，而不像触角似的主动器官，主动去感觉，主动去探查气味在哪儿散发。砂泥蜂的触角就是在不停地动着，它这是在探查，在主动地去感觉。那它究竟是在感觉什么呢？如果说它确实是在感觉气味的话，那么它完全可以一动不动，这要比它动个不停的感觉效果要强得多。

再说，如果没有气味，也就谈不上什么嗅觉了。我曾经亲自拿毛虫做过实验，我让鼻子比我尖，比我敏感得多的年轻人也去闻闻毛虫，我们大家没一个人闻到毛虫散发出什么气味的。狗鼻子很灵，这是人人皆知的。但是，当狗用鼻子拱地，进行探查时，它是受到块茎的香气吸引的，这香味我们即使透过厚厚的土层也能闻到。我承认，狗的嗅觉确实比人的嗅觉灵敏，它可以闻得更远更广，它所接受的感觉更加地强烈而且更加地持久，但是，它是由于散发的气味而产生感觉的，而这种气味，在距离不算太远时，我们人的鼻子也能感觉得出来。

如果大家硬要坚持，我也可以同意砂泥蜂具有跟狗同样灵敏甚至更加灵敏的嗅觉，但这也同样需要有气味散发出来才行呀，所以，我觉得，人的鼻子凑上去都闻不到其气味的毛虫，砂泥蜂又如何能够透过厚厚的土层闻得到呢？无论是人，还是其他的动物，还是纤毛虫，如果其感官具有同样的功能的话，那其感官就有同样的刺激体。在绝对黑暗的环境中，就我所知，人也好，其他的动物也好，都是无法看清东西的。当然，动物的敏锐性一般来说是一样的，但感受力的程度却有差异，有的动物感受力就强，有的就很弱；有的东西，某些动物可以感觉得到，而有些动物就感觉不到。这一点是毋庸置疑的，而一般来说，昆虫的嗅觉感受力好像并不是很强，它并不是靠着敏锐的嗅觉感受到气味的。

再有，就是听觉的问题了。靠这种器官功能，昆虫也无法很好地探查猎物。昆虫的听觉器官长在何处？有人说是长在触角里。确实，昆虫那些敏锐的触角受到声音刺激好像全部在颤动着。用触角探查的砂泥蜂可能是由于从地下传来的轻微响动，比如猎物用大颚啃噬草根的声响，毛虫扭动身躯的声响，而知道猎物藏在何处。可是，这种声响真的是极其微弱的，而要透过有吸音作用的土层传到外面来，那简直是不可思议的事！

而且，这所谓的声响，不仅是极其微弱，而且常常是根本没有。灰毛虫是在夜间活动的，而白日里，它则是蜷缩在洞穴中，一动不动。它也不啃噬任何东西，至少我按照砂泥蜂指引的方位挖到的灰毛虫没啃噬什么东西，再说，也没什么东西可以让它啃噬的。它在一个没有树根的土层里一动不动地待着，安安静静，不发出一点声响。听觉也跟嗅觉一样，完全被排除了。

这么一来，问题又出现了，而且更加地说不清道不明。砂泥蜂到底是怎么辨别出地下藏着灰毛虫的方位的呢？毫无疑问，触角是给砂泥蜂引路的器官。但是，触觉并不是起到嗅觉作用的器官呀，除非大家同意如下的看法：这些触角虽然又干又硬，其表面并无丝毫通常器官所需要的纤细结构，却能感觉得出来我们根本就无法闻到的气味。如果真的如此，那就是在承认粗糙的工具也能制造出精美的作品来。触角因无声音可听，也就起不了听觉器官的作用。那么，触角到底在起什么作用呢？这个问题我无法解答，我现在不清楚，将来是否能搞清楚，我也不敢奢望。

一般来说，我们倾向于——也许只能如此了——用知其然，不知其所以然的尺度去衡量世间万物；我们把自己的感知手段赋予动物，而根本就没有想到动物很可能拥有其他的手段。而我们对它们的手段不可能具有明确的概念，因为我们与它们之间没有什么相类似的地方。我们不知道它们的感知是怎么一回事，如同我们双眼失明，对于颜色就一无所知一样。难道我们敢保证我们对于物质全部掌握得一清二楚，没有什么不明白的地方了吗？难道我们敢确定，对于有生命的物体来说，感觉只是凭借着光线、声音、气味、香气以及可触摸的特性显示出来的吗？物理学和化学尽管属于年轻的科学，但是，它们却已经向我们证明，我们所不了解的黑色中含有着大量的物质是可以提取的。一种新的官能，也许就存在于菊头蝙蝠那迄今为止一直被认为很怪诞的鼻子里。一种新的官能，可能在砂泥蜂的触角里就存在着。它的触角为我们的观察研究揭示了一个我们的肌体结构肯定永远也不会让我们想到要去探索的世界。物质的某些特性，在人的身上虽然没有产生能够让人感受到的作用，那么，在具有与人不同官能的动物身上，难道就不可能产生一种反应吗？

斯帕朗扎尼①曾经在一间房间里，扯起许多条绳子，而且还堆上几堆荆棘，把房间变成了一座迷宫。然后，他把瞎蝙蝠放到这间迷宫里来。这些瞎蝙蝠彼此认识，飞起来速度很快，在迷宫里飞来飞去，但却碰不到他所设置的重重障碍。原因何在？是什么类似于我们人的器官在指引着它们？有谁能

名师注解

① 斯帕朗扎尼(1729 — 1799 年)：意大利生物学家。

告诉我这一奥秘？我也想弄清楚砂泥蜂是如何借助自己的触角准确无误地找到灰毛虫的藏身地点的。请不要说这是其嗅觉使然。如果非要说是因为嗅觉的缘故，那么就得假定它的嗅觉简直是灵敏得令人惊叹了，同时还得承认，它所拥有的器官好像根本就不是用来感知气味的。

如果砂泥蜂的行为只是一件孤立的事实，那我也就不必在前面浪费笔墨，大费周章了。不过，我们现在还是先来谈谈灰毛虫吧。我们有必要更加详尽地了解这种毛毛虫。我有四五只灰毛虫，是我在砂泥蜂为我指引的洞穴深处用刀子挖到的。我原打算用它们来逐一替换作为牺牲品贡献的猎物，以便仔细地看清砂泥蜂施行其外科手术的全过程。但是，我未能如愿，计划落了空。于是，我便把它们放进短颈大口瓶里，瓶底铺了一层土，再用生菜心覆盖起来。白日里，我的囚徒们一直躲藏在土里，只是到了晚上，它们才爬到土层上面来，一个个在生菜叶下啃噬着。到了八月，它们就全都躲在了土里，不再爬到土层上面来，各自在忙着编织自己的茧。那茧表面很粗糙，呈椭圆形，大小如小鸽子蛋一般。八月底，蛾子孵出来了，我认得出来，那是黄地老虎。

可见，毛刺砂泥蜂是用黄地老虎的毛虫来喂养自己的幼虫，而且它只是在具有地下生活习性的虫类中进行挑选。这些毛虫因为外表呈淡灰色，所以被通俗地称为灰毛虫。灰毛虫对农田作物和花园里的花草来说是极其可怕的害虫。它们白天躲藏在地底下，夜晚爬到地面上来，啃噬草本植物的根茎，无论是装饰性植物还是蔬菜瓜果，它们全都不放过。它们把花圃、菜地、农田糟蹋祸害个够。你如果发现一棵苗好端端地便枯萎了，轻轻地把它扯出来，就会发现，它的根已经被咬断了。这帮贪婪而讨厌的灰毛虫，夜晚从田间地头经过，用其大颚毫不客气地把秧苗给咬断。它所造成的破坏与白毛虫(也就是鳃角金龟)的幼虫不相上下。如果它在甜菜地里大量地繁殖的话，那损失可就更加地不得了了。而它的天敌正是砂泥蜂。砂泥蜂在自觉自愿地帮助我们消灭这祸害庄稼的可恶敌人。我把砂泥蜂在春天积极地寻找灰毛虫的事告诉了农民朋友们，让他们知道这位农田卫士能够帮助我们发现灰毛虫的藏身之地，把它们消灭掉。园子里只要有一只砂泥蜂存在，那么，一畦生菜或一花坛的凤仙花就能逃脱被毁灭的危险。但是，我的这种提醒并未引起农民们的重视。他们并没有想要消灭这种膜翅目昆虫，但是，他们也没有去帮助它们大量繁殖，以便把灰毛虫消灭干净。他们只是任由这种可亲可爱的膜翅目昆虫自由地飞来飞去，从一条小径飞到另一条小径，任由它们在花园的各个角落里查看搜索，飞到东飞到西的。

在绝大多数的情况之下，我们对昆虫是无能为力的。我们既无法在它们有害时把它们消灭干净，也不能在它们有益时对它们加以保护。人类能够挖凿运河把大陆切成一块一块，把两个海洋连接起来；人类能够开凿隧道，把阿尔卑斯山打通；人类能够有办法计算出太阳的质量；但是人类却无法阻止一个可恶的害虫在人类还未尝鲜时就先把红红的樱桃给啃啮掉了；人类也无法阻止这可憎可厌的家伙去毁灭葡萄园！泰坦[①]被俾格米人[②]打败了。力大无穷者却显得如此软弱无力，真是奇怪得不可思议！

但现在，我们在昆虫的世界里，有了一个机智聪颖的帮手，一个我们那可憎可恶的灰毛虫难以抗御的天敌。我们能否想点法子，帮助我们的这个助手在田地里和园子里繁衍，大批地生长？看来是没什么法子可想的，因为让砂泥蜂大量繁殖的首要条件就是需要先大量繁殖灰毛虫，因为后者是砂泥蜂的唯一的食粮。而喂养砂泥蜂可不是一件简单的事，因为它不像蜜蜂那样因群居生活的缘故而从不离开自己的窝巢，它更不是爬在桑叶上的愚蠢的蚕和它那笨拙的蛾子，拍拍翅膀，交配，产卵，然后死去。砂泥蜂迁徙无常，飞的速度快，有点天马行空，我行我素，不受任何约束。

再说，那首要的条件就让我们不敢存此幻想。我们若是想要繁殖帮我们寻找灰毛虫的砂泥蜂，那就得听任灰毛虫大量繁殖，酿成巨大的灾害，那我们也就陷进了恶性循环之中：为了益，求助于害。灰毛虫多了，砂泥蜂才能找到丰富的食物来喂养自己的幼虫，其家族才能兴旺；灰毛虫缺乏，砂泥蜂的后代就必然会减少，直至绝种。昌盛与衰亡的循环往复就是吞噬者与被吞噬者的比例平衡，这是大自然一条永恒的规律。

名师注解

① 泰坦：希腊神话中的巨人族，系天神乌拉纽斯和地神盖娅所生的十二个子女，六男六女。

② 俾格米人：小人国人。

## 精华赏析

本篇中，作者对问句的使用成为一大亮点，使读者对砂泥蜂和灰毛虫都充满了疑问，作者对砂泥蜂用触角找到灰毛虫的本领感到惊讶，用一系列疑问句激发起读者的好奇心，之后又将该本领来自砂泥蜂的听觉、嗅觉等传统感官的可能一一排除，除增强了知识的吸引力外，还提升了文学作品的悬念感。然后，作者又用一系列反问句，指出人类对动物神秘感官的认识非常狭隘。学会巧用问句，我们自己的作文也能增色不少。

## 延伸思考

请画出文中的疑问句和反问句，说说它们各自的作用。

# 松毛虫【精读】

名师导读

虽然有了雷沃米尔先生为松毛虫写的“历史”，“我”还是亲自进行了观察。这种毛虫的生活方式极为规律。它们的卵有着极具平衡美的几何结构。幼虫孵化后，它们集体生活、集体劳作和觅食，用丝铺就外出和回家的路。它们的关系还很平等，每个成员都能当首领，为大家引路。

这种毛虫已经拥有自己的一部“历史”，撰写者为雷沃米尔[1]先生。但是，由于条件所限，这位大师所撰写的这部松毛虫的“历史”存在着无法避免的缺憾。他所研究的对象是通过驿车从千里之外的波尔多，从荆棘丛生的荒野之中运来的。这种昆虫离开了它原来的生活环境，它向这位“历史学家”所提供的生活习性等方面的情况就大打了折扣。研究昆虫的习性，就必须就地进行，在它生活的区域进行长期的观察，因为它只有在自己的生活环境中才能尽显其天性。

而雷沃米尔先生用来进行实验和研究的对象，来自法国的西南部，对巴黎的气候环境非常陌生，不习惯，使研究者难以了解到它的许多生动有趣的情节。雷沃米尔先生当时研究松毛虫就是这么个情况。后来，他对另一种外来的昆虫——蝉进行研究时，情况依然如此。不过，他从荆棘丛生的荒野中所收集到的昆虫窝巢却是颇有研究价值的。

我所处的环境却对我的研究十分有利，于是，我对松树上成行成串地爬行着的松毛虫重新进行了观察研究。我在自己那荒石园昆虫实验地种了一些树，还特别地种了不少的荆棘，有几棵松树长得十分挺拔兀立，其中有阿勒

名师注解

① 雷沃米尔：18世纪初期法国著名昆虫学家。

普松和奥地利黑松。这些松树与荒野里的松树没有任何的不同。松毛虫占领它们，在上面编织了自己的大袋囊。这些树的叶子全都被它们糟蹋破坏得够呛，仿佛遭了火灾似的，令人气愤不已。为了保护树叶，我每年冬天都得仔仔细细地进行检查，用一根分叉的长板条一点一点地捋，彻底清除松毛虫的窝巢。

为了方便观察，我把三十来个松毛虫的窝安放在离我家大门几步远的地方。如果这些窝仍不够用，附近的松树仍可向我提供必要的补充。

我首先观察的是松毛虫的卵，雷沃米尔的书中没有提到过它。八月上旬，我便站在松树前，观察与我眼睛视线同一水平高度的松树树干，很快便会发现，这儿那儿，在松针丛中，一些微微呈白色的小圆柱体把郁郁葱葱的青枝绿叶给弄得斑斑点点的。那就是松毛虫蛾卵，一个圆柱体就是一个松毛虫母亲的一个卵群。

松树的松针成双成对地聚在一起。一对叶子的叶柄被如同手笼那样的圆柱体形物体包裹着。该物体长三毫米，宽四五毫米，外表如丝一般地柔软光滑，白中略显橙黄色，覆盖着鳞片。鳞片像屋瓦似的叠盖着，排列虽然较为整齐，但却不呈几何秩序，外观上看着犹如榛树未曾开花的柔荑花序一般。

鳞片几近椭圆，白色，半透明，底部略呈褐色，另一端则呈橙黄色。鳞片下端又短又尖，较为细小、散乱，上端则较宽大，像是被截去一段似的紧固在松针上。无论是风吹还是用刷子反复地刷，都无法让鳞片脱落。从下往上轻轻地扫拂这如同手笼似的圆柱体，那鳞片就会像是受到反向摩擦的浓毛一般竖立起来，并一直保持着这种竖立状；如果再朝相反方向摩擦，它们就立即恢复原状。另外，轻轻触摸鳞片的话，它们有如丝绒一般的柔软。它们一丝不乱地一片一片地互相贴附着，形成一个保护虫卵的保护层。一滴雨水、一颗露珠都无法渗透进这个“瓦片”保护层。

这个保护层是如何形成的呢？母松毛虫蛾蜕去身体的一部分来保护自己产下的卵。它把自己蜕下的皮壳为它的卵做成一个暖暖和和的被套。我们不妨在此引述一段雷沃米尔大师的话：

雌松毛虫蛾身体的尾部有一块发光片。我第一次发现时，它的形状与光泽就引起了我的注意。我拿一根大头针去触碰它，观察它的结构。大头针刚这么一触碰，便立即产生一个令我颇为惊奇的小小的现象：我看见大量闪闪发亮的小碎片分离开来，四处散落，有的向上飘去，有的向两旁飞落，其中最坚固的那一片，随着一些小片片轻轻地落在了地上。

我所称之为小碎片的那些东西，全都是薄而又薄的薄片，有点像是蝴蝶翅膀上的鳞片，但却比后者要大得多。雌松毛虫尾部那块引人瞩目的板片，其实是一个鳞片堆，是一个奇妙的鳞片堆。雌松毛虫似乎是用这些鳞片来覆盖住自己的虫卵的。这是我自己的推断，因为它们并没有告诉我它们是不是用这些鳞片来覆盖自己的虫卵，也没有告诉我其尾部的这个鳞片堆是派什么用场的。不过，可以肯定的是，它们的这个鳞片堆绝不是毫无用处、只是个装饰，而是有其用途的。

是啊，大师，您说得很对。这么既厚实又整齐的鳞片堆是不会无端地长在昆虫尾部的。任何事物的存在都必然有其存在的理由。您用大头针一触碰就飞落的这些鳞片应该是用来保护其蛾卵的。您的推测合情合理。

我用镊子夹轻轻一夹，真的夹到了一些有鳞片的浓毛。蛾卵显现出来，像一些白色珐琅质小珠珠似的。它们紧紧地挤贴在一起，形成九个纵向列队。我数了数其中的一个列队，共有三十五个蛾卵。这几排蛾卵几乎一模一样。圆柱体上卵的总数约在三百个左右。一个松毛虫蛾母亲拥有一个多大的家庭啊!

一个纵向列队的卵与相邻的两个纵向列队的卵精确无误地交叉贴靠着，不留一点空隙。看上去，犹如用珍珠制作的工艺品，小巧玲珑，巧夺天工，令人惊叹！不过，把它比作排列整齐的玉米更为确切。它就像一个微缩玉米棒，但其排列的几何图形更加优美、漂亮。松毛虫蛾的“穗儿”上的颗粒略呈六角形，是虫卵相互挤压造成的。它们彼此牢牢地黏合在一起，无法分隔开来。如果卵块遭受破坏，它就一片片、一块块地从松针上脱落下来。这些小块全都是由好多的蛾卵组成的，而产卵时产下的珠状物便由一种如漆一样的黏性物质给粘接起来。保护性鳞片那宽阔的基部就固定在这片“漆”上。

天气晴朗，风和日丽时，观赏松毛虫蛾母亲制作这种如此齐整美观的杰

读书笔记

作，看着卵刚刚产下，这位母亲用一片片从尾部脱离的鳞片来为卵制作“屋顶”，真的是非常有趣的事情。卵并不是呈纵列产下的，而是呈圆形、环状产下的，这一点显而易见。这些“环”叠合在一起，让卵粒交替地排列着。产卵是从下面，从接近松树复叶的下端开始的，在上面宣告结束。最早产下的是最下面的圆环的卵，最后产下的则是最上面的那个圆形的卵。鳞片全是纵向排列，而且被朝向树叶的那一端固定住。鳞片的安排布置不会有任何的差异。

让我们仔细地欣赏一番我们眼前的这座漂亮的“建筑物”吧。无论年老年少，无论有才无才，人人见了这个娇小玲珑的松毛虫蛾卵的穗子，都会啧啧称赞的。让我们印象最深的，并非那像珐琅一般美丽的“珍珠”，而是它们那极其整齐划一、呈几何图形的组合排列。一只小小的松毛虫竟然也在遵循协调一致、和谐有序的规律。如果米克罗墨加斯[①]想到再一次地离开西里乌斯[②]的世界，前来访问我们所居住的行星的话，他会在我们中间找到美吗？伏尔泰[③]的书中的描写，让我们看到米克罗墨加斯是如何做的：他把项圈上的一颗钻石取下，制成一个放大镜，用来观察一艘在他的大拇指上搁浅了的三层战舰；他与全体水兵交谈——他把一片指甲碎片弯成一个顶篷，把战舰遮盖起来，充作聋人的助听器；他用一根小小的牙签的细而长的尖尖触碰那艘战舰，让其一端翘起至一个图瓦兹[④]，碰到巨人的嘴唇（这根小牙签充作受话器）。从这场著名的交谈中，可以得出如下的结论：如果想要正确地评判事物，观察事物的新面貌，最要紧的是更换太阳。

名师点评

作者在松毛虫卵的排列形态中，发现了和谐一致的美，进而引起追问，又联想起伏尔泰书中的故事。这其实是想说明，和谐的美无处不在，即使是肉眼难以察觉的微观世界。我们只要用心观察，就会发现这些美的存在。

这个天狼星人很可能对我们的艺术之美毫无概念。在他眼里，

名师注解

① 米克罗墨加斯：伏尔泰的一部哲理小说中的主人公，类似于英国作家斯威夫特的小说《格列佛游记》中的主人公格列佛，他居住在天狼星上。

② 西里乌斯：此处指天狼星，夜空中最亮的恒星。

③ 伏尔泰（1694 — 1778 年）：法国启蒙运动思想家、作家、哲学家。

④ 图瓦兹：法国旧时的长度单位，一图瓦兹约等于 1.95 米。

我们的雕塑艺术的杰作，包括出自菲迪亚斯[①]的雕刻刀的杰作，只不过是大理石的或者青铜的玩偶而已。我们的风景画被认为是滥用绿色的令人厌恶的蹩脚画，我们的歌剧音乐被认为是浪费钱财制造噪音的音乐。当然，米洛岛[②]的维纳斯[③]和贝尔维德尔[④]的阿波罗[⑤]是绝妙的上等雕塑。但是，要欣赏这些雕刻艺术就需要具有特殊的眼光、特殊的见解。米克罗墨加斯看到这些雕刻艺术，对人类的身体之柔弱感到怜悯。在他看来，美是需要有别于我们那青蛙似的肌肉组织的其他东西的。相反，我们来让米克罗墨加斯看看那种有缺陷的风车。毕达哥拉斯[⑥]是埃及贤哲们的语录传播者，他教给我们如何观看直角三角形的基本特征。他是一位好心的巨人，但对事物却一无所知，所以我们应该向他阐释风车的意义何在。等他的思想开了窍之后，他就会完全像我们一样，发现那其中有着真正的美。当然喽，这种真正的美并不是存在于外观上，而是存在于三种长度间那永恒的关系中。然后，他便会完全同我们一样地去赞赏使体积均衡的几何学。

因此，有一种严肃的美存在着，它属于理性范畴，它在各个阶层中都是相同的。它在所有太阳的照射下都是相同的，无论这太阳是单一的还是繁复的，是白色的还是红色的，是黄色的还是蓝色的。这种普通的美就是秩序。世间万物都被制作得恰到好处。这句话非常伟大。它的真实性随着我们对事物奥妙的探索而更加地显现。这种秩序，这种普遍的平衡基础，是一种盲目的机制产生的无法避免的结果吗？它是否如柏拉图[⑦]所说，进入了一个永恒的几何学家的规划之中了？它是一个至高无上的美学家的美吗？而这样的美正是世间万物存在的理由。

花瓣的弯曲部分为什么那么整齐匀称？金龟子鞘翅的雕镂花纹为什么那

名师注解

① 菲迪亚斯（约公元前 480 —前 430 年）：希腊著名的雕刻家。

② 米洛岛：希腊岛屿名。

③ 维纳斯：古代罗马神话中爱与美的女神。

④ 贝尔维德尔：梵蒂冈收藏艺术珍品的宫殿。

⑤ 阿波罗：古希腊神话中司阳光、智慧、音乐、诗歌的神，即太阳神。

⑥ 毕达哥拉斯（约公元前 580 —前 500 年）：古希腊哲学家、数学家。

⑦ 柏拉图（约公元前 427 —前 347 年）：古希腊哲学家。

么精巧雅致？这种精巧雅致与它自身的暴力行为中的粗野力量能够相兼相容吗？

凡此种种，都是一些并无多大必要的思考，都是因将从那儿诞生的松毛虫的卷状物引发出来的。世界之谜当然可以在我们的这座荒石园昆虫实验室找到答案。所以，我们让米克罗墨加斯去考虑他的哲理问题吧，我们还是回到我们那平凡的观察上来。

名师点评

作者虽然这样说，但上面这些议论还是很重要的。大自然精巧的平衡构成了永久性的稳定关系，这是最普遍的美。作者崇尚这种美，正是他致力于观察昆虫的强大动力。

松毛虫蛾在精巧地穿缀珍珠的技艺方面存在着一些对手，其中包括纳斯特里虫蛾。这种虫蛾的毛虫因其“服装”的缘故，被人称为“号衣”。它的卵像手镯似的聚集在不同性质的树木的枝丫周围，尤其是苹果树和梨树。谁要是头一次见到这种极其美妙的工艺品，自然而然地就会联想到心灵手巧的穿缀珍珠的少女。我儿子小保尔每次看见这种小巧玲珑、惹人喜爱的“手镯”时，都会惊讶得双目圆睁，惊叹不已。

引出其他昆虫，并非跑题，而是想证明这种产卵技巧在昆虫界的普遍性。

纳斯特里虫蛾的环饰较短，特别是它没有壳套，所以让人想到另一种圆柱体来。这种圆柱体已经剥除了鳞片覆盖层。我们先别在它身上多费笔墨，还是来谈我们的松毛虫吧。

松毛虫蛾九月开始孵卵，有的稍早点，有的稍晚些，但相差时间不多。为了利于跟踪观察新生幼虫最开始的活动情况，我便在实验室的窗子上放了几根有虫卵的树枝。树枝枝杈的下端浸在一杯水中，以使枝杈保持一段时间的新鲜。

八点钟光景，阳光照到窗子上之前，小毛虫便离开虫卵，我如果稍稍掀起正在孵化的圆柱体的鳞片，就会发现一些黑黑的脑袋正在轻轻地咬破并推开已经撕碎的顶板。这些小东西在慢慢地露出自己的身子，形成一片。

读书笔记

孵化后，从外观上看去，有鳞片的圆柱体与它在住满着居民时似乎一样地整齐、新鲜。只是在把小碎片稍微掀起来时，才会发现里面根本就没有小虫子了。虫卵仍旧排列整齐，好似一个个稍稍打开的、略带半透明的白色杯状物。它们现在缺少无边圆帽状的盖子。这个盖子已经被新生幼虫给破坏撕裂了。

这些细小微弱的创造物只有一毫米长。它们呈淡黄色，满身纤毛。其纤毛有短有长，短的呈黑色，而长的则呈白色。它们的脑袋

黑黑亮亮的，其直径是身子直径的两倍。下颚一开始就很有劲，能咬很硬的食物，与它的大脑袋相得益彰。脑袋大，有硬颚，这就是松毛虫新生幼虫的主要特征。

它们一出生就开始吃食了。幼小的毛虫在摇篮似的鳞片中间漫无目的地爬动一段时间之后，其中的大部分都往摇篮里的松针上爬去。这些松针是它们出生的那个圆柱体的轴心，并且向外伸出去。另外的一些小毛虫便向邻近的松针上爬。它们在松针上啃噬，形成一道道被叶脉所限定的细小的凹陷的条纹。

三四条吃饱了的小毛虫，排成一条线，一起在爬行，但很快便又各自分开，各逛各的。我们只要稍微地打扰它们一下，它们便会轻轻地晃动身体的上半部，脑袋一冲一冲地轻轻晃动着，如同被一点一点放松的弹簧似的。

当阳光照到那喂养幼虫的窗户时，这个小小家庭的成员们在体力得到充分的恢复以后，便退往其出生的双叶基地，乱糟糟地聚集在一起，开始吐丝作茧。它们开始制作一个极其精细的气泡，这气泡倚靠在相邻的几个松针上。这是小虫子们的帐篷，它们在一张很稀疏的网下面，在毒日下午休。下午，阳光从窗子上移开之后，它们全都爬出隐蔽地，一边在四周分散开来，一边在半径仅大拇指那么大的范围内结队爬行，然后再开始啃噬松针。

这样，虫卵在破裂之后不到一小时的时间里，松毛虫幼虫就变成了成串的爬行者和纺纱工。即使在恢复了体力之后，它们也还是怕光的，我们很快便会发现，它们要等到日落之后才会前往叶丛中去。

我们的纺纱工极其瘦弱，但却十分勤劳，它在二十四小时内所制作的丝球竟然大若榛子，而它在两个星期里所制作的丝球则会大若苹果。但这并不是它过冬的居所，只不过是个临时的隐蔽之所。这个隐蔽之所不够坚实，建筑材料十分低劣。在气候宜人的季节里，这种建筑就可以了，无需更高的要求。松毛虫幼虫尽情地啃啮这座建筑物的小梁和小柱，以及包在丝墙里的松针。它在小柱间拉起一条条的线绳，食宿无忧。这个居所条件不错，小虫子不用外出，免得遭遇危险。对于这些幼小的松毛虫来说，这吊床也是它们的食品柜。

支撑的松针被啃啮到叶脉后，就干枯了，很容易脱离枝杈。这时候，松毛虫小家庭举家搬迁，到别处去搭建新的帐篷。新帐篷建好后，使用寿命与前一顶帐篷一样长。这些临时性建筑一再地修建，而且搭建处的位置越来越高，以致这个被圈在下面树枝上的松毛虫家庭，最后迁移到树枝的上端，甚至到达枝梢头。

幼虫的毛呈淡白色，非常密实，竖起来非常丑陋瘆人。几个星期之后，它们会进行第一次蜕皮。然后，长出浓密而漂亮的毛来。在其背部表面，除前三个体节外，其他的体节都装饰着一幅由六块裸露的醋栗色小板拼成的镶嵌画，凸显于黑色的皮肤上。六块小板中，两块最大的在前面，两块在后面。几近点状的小板在这个四边形的两边各有一块。一个橙黄色的毛栅栏把这些小板块给围了起来。毛栅栏的毛呈辐射状，几乎是倒伏着的。腹部和胸侧的毛较长，呈淡白色。

作者采用了方位顺序描写松毛虫幼虫的体貌特征。作者合理运用写作顺序，使细节描写井井有条。

在这件深红色细木镶嵌工艺品的中央，矗立着两簇短小的纤毛。它们聚在一起，形成平展展的冠毛，像一粒金色的点，在阳光下闪亮着。这时候，松毛虫已长大，长约两厘米，宽约四毫米。它已到中年，穿的就是上面这套服装。

时近寒冬，已是十一月份了。该修建坚固御寒的住所了。松毛虫在松树的高处挑选一个松针密集而又恰如其分的枝梢，开始编织丝网，把枝梢覆盖住。这张网使毗邻的松针向内弯曲，接近中轴，最终隐没在编织物中。这么一来，松毛虫便替自己圈起了一个半丝半叶的居所，可以御寒了。

读书笔记

到十二月初时，居所大功告成，有两个拳头那么大，体积达到两升。这儿是居所的轴心，道路宽阔，枝杈有的有瓶颈那样粗。松毛虫在其间无秩序地爬上爬下，慢慢腾腾，一批松毛虫尚未散开，另一批松毛虫又与之聚集在一起，一片乱糟糟的状况。这就是松毛虫共同体，枝杈挤在一起覆盖着它们。这个松毛虫共同体渐渐地又分散开来，各自爬到邻近的枝杈上去，啃噬松针。每只松毛虫在路上爬过去时都在不停地吐丝，宽阔的下行路在它们返回时便成了上行路了。由于它们这么日复一日地在这条路上爬来爬去，使得这条路上覆盖着大量的构成连续鞘套的丝线。它们这么做，是为了加固建筑物，使之具有深厚的根茎，并与固定不动的树杈连成一体。

该建筑群的上部包括鼓凸成卵形的居室，下部包括柄和蒂，还包括围绕着支撑物并把它的抗力增至其他系杆的抗力中的壳套。

每个未经松毛虫长期居住、没有变形的居室中央，都显露出一个不透明的白色大壳，由一个半透明的薄纱套围着。中央的大壳由密实的线组成，房间的隔板是一块厚厚的莫列顿双面起绒呢[①]。大量的未被触动的绿松针作为围墙隐没于其中，这堵松针围墙可达两厘米厚。

在圆屋顶顶端有一些半开着的圆孔，数量不等，直径如普通铅笔杆儿一般。那是居室的屋门，松毛虫从那儿爬进爬出。这个白色大壳四周，有一些没有被啃噬的松针露出，直立着。每根松针梢都有一些丝线伸出，形成一个曲线，可作秋千用。这些丝线松弛地交织在一起，形成一个轻柔的帷幔，一个优美舒适的宽阔游廊。

那儿有宽阔的平台。白日里，松毛虫便爬到平台上晒太阳，小憩一会儿。它们相互挤靠着，身子弯成圆圈。上面张着的网恍若华盖，既可减弱太阳的强光，又可防止睡觉的松毛虫在风儿摇动枝杈时跌落下去。

我们沿着经脉把这居室剪开来观察一看。首先给人留下深刻印象的是被圈于其中的松针未被触动，仍然在茁壮地生长着。幼小的松毛虫在它们的临时住所里啃噬被丝套罩住的松针，直至枯萎。而那圈围墙的松针则是它们居室的房梁屋架，是不可触动的，一旦啃噬，致其干枯，北风一吹，则房倒屋塌。松树上的纺织工们对这种危险心知肚明，不敢掉以轻心，即使饥肠辘辘，也不敢去锯梁毁屋。

上午十点光景，松毛虫爬出晚上居住的居室，来到灿烂阳光照射着的平台上。平台就在由松针梢支撑着的游廊下面。松针梢之间有一段距离的间隔。松毛虫每天上午都爬到平台上，挤在一起睡觉，互相焐着，舒适惬意，还不时地懒洋洋美滋滋地摇晃一下脑袋，以表示心满意足。晚上，六七点钟左右，它们休息够了，活动一下身子，彼此分手，各自回到自己的居室里去。

这种景象让人看着十分着迷。只见一条条鲜艳的橙黄色斑纹在一大块白丝绸上蠕动，如波浪般此起彼伏。有的往上拱，有的往下爬，有的往左右散去，有的结成短短的队列，成行成串地爬行。一个个全都十分庄重豪迈，但却是毫无秩序地爬动着，一边不停地把始终挂在嘴唇上的丝绒粘在所经过的地方。

名师注解

① 莫列顿双面起绒呢：经过拉绒后表面呈现丰润绒毛状的棉织物。双面绒以平纹为主。

松毛虫把薄薄的一层丝与先前的那层丝并列起来，以增加居室的厚度。邻近的绿色松针被丝网勾拉住，弯进建筑物内。尽管这些松针的尖端不受拘束，但丝网从这一点辐射开来，逐渐扩大并连接成更大的曲线。每天晚上，如果天气很好，你就会看到居室表面熙熙攘攘，一片繁忙，松毛虫一干就是两个小时，让居室更加地坚固。

松毛虫如此未雨绸缪，对严冬如此这般地防范，难道它们已预见到冬季的难熬了吗？当然不是。尽管几个月的生活经验让它们懂得了点什么，那只不过是经验告诉它们家门口就有美味可口的食物，以及在平台上可以美滋滋地沐浴在阳光下休憩。而直到此时此刻为止，没有任何情况让它们预知冬季来临，寒风凛冽，冰霜雪剑，未来的日子会很不好过。但这些对冬天的苦日子一无所知的松毛虫竟然如此地警惕，似乎对冬天将给它们带来什么样的灾难一清二楚。它们那股忙于加固居室的干劲儿，似乎在说：“松树摇动它那积满霜的枝形大烛台时，我们在这儿你挨着我、我靠着你地睡着觉，真是舒服惬意啊！让我们加油干吧！”

拟人语气的感叹句，将松毛虫热火朝天的劳动劲头表现得淋漓尽致。

为了密切地跟踪观察松毛虫的生活习性，我在暖房里放了六个虫窝。每个虫窝由充作其轴心和屋架房梁的树杈固定在沙土上，高度有两件衣服的下摆加在一起那么高。幼虫像是分配口粮似的，接受一束小小的松树枝杈。这些细枝嫩叶被啃噬之后，会很快地重新生长出来。我每天晚上都要提着灯笼去查看我的这些寄宿者，由此获得了大量的第一手资料。

松毛虫的晚餐通常一直要延续到深夜，直到吃得肚子圆鼓鼓的才返回自己的窝里去。然后，还要在自己的这个居室里的室面上再纺织一会儿。等到全体松毛虫全都返回室里来，那已经是快到凌晨一点了。

读书笔记

一方面，作为饲养者，我的任务是每天必须更换那些已经被啃噬到最后一根针叶的细小枝杈；另一方面，作为博物学者，我要了解松毛虫的饮食变化到了什么程度。松毛虫对树林里的松树、海洋松树和阿勒普松树并不加以区别，它们在其上照爬不误，但却从来不在其他针叶树上爬行。可是，似乎所有被树脂的香气弄得十分芳香的树叶对它们都挺合适的。在我的荒石园昆虫实验地里，生长着各种松树代用品：冷杉、紫杉、侧柏、刺柏和柏树。尽管这些树也含有树脂的香气，但松毛虫们却不去啃噬。只有一种针叶树——雪松例外。我的这些寄宿者在吃雪松树叶时，并没显露出丝毫的厌恶的感觉。为什么雪松可以，其他的就不能充作替代品呢？这我还不清楚。在食物的选择上，松毛虫的胃同人的胃一样谨小慎微，这其中必定有什么奥秘。

名师点评：设置悬念，吸引读者进一步了解松毛虫。

我们再来研究一下松毛虫居室的结构吧。我在虫窝中部打开一道缝隙。由于劈开的莫列顿双面起绒呢的天然抽缩，这道缝隙在窝里的中部微微张开，宽约两指，上下两部分都缩成了纺锤体。此时正是白天，松毛虫都在圆屋顶上成堆成堆地在打盹儿，其居室内空无一人，我可以放心地用剪刀剪裁，而不会造成松毛虫们的死亡。

天黑了，松毛虫们依然没有警觉，帐篷上的裂口并未造成它们的惊恐，它们仍旧在它们的居室表面上爬来爬去的。它们照样在忙乎着，像平时一样地在纺线。它们的行为方式没见一丝一毫的变化。有几条松毛虫在行进中倒是爬到了裂缝的边缘，但它们并不惊慌，并不着急，并无弥合起裂缝的意思。它们只是在犹豫着，看看如何越过面前的这个艰难的通道，好继续爬行闲逛。它们在自身长度所允许的范围之内，尽量地把丝线吐得远远的，固定住，以便勉勉强强地越过这道危险的障碍。

读书笔记

它们终于越过了深渊，然后便沉着冷静地继续在缺口边上行进着。这时，又有一些松毛虫爬了过来，像利用人行小桥似的利用已经搭在缺口上的丝绒，爬过缺口，并且还在上面留下了自己吐出的丝线。这么一来二去的，裂缝下面便多了一张纤细的薄纱，薄得几乎看不出来，刚刚够当地居民在上面穿梭往来。同样的情况在随后的几个晚上重复发生着。渐渐的，这个裂缝便被一张薄薄的蜘蛛网似的网给闭合上了。

冬末时节，不再有什么事了。我用剪刀剪开的窗子仍然半开着，只是有张网把它封闭着。在这块有裂隙的织物上，未见一处织补了的地方，未见一片莫列顿双面起绒呢被添加在两边裂片之间，屋顶仍旧未被整修完整。这要是在露天野地里，而不是在我的玻璃暖房中，那么，这帮愚蠢的纺织工很可能就被冻死在它们有裂缝的居室里了。

这一实验我重复做了两次，结果都一样，这就说明，松毛虫并未意识到有裂缝的居所之危险。它们似乎并没有意识到自己的劳动成果遭到了破坏。它们并没有把自己的丝节约下来，用到修补自己的居室上，在那儿编织与室内其他墙壁一样坚固厚实的布料。

我又一次去打扰我的寄宿者们了。但这一次，我不是搞破坏，而是让它们受益。我很快就发现，住在冬季住所的居民往往比住在由幼小的松毛虫编织的临时掩蔽所里的居民数量要多。我还发现，这些虫窝到了最后，体积大小不同，差别很大，最大的比五六个小的加在一起还要大。这种差异的原因何在?

松毛虫是各式各样的贪馋者所利用的一个有机物工厂。因此，它们一旦孵化，数量便急骤减少。一口鲜美的食物使几十个幸存者留在了小球状物所形成的薄网周围。松毛虫家庭在这张网里度过秋高气爽的季节，然后，很快就得考虑度过严冬的牢固的帐篷的问题了。这时候，家庭人丁兴旺是大有好处的，人多力量大，联合起来好办事。

我猜想，存在着一个容易合并“几户人家”的办法。它们把自己吐出的丝连成的丝带作为在树上爬动的向导。它们在沿着这条丝带返回时，在上面急速转弯。而这么一转，可能就不再是这同一条丝带了，而是另一条与原来的那一条别无二致的丝带。而这另一条则是通向邻居家的路。迷路的松毛虫仍傻乎乎地在上面爬着，并不知道自己已经是上了另一条道了。

这个不速之客是否能受到邻家的盛情接待呢? 这一点尚需观察。晚上，我把住满了一窝住户的细枝杈剪下来，放在邻近的虫窝的松树针叶上，而这松针粮食垛上，松毛虫同样是占得满满的，大大地超载了。于是，我便把驻扎着第一个虫窝的那簇青枝绿叶整个儿地插在第二个满是虫子的枝叶旁，让两簇枝叶的边沿稍微有点交叉混杂。然后，我发现，原住户与外来者没有发生任何的争斗，各自相安无事，埋头吃食。吃饱归巢时，各自又都平平静静地往自己的窝里爬去，如同一直生活在一起的兄弟姐妹似的。睡觉前，大家忙着纺织，把被子弄厚实一些，然后爬进窝内。第二天，第三天，情况需要的话，我就继续这么做。这样一来，我轻而易举地就把第一个虫窝给完全倒空了，让里面的松毛虫悉数进到第二个窝里去。松毛虫真是宽厚仁爱的虫子，很愿意接纳新的居民。纺织工越多，出的活儿就越多，这真是一条十分正确的为人处世之道。而被送走的松毛虫，对自己的旧居并无依恋不舍的表示，它们到了别人家里，就像是在自己的家里一样。它们根本就没有尝试要返回到原先的窝里去。这绝不是回家的路途遥远所致，因为两处居所相距不过是两件衣服下摆的长度。

松毛虫此时此刻尽管彼此和平共处，相安无事，但是它们也同其他昆虫一样，也会因利害所致排斥异己的。松毛虫蛾母亲将要离群索居，唯恐会失去自己将在上面产卵的松树针叶。雄蛾扑扇着翅膀，为争得它们所垂涎的雌蛾而争斗。这毕竟是它们在交尾期里经常发生的打斗，对于这些温厚宽容的虫子来说，也还算是比较激烈的。

松毛虫几乎是无性的，这是它们相互间得以和睦相处的主要原因。可是，光凭这一点还不够。完美的和谐还需要在全体成员之间平均分配力量、才能、劳动本领等。这些条件在其他的昆虫身上有不同表现，而松毛虫则全都具备上述条件。所以，尽管同一个窝里可能生活着成百上千的松毛虫，但它们在上述条件方面，几乎是难分伯仲的。所有的松毛虫力气相同，身材相同，服装相同，纺织本领相同，干劲相同，它们把自己丝壶里装着的东西全都吐出来，用于集体的福利事业。在干活儿的时候，人人卖力，个个争先，从不懒散拖沓。除了因完成自己的职责而感到满足之外，没有别的什么可以刺激它们的。松毛虫的队伍里，没有能干与笨拙之分，没有强大与弱小之分，没有贪馋与克制之分，没有勤劳与懒惰之分，没有注意节约与大肆挥霍之分。这是一个真正平等的世界，可惜的是，这只是松毛虫的世界。

现在，我们再来说说松毛虫爬行时那有趣的行进行列。因为巴汝奇心怀叵测地把一只头羊扔进大海，弄得商人丹德诺[①]的羊全都跟着这只头羊跳进了大海。按照拉伯雷的说法，这是因为绵羊是世界上最愚蠢、最荒谬的动物，天性让它们总是跟在头羊的后面盲目地走着。松毛虫则并非因为愚蠢荒谬，而是出于需要，它们比绵羊更加地盲从，第一条松毛虫爬到哪儿，其他的松毛虫全都排成整整齐齐的行进行列，像朝觐者似的，整齐肃穆地往前爬去，中间绝不会出现空当。它们的行进行列犹如一条连绵不断的细带子。每一条虫子都与自己身前身后的两条松毛虫首尾相接。领头的松毛虫随心所欲地游

名师注解

① 丹德诺：法国著名作家拉伯雷的名著《巨人传》中的人物。

游荡荡，爬出一条复杂多变的曲线来，其他的松毛虫则一丝不苟地沿着它那弯来绕去的线路爬行。可以说，古希腊前往埃略西斯城去朝拜德墨忒耳神庙[1]的朝觐者的宗教仪式行列，与之相比，也略逊一筹。不过，松毛虫只是在绷得紧紧的“钢丝绳”上走钢丝，它一边在前进，一边在铺设钢丝轨道。领头的那条松毛虫不断地吐丝，把丝固定在它随心所欲地弯来绕去的道路上。它留下的丝路细得很，即使用放大镜去细细观察，也只能是依稀可辨。

名师点评

通过对比，突出了松毛虫行进方式的独特。

第二条松毛虫踏上这座独木桥时，也同时在吐丝，从而使桥的厚度增加了一倍。第三条松毛虫又继续替桥加固加厚，就这么一个接一个地用它们的丝在这座桥上涂上胶质物。最后，整个松毛虫行进队伍过去之后，身后就留下了一条狭窄的带子，这带子晶莹白亮，在阳光下闪烁着。这是一项与大家息息相关的工程，每条松毛虫都为之献出了自己宝贵的丝。那么，它们为什么这么浪费自己的丝呢？我从它们前进的方式悟出了两个理由。松毛虫是在夜间去啃噬松针的。它们在暗暗的黑夜里，爬出位于枝梢的居室，沿着裸露的树枝，一直下到下一根尚未被啃噬的分枝。随着上一根被啃得干干净净，下一根的位置就越来越低，松毛虫们必须爬到那根尚未被触动的小树枝上，在绿色丛中分散开来，分头啃噬。等到用餐完毕，夜晚更加地寒冷了，该返回窝里去躲藏起来。沿着直线爬行，这段归程并不算长，还不足两臂相加的长度，但是，我们的这些爬行者却是无法跨越的。它们必须从一个十字路口下到另一个十字路口，从松针下到小枝杈，从小枝杈下到小枝，从小枝下到大枝，再从大枝经过一条同样是拐来拐去的小路，爬回自己的居室。这条归途，漫长曲折，变化多端，靠视觉认路根本就不可能。松毛虫头的两侧有五个视觉点。在放大镜下面，它们都显得极其细小，难以辨认，所以这些视觉点是看不远的。再说，夜里黑漆漆的，它们的这种近视眼又能起什么作用？

读书笔记

名师注解

① 德墨忒耳神庙：埃略西斯（也译作厄琉息斯）城位于雅典西北部，是一座古城，城内建有谷物女神德墨忒耳的神庙。古希腊时期，每年会有大批大批的朝觐者不断地前往朝拜，人们排成长长的队伍，整齐肃穆。

另外，松毛虫的嗅觉极其迟钝，靠嗅觉引路也是不可能的。我做实验时，有几条饥不择食的松毛虫就为我提供了佐证。这些饿了很久的松毛虫，经过一根小松树枝的时候，没有显露出丝毫贪馋和停步不前的迹象。是触觉在为它们提供信息，尽管饿得不行，只要自己的嘴唇没有偶然触到这个丰饶的牧场，没有一条松毛虫会止步不前的。它们不会向嗅到的食物爬去，而只是在挡道的小枝上停留下来。

那么，视觉和嗅觉全都被排除了，还剩下什么在引导松毛虫回到自己的窝里去呢？那就只有它们沿路吐丝所织成的那条丝带了。在克里特岛的迷宫中，忒修斯[①]要是没有得到阿里亚德涅[②]给他的一团线绳的话，他是不可能走出那座迷宫的。松树上的那一大堆横七竖八、乱七八糟的松针同米诺斯迷宫[③]一样，错综复杂，无法爬出来，在黑夜里，尤其如此。因此，松毛虫是借助自己铺设的那一条细窄的小丝路在松针丛中爬行而不致迷路的。在归途中，每一条松毛虫都轻而易举地找到了自己的那根丝线，或者相邻的那条丝线。这条小丝带与邻近的松毛虫群织成的一条条丝带交织在一起，形成一个扇形。这个分散开来的部落渐渐地集合在那条共同的带子上，呈仪式队列，排队直行，而这条带子的起始点或者称之为终极点，就是松毛虫的居室。饱饱地大啃大嚼了一顿的这个松毛虫“商队”，沿着这条丝带，一定不会迷路，可以顺利地回到自己的家园。

白日里，哪怕是在寒冬腊月，每当天气晴和的时候，松毛虫有时甚至会长途跋涉，进行探险。它们从树上下到地上，结队行进五十来米。它们这样并不是外出觅食，因为它们出生地的那棵松树上仍旧枝叶繁茂，未被吃光啃尽，已经被它们吃尽了的那根小枝与整棵大松树比较起来，算不了什么。而且，尽管黑夜尚未完全结束，但它们已开始停止咀嚼了。它们下到地上来，根本没有什么特殊的目的，只不过是进行一下有益健康的散步，看看周围有些什么新鲜玩意儿，也许还想查看一下那块沙土地，因为它们以后将要在那沙土地上变换形态。很显然，它们的这种大规模的活动，起引导作用的仍旧是那条丝带。离家这么远，那条丝带的作用就更不可小觑。所以，每只松毛

名师注解

① 忒修斯：希腊神话中的雅典国王。

② 阿里亚德涅：希腊神话中克里特岛之王弥诺斯的女儿，忒修斯的情人。

③ 米诺斯迷宫：米诺斯在克里特岛上命人修建的迷宫。

虫都必须尽力地吐丝，为这条丝绸之路尽自己的一分力量。每行进一步，一个个全都不遗余力地在吐丝铺路，这已经成了一条不成文的规定了。

如果结队行进的这“宗教仪式”行列很长，那么这条丝绸之路就很宽很阔，容易找到。不过，在返回时，找起来也要费点周折的。因为，我已经说过了，行进中的松毛虫不是整个身子直直地翻转过来的，它们是无法做一个一百八十度的转弯的。所以，为了踏上原先的路，松毛虫就不得不像画鞋带似的行进着。领头的松毛虫随心所欲地决定这条丝带的弯曲程度和长短宽窄。它是在摸索之中前行，行动路线游移不定，弄得松毛虫们不得不风餐露宿。但这也无大的妨碍，因为松毛虫们会聚集在一起，蜷缩成团，彼此紧紧地依偎着，一动不动。等到第二天，旭日东升，再去探路。寻找的过程有快有慢，但最终还是会很走运，它们弯弯曲曲地爬来爬去，往往突然之间便碰到了那条来路。一些领袖找到了回归路，众松毛虫便急匆匆地上路了，紧赶慢赶地往家园赶去。

读书笔记

另外，这些用来铺设路径的细丝，用途十分明显。为了免遭寒冬劳作时必然会遇到的寒风霜雪的侵袭，松毛虫们会为自己建造过冬的隐蔽所。这时的松毛虫已经孤孤单单，丝囊中存货严重不足。于是，众松毛虫便积少成多，集腋成裘，成千上万的松毛虫通力合作，共同修建宽敞持久的工程。

工程耗时费力。松毛虫们每晚都在对工程进行加固，扩大。每条松毛虫无论住得远住得近，都会凭借丝线的指引奔往干活儿地点，从上下左右，从一簇或另一簇细枝赶来。丝线是维系这个群体的成员的绳带，构成了维护这个所有成员团结一致、齐心协力的共同体所不可或缺的网。

没有任何事情能够把领头的松毛虫与它的跟随者们分开。它排在仪式行列的最前头纯属偶然，它是这支爬行队伍的临时军官，是它们现任的总指挥。一会儿之后，如遇到意外情况，大家分散开来，然后再依不同次序重新排列成行时，担任总指挥的可能又变成另一条松毛虫了。

前文已经交代，所有松毛虫是完全平等的，它们的体貌和才能都没什么差别。所以，谁担任总指挥都是一样。

领头的松毛虫在行进时，显得摇摆不定，犹豫不决，身子的前半部忽而伸向这边，忽而又伸向那边，似乎是在探测地形，寻找路径，也许是因为道不熟，缺少一根引导的丝线的缘故。而跟随在它身后的随从们，却是驯服而平静的，它们脚爪间的细带子让它们感到心里十分踏实，不像自己的总指挥，因为缺少这根引导线的支持，心中没底，感到惶恐。

读书笔记

行进行列的长短千差万别。我曾见到过在地上操练得最美的行列长达十二米，有将近三百条松毛虫。它们排列成波浪形的带子，规矩而整齐。从二月份起，我的暖房里便出现了各种大小的队列。我想试探一下，把它们的总指挥弄走，把丝线弄断，看看会出现什么样的后果。

取消行进行列的头领之后，倒也没有发生什么大的变化，第二条松毛虫立即便成为总指挥了。如果没有出现什么麻烦的话，队伍的行进速度不会有任何的改变。那第二条松毛虫一旦成为队长，立即便了解了自己的引导者的职责，开始探索着，领导众松毛虫往前爬去。

丝线断了也无伤大雅。我把行进行列中央的一条松毛虫拿开，并轻手轻脚地截掉这条松毛虫所占有的那一截丝线，还把它剩下的最后一点丝线给抹掉。这样一来，一队行进的行列一分为二，成了两支队伍，互不依赖，又各有各的队长。后面的这支队伍也可能会与前头的队伍会合，因为毕竟二者之间的间隔很短，那样的话，又恢复成一个长长的行进行列了。但往往一分为二后就不再合二为一了。这两支队伍各行其是，各走各的，随心所欲，越离越远。然而，不管怎样，两支队伍的松毛虫无论游荡到哪儿，迟早都会在截断处找到那条引路的带子，回到自己的居所中去。

名师点评

设计科学实验，需要对研究对象的基本情况有相当的了解，并有强烈的好奇心和突破精神。敢于提问，会提问，是进行科学研究的重要素质之一。

我做了上述两个试验之后，又开始思考着再做一个有概括性的试验。我打算在把连接着道路并可能改变道路的丝带破坏了之后，再让松毛虫画一个封闭的圆圈。松毛虫会像火车扳过道岔后继续向前吗？还是在圆圈上打转儿，永远也走不到目的地？

我首先想到的是，用镊子把行进行列尾部的丝带夹住，不让它抖动或弯曲，然后把它放到队伍的前头。如果总指挥加入这个行列，便大功告成，其他松毛虫必然是紧随其后，忠实地往前爬着。但理论上容易，操作起来却十分困难，因为这根丝带极为纤细，稍微粘点沙末，就会被沙末坠断。即使不断，只要稍有振动，后面的松毛虫就会警惕起来，缩成一团，甚至舍弃这条丝带。

更加困难的是，领头的松毛虫拒不接受为它安排的那条丝带。它对被截断的、置于其前的这条带子满腹狐疑。它东看西看，扭来扭去，然后便溜到旁边去。我把它又弄了回来，逼它就范，但它拼命挣扎，缩成一团，一动不动。随即，整个行进行列全都受到了它的影响，无奈之下，我只得罢休。

一八九六年一月的最后一天，将近晌午时分，我突然间发现有一长列的松毛虫在窗台上，开始在向它们所喜爱的花盆盆沿爬去。一条接一条的松毛虫缓慢地爬上那只大大的花盆。上了盆沿之后，便排成了整齐的行进行列。这时候，我又看见另外一些松毛虫也陆陆续续地爬过来了，形成了一个长长的大队。我在等待着这条细丝带闭合起来，也就是说，等着那个始终沿着盆沿边爬行的总指挥回到它在盆沿开始绕圈的起始点。一刻钟的工夫，这条环形路轨便铺设成功了。这么一来，这个连续不断的环形行进行列就不再有头领了。每条松毛虫前都有另外一条在爬行，在丝的轨迹的引导下，紧跟着前面的同伴。这条轨迹是集体努力的战果。大家都在规规矩矩地在铺设好的路上行走着，绝对服从并完全信赖原本应当为它们开路实则已被我巧妙地取消了的向导，因为每条松毛虫都既是头领又是随从了。这条“丝绸之路”在逐渐加厚加宽，变成了一条窄带，起点与终点相会，没有任何的支线，因为稍有一点分支，我就立即用刷子把它刷去。花盆盆沿上的松毛虫就这么不停地转着圈，致使那条丝绸之路竟然成了一条两毫米宽的丝带，非常漂亮。我计算过，它们的平均速度为每分钟九厘米。行进途中，因气温的由暖变凉或过分劳累而速度放慢。它们已经走了十个小时了，也该饿了。我把一大束松枝放在近旁，绿油油的，简直就是一片天然牧场。但是，可怜的松毛虫们却并没有爬向牧场，而是仍旧在老老实实地沿着那条已成形的“丝绸之路”绕着圈子。第二天，天一亮，我就去探望它们，但它们仍旧是那么排列着，只是一动不动了。太阳出来，气温上升，它们才摆脱麻木状态，活泛起来，又像头一天那样沿着圆圈爬行了。就这样，一连五天五夜，这支松毛虫队伍不吃不喝，只是偶尔歇息一番，始终坚持在那条道上。最后，疲劳倦怠使它们变得混乱了。有不少松毛虫因腿脚带伤，不肯前进，行进行列的断裂现象在不断地增多，形成了好几个截段，每个截段便出现了一个首领。各个首领都在东探西寻，像是要找出一条脱身之路。但是，直到夜幕降临，所有的松毛虫又恢复成了一个行进行列，无休止的画圆行动又开始了。直到第八天，有些松毛虫头领(因为其间又出现过截段)沿着头两天探路时留下的一些短小的丝路，从盆沿上爬下来。渐渐地，其他的松毛虫也就跟随其后下了花盆，全部回到了自己的住所。

提出疑问是科学研究的前提，精确的测量和严谨的分析则是得出研究结果的必备条件。

现在，我们来粗略地计算一下，松毛虫在花盆盆沿上待的时间应该是七个二十四小时。扣除它们因疲劳或夜晚的寒冷所导致的休息时间，就算去掉一半，也走了有八十四个小时。按其平均每小时爬行九厘米计算，总行程应为四百五十三米，几乎有半公里的路程。大花盆的周长为一米三五，那么，松毛虫在这个始终走不到头的圆圈里，始终朝着一个方向转了有三百三十五圈。因此，我们可以看出，松毛虫的得以脱身，纯属偶然。如果不是某些截段的头领另外去探了一段不长的路径的话，那么，它们就会这样走下去，至死方休。

## 精华赏析

作者为了说明松毛虫的生活习性，加入了文学故事和神话传说的元素，使作品丰满而生动。同时结合大量观察实验，作者通过给松毛虫规律极强的生活制造可变因素的方式，来探究其接受情况。通过反复实验得出结论，这是进行科学研究的一种常用方法。

## 延伸思考

请你总结一下，作者在观察松毛虫的过程中进行了哪些实验，结果如何？

# 舒氏西绪福斯蜣螂与蜣螂父亲之本能【精读】

名师导读

雄性舒氏西绪福斯蜣螂与其他雄性昆虫不同，它们义不容辞地负起了丈夫和父亲的责任。蜣螂结合建立稳固的家庭，夫妻合作，共同劳动，一起养育后代，堪称忠诚的典范。

似乎只有在高级动物中，雄性才必须尽自己那为人夫为人父的义务。鸟类在这方面表现得非常出色，而哺乳动物也做得毫不逊色。然而，较低级的动物中的“一家之父”就没有什么责任意识了，通常会表现得十分淡漠，对子女漠不关心。昆虫中的雄性对生儿育女热情十分高涨，但性欲一旦得到满足，就热情锐减，断绝夫妇或情人的关系，抛妻别子，远离家庭，对幼小的孩子是否能生存下去不闻不问。只有少数的昆虫不在此列之中。

在娇弱的幼虫需要长期抚育的那类昆虫中，这种父性观念的淡薄是为人所不齿的。但是，这些昆虫父亲们却振振有词地说，自己的孩子天生皮实，只要生活在条件适宜的环境之中，即使形单影只，孤苦伶仃，也照样能够健康成长。就以粉蝶为例，它只要把卵产在甘蓝的叶子上，就足以使之繁衍生息，绝不了后的。因此，做父亲的，又何必去费心劳神呢？而作为母亲的昆虫，是具有植物学本能的，她不需要昆虫父亲的帮助。母亲在产卵期间，反而会觉得昆虫父亲很讨厌，宁可让他去别处寻花问柳，也不愿让他在自己身边纠缠，反而把生儿育女的大事给搅和乱了。

大多数的昆虫都在采取这种粗放式的育儿法。大人要做的只是，幼儿一旦孵出，就得为他们提供事先找好的安全而又有充足食粮的居所，或者提供可以使幼仔自己获得可口食物的合适场所。而这种工作，并不需要昆虫父亲去做，昆虫母亲自己就能承担起来。夫妻完婚之后，昆虫父亲便成了一个游

读书笔记

手好闲之徒，再熬上几天，便一命呜呼了。

但是，事情也并不全都是这么冷酷无情的。有一些种类的昆虫，是要为自己的家庭准备好一份财产的，要为自己的孩子们准备好食宿条件。这类昆虫中，尤以膜翅目昆虫表现得十分突出。它们是能工巧匠，是制作贮藏室、瓮坛以及为幼虫盛蜜的囊袋的行家里手，在修建堆放野味肉食和幼虫食品的洞穴方面，简直是技术一流，登峰造极。

然而，这样的一项意义重大的工程，多数都是昆虫母亲们来完成的。昆虫母亲全身心地投入到这项工作中去，弄得自己日夜操劳，筋疲力尽，而昆虫父亲此时此刻却是在工地上溜溜达达，晒晒太阳，看着自己的妻子在忙碌着，甚至还找机会与邻家女子勾勾搭搭，更有理由不去干活了。

作者以相对高级的物种来对比昆虫父亲的行为，与文章开头的表述形成呼应。

昆虫父亲为什么这么游手好闲，不跑上前去帮上一把？这可是讨好妻子的好机会呀！可他就是不这么做。我真不懂，他为什么就不能学学燕子丈夫呢？燕子夫妻俩真是夫唱妇随，共同劳动，甜甜蜜蜜。夫妻双双一起叼草，衔泥筑窝，争相为雏燕喂食。可昆虫丈夫却不学这个样儿，他也许以妻子比自己强作为托词。可这种托词真是难成理由的：扯一片小圆叶，把多绒植株上的绒毛刮耙干净，从污泥地上弄一小块胶结物，这并非什么难事。他完全能够同自己的妻子相互帮衬的，至少可以帮她打打下手嘛，帮能干的妻子递块砖、送片瓦什么的。可他就是不干，纯粹是个好吃懒做的混账丈夫。

灵巧的昆虫中最具有天赋才能的膜翅目昆虫竟然不知道有属于父亲应做的工作，真是奇怪。幼虫的生存需要本应该促使已练就一身本领的父亲发挥自己卓越的才能，但他表现出来的却是能力低下得连蛾蝶都不如。我们很有把握地预见到他不会在这方面表现他的天赋才能。

膜翅目雄性昆虫没有表现出父性的雄风来，这就更加使得我们对那些很善于摆弄粪球的昆虫刮目相看了。各种食粪昆虫都会夫妻相帮相助，共同完成安家置业的任务的。这种家庭风尚真的是应该大加崇尚和颂扬。在很多昆虫家庭中，都是妻子独当一面，所以食粪昆虫家庭的这种风尚真的是让人大为感慨呀！

让我们来看看舒氏西绪福斯蜣螂。它是推滚粪球的昆虫中个头儿最小、但工作热情最高的昆虫。它手脚麻利，摔起跤来让人替它捏一把汗，但它却总是跌倒了就爬起来，继续奋勇地滚动着大粪球。它那种奋不顾身的顽强拼搏的劲头简直无与伦比。为了让大家记住这位“体操名将”的动作，拉特雷伊把它命名为“西绪福斯[①]”。西绪福斯乃古代冥国中的一个有名之人。这个不幸的人以顽强的毅力服着苦役，拼死拼活，吭哧吭哧地把一块大石头往山上推去。每当他快要推到山顶上时，那大石头便会突然从他手中滑脱，滚下山去，他不得不又从山下往山上推着，但他怎么也推不到山顶，大石头每次都是在接近山头时，又滚落了下来。他就这么推呀推的，周而复始，永无尽头。可怜的西绪福斯啊，你就顽强地推吧，只有把大石头推到山顶，稳稳地停住，你的苦役才能宣告终止。

读书笔记

我很喜欢这个神话。它讲述的几乎就是我们这些活在世间的人的事。他们并非刁民，经受得住今生来世的艰难困苦，而且他们还具有良好的品质，他们顽强拼搏，坚韧不拔，为他人的幸福在贡献自己的力量。他们也有一个罪过，必须以身相赎，那就是“穷”。就拿我本人来说吧，半个世纪以来，我一直在那漫漫斜坡上攀爬着，留下了多少件被路面石块棱角划破且染有血迹的破碎衣片啊；我耗尽了心血，熬干了骨髓，把自己的全部体能气力毫不吝惜地奉献出去了，只求能把我要推的那个重负推上山顶，让它稳稳当当地立在上面，而这重负就是维持我一家老小生命的面包；可谁知道，这个大圆面包刚刚在山上放好，却见它在晃动，转瞬之间，它就疾速地向山下滚落，坠入深谷。从头再来，西绪福斯，从头推起，一直推到这块大石头最后一次滚落下来，砸碎你的脑壳，让你最终获得解脱。

这一说法十分生动。蜣螂推粪球的行为确实是为了生存。

而博物学家所喂养的“西绪福斯”则压根儿并不知晓世间尚

名师注解

① 西绪福斯：西绪福斯是希腊神话中的一个人物，死后受到众神惩罚，在冥界中把巨石往山上推，快到山顶时，巨石又滑下来，他只好永无休止地推着。

有如此辛酸苦痛之事。它只知道快快活活地往前推着，无论什么斜面陡坡，它都不屑一顾，一心一意地向前推动，时而为自己准备点食粮，时而又为自己的孩子们储备食物。我们这一带很少能见得到这种昆虫，要不是有一个助手帮了一把，我可能永远也捉不到一只活泛的来满足我制图所需的“西绪福斯”。我想顺便提一下我的这位助手，他以后还会出现在我的描绘之中。

这位助手就是我的儿子小保尔，当年只有七岁。我每次外出捕捉昆虫时，他都像个小跟屁虫似的跟在我的身后，简直可以说是形影不离，所以他知道的东西之多，完全不像是个七岁的小男孩。他了解蝉、蝗虫、蟋蟀和食粪昆虫的秘密，他见到食粪昆虫时特别地开心快乐。离二十步远处，有一堆堆不大的土堆儿，他的眼睛很尖，能立刻看出其中哪一堆是真正的昆虫出没的地洞口；他的耳朵也尖，远处一点点蝗虫的唧唧声，他都能立即听出来，而我竖起耳朵却没有听见。他就是我的眼睛和耳朵，而我则是他的参谋，给他出出主意。每当我告诉他如何去捉昆虫的时候，他总是神情专注，认认真真地在听，两只蓝眼睛探询似的盯着我。

为了开发他的智力，让他那想探知一切的天真的好奇心得到很好的发展，我送给我的小保尔一只鸟笼，让一只圣甲虫在笼子里为他制作梨形粪球；他在园子里还拥有一块方头巾那么大的土地，地里种着几粒花生，已经发芽，他时不时地要把它们挖出来，看看它们的胚根是不是长长了；另外，他还有一片森林植物园，里面长着到衣服下摆那么高的四棵橡树，树上还长着乳头似的滋养橡栗。这比学习枯燥乏味的法语语法有趣得多，而且，反过来还会促进法语语法的学习，是一种很好的休闲益智的活动。我的小保尔，咱们就在乡村里待着吧，置身于迷迭香和野草莓丛中，尽可能地学习这些活生生的知识，这样，我们的身体和智力都会得到很好的发育。在这里，我们一定会比在故纸堆中和死板的教科书里更能发现什么是美、什么是真。

那一天，我们摆脱了学校的黑板，真是个大喜的日子。我们一大清早便匆匆忙忙地起了床，准备去进行一次计划好了的远足。因为起得太早，没有准备做早餐，空着肚子就出发了。但我的那个旧背囊中已经装上了干粮——苹果和面包。时值四月末，眼看就到五月了，舒氏西绪福斯蜣螂按理说已经出现了。于是，我们便到山脚下那畜群已经踩踏过的稀疏草地上去搜寻一番。我们得用手把羊粪蛋一个个地掰开来。羊粪蛋虽然已经被太阳晒过，但干壳里面还是湿软的。西绪福斯蜣螂虫肯定就躲在那湿软的内层里。我们会看见它蜷缩在里面，一动不动，静待牧人傍晚那次放牧可能带来的新鲜羊粪蛋。

我已经发现过的这种秘密，我都讲给小保尔听了，现在该他亲手实践了。他热情很高地在掰羊粪蛋，还先闻闻看那羊粪蛋是否符合藏虫的标准。他很快就大有所获，比我预先估计的收获大得多。现在，我已经拥有六对西绪福斯蜣螂，这真是一大笔财富啊，我以前连想都没有想到过。

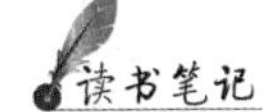
读书笔记

喂养它们用不着鸟笼。只需一个金属网的钟形罩足矣，里面再铺上一层沙子做底，再在沙层面上放一些它们喜爱的食物。它们的个头儿小极了，顶多就是樱桃核儿那么大！尽管个头儿很小，但它们的模样却很有特色，身材短粗，尾部缩成子弹头形，腿很长，像蜘蛛腿似的伸展开来，两条后腿尤其出奇，呈一对弧形，非常适合把小粪丸紧紧地搂抱住。

一到五月，交尾开始。它们就在拼命美餐过的畜粪蛋糕之间找块平一点儿的地方进入鱼水交欢之中。很快，就得动手建家立业了。夫妻双双以同样的热情，一块儿兴高采烈地为自己的孩子们准备着面包。它们揉好面团，运回家中，放入烤炉。它们用前爪上的小刀用力一划，一块大小合适的粪面团便切了下来，准备加工。然后，夫妻二人齐心协力地对小粪面团轻轻地拍打，用力地按压，最后做成如大豌豆粒一般大小的小粪丸。这小粪丸在移动之前，甚至在原地晃动之前，就已经被加工成一个球体了，这是适合于长期保存的食品的最佳外形，足见它们在几何学方面还是十分精通的。

小粪球制成之后，必须尽快地滚动，使其外表形成一层包皮，以防止湿软食物的水分过快地被蒸发掉。从其粗壮的身材一看便可认出是母亲的蜣螂虫，立刻爬到了这部球形车子的正座上去。它用它的两条后腿支在地上，用两条前腿搭在粪球上，倒退着把小粪球向自己这边拉拽。而蜣螂父亲则在后边推，其姿势与蜣螂母亲正好相反，是头朝下。这正是圣甲虫所使用的双人运粪球法，只不过二者的目的却不尽相同。圣甲虫赶的是大型粪球车，运载的是为老相

作者通过对两种昆虫进行对比，表现了舒氏西绪福斯蜣螂更加重视抚育幼虫。

好日后偶然相逢时所摆的地下酒宴的食品；而舒氏西绪福斯蜣螂赶的却是小型粪球车，运的是自己的幼虫所必需的食粮。

现在，这对舒氏西绪福斯蜣螂出发了。它们并无确定的目的地，而且，无论遇上什么样的坑坑洼洼的路面，它们都得往前推。因为是倒退着行进，不可能避开任何的障碍。再说，克服障碍本身就是一种显示自己勇敢的大无畏精神的机会，它们大概也并不想要绕开。它们决心爬上那钟形罩金属网，以资证明自己坚韧不拔的顽强意志。

这是一项十分艰巨的攀登任务，可以说是根本无法成功。只见蜣螂母亲在用后爪钩住金属网眼，用前爪使劲地又拉又拽的，而蜣螂父亲则脚下无根，干脆就顺势爬上粪球，用爪尖抠住球体，几乎把自己给嵌进其中去了。但它们的这种顽强拼搏并未奏效。很快，这粪球与其镶嵌物合成的大球块便滚落下来。蜣螂母亲在高处张望着，十分惊讶，但她随即便出溜下来，重新攀住粪球，再次开始那无法成功的攀登。夫妻二人一而再，再而三地这么试着，最后，还是放弃了这登山计划。

即使是在平地上赶车，也并非易事。只要途中偶然遇到一颗石头子儿，货物就会被打得倾斜，随即车辕翻转，六脚朝天，一阵踢蹬。夫妻二人并不气馁，立即爬起，各就各位，又开始赶起车来，而且仍旧是那么开心，那么快活。它们心里甚至在想，越这么摔越好，粪球这么摔来掼去，反而更加瓷实，何乐而不为呀？这种热情高涨的推拉拖拽式的运输一连持续了好几个钟头。

最后，蜣螂母亲看到粪球已经制作得完美无缺了，于是，她便抽身离去，要物色一处理想的地点。而蜣螂父亲则是翘起两条后腿，紧紧搂抱住宝贝，生怕遭人打劫。见妻子久久未归，他有点心烦，便用后腿抱住粪球迅速翻转，动作娴熟，十分得意。毋庸置疑，他心里一定在想：这个暄腾溜圆的大面包是我这个一家之长动手制成的，是我为儿女们准备的。这可以说是他勤劳勇敢的证书。

这时候，蜣螂母亲已经完成了选址工作，并且还挖了一个小坑。这仅仅是计划中的洞穴的奠基工程。粪球被推拉到坑边上。蜣螂父亲警惕地守卫着，抓住粪球不放；而蜣螂母亲则用爪子和头罩又挖又拱。不多一会儿，小坑已经够大的了，能够放下小半个粪球。这时候，夫妻二人把粪球视为圣物，时刻接触着它，用背顶着它，感觉得到它在自己身后不停在颤动着，证明没有其他食客在啃啮它，因此才开始继续向下挖去。它们担心，在洞穴完工之前，圣物就这么放着很不安全。而且，确实如此，膩虫蝇子可不在少数，它们肯定会跑来攫取自己的劳动果实的。小心无大错，细心看管为上，切莫掉以轻心。

小粪球在往洞穴里滑落，已经有大半个身子落进盆形的坑里了。蜣螂母亲在下方抱住它往下拽；蜣螂父亲则趴在粪球上面，不让它滚动，而且，减少了震动，也可减少塌方的危险。一切进行得很顺利。挖掘工作在继续，粪球在继续往下落。夫妻二人仍旧是那么谨慎小心。他们二人一个在拖拽，另一个在控制下落运动，并清除可能阻碍粪球下落的障碍物。又经过一番努力之后，粪球同这两位辛勤劳作的矿工一起在地下消失了。等了好半天，也未见他俩出来，只能再等上半天左右的时间，看看会是个什么情况。

读书笔记

只要我们坚持不懈，毫不懈怠，专心致志地观察，就会见到结果的。丈夫终于独自一人出了洞穴。他走到离洞穴不远处，蜷缩在沙土里歇息着。妻子仍留在洞中，她在忙自己的事情，而丈夫此刻是一点忙也帮不上的。妻子因大事缠身，无法离开洞穴，通常要到第二天才会走出洞来。最后，妻子终于出现了。丈夫从打盹儿的隐蔽处出来，向妻子迎上去。夫妻重逢之后，又回到食物堆旁，先把自己的肚子喂饱，然后再切下一小块原料，二人又再次通力合作，一起加工，一起装运，一起贮藏，就这么周而复始，一趟趟地跑着、干着。

他们夫妻间的这种忠贞，这种默契，让我非常感动。我并不敢肯定地说，这种夫妻之间的忠贞不贰已经成为舒氏西绪福斯蜣螂的行为准则。在这种夫妻关系之中，总会有一些朝秦暮楚的雄性，一旦身在粪堆大蛋糕的杂处环境中，就会把曾经与自己同甘共苦、风雨同舟、共同奋斗的结发妻子忘到了脑后，转而去追求萍水相逢的一个雌性蜣螂；也有的会结为临时夫妻，做完一个小粪球之后，便分道扬镳，各奔前程了。不过，这种情况并不多见，所以我仍旧坚持自己的看法：舒氏西绪福斯蜣螂的夫妻生活、家庭习俗是纯美的。

名师点评

作者重点重复了这一习性，因为这在昆虫界中十分罕见。

在介绍洞穴中的情况之前，我们还是先回顾一下舒氏西绪福斯蜣螂的生活习性。蜣螂父亲与蜣螂母亲同样卖力地为自己的孩子们准备食物，共同运输，一起挖洞或担任警戒。作为父亲的蜣螂还帮忙把母亲推出来的泥土清理到洞口外边，而集种种优秀品质于一身的父亲可以说在很大程度上做到了忠实于自己的妻子。

现在让我们来观察一下他们建造的洞穴吧。洞穴既浅又窄，刚够蜣螂母亲围着自己的杰作转开身子的。一看便知，这么个小小洞穴，蜣螂父亲是根本进不去的。工作间已经造好，他就该抽身退去，让继续修饰粪球的妻子自由行动。我们在前面已经看到了，他确实是比自己的妻子先爬到洞外好长时间。

洞穴里容纳的只有那一件佳作。那的确是一件小巧玲珑的作品，由于体积小，在表面光洁度和曲线之优美方面，都要比圣甲虫所制作的梨形粪球要强得多。这种微小的球体，直径通常在十二至十八毫米之间。食粪虫的艺术在这儿创造出了最精致的作品。

然而，这种外观甚美的状态并不能维持多久。很快，光洁的表面便有了污痕，一条黑乎乎的多节状的附着物，围着它粘了一圈，不久，原先那光洁优美的状况便消失殆尽了。我一开始并没弄明白为何会出现这么一圈有碍观瞻的结瘤，我还以为上面长了什么隐花植物或链球状菌类，因为它们看上去是结成的一层黑色的、疙里疙瘩的硬皮。后来我才有所顿悟，原来是蜣螂幼虫干的好事。

其实，这是一种常见现象。幼虫躬身呈钩子状，后背如同一只大口袋，状似驼背。这种姿势说明它们是急性排便者。它们如同金龟子的幼虫一样，利用立即喷射出的含有粪汁的胶结物来堵塞偶然出现在蛋形小屋内壁上的坑洼洞眼。这种“水泥材料”就储存在自己的大口袋里，随用随取，十分方便。另外，幼虫还能实际运用一门成虫所不懂的技艺，即粉条加工术。

各种食粪虫的幼虫都会利用自己消化后的残余作为灰泥，来涂抹居室内壁。内壁面积很大，足够幼虫安放废弃物，从而免去了临时开窗倒垃圾的烦恼。但是，舒氏西绪福斯蜣螂的幼虫却另有一招，或者是出于活动空间狭小，或者是出于什么我尚不知晓的原因，反正它们在按规定抹过涂层之后，便把所有的剩余排泄物都排出居室外。

当小居室内的隔间里的隐居者开始长大了的时候，我们便可以近距离地观察它们的梨形小屋了。说不定什么时候，你会发现梨形粪球表面的某一个点变湿变软变薄了，接着，一股墨绿色的喷射物喷了出来，四下散开，歪七扭八地附着在表面上。又一片污迹出现了。等干了之后，污迹变成了黑色。

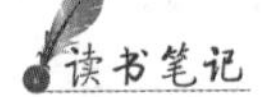
读书笔记

这到底是怎么回事？原来，幼虫在外壳的内壁上开了一临时性的通风口。通风口外一侧暂时保留着一层薄薄的窗纱，然后，幼虫通过这个通风口，把不用了的剩余物抛出去。它这是在透过墙壁撒尿排便呀。这种想凿开就凿开的天窗对幼虫不会构成任何的危险，不会危及幼虫的安全，因为它几乎是随开随封的。幼虫采用的是封闭作业法，过后只要用抹子在内口上喷射物的根茎部分抹一下就可以了。口子这么迅速地就能堵上，小小梨形粪球的鼓肚上即使开多少天窗也无伤大雅，食品一样可以保持新鲜，干燥的空气根本无法进入居室内。

舒氏西绪福斯蜣螂虫大概也很明白，再过些日子，该是盛夏酷暑季节了，自己的这种体积非常之小，深度又谈不上有多少的梨形居室将会遇到很大的灾难的。它们动手很早，四五月份便着手忙碌开来，这时的气候条件很适宜。七月上旬，在酷热到来的前夕，幼虫们便纷纷摧毁自己隐居室的外墙，破墙而出，开始去寻找畜粪堆，那里是它们盛夏季节的食宿场所。炎热的夏季过去之后，随之而来的是秋高气爽的日子里那短暂的尽情欢乐的时光，然后便不得不忍受在地下僵直地待着的日子。等到熬过了冬日，春暖花开，大地复苏，忙碌的日子又开始了，制作粪球，推运粪球那热火朝天的热闹场面又将展现在人们的面前。

还有一个关于舒氏西绪福斯蜣螂虫的观察结果值得在此写上一笔。我的金属网钟形罩里的六对夫妻，一共为我提供了五十七个粪球，每个里面都有隐居的幼虫。

名师点评

结尾点题。作者再次强调蜣螂父亲在养育后代过程中发挥的巨大作用。

照这个数字计算下来，每对夫妻平均生出九个左右的孩子，这个数量是很大的，圣甲虫可远远达不到这一指标。为什么舒氏西绪福斯蜣螂的生育能力这么强？出生率这么高？我认为，这与蜣螂父亲和蜣螂母亲同样在劳动，携手共建家园大有关系。独自一人承受不了的家务劳动，夫妻双方共同承担起来，就不会觉得那么地不堪重负了。

## 精华赏析

蜣螂父亲这种忠于妻子，忠于家庭，悉心照顾子女的天性，受到作者的赞扬。夫妻双方协作劳动使蜣螂幼虫的出生率极高，也为枯燥的劳动带来了乐趣。因此，虽然作者也写了蜣螂的其他特点，包括巢穴的结构、幼虫的生活情况等，但只对蜣螂夫妻合作劳动的过程进行了详写，并在结尾处加以重申。因为，相比其他昆虫而言，这是蜣螂最大的特点。抓住其最突出的特点，是描写昆虫的关键。

## 延伸思考

蜣螂妈妈为什么不能像其他昆虫那样，单独养育幼虫呢？

# 月形蜣螂与野牛宽胸蜣螂

**名师导读**

在女儿的帮助下，“我”得以细致地观察了月形蜣螂和野牛宽胸蜣螂。它们都是养育子女和搞建筑的能手。“我”从它们身上学到了不少东西。

月形蜣螂的身体较西班牙蜣螂为小，对气候是否温和的要求也没有后者那么高。月形蜣螂前额有角，前胸中央有双重小圆齿状的骶岬，肩部有戈戟矛头和新月形深槽口。普罗旺斯的气候条件和食物奇缺的百里香常绿灌木丛，并不适合它们的生存。它需要的是比较湿润而且有牧场的生存环境。这种地方牛羊成群，牛的硬粪饼可向它们提供丰富的食物。

读书笔记

为了实验的需要，我不得不求助于身在图尔农[1]的女儿阿拉格艾，她给我送来了不少从外地弄到的昆虫，把我那做实验用的笼子都住满了。我女儿真的是热情很高，竟然敢于用小阳伞尖撬起一摊摊的牛粪，再用她那纤细的手指把那牧场里的圆面包状牛粪饼弄碎，为我的实验提供了必需的实验对象。我想以科学的名义，在此对这个勇敢的女孩表示感谢。

这些话看似与主题相去甚远，但正是科学精神的体现。

我现在已有六对月形蜣螂夫妇了。我把它们安置在一只鸟笼里。我的芳邻家的一头母牛为它们提供了充足的牛粪饼。笼中远离故乡的蜣螂们没有表现出思乡厌食，它们在牛粪饼这个神秘的隐蔽所中勤奋地忙碌着。

六月中旬，我第一次对它们加以观察研究。我用刀一点一点地把

**名师注解**

① 图尔农：法国安德尔省的一个市镇。

读书笔记

泥土切成薄片，剖露出来的东西令我兴奋至极。每对月形蜣螂都在沙土地里为自己建造了一个漂亮的厅堂。无论是埃及圣甲虫还是西班牙蜣螂，都没有向我展示过如此宽敞、拱顶跨度如此之大的厅堂。厅堂直径长有十五厘米多，但天花板却很扁平，尖顶只有五六厘米。

内部的陈设与住宅的夸张外形相得益彰，可与加马奇的婚礼①的新房相媲美。巴掌大小的圆面包，不太厚，轮廓变化不定。我发现了一些卵形物，样子像肾脏那样地弯曲着，像手指那样地叉开着，像猫舌头似的伸长着。这些小东西全都是我们那地下面包铺里的小伙计心血来潮时的产物。我发现，永恒不变的基本点是：在我那金属网罩里的各个面包铺里，夫妻二人始终守在一个面团堆旁。这个面团堆被按正常制作法揉搓软了之后，正在发酵备用。

设问句，起到了强调的作用。

它们的家庭生活持续了这么久，证明了什么呢？证明了蜣螂父亲参加了挖掘地下洞穴，参加了一趟一趟的食物收集，参加了把小粪饼揉捏成一个大面包等劳动。游手好闲、好吃懒做的家伙是不会久留在这种地方的，它会回到地面上去寻欢作乐。因此，可以说，月形蜣螂父亲是一个十分勤劳忠实的合作者，它协助妻子干活的行动将会不断继续。

由于我的干扰，它们的家庭生活受到了极大的影响。但是，我深信这对坚贞不渝的夫妇会重整旗鼓、重建家园的。一个月后，到了七月中旬，我进行了第二次探查，只见食物贮藏室已经更新，与先前的一样宽敞。另外，房间的天花板和房间内壁已用牛粪做的莫列顿双面起绒呢给装填起来。夫妻二人都在里面，它们要等到抚育儿女的工作完了之后才会分手。做父亲的在家庭生活中的慈爱和柔情方面表现得有所欠缺，也许是胆小造成的，因此，随着光线透进其围墙遭到破坏的住宅里来，父亲便企图到走廊里去避一避。而做母亲的则一动不动地待在她所钟爱的小球上。这些小球如同西班牙蜣螂的卵形李子干，但个头儿要略微小一些。

名师注解

① 加马奇的婚礼：加马奇系西班牙著名作家塞万提斯的名篇《堂吉诃德》中的一位富裕农民，其婚礼奢侈而粗俗，奇异而怪诞。

我在同一个小房间里清点了一下，有七八个卵形李子干，比西班牙蜣螂的要多得多。它们一个挨着一个，其乳头状突起的顶端朝上竖着。厅堂虽说很宽敞，但毕竟也塞得满满当当的，只勉强地留下点空间，仅供两个监护者使用。这就像是一个装满了鸟蛋的鸟巢，几无空隙。

蜣螂的这些小球究竟是些什么呀？它们是另外的一种卵。在这种卵中，蛋白的和卵黄的营养团被一种食品罐头所代替。食粪虫与鸟类不同，它不是通过生物构造的单一的神秘作用，在营养团中汲取供给幼虫晚期发育所必需的东西，而是展现技巧，并且使用极其奇妙的方法供给幼虫食物。幼虫在没有其他援助的情况之下，发育成成虫形态。食粪虫不经受孵化的长期疲劳，而是依靠太阳来为自己孵卵。它不会为一口食物而操心劳神，它事先便准备好了所需之食物，而且是一次性分配完毕。它从不离开自己的窝，它时刻在监护着。父亲和母亲的警惕性都非常高，都是非常警觉的守护者，只是在家庭成员适合外出的时候，它们才会离开自己的寓所。

月形蜣螂父亲很会用爪子像菜刀一样把牛粪饼切成小块，按幼虫所需的分量分开来，但它会不会把分开的一小份揉捏成小圆球？它具有堵塞裂隙、修补缺口、粘接裂痕、弄干净小球并除去有害的赘生物的技艺吗？它会像西班牙蜣螂洞穴中孤独的母亲那样，毫不吝惜地把自己全部的关怀与爱给予自己的幼虫吗？它会同自己的妻子一道，一门心思地抚育子女吗？

提出一系列问题，正是作者进行科学研究的思路轨迹。

为了寻求对这些问题的答案，我便把一对月形蜣螂放进一个用纸盒子罩住的短颈大口瓶里。我在光亮处或是黑暗处都能观察到瓶中的情况。雄蜣螂一遇点惊扰，便像雌蜣螂一样爬到小球上。但是，当蜣螂母亲用爪子的扁平部分磨光小球，对小球进行听诊，一再地在做她那细心的抚育工作的时候，蜣螂父亲则是更加小心翼翼，显得十分胆小，神情很不专注，一见亮光，就立即溜下小球，爬到土堆里的一个隐蔽角落去躲藏起来。这种时候，我就无法观察到他是否在干活，因为他总是非常迅速地躲开亮光。

这位父亲虽然不肯向我展示他的种种才能，但是，它在卵球顶上的出现就把其才能全部表现出来了。对于一个游手好闲者来说，待在那上面的姿势是很不舒服的，所以他保持那种姿势并非是没有缘故的。他是在像他的妻子一样地在监护自己的宝贝。他在修补损坏的地方；他在通过卵壳内壁细听幼虫发育生长状况。我所见到的他的那点滴情况在告诉我，父亲在与母亲争相照看婴儿，照料家庭，直到家庭的最后解体为止。

父亲的这种奉献精神促使这个种族的数量日益增加。在单亲母亲居住的西班牙蜣螂庄园里，最多只有四只幼虫，往往是两三只，有时甚至只有一只。而在父母亲共住的月形蜣螂的庄园里，有多达八只的幼虫，比前者的数量多了一倍。从这一点来看，勤劳忠贞的月形蜣螂对家庭所起的作用非同小可。

但是，除了上面这一点之外，家族的兴旺发达还必须有一个条件。没有这个条件，光凭夫妻二人的共同努力是不够的。首先，要保持家庭的兴旺发达，就必须拥有养儿育女所必需的东西。月形蜣螂与一般的食粪虫不一样，它是在另外的一种环境之中生产劳动的。它所居住的地区使它能够获得牛粪圆面包。这种面包比羊粪小面包大得多，可以说是一个取之不尽用之不竭的大粮仓，足以满足其子孙后代繁衍兴旺之所需。而且，它的住所比较宽敞，为人丁兴旺创造了条件。而西班牙蜣螂的住所与之相比，就是小巫见大巫了。

另外一种向我揭示父亲本能的食粪虫，也是一种外地的昆虫。它是从法国南蒙彼利埃来到我这儿的。它叫野牛宽胸蜣螂，或者按照另一些人的说法，叫作巴斯蜣螂。我不想区分这两个名称谁优谁劣，我只记住了“野牛”这个词，因为它听上去形象而动听。

从前，我在阿雅克肖的郊外结识过它。那是在春暖花开的季节里，在藏红花和仙客来花丛之间，在爱神木掩映下绚丽多彩的百花盛开的环境之中。我很高兴这种昆虫前来我的荒石园昆虫实验园地，我想再一次地观赏它。它使我回想起我青春年少时，在那贝壳俯拾皆是的美丽海边的兴奋和激动。当年，我并没有想到日后会来歌颂赞美这种昆虫。自青春年少时在海边相遇它之后，我这还是第一次与它重逢。我的兴奋之情已是不言而喻的了，我想向它请教我尚不知晓的一些知识。

野牛宽胸蜣螂矮壮，腿短，像厚实的矩形，一看便知它身强力壮。它的头上长着两个短小的触角，像阉割过的小牛头上的月牙形角。它的前胸伸长着，状如变钝了的船头。左右各有一个漂亮的浅窝，伴随着那钝船头。它那副外貌，那副雄赳赳气昂昂的雄性打扮，接近金龟子系列。实际上，昆虫学家在分类时，也是把它列在紧随粪金龟身后的。它的技艺与系统分类学所给予它的地位相符合吗？它都有些什么专长呀？

我同别人一样地钦佩分类学家。他们研究死了的昆虫的口、爪、触角，有时还作出很好的比较，并且善于把外形毫不相同、习性却完全一致的金龟子、西绪福斯蜣螂归于一个族群里。但是，这种研究方法忽略了生命的高级表现形式，而去探索昆虫尸体的细枝末节，从而在昆虫的真正才能方面把我们引入歧途。野牛宽胸蜣螂就在提醒我们，这种危险确实存在着。它在身体结构方面确实是同金龟子很相近，但在技能方面，它却更像粪金龟。它像粪金龟那样在圆柱形的模型中挤压灌肠形大面包，它也像粪金龟一样竭力地在尽它作为父亲的出自本能的义务。

六月中旬左右，我开始在探究我所拥有的唯一的一对野牛宽胸蜣螂。在绵羊留下的一堆羊粪蛋下面，有一条垂直通道微微敞开着。这条通道的直径有一根手指那么粗，深度有衣服下摆那么长，自由畅通。它的形状犹如一口水井，底部有五个支道呈辐射状延伸，每一个支道都有一个类似粪金龟的“猪血香肠”的圆柱面包占据着。这个略呈圆形的食物，表面有节，是我从位于通道下端的孵卵室里挖掘出来的。孵卵室是个圆形小屋，涂着一层半流质的渗出液体。卵呈椭圆形，白色，全都一般大小，与食粪虫的卵一模一样。

总而言之，野牛宽胸蜣螂那粗俗的劳动成果，几乎与粪金龟的劳动产品如出一辙。我对此颇为失望，我原指望它的劳动产品应该更高级一点的。

我纯属偶然地在一个交叉路口发现了一对野牛宽胸蜣螂。那儿敞开着五个有“猪血香肠”的凹陷点。由于光线的射入，它们都停住了手脚，不再干活。在我进行挖掘之前，这对忠实的夫妻、配合默契的伙伴，在里面干什么呢？它们是在监视那五间小屋，在压实最后一个粮食圆柱体，在用带来的新材料增加这根圆柱的长度。材料被从上面弄到下面，是从一个盖住井口的物体上取下来的。它们也许准备建造第六个小居室，并且像其他居室一样，也在为这新的居室置办家具。

我经过仔细的探查发现，从井底下到地面，那搬运粮食填满仓库的活动在紧张繁忙地进行着。卵上的一只虫子正在有条不紊地压紧夯实装着材料的袋子，而另一只虫子则用爪子抱着袋子从地面往洞穴中降下去。

实际上，这整个如同水井似的通道从上到下都是空的。另外，为了防止因爬上爬下、来来往往会造成坍塌，通道的内壁都经过了涂抹，使土不致散落。这个覆盖内壁的涂层是与用于制作“猪血香肠”相同的那种材料制作的，厚约一毫米多。深层均匀平滑，耗费材料和精力不多，但效果却是非常地不错。它把内壁的泥土固定在原处，不致散落，即使挖下较大的一块碎片，碎片也不会变形。阿尔卑斯山里的小村庄里，房屋南墙上都被涂抹上了牛粪，经太阳一晒，逐渐变成干硬的牛粪饼，冬季里可用它们作为燃料，生火取暖做饭。野牛宽胸蜣螂知道牧人们的这种巧妙办法，也习用之，但它们的目的则与牧人们不尽相同：它们用牛粪涂抹住所，是为了防止坍塌。

我出于好奇，欲探个究竟，所以把这对野牛宽胸蜣螂的财宝给掠夺了，于是，它们只好又从头干起。七月中旬，它们又提供给了我三个“猪血香肠”，我现在一共有八个了。这时候，我发现我的那对囚徒夫妇死了。一个死在地面上，另一个死于地面下。是意外造成的死亡吗？或者更确切地说，在各类长寿的金龟子和其他昆虫里，野牛宽胸蜣螂是个例外，是短命的？金龟子和其他很多种蜣螂在第二个春天里可以见到自己的后代，甚至会举行第二次婚礼。

我倾向于认为，这是在向昆虫的总的规律的一种回归，不愿照管家庭者，其生命必然会是短暂的。我仔细地检查过，笼子里并未发生过什么令人不快的事情。如果我的判断无误的话，那么，为什么老当益壮的野牛宽胸蜣螂一旦家庭建立起来，也会像其他无所作为的昆虫一样立即便会死掉呢？这是又一个我没有找到答案的谜。

八月里，当“猪血香肠”的中段已被啃噬得差不多了，只剩下一个破破烂烂的空盒罩时，幼虫便会向“猪血香肠”的下端缩去，并在下端用一道球形围墙把自己同洞穴的其他部分隔离开来。一种有砂浆的袋子在供给它修筑这道围墙所必需的材料。

劳动的产物同一粒大樱桃的大小相同，是个形状优美的小圆球。这是粪质建筑的杰作，与牛粪蜣螂所展示的杰作不相上下。一些轻柔的小结节形成同心圆，一圈一圈的，像屋顶上的瓦片似的交替地覆盖着。每个小结节大概都是对其镘刀涂抹一下后的回应，镘刀每涂抹一次，就把上面的砂浆抹在了应抹的地方。

如果一个不知就里的人猛地一看，还会错以为那是用果实核雕刻的一件艺术品哩。其上有一种粗糙的果皮，更可以以假乱真，让人深信不疑。这层果皮实际上是围着中央那小巧玲珑的“猪血香肠”的皮壳。如同青果皮与果核相脱离一样，这层皮壳可以轻易揭掉。去皮之后，我们就会惊奇地发现，那不很雅致的外壳里面，竟然是一个很美的核。

这就是野牛宽胸蜣螂为虫卵身体变态所修建的居所。幼虫待在居所里，在麻木的状态中度过冬季。我希望春天一到，马上就能看到其成虫。让我大为惊诧的是，其幼虫状态竟然一直延续至七月末。蛹的出现需要一年左右的时间。

我确实对这么缓慢的成熟过程感到惊奇。这是不是在野地里那自由空间中的规律？我看是的。因为在笼子里的囚禁状态中，我并未发现有任何引起这种延迟成熟的事情。因此，我在确信无误之后，便把自己进行巧妙实验的结果记录了下来。野牛宽胸蜣螂在它那又漂亮又坚固的小匣子里，死气沉沉，麻木，无生气，花了十二个月的时间使自己成熟，变成蛹，而其他的食粪虫的幼虫只用几个星期的时间，就让身体变态了。是什么原因造成这种“长寿”的呢？这我也没弄清楚。

粪质外壳直到九月里仍然坚硬得很，但一到九月，骤雨猛袭，外壳泡软，隐居的幼虫从里往外撞击、拱动，外壳便破碎了。长成的幼虫于是爬到地面上来，在秋末那温和的气候条件之下，快快乐乐地生活着。天气转凉时，它便回到地下那冬季营地，然后，待到春暖花开时节，它再度出现，生命的循环又开始了。

## 精华赏析

作者在讲述月形蜣螂和野牛宽胸蜣螂的父亲本能时，引入了西班牙蜣螂进行对比，充分说明了夫妻协作对养育后代的巨大作用。巧用对比的写作方法，可以有效强化文章主题。

## 延伸思考

作者从哪几个方面深入描写了野牛宽胸蜣螂的生活？请简要概述。

# 圣甲虫【精读】

名师导读

圣甲虫为自己选择食物时，不像为后代选择食物时那样挑剔。它们精心制作的粪球，有时候还会遭到强盗的打劫。不过圣甲虫一旦将食物搬运回巢穴，就会肆无忌惮地大吃起来，其食量和消化能力都相当惊人。

做窝筑巢、保护家庭，是动物种种本能特性中最崇高的一种。鸟儿这灵巧的建筑师告诉了我们这一点；在本领方面更加多样化的昆虫也让我们见识了这一点。昆虫对我们说："母爱是本能的崇高灵感。"母爱旨在维护族群长期繁衍，这是远胜于保护个体的更加利害相关的大事，因此母爱会唤醒最迟钝的智力，使之高瞻远瞩。不可思议的心智灵光孕育于母爱之中，并会突然迸射而出，使我们顿悟一种理性以避免犯错误。母爱愈坚，本能愈优。

在这一方面最值得我们关注的是膜翅目昆虫，它们身上凝聚着最充分的母爱。它们所有的本能才干都倾注于为自己的子孙后代觅食谋屋。为了其复眼将永远再也看不到而出于其母爱之预见性已深深知晓的家族繁衍，它们是种种天赋才能的行家里手。它们有的是棉织品和许多絮状物品的编织能手；有的是制作细叶片篓筐的能工巧匠；有的是泥瓦匠，建造水泥房间、砖石屋顶；有的是陶瓷行家，用黏土制作高档的尖底瓮、坛罐和大肚瓶；有的擅长挖掘，在湿热的地下建造神秘的地宫。它们掌握着成百上千种技艺，与我们人类所掌握的相仿，甚至有些还不为我们所知，而它们却早已用于其住房的建设。随即它们便得考虑将来的食物：一堆堆的蜜，一块块的花粉糕，精心制作的野味罐头……这类的工程是专以家庭的未来为目的的，其中闪烁着在母爱的激励之下的本能的种种最高表现。

昆虫学范围内的其他一些昆虫，母爱表现一般来说都很浮皮潦草，敷衍塞责。几乎大多数的昆虫，只是把卵产在合适的地方就不管了，任由幼虫冒着危险和死亡去寻觅居所和食物。抚养行为如此马虎，有没有才智表现也就无所谓了。莱格库斯[1]把各种艺术统统从其共和国驱逐出去，他指责这些艺术是使人们萎靡不振、意志消沉的玩意儿。就这样，在以斯巴达方式养育的昆虫中，这些本能的高级灵感也就被去除掉了。母亲从温柔甜蜜的育婴活动中摆脱出来，一切特性中最优秀的智能特性也就逐渐减弱，直至泯灭，因为的确是对于动物也好、对于人类也好，家庭是一切美好事物产生的源泉。

名师点评

对于大部分昆虫幼虫来说，母爱是极其缺乏的，这正反衬出膜翅目昆虫在这一点上的不同。母爱的体现，让我们看到了膜翅目昆虫的一些突出的美好品质，请在下文中注意寻找。

如果说对子孙后代关怀备至、体贴入微的膜翅目昆虫令我们赞叹不已，那么不顾后代死活、任其听天由命的其他昆虫相比之下就显得很不像话了。而所谓的其他昆虫则几乎是昆虫之全部，起码就我所知，在各地的动物志中，只见过两个例子，比如采蜜的昆虫和埋野味篓的昆虫，为自己的家人准备食物和住所。

而奇怪的是，这类在细腻的母爱方面可与以花为食的蜂类相媲美的昆虫，竟然是以垃圾为美食，以净化被牲畜污染的草地为己任的食粪虫类。要想再找到不忘母亲职责又有丰富的母性本能的昆虫母亲，就必须离开芬芳四溢的花坛，转向大马路上被骡马拉下的粪堆。大自然中类似的两个极端比比皆是。对于大自然来说，我们的丑和美，我们的龌龊与干净算个什么？大自然以污秽创造出鲜花；用一点点粪肥，它就能给我们创造出优质的麦粒。

各种食粪虫尽管成天与粪便打交道，但却享有一种美誉。它们的身材一般都小巧玲珑，穿戴庄重而且无可挑剔地光鲜，身子胖乎乎的，呈短壮体形，额头和胸廓上都佩戴着奇异饰物，因此在收藏家的标本盒里显得光彩照人，尤其是法国的那些品种，乌黑油亮，外加一些热带的品种，金光闪烁，黑紫油亮。

读书笔记

它们是畜群的挥之不去的客人，但它们身上可散发出一种苯甲酸的微微香气，可以净化一下羊圈里的空气。它们那田园诗般的习性令昆虫分类词典的编纂者们大为震惊，因此他们这些以前不怎么关心其痛痒的学者们，这一回却改变了看法，对它们进行简介时也

名师注解

① 莱格库斯：古代斯巴达共和国的著名立法者。

用上了一些听起来好听顺耳的名字：梅丽贝、迪蒂尔、阿嫚达、科利冬、阿莱克西丝、莫普絮斯等。这些名字都是古代田园诗人们常用且叫响了的名字。维吉尔式的田园诗中的词汇被用来赞颂食粪虫了。

一堆牛粪堆儿上，瞧那个你争我夺的劲头儿呀！从全球各地蜂拥到加利福尼亚的淘金者们也没有它们的那股狂热劲儿。在太阳太毒之前，它们成百成百地奔来，大大小小，形状各异，体形有长有短，品种齐全，全都乱糟糟地爬来滚去，意欲在这个大蛋糕上为自己分上一份儿。有的在露天干活儿，从表层搜刮；有的钻进厚实的牛粪堆里，挖出地道，寻找优质矿脉；有的开凿底层，立即把财宝埋进地里；那些个头儿小又无力气的则待在一旁捡拾其身强力壮的合作者们掉下的渣渣屑屑什么的。有几个新来的想必是饿得不行，在原地就吃上了，但大多数则是想大捞一把，藏于安全之处，以备不时之需。当你置身于百里香遍地的原野时，一点新鲜牛粪都见不到，突然来到这里，见到这么大堆大堆的宝物，那真是天赐之物呀，只有有福分的才有这么幸运。因此，它们便把今天这宝贵财富小心谨慎地收藏起来。粪香四溢，方圆一公里都能闻到，食粪虫们闻讯纷纷赶来，抢夺、瓜分这些美味食品。有几个落在后面的又跑又飞正忙着往前赶哩。

那个生怕到得太晚而向着粪堆一溜儿小跑的是哪一位？它那长长的爪子僵硬笨拙地倒腾着，仿佛其肚腹下面有一个机械在推动着似的；它的那对棕红色小触角大张开来，透着垂涎欲滴的焦急不安。它在拼命地赶，它赶到了，还撞倒了几位食客。它就是圣甲虫，一身墨黑，是食粪虫中个头儿最大又最有名气的一种。古埃及人对它尊崇备至，把它视作长生不老的象征。它已入席，与其同桌的食友并肩战斗，其食友们正在用自己宽大的前爪心轻轻地拍打粪球，进行最后的加工，或者再往粪球上加上最后一层，然后抽身而去，回家安安心心地享用自己的劳动成果。我们来看一看那有名的粪球的一道道制作工序。

圣甲虫头部边缘是个帽子，宽大扁平，上有六个细尖齿，排成半圆。这就是它的挖掘和切割工具，是它的叉耙，可以用来撬起和抛撒无养分的植物纤维，把好东西耙在一起积聚起来。挑选食物就是这样进行的，因为对于这些精细的行家来说，什么好什么差它们是十分清楚的。如果圣甲虫是为自己寻找食物的，它们选个差不离儿就行了，但如果是为了自己的孩子考虑的，那它们则会严格挑选，一丝不苟。

为解决自己的食物问题，圣甲虫并不挑剔，粗略地选一选就行了。它用带齿的头盔拱一拱，挑一挑，去除不需要的，然后把其他的归拢一下就得了。两条前腿一起用力地忙乎，其前腿是扁平的，弯成弓形，上有粗壮的纹脉，外侧配备着五个硬齿。假如需要用力，推开障碍物，在粪堆中的最厚实的部分清出一条道来，圣甲虫便用肘力，也就是说用其带齿的前腿左扫右拨，再用齿耙用力一耙，便清出一个半圆形的空地来。场地清好之后，前腿还有另一种工作要做：把顶耙耙到的东西归拢在一起，弄到自己肚腹下面的后面四只爪子之间去。这后面四只爪子是生就为了做旋工工作的。这些足爪，尤其是那最后的一对，又细又长，微微弯曲成弓形，顶端长有一个很锋利的尖爪。稍许看上一眼就会知道它们酷似圆规，在其弧形支脚之间，环成一种球形，可测量球面，加工球体。它们的功用确实是加工粪球的。

读书笔记

食物一耙一耙地被耙到肚腹下面的四条腿中间，后腿再稍一用力，就把粪球的雏形按腿部曲线给挤压成了。然后，这雏形粪球不时地被四条后腿形成的两副圆规摇动、挤压，逐渐变小变实，再由肚腹加工，粪球的形状臻于完善。如果粪球表层太硬，有剥落的危险的话，或如果某一部分纤维太多，无法旋转的话，前腿就对不合适的地方进行再加工，它们用宽大的拍子轻轻拍打粪球，使得新添加的东西与原先的被拍得很实地合二为一，并把那些不易粘贴的东西拍实在粪球上。

烈日当空，加工工作在紧张地进行之中，你可以看到旋工的活儿干得多么利索，让你肃然起敬。那活计如此这般飞快地进行着：一开始是个小弹丸，现在变成了一粒核桃，不一会儿就有苹果一般大小了。我曾见过食量大的圣甲虫竟然旋出一个拳头大小的粪球，这肯定得花好几天的工夫。

储备的食物制作完毕，现在就得撤出混乱的战场，把食物运到合适的地方。这时候圣甲虫最令人惊奇的习性开始展现出来。圣甲虫迫不及待地上路了。它用两条长后腿搂住粪球，而后腿尖端的利爪则插入球体中去，当作旋转轴；它以中间的两条腿作为支撑，而以前腿带护臂甲的齿足作为杠杆，双足轮流着地按压、弓身、低

这是一段精彩的动作描写，作者形象地描绘了圣甲虫运送粪球的过程。

读书笔记

头、翘臀，倒退着运送粪球。后腿是这部机器的主要部件，它们在不停地运作，它们一来一回，变换着足爪，以调整轴心，让负载物保持平衡，并在其一左一右地交替推动之下，把粪球往前滚动。这样一来，粪球表面各点都轮流地接触地面，使之不停地碾压，形状更加完美，而球面硬度因均匀地受压而趋于一致。

使劲儿呀！行了，它滚动了，它一定会被运到家的，当然少不了遇上困难。这个困难说来就来，但还不算严重：圣甲虫碰到了一个斜坡，沉重的粪球要顺着斜坡滚下去了，但是圣甲虫认准了自己的理儿，偏要横穿这条天然道，这可够大胆儿的，稍一失足，稍踩到一点碍事的沙子，就会失去平衡，前功尽弃了。果不其然，它脚下一出溜儿，粪球便滚到沟里去了，圣甲虫被滑落的粪球一带，弄了个仰面朝天，手脚乱蹬乱踢的。它终于翻转身来，追赶粪球。它像机器般更加卖力地工作起来。该当心点儿了，傻蛋儿，沿着沟底走，既省力又保险。沟底路好走，特别平坦，你不用太用力，粪球就能滚动向前的。可是圣甲虫就是不听，它偏要再往那个对它来说是不祥之物的斜坡去。也许再登高处对它来说是合适的。对此我无话可说，因为就身居高处的优越性而言，圣甲虫的看法比我的看法更有远见。可你至少该走这条道呀，那是个缓坡，你很容易从那儿爬到顶上的。它根本就不听，如果有什么很陡的、无法攀登的斜坡，那个顽固的家伙就偏偏选中它。于是，西绪福斯的工作开始了。它小心翼翼地，一步一步地，艰难万分地往上滚动那巨大的粪球。它一直是倒退着在推动。我在寻思，它是运用何种稳定神功把这么个庞然大物稳定在斜坡上的。啊！稍一协调不好，它便白忙活半天了：粪球滚落下去，把它也连带着摔下去了。然后，它又开始往上爬，不一会儿又摔了下去。它随即又往上爬，这一次走得挺好，艰难路段总算通过了，原来是一个禾本植物的根在作怪，让它摔下去好几次，这一次它谨慎地绕开了这个该死的根。再使一把力就到顶了，但要小心再小心啊。坡陡道艰，稍有不慎便前功尽弃。你瞧，脚踩在光滑的卵石上，一滑，粪球和圣甲虫一起连滚带翻地又滑下去了。可圣甲虫又开始往上爬，仍旧坚韧不拔，没有什么能使它气馁的。十次、二十次地重复着这老也爬不上去的攀登过程，

作者不理解圣甲虫的选择，为它着急。

最后，它或者是以顽强的意志战胜了千难万险，或者是经过更加缜密的思考，承认自己先前所做的无谓努力，选择了平坦的路径，终于如愿以偿，完成了任务。

圣甲虫并非总是单独地运送那珍贵的粪球，它经常要找一位同伴相帮，或者说得更确切一些，是同伴主动跑来帮忙。一般情况下是这么干的：一个圣甲虫制成了粪球之后，便爬出纷乱熙攘的群体，倒退着推动自己的战利品离开工地，最晚赶来的那些圣甲虫有一个在它的身旁，刚开始在制作自己的粪球，便突然放下手中的活计，奔向滚动着的粪球，助那个幸运的拥有者一臂之力，后者似乎很乐意接受这种帮助。这之后，这两个同伴便联手干起活儿来。它俩争先恐后地努力把粪球往安全的地方运去。在工地上是否果真有过协议，双方默许平分这块蛋糕？在其中一个揉制粪球时，另一个是否在挖掘富矿脉以提取原料，添加到共同的财富上去呢？我从未看到这种合作，我一直看到的只是每只圣甲虫都独自地在开采地点忙乎着自己的活计。因此，后来者是没有任何既定权益的。

那么，这是否是异性间的一种合作，是一对圣甲虫在忙着成家立业？有一段时间，我确实这么想过。两只圣甲虫，一前一后，激情满怀地在一起推动着那沉重的粪球，这让我想起了以前有人手摇风琴唱着的歌：为了布置家什，咱们怎么办呀？——我们一起推酒桶，你在前来我在后。通过解剖，我便丢掉了对这种恩爱夫妻的场景的想象。圣甲虫从外表上看去是分不出雌雄来的。因此我把两只一起运送粪球的圣甲虫拿来解剖，我发现它们往往是同一个性别的。

既无家庭共同体，也无劳动共同体。那么这种表面上的合伙儿存在的理由是什么呢？理由很简单，纯粹是想打劫。那个热心的同伴假借着帮一把手，其实是心怀叵测，一有机会便抢走粪球。把粪粒制成球既累人又要有耐心，如果能抢个现成的，或者至少强行入席，那可就合算得多了。如果主人没有警惕，帮忙者就可抢了粪球逃之夭夭；如果主人的警惕性很高，那就以自己也出了一份力而二人同席。这一手怎么都可获益，因此抢掠就成了收效最好的一种手段。有的就阴险狡猾地这么去干了，正如我刚才所说的那样；它们兴冲冲地去帮一位同伴，其实后者根本用不着它们帮忙，而且它们表面上显得好心好意，实际上心里暗藏杀机。还有一些圣甲虫，也许更加大胆，更加相信自己的实力，干脆直奔主题，强行抢走他人的粪球。

读书笔记

这种抢劫行径无处不在。一只圣甲虫独自推动着自己通过努力劳动所获得的合法收益安静地离去了。另外一只，也不知是从哪里冒出来的，飞来抢夺，身子重重地落下，把被烟熏了似的翅膀收在鞘翅下面，然后挥起带锯齿的臂甲的背面扇倒粪球的主人，后者正在忙着推动粪球，根本就无招架之力。当受袭者拼命挣扎，重新站稳脚跟时，攻击者已经立于粪球高处，那是击退对手的最有利的位置。它把臂甲收回胸前，准备迎敌，以防不测。失窃者围着粪球转来转去，寻找有利的出击点；盗窃者则立于城堡顶上不停地转动，始终面对着失窃者。如果失窃者立起身来攀登，盗窃者便朝前者的背部猛地一击。如果进攻者不改变策略来收回失物的话，那防守者因占据城堡高处，必将一次次地挫败对手的进攻。这时，进攻者企图把城堡及其守卫一并推翻。粪球底部受到摇晃，开始缓缓滚动起来，盗窃者也随着滚动，但它想尽办法始终立于粪球顶上。它做到了，但并非能始终如此。它在不停地急速跟着转动，使自己保持平衡。万一脚下一滑，优势没了，那就只好与对手短兵相接，双方身体对身体，胸部对胸部，你顶我撞开来。它们的爪子绞在一起，节肢缠绕，角盔相撞，发出金属锉磨的尖厉之声。然后，把对手掀翻，挣脱开来的那一位便匆忙爬上粪球顶端，抢占有利地形。“攻城”战斗又开始了，忽而抢掠者“攻城”，忽而被抢者“攻城”，这全由肉搏时的胜败来决定。抢掠者无疑贼胆包天且敢于冒险，往往总是占据上风。因此，被抢者经过两次失败之后，便失去斗志，明智地回到粪堆去重新制作一个粪球。而那个抢劫得手者非常害怕已解除的险情会重新出现，便把抢掠来的粪球，赶忙往自己觉得保险的地方推去。有时候，我还看见有第二个抢掠者突然飞临，抢掠前一个窃贼的赃物。说心里话，我对它并不反感。

圣甲虫之间争夺食物的战争如此激烈。

我徒劳无益地在寻思，那个把“财产即赃物”这个大胆的谬语狂言运用到圣甲虫的习俗中的普鲁东[①]是何许人也？那个把“武力胜过权力”的野蛮法则在食粪虫中加以发扬光大的外交家是谁？由于

名师注解

① 普鲁东：法国经济学家，其有一句名言为——“财产即赃物”。

手头缺少资料，我无法追本溯源地探清这些习以为常的抢劫行径，无法搞明白这种为了抢夺粪团而滥用武力的缘由，我所能肯定的只是抢劫骗取是圣甲虫的一种惯用伎俩。这些运送粪球的昆虫相互间你抢我夺，毫无顾忌，我还真没有见过其他昆虫这么厚颜无耻地干过。干脆，我把这种昆虫心理方面的问题留给未来的观察者们去探索吧，我还是回过头来谈谈那两个合伙运送粪球的家伙。

尽管用词不甚贴切，我还是称那两个合作者为合伙运送者。它们中一个是强行入伙，而另一个则也许是无可奈何地接受的，生怕会遇到更大的不测。它俩的相逢倒还算和气。合伙者到来之时，物主正一门心思在干自己的活儿，新来者似乎怀着最大的善意，立即投入工作。二人一推一拉，相互配合。物主占着主导位置，担当主角：它从粪球后面往前推，后腿朝上脑袋冲下。那个帮手则在前面，姿势与前者相反，脑袋朝上，带齿的双臂按在粪球上，长长的后腿撑着地。它俩一前一后把粪球夹在当中，粪球就这么滚动着。

它俩的配合并非总是很协调，尤其是因为帮手背对路径，而物主的视线又被粪球遮挡住了。因此，事故频仍，摔个大马趴是常有的事，好在它们也泰然处之，摔倒了立即爬起来，仍旧是各就各位，各司其职。即使是在平地上，这种运输方式也是事倍功半，因为二人的配合无法天衣无缝，其实只要在粪球后面的一个圣甲虫干，也照样会干得很快，而且干得更利索。那个帮手虽然差点儿弄得无法运送，但在表现出自己的善良意愿之后，决定稍事休息，当然，它是不会放弃它已视作是自己财产的那个宝贝粪球。摸过的粪球就是自己的粪球。但它也不会掉以轻心贸然行事，否则对方会把它给晾在那儿。

它把腿收回到肚腹下面，身子贴在（可以说是嵌在）粪球上，与之浑然一体。粪球和这个贴在其表面的帮手在合法主人的推动下一起往前滚动着。粪球在它的身下，随着粪球的滚动，它忽而在上，忽而在下，忽而在左，忽而在右，它毫不在乎。它就是要帮忙帮到底，而且是默默无闻。这种帮手真少见，让别人用车推着自己，还要得一份儿酬劳！这时，前方遇到一个大斜坡，它只好帮一把手了。行到陡坡上时，它当上了排头兵，只见它用自己那带齿的双臂猛拽住笨重的大粪球，而其同伴，那个物主则在下方拼命抵住，一点点地往上顶着。我看见这两个合伙者，就这样一个在上方拽着，一个在下方顶扛着，配合十分默契地往坡上爬着，如果没二人的通力合作，光靠一个人

读书笔记

是怎么也无法把粪球推上去的。但是，并非所有的人在这一艰难时刻都会表现出同样热情的。有一些圣甲虫在攀爬斜坡这种必须通力合作才行的时刻，似乎根本没有看见有困难要克服似的。当倒霉的“西绪福斯”在拼了小命试图越过障碍时，另一位则高高在上，稳坐钓鱼台，与粪球一起滚下，一起滚上。

我们假定那只圣甲虫很幸运，找到了一个忠实的合伙者，或者更好一些，假定它在途中没有碰上不请自来的同类，那么，一切就绪，可以进行下一步了。地窖已挖好，是一个在松软土地上挖的洞，通常是在沙地上挖，洞不深，有拳头般大小，有一条细道与外界相通，细道大小正好够让粪球进入。粮食一入地窖，圣甲虫便躲在家里，用藏于角落里的杂物把地窖入口堵住。大门一关，外面根本看不出这里下面有个宴会厅。大功告成，它高兴万分，宴会厅里的一切都是美妙至极的！餐桌上摆满了奢华食物；天花板遮挡住当空烈日，只让一丝温馨湿润的热气透进来；心平气静，环境幽暗，外面的蟋蟀合唱声阵阵，这一切都有助于肠胃功能的发挥。我神思恍惚，突然觉得自己在俯身于地窖门口，只觉得有海洋女神该拉忒亚的在歌剧中那段著名唱段隐约传来：“啊！周围的一切都在忙忙碌碌时，无所事事是多么美妙。”

名师点评

作者的想象力非常丰富，联想到了神话中的海洋女神，文中透露出作者对圣甲虫明显的赞美之情。

谁敢去打扰这样一个宴席上的那种怡然自得呀？但是，只要有想探个究竟的欲望是什么都干得出来的，而这种欲望，我就有过。我把我私闯民宅的情况记录在此。我看到光一个粪球几乎就把宴会厅塞满了，这奢华的食物下抵地板上顶天花板。一条狭小的通道把粪球与墙体隔开。食者就在通道上用餐，顶多是两位，经常是独自一人，肚子贴在餐桌上，背顶着墙壁。座位一旦选好，就不再挪动了，然后便放开嘴吃起来，没有一点小的争吵，那样会少吃上一口的；也不挑挑拣拣的，否则就会浪费食物。一切都得按先后次序，一丝不苟地穿肠过肚。看到它们如此虔诚尽心地围着粪球在吃，你会以为它们意识到自己在完成净化大地的工作，它们知道自己投身的是那种以粪肥培育鲜花的精细化学工程，鲜花让人赏心悦目，圣甲虫的鞘翅能点缀春意盎然的草坪。马牛羊尽管消化系统很完美，但它们的排泄物中仍留有未消化的残留东西，而圣甲虫则把它们留下的那些残留物质加以利用，为此，圣甲虫就必须具备一套完整的工具。果然，通过解剖我惊叹地发现它的肠道出奇地长，盘来绕去，使得进入的食物可以被慢慢地吸收，直至最后一个可以利用的颗粒被消化掉为止。因此，食草动物未能吸收的东西，食粪虫类昆虫的“高效蒸馏器”却可从中提取一些财富，而这些财富经过稍加处理，就变成了圣甲虫墨黑的铠甲和其他食粪虫类昆虫金黄色的和赤红色的胸甲。

不过，这种令人赞叹不已的垃圾处理工作得在最短的时间内完成，这是环境卫生所限定的。而圣甲虫就具有这种也许其他昆虫所没有的很强的消化能力。一旦食物进入地窖里，圣甲虫便日夜不停地吃着，直到把食物消灭干净为止。当你有了一定的实践经验，把圣甲虫关在笼子里养是很容易的。我就是采用了这种办法获得了这些资料，这对著名的圣甲虫的高效消化功能的了解大有裨益。

整个粪球就这么一点一点地依次通过消化道，然后，圣甲虫隐士便爬出地面，寻找机遇，找到后，便再做粪球，一切就又重新开始了。

有一天，天气很热，闷热无风，这种氛围很适合我喂养的圣甲虫们大快朵颐的。于是，我手里拿着表，守在一个露天进食者的面前仔细观察着，从早上八点一直盯到晚上八点。这只圣甲虫似乎遇上了一块颇对胃口的食物，整整十二个小时，它都没停止过咀嚼，始终待在餐桌前的同一个地点一动不动地吃个没完。晚上八点钟时，我最后看了它一次。只见它的胃口始终未减，那样子像刚开始吃时一样地起劲儿。这宴席还持续了一段时间，直到整个食物被全部消灭干净为止。第二天，那只圣甲虫确实不在那儿了，头一天大嚼个没完的那块食物只剩下点渣渣末末了。

时针转了一圈还要多，这么长的一幕就是进餐，狼吞虎咽，精彩至极，但是，那消化的一幕则更是妙不可言。圣甲虫前头不停地吃，后头则不断地排泄，那已不再含营养成分的排泄物连成一条黑色细线，如同鞋匠的细蜡绳。它是边吃边排泄，足见其消化之神速。刚一开始咀嚼，它那拔丝机便运转起来，直到最后几口吃完之后，这机器才停止运转。那根细蜡绳从头到尾没有出现断头，始终挂在排泄口上，下面的则已盘成一堆，只要没有干透，则可以轻易展开来成为一条细长绳。

排泄的过程如同秒表一般精确。每隔一分钟，更精确地说是每隔四十五秒，一小节排泄物便出来了，细绳则增长三四毫米。等细绳长到一定程度，我便把它截断，放在刻度尺上量量其长度。经过我十二小时测量的结果，总长度为二点八八米。晚上八点，我提着灯最后一次去察看，这之后，圣甲虫又继续消夜，所以进餐与制绳工作又持续了一段时间，圣甲虫拉成的那根没有断头的细长绳总长约为三米。

知道了绳长及其直径，排泄物的体积很容易便能测算出来。而要测出圣甲虫的精确体积，同样也不难，只要把它放入有水的量筒，查看一下水位线即可。所获得的数据并非没有意义：这些数据告诉我们，圣甲虫一次连续十二个小时的进食竟消化掉几乎与自己的体积相等的食物。多么好的胃呀，而且消化能力又是这么强，消化速度又这么快！一开始咀嚼，排泄物便立即被消化成细绳状，不停地拉出，直到进餐结束。在这台也许从不失业的“蒸馏器”里(除非加工的原料出现短缺)，原料一进入，立即由胃囊进行加工，吸收殆尽，然后排出。这使我不由得想到，这么一座如此高效的清除垃圾的实验室在保持环境卫生方面是可以起点作用的。

## 精华赏析

作者着重观察了圣甲虫制作粪球、抢夺食物和排泄这三项活动，充满了情趣。“我”时而为圣甲虫的选择而焦急，时而又感到困惑和惊讶。一系列动作描写和心理描写使描写对象活灵活现。

## 延伸思考

本文的描写中，作者总是适当地插入自己的想象。请你找出这些想象的内容，并说出它们发挥了怎样的作用。

# 圣甲虫的梨形粪球

名师导读

圣甲虫的粪球应该都是很规则的球形。可是牧羊人却发现了一个梨形的粪球，真让人浮想联翩。

一个年轻的牧羊人负责替我抽空观察圣甲虫的活动情况。六月下旬的一个星期日，他兴冲冲地跑来告诉我说，他觉得此刻是研究圣甲虫的好机会，说他突然看见圣甲虫从地下爬出来，他便在它爬出来的地方翻找，在不很深的地方就发现了一个奇怪的东西，便给我带了来。

那玩意儿确实挺奇怪的，彻底地推翻了我原先以为了解了的那点情况。从形状上看，它就像个小小的梨子，大概熟过了头，色泽不新鲜了，变成了紫褐色。这个稀奇古怪的玩意儿，这个似乎是车工车间车出来的漂亮玩具，会是什么呢？是人工塑造而成的？是一个供孩子玩的仿梨子制品？我确实是这么以为的。孩子们围了过来，目不转睛地盯着这个漂亮玩意儿，都想拿走放进自己的玩具盒里。这玩意儿形状比玛瑙弹子更漂亮，比象牙球和杨木陀螺更让人喜爱。实际上，这玩意儿的材质并不显得上乘，但摸上去很硬实，且带有十分艺术性的曲线。这没有关系，反正在深入了解它之前，我是不会把这个从地下找到的小梨给孩子们当玩具的。

名师点评

猜测是进一步探索的基础。

读书笔记

它真的是圣甲虫的杰作吗？它里面会有一个卵、一条幼虫？牧羊青年肯定地对我说有。他说他在挖的时候不小心把一只同样的小梨给弄碎了，里面就有一只白色的卵，像一个麦粒那么大。我不太相信他说的，因为他给我拿来的小梨与我所期待的粪球相去甚远。

剖开这个令人生疑的玩意儿，看看它里面有什么东西，这也许是冒失的：即使如牧羊青年认定的那样里面果真有虫卵，我这么把它剖开也许会影响里面胚胎的存活。再说，我在想，梨形与所有已知的情况是矛盾的，很可能是偶然造成的。谁知道日后会不会再遇上偶然的情况给我提供同样的东西呢？最好保持它的原样，静观情况的发展，特别是应去现场看个究竟。

第二天天一亮，牧羊青年已在那儿放羊了。我爬上山坡见到了他。山坡上的树木最近被砍光了，夏季的毒日头晒得人后脖子疼，好在还得两三个小时之后太阳才晒得到我们。清晨，凉风习习，羊群在牧羊犬的看管下静静地在吃草，因此我和牧羊青年便一起搜寻起来。

我们很快就找到了一个圣甲虫的洞穴，上面新堆成一个鼹鼠丘，一眼就可认出来。我的同伴用力地挖起来。我把我的小铲子给了他，我那把小铲子又轻巧又结实，我每次外出都没忘记带上它，因为我见土就想挖一挖，怎么也改不了。我趴在地上，目不转睛，好仔细查看被挖开的洞穴内部的安排布置。牧羊青年用小铲子挖着，用没拿铲子的手把浮土弄掉。

我们成功了：一个洞穴打开了，只见那湿热的半张开的地洞里，有一只完美的梨形粪球待在那儿。是呀，说真格的，我第一次看到圣甲虫妈妈的杰作时那深刻的印象，永远也无法抹去。即使我是挖掘古埃及的圣骨的考古学家，当我挖到某个法老的地下墓穴中雕琢成绿宝石的圣虫，我也不会比这次更加激动不已。啊！突然发现金光四射的真理的快乐呀，没有什么快乐可与你相媲美！牧羊青年也高兴万分，他见我笑自己也笑，他看见我幸福欢快自己也喜形于色。

偶然的事不会重现，一件事不会一模一样地再现，一句古老的格言就是这么告诉我们的。我这已是第二次看到这种奇特的梨形粪球了。这种形状是正常的，不是例外？圣甲虫在地上滚动的那个类似这种形状的球体是否并不存在？我们继续挖下去，再看看究竟是怎么回事。我们又找到了第二个洞穴。同第一个一样，里面也有一只梨形粪球。这两个玩意儿一模一样，简直像是一个模子里倒出来的。有一个细节颇有价值：在第二个洞里，在梨形粪球旁边，圣甲虫妈妈怜爱地紧搂着梨形粪球，想必是在专心一意地对它进行最后的加工，然后自己就永远地离开这个洞穴。一切疑惑都驱散了：我认识这个雕塑工，我了解它的杰作。

在上午剩下的时间里，我便只是对已知的这些情况进行充分的求证：在毒日头把我晒得受不了只好离开挖掘现场之前，我已拥有一打形状相同、大小几乎一样的梨形粪球。有许多次我都发现有圣甲虫妈妈在洞穴深处的车间里。

读书笔记

最后，先提一下后来我所了解到的情况。在六月末到九月份的整个大热天里，我几乎每天都到圣甲虫经常出没的地方去探查，我用小铲子挖开一个个洞穴，获得了一些意料之外的资料。我从饲养观察实验中又获得了另一些资料，这些资料也很宝贵，但与在田野里的自由空间中所获得的资料却无法相比。不管怎么说，我挖掘过少说也不下一百来个洞穴，而且始终都次次见到那种梨形粪球，但却从来没有，一次都没有见到过圆圆的粪球，一次也没见到过书本上告诉我们的那种浑圆形状的粪球。

这个错误我以前也犯过，因为我非常相信大师们的金口玉言。以前，我在安格尔高原的研究没有任何结果，我在实验室进行的饲养也可悲地以失败而告终，但我又一心想给青年读者们一个圣甲虫如何筑巢做窝的讲解，所以就接受了传统的浑圆粪球的荒谬说法，而且还通过类比推理，用别的食粪虫的一点情况试着勾勒圣甲虫卵的外形，导致出现了不可饶恕的错误。

只是听别人的话，没有经过自己的验证和思考，就不能发现错误。只有不断实践，反复验证，获得的知识才能是准确无误的。因此，独立思考的精神，在科学研究中尤为重要。

现在，我们来详述一下这个真实的故事，并用我亲眼所见并且一见再见的事实作为依据。圣甲虫的地下窝巢在地面上一看便知，因为洞外有一堆浮土，似一个鼹鼠丘，是圣甲虫妈妈把洞中挖出的土推到洞外堆积而成的，以便留出一个洞来。这个鼹鼠丘下开着一个大约一分米的不太深的洞，有一条或直或曲的水平通道从洞底通到可能有拳头般大小的宽敞大厅。这就是地下室，虫卵被食物包裹着，在离地面几寸的地下，由酷热的太阳烘烤慢慢孵化，这也是圣甲虫妈妈宽敞的车间，它可以在里面灵活自如地把未来宝宝的面包揉制、加工成为梨形。

这个粪球面包躺倒时长轴线是水平方向的。其形状以及大小让人想到圣让节时期的小梨子，色泽鲜艳，香气扑鼻，提前成熟，让孩子们爱不释手。梨形粪球的大小基本都差不太多。最大个儿的长四十五毫米，宽三十五毫米；最小个儿的长三十五毫米，宽二十八毫米。

梨形粪球的表面虽不像仿大理石那么光滑，但却非常规则匀称，

读书笔记

经过很小的红土颗粒仔细打磨过的。它原是十分松软的，宛如可塑性黏土，因为是刚做好，但很快便因风干的缘故外层结起一层硬皮，用手指捏都捏不碎，比木头都硬。这层硬皮是一个保护层，使得隐于其中的幼虫避免与外界接触，可以极其安静地享用自己的食物。但是，如果连中间也都风干了，那就非常危险了。我们以后将有机会来谈被迫面对太硬的面包的幼虫的可怜处境的。

圣甲虫面包铺加工的是什么样的面团呢？马、牛、骡是它的供货者吗？绝对不是。不过，我以前一直以为是的，而且每个看见它在一大堆普通牛粪中拼命收集、为己所用的人，也都会这么以为的。它通常就在那儿揉制粪球，然后弄到沙土地下的某个隐蔽所去享受一番。

回应了上一章中的母爱话题。

如果那种沾满草梗的粗糙面包只是为了自己吃的话，那没有什么问题，但如果是给它们的小宝宝们准备的，那就不行了。它必须进行精加工，使之营养丰富且易于消化。它需要的是绵羊留下的美味，而不是干瘪的牛拉下的一地黑橄榄，绵羊留下的美味是在其不太干的肠子中逐渐形成、加工制作的单层硬饼干。这才是圣甲虫所要的材料、专门用于加工的面团。那不是马的那种无脂肪的粗纤维材料，而是腻滑而有黏性的均匀物质，饱含着富于营养的汁液。这种材料因其黏性和腻滑而极为适于加工成为梨形艺术品，而且它又柔软可口，很符合新生儿嫩弱的胃。在这么一个小小的梨形体中，幼虫将可以获得充足的营养。

这就是梨形食品为何如此之小的原因所在，它很小，我在看到圣甲虫妈妈正在制作梨形粪球之前，一直没弄清楚这新玩意儿究竟是什么尤物。我一直都没能从这么小的梨形粪球中看出那是圣甲虫幼虫的食粮，因为圣甲虫既贪馋且个头儿也挺大。

在这个形状独特新颖的大面包团里，虫卵在什么地方呀？大家自然而然地就会认为它在那圆圆的梨肚子的中心。这中心点是最安全的地方，不受外面的一切干扰，而且是恒温的。再者，新生幼虫无论从哪儿下口都能遇到厚厚的食物层，不会咬上几口就没有了。因为在它的周围全都是一样的，它也就用不着去挑选了，它随便把自己那嫩牙咬到哪儿，都会无忧无虑地继续津津有味地吃下去。

这种看法似乎非常有道理，以致我也跟着上当了。在我用小刀的刀锋一层一层地往梨肚子中心剥去，深信在中心点会找到虫卵时，结果却大出我意料，那儿根本就没有虫卵。梨肚子中心非但不是空的，而且是实实的。那儿也是一堆质地均匀的食物。

读书笔记

我的推断看上去似乎很合理，换了任何一位观察者也会与我持同样看法的，但是圣甲虫却有自己的主张。我们有我们的逻辑，而且还颇引以为豪；但圣甲虫也有自己的逻辑，而且在这一点上还远胜于我们。圣甲虫颇有远见，能预见会发生什么事情，所以便把卵下到别处去了。

到底下到哪儿去了呢？下到梨形粪球最细薄的部分，在最顶端的梨颈那儿。把梨颈纵向剖开，但须加倍小心，别弄坏了里面的东西。那儿挖有一洞，四壁光洁锃亮。这就是胚胎所在的圣龛，这就是孵化室。相对于圣甲虫妈妈的个头儿来说，虫卵算是挺大的了，它呈长椭圆形，白乎乎的，长约十毫米，宽有五毫米多。它同四壁之间有一层薄薄的间隔，与四壁都不紧贴，只是梨颈顶端的壁后，虫卵的头顶黏在上面而已。梨形粪球通常是水平躺放着的，除了头顶黏着的那一点以外，幼虫实际上是悬浮在空中，睡在这张最有弹性最热乎的空气床上。

现在，我们已清楚明白了。让我们来看看圣甲虫这么干的原因何在。让我们了解一下为什么是个梨形，这在昆虫的制作工艺中可是一种很奇特的形状。让我们来看看虫卵放在那么个奇怪的地方究竟有什么好处。我知道，探究事情的原委和来龙去脉是非常繁难艰辛的。你可能会像是踏入流沙里去似的，因为那是个神秘的领域，变化多端，一不小心就会陷下去无法自拔。难道因为危险就放弃这种探索吗？为什么要放弃呀？

我们已知的科学与我们贫乏的研究手段相比更显得其伟大辉煌，但是面对无穷的未知时又显得如此地可悲。它对于绝对的真理都知道些什么？它一无所知。世界只有在我们认识了它之后才使我们产生兴趣。若无从认知，则一切都变得枯燥乏味，混沌虚无。一大堆事实并非科学，那只不过是一篇索然寡味的目录而已。必须解读这篇目录，用心灵之火去使之化解开来；必须发挥思想和理想之光的

这就是学习科学知识的重要性，它让我们的生活充满情趣。

作用；必须将其进行诠释。

让我们去攀登这个高峰，以解释圣甲虫的所作所为吧。也许我们可以把我们的逻辑运用到圣甲虫身上去。不管怎么说，看到理性对我们的支配与本能对动物的支配如此绝妙地一致，是非常有趣的。

圣甲虫处于幼虫状态时有一个巨大的危险在威胁着它，那就是食物变干燥。幼虫生活其间的地下洞穴的天花板是一层约一分米厚的土层。这极薄的一层土又如何能挡得住能把土烤焦的大热天的酷热呢？那酷热都能把砖坯烧硬了。所以幼虫的居室温度高极了，当我把手伸进去时，都感到有股子热气在往外冒。

食物至少得存放三四个星期，所以很有可能在卵孵化之前变干，甚至变得无法被幼虫食用。当幼虫那嫩牙如今咬不着那原本松软的面包，而只能咬着硬得如石头般的硬皮时，可怜的幼虫将可能饿死，而且实际上确实有因饥饿而死亡的。我就发现过有不少八月烈日的牺牲者，它们早已把松软的食物吃了一个大洞，后来因啃不动剩下的太硬的食物而死于吃出的那个大洞中。粪球剩下的是一个厚厚的壳，像一只没有口的球形锅子，可怜的幼虫在锅里被烤干瘪了。

在那个干硬得像石头似的厚壳中，幼虫即使变成了成虫也一样会饿死的，因为它冲不破围城，逃不出来。关于幼虫的彻底解放我稍后还要论述，在此就不再就这一点多加赘述了。我们就只关心一下幼虫的悲惨处境吧。

我们说了，食物变干燥对于幼虫来说是致命的。我们见到的在厚壳中干死的幼虫就证明了这一点，下面要做的实验会更加明确地证实这一点。在七月份那筑巢做窝的季节里，我在一些硬纸盒或杉木盒里放了一打当天早上从产地挖到的梨形粪球。这些被密封起来的盒子被放在我实验室的暗处，那儿的气温与外面的气温一样。结果，没有一只盒子让我见到成果：要么是卵干瘪了，要么是幼虫孵化出来后很快就死去了。相反，在一些白铁盒或玻璃笼中，情况十分不错，幼虫全部存活。

这种差别原因何在？其实很简单，在七月份的高温天气里，硬纸板或杉木板隔热效果差，水分很快就蒸发掉，所以梨形粪球变干，幼虫便饿死了。而白铁盒或玻璃笼则相反，隔热效果好，水分不易蒸发，食物能保持松软，所以幼虫如同在出生地的洞穴中一样很好地成长。

圣甲虫有两种方法避免食物干燥。首先，它用它那宽臂的铠甲使劲地压紧压实梨形粪球的外层，弄成一层比中心更均匀更密实的保护性外皮。如果我把一个用这种方法制作的食品罐头捏碎，那层外皮通常会一下子脱落，露出中心的内核来。这让我联想到一只核桃的壳儿和仁儿来。圣甲虫妈妈在按压时只涉及几毫米的表层，所以便出现了一个外壳。它并没往深处按压，这样中间的那个大内核也就分出来了。夏季最炎热的时候，为了让食物保鲜，家庭主妇会把面包放在密封的坛子里，而圣甲虫妈妈的做法有异曲同工之妙，它通过按压，制成外壳，以保护里面的孩子们的食粮。

圣甲虫的所作所为远胜于此：它变成了一位几何学家，能够解决最小值的难题。在其他所有的条件完全相同的情况下，蒸发量显然与蒸发面的大小成正比。因此，为了减少水分的丧失，就必须让食物的面积尽量地小，但又必须让这个最小的面积包含最大数量的营养物质，以便让幼虫吃饱吃好。那么，什么样的形状才能达到面积最小而体积又能达到要求呢？按几何学的回答，那就是球形。

圣甲虫因此便把幼虫的食粮加工成为球形，而梨颈暂时地忽略一边，这种球形并非在盲目的机械条件下强加给圣甲虫一个必需的外形结果，也不是在地上滚动而突然获得的成果。我们已经看见了，为了更方便更快捷地把收集到的食物弄到别处去食用，圣甲虫把食物加工成球形，但又没有挪动它的位置。总之，我们已经承认这个球形在滚动之前就做成了。

同样，我们马上也可以确定，为幼虫准备的梨形则是在洞底深处制作而成的。它没有滚动过，它甚至都没有挪过窝儿。圣甲虫完全按照所需要的外形对它进行了加工，犹如泥塑艺人用拇指捏泥人一样。

圣甲虫利用自己配备的工具也能制作出曲线不如梨形柔和的其他一些形状出来。譬如，它就能制作较粗糙的圆柱体，那是粪金龟通常制作的香肠面包，它也能草率从事，让没有固定形状的粪块是什么样就什么样。如果草率从事，活儿就干得更快，它也就有更多的闲暇尽享阳光下的欢乐了。但是不然，圣甲虫选择专门制作梨形粪球，而这种形状要做得精确是十分不容易的。它制作这种繁难的梨形粪球，就像是它深知蒸发的规律以及几何学的规律似的。

现在剩下的是搞清楚梨颈的事了。它的功能、作用究竟是什么？答案显然是：有很大的作用。孵化室就在梨颈部位，卵就在其中。而所有的胚胎，无论是植物的还是动物的，都需要空气这个生命的原动力。为了让激发生机的空气这种助燃剂渗透进去，鸟的蛋壳上满是气孔。圣甲虫的梨形粪球就类似于鸟蛋。

为了避免过快地干燥，梨形粪球的外壳被压实成一层很硬的外皮；它的营养核，也就是蛋黄、卵黄，是藏于外皮内的松软的球；它的透气室就是顶端的那个小屋，亦即梨颈上的那个小窝窝，里面的空气把胚胎团团围住。为了呼气吸气，有哪儿能比孵化室更好的？那儿位于尖角上，沐浴在空气中，气体可以透过薄薄的壁自由地渗进渗出。

空气和高温是影响生存的最重要的条件，所以食粪虫中没有谁敢等闲视之。我们以后会有机会看到，食粪虫的食物形状各异；除了梨形而外，根据制作者的种属不同，还有圆柱形、鸟蛋形、球形、尖顶形等。但是，虽说是形状各不相同，首要的一点却是永远不变的：卵待在紧靠表面的一间孵化室里，这是呼吸新鲜空气和吸热的最佳方法。在同类作品的精巧性方面，圣甲虫制作的梨形粪球独占鳌头。

我前面刚提到过，圣甲虫这位一流的揉制工在揉制粪球时所表现出的逻辑性可与我们人类的相媲美。就我们现在所知，我所做的实验就证明了这一点。但还有更好的证明。我们把下面这个问题交给我们的科学加以阐释吧。胚胎是被包围在一大块食物中的，而因为干燥，这大块食物会很快变得无法食用。如何加工这种食物块才好呢？为了容易地呼吸到新鲜空气和吸收热量，把卵产在哪儿好呢？

第一个问题已经回答过了。我们从所获知识中得知，蒸发是与蒸发表面的面积大小成正比的，所以食物应做成球状，因为球状体包含的物质最多而表面面积又最小。至于虫卵，既然需要一个保护套加以保护，免得有任何伤害性的接触，就必须把它放置在一个薄的圆柱形套子里，再让套子立在球体上方。

这样，必需的条件就得以满足了，制作成球状的食物可以保持新鲜了，由一个圆柱形薄套保护着的卵可以通畅地呼吸新鲜空气和吸收热量。这必需的条件虽然满足了，但那形状却太难看。讲实用就顾不上美观了。

一位“艺术家”把我们推理得来的粗糙作品进行了加工。它把圆柱形修改成半椭圆形，显得优美雅致得多；它又在这个球体上加工出一个精巧的曲面，但球体仍连接在一起，这就变成了一个梨形，一个带颈的葫芦。这样一来，这就是一件非常漂亮的艺术品了。

圣甲虫所做的正是美学要求我们做的。它是不是也有一种审美观？它知道自己制作的梨形很美吗？它肯定是看不出梨形之美的，它是在地下漆黑一片中制作的。但是它摸得出来。尽管它的触觉不值得一提，而且它身披粗糙的角质外壳，但不管怎么说，它对自己精心揉制出来的外形轮廓是不会没有感觉的！

圣甲虫制作的梨形粪球，为其幼虫做了充分的考虑，无论是如何保证幼虫的呼吸空间，还是如何将食物妥善地保存，都考虑得十分周到。昆虫为了繁衍后代，在长期的进化中学会了遵守和利用自然规律，从中求得生存空间，不自觉地创造出了具有多种美感的不同形态的作品。

延伸思考

请简述圣甲虫制作梨形粪球的原因。

# 圣甲虫的造型术

名师导读

圣甲虫的梨形粪球制作工艺十分独特。为了对这个制作过程进行观察，“我”费了不少功夫设计实验器具，终于如愿以偿地获得了宝贵的实验结果。

圣甲虫是如何制作那饱含着慈祥母爱的梨形粪球的？首先可以肯定的是，这绝不是在地上通过滚动制作而成的，因为它的形状从各个方面看都是无法向前滚动的。就算那梨形葫芦的肚子可以滚动的话，但是那个椭圆形凸出来的梨颈里面可是个孵化室呀！这个精巧的杰作也不可能是猛烈撞击的结果。它如同首饰匠的首饰一样，是不可能让铁匠放在铁砧上捶打出来的。我同意其他的一些已经提及的十分明显的原因，但愿梨形粪球的形状将永远把我们从那种认为卵是被放在一个摇来晃去的粪球里的陈旧看法中摆脱出来。

为了自己的杰作，圣甲虫这个雕塑家与真正的雕塑家们一样，关起门来潜心制作。它藏在自己的洞穴中，专心一意地加工被它运入洞中的粪料。圣甲虫对待粪料的方法有两种。一种方法是在粪堆里按照我们已知的那种办法选取优质食料，就地揉制成小球，搓成圆形后再滚动它。如果只是为解决自己的口粮问题，它肯定就这么做了。如果它认为粪球体积过大，又不适宜就地挖洞，它便会滚动着这个大家伙上路。它毫无目的地走着，直到找到一个合适的地点为止。路途中，粪球不会越滚越圆，但表面那一层会稍稍变硬，沾上一些泥土和细沙粒。这层沾上土和沙的表层是其跋涉之远近的真实记录。这一点很重要，我们一会儿会用得上的。

还有一种方法是，在它从中选取粪料的粪堆附近就地挖洞。即那地方没什么石头，很容易挖洞。这样就无须长途跋涉，也就用不着滚动粪球了。羊的“松软蛋糕”被收集起来，原样储存，放进车间，需要时再切成小块加工。

这种情况通常并不多见，因为这里大部分的地面都很粗糙，石头太多。轻易就可以挖洞的地点零零星星，圣甲虫不得不身负重荷四处寻觅。不过，我的笼子里铺的一层土是过过筛子的，挖洞就极其容易，每一处都可以挖洞造巢。因此，圣甲虫妈妈为产卵而劳作时，只要把附近的粪块弄到地下去就行了，用不着先把粪块弄成个什么固定的形状。

这种无须事先把粪块揉成粪球再运输储存的方法无论是在野地里还是在我的笼子中，其最后的结果都令人非常惊讶。头一天，我看见一块没有形状的粪料消失在地下，第二天或第三天，我查看了它的车间，发现艺术家正面对自己的杰作哩。当初的不成形的粪块，被一块块抱进洞中的碎块，已经变成了形状完美、无可挑剔的梨形粪球了。

这件艺术品身上有其创作者留下的印记，立于洞底地上的那一部分沾着少许的泥土，其余部分都很光滑明亮。在圣甲虫制作梨形粪球时，由于粪球自身的重量，由于圣甲虫的轻轻拍打，仍很松软的梨形粪球接触地面的那一面就沾上了点儿泥土，而其他的大部分面积则保持了圣甲虫精心加工所给予它的精细完美。

根据这些通过仔细观察到的细节而得出的结论是显而易见的：梨形粪球不是旋转制作而成的。它不是由圣甲虫在宽敞车间的地上经过滚动而获得的，如果是那样的话，它就应该全身到处都沾上了泥土才对。另外，它那凸起的颈部也排除了这种制作方法的可能性。它甚至都没有从一头翻转到另一头，它的朝上一面一点儿泥土都没有沾，这就是有力的证据。圣甲虫没有移动也没有翻转，就在它所在的地方原地对梨形粪球进行了加工制作，它用它那宽臂轻轻地拍打梨形粪球，正如我们在露天地里看见它制作时的那样。

现在我们回过头来说说田野里的通常情况。这时候，粪球是从远处运来拖进洞穴里去的，整个表面全都沾满了泥土。圣甲虫将如何处理这只粪球？粪球上已经显现出未来梨形粪球的肚子来了。我如果只想求得答案而不考虑曾经使用过的方法的话，其实很容易：只要在洞中把圣甲虫妈妈连同其制作的小粪球一起抓住，全都弄到我的实验室里，进行仔细观察，研究进展情况就可以了，而这种事我干过许多次。

我用一只短颈大口瓶装满筛过的湿润的土，并把土夯实到需要的程度。然后，我把圣甲虫妈妈和它紧搂住的宝贝粪球放在我制造的土层表面。我把大口瓶放在半明半暗的地方之后，等待着。我的耐心并未受到太久的考验。圣甲虫因受建造卵巢的活计所迫，便重新开始了被我打断了的工作。

读书笔记

在某些情况中，我看见圣甲虫一直待在地面上，把粪球打碎敲破，弄得粪渣满地皆是。这根本不是因为圣甲虫被捉住，成了俘虏的绝望之举，不是在恍惚之中把宝贝粪球给毁坏掉了。它那是明智的合乎卫生的举动。对这些从疯狂的争抢者中间匆忙弄到的粪球进行仔细的检查往往是必要的，因为还处在强盗们中间，圣甲虫就在收获地点进行翻检并不总是很合适的。粪球有可能裹进一些小蜣螂、蜉金龟什么的，圣甲虫会因为忙着拼抢而顾不上仔细挑拣。

这些无意中闯入其间的入侵者非常自在地待在粪球里，将来会与合法的消费者争食未来的梨形粪球的。必须把这帮馋虫从粪球中清除出去。因此，圣甲虫妈妈便把粪球打碎，使粪球变成碎屑，再仔细搜查。然后，重新把粪渣聚拢，再做好一个粪球。这时粪球表面已无泥土了。于是圣甲虫把它拖入地下，把它加工制作成为除支撑的那一面外各面均无泥土的梨形粪球。

但更常见的是，粪球被圣甲虫妈妈原样埋入地下，如同我从洞中把它挖出来时那样，外层很粗糙，这是因为圣甲虫妈妈把它从收集点一路滚动直至理想的加工点所造成的。在这种情况下，我在大口瓶底看见的是已成为梨形的粪球，外壳很粗糙，表面嵌满了沿途沾上的泥土和沙子，足见梨形粪球并不要求从里到外进行全面的加工改造，而是通过简单的按压，拉出梨颈就成了。

多进行观察和思考，是发现和纠正错误的好方法。

在绝大多数情况之下，一切都是这样正常发展的。我在田野里挖出来的梨形粪球几乎全都有一层硬痂，硬痂呈现了不同的粗糙程度。如果没有发现这硬痂是因长途运输所造成的，我便会以为这沾满土和沙的外壳是圣甲虫在地下制作时滚动粪球所致。我所看到的那几个罕见的光滑粪球，特别是我在我的笼子里挖出的那几个极其干净光洁的粪球，彻底地纠正了这一错误看法。这几个梨形粪球告诉我们，用就近收集的并且未成形便储存起来的粪料加工成梨形粪球必须彻底地重新塑造，而且根本就不是用滚动加工的方法；这几个梨形粪球还告诉我们，那些的梨形粪球粗糙的表层并不是在车间里滚动时沾上泥土造成的，而纯粹是它们在地面进行了长途跋涉所致。

亲眼观看梨形粪球的加工制作并非易事：那个在黑暗中干活儿的艺术家稍被光线照到，就坚决罢工停手。它需要漆黑一片才能进行雕塑；我则必须有光亮才能看到它。这两个条件不可能同时得到满足。不过，我们不妨试一试，断断续续地抓住那不能完全展露的真情实况。我采用了下面这个办法。

我还是用先前的那个短颈大口瓶。我在瓶底铺了一层几指厚的土。为了弄一个我所必需的四壁透明的车间，我在土层上支起一个三脚架，有一分米高，我在其上放置一个与大口瓶瓶口直径相同的枞木盖板。这样装配好的玻璃壁板房就是圣甲虫干活儿的宽敞地下室。枞木板边缘被切开一个小口，刚够圣甲虫及其粪球通过的。最后，在枞木盖板上堆上一层尽可能厚的土。

在堆土时，盖板上的土有一部分会滑落，从所开缺口处漏到房间里去，形成一个宽宽的斜坡。这是我计划好的。当圣甲虫发现连接口之后便会借助这一斜坡，下到我为之准备好的透明屋中去。当然，这个透明屋必须全黑之后它才会去的。因此，我便用硬纸板做了一个上面封住口的套，把短颈大口瓶给罩上。这样一来，那间房间就全黑了，符合了圣甲虫的要求。我只要猛地拿起套来，我所要的光亮也就有了。

万事俱备，我便开始寻找带着自己的粪球宝宝刚退隐进天然洞穴中的圣甲虫妈妈。正如我所希望的，一个上午就全安排妥当了。我把那位圣甲虫妈妈和它的粪球宝宝放在上层土的表面上，并在大口瓶上罩上了纸套，然后便耐心地等待着。只要卵没被安置好，圣甲虫妈妈便会执着地完成自己的工作，它将会为自己挖一个新的洞穴，并随时一点一点地把粪球往洞坑中拖；它将会穿过上面的那层不太厚的土；它将碰到枞木板盖的阻碍，这是与它多次在露天地里挖洞时遇到的阻挡去路的碎石一样的障碍；它将会探寻受阻的原因，并发现那个缺口，于是它便会从这个小门下到下面的小屋，小屋对它来说很宽敞，可以自由爬动，如同我刚才让它搬家前它所住的地下室一样。我就是这么推断的。但这一切都将需要时间去验证，而我觉得最好是一直等到第二天，再去满足自己那急不可耐的好奇心。

到时候了，去看看去。头一天我把实验室的门敞开着，因为门锁的一点点响动就会惊动我的那个疑心很重的劳作者，它会马上停下手中的活儿。为了减小动静，我进实验室前换上了一双软底拖鞋。我猛地一下掀去纸套。太好了！我的推断一点儿没错。

圣甲虫正待在玻璃车间里，我看见它正在忙活着，宽爪正放在梨形粪球的雏形上。但是，这突然地一亮，把它惊住了，一动不动的，仿佛僵住了似的。这种情况延续了几秒钟的工夫。然后，它转过身去，笨拙地往回爬上斜坡，想进到地道里黑暗的高处。我看了一眼它干的活儿，记下了其作品的形状、姿态、方位，然后又把纸套给套上，让里面全黑下来。如果想再做这种实验，就不能让这种突然袭击持续得太久。

我突然而短暂的窥探向我们透露了这项神秘工程的初步信息。一开始完全呈圆球形的粪球现在出现了一个大鼓包，像个不太深的火山口。这件活计让我想起某些史前时期的瓦罐——只是这件活计的比例要小得多——圆肚，边口厚实，颈部有一圈小槽勒着，这个梨形粪球的雏形显示了圣甲虫的制作工艺，这工艺与不懂得陶车技术的第四纪人类的工艺完全一样。

这可塑的粪球一侧被勾勒出一圈，挖出了一圈沟槽，那就是梨形粪球的颈部。这只粪球雏形还被拉伸出来一个又圆又钝的凸起，这凸起部分的中心部位被挤压过，粪料被挤压到周边去了，因而形成了一个边缘不规则的“火山口”。这样，初步的活计就算结束了。

傍晚时分，我又悄无声息地突然再次探访。早上被惊扰的圣甲虫妈妈已经恢复常态，回到了自己的车间。现在又突然一片光明，它又一次受到惊吓，慌忙逃窜，奔到上面去躲藏起来。被我用亮光三番两次地折腾的可怜的圣甲虫妈妈逃到上面躲了起来，但却是满怀遗憾，极不甘心。

它的活计有所进展。“火山口”变深了；厚实的边口消失了，变得细薄，收拢起来，伸长为梨颈。但是，粪球并没挪动过。它的姿态、方位完全是我先前记下的那样。接地的那一面仍旧在下面，仍在同一个点上；朝上的一面仍旧朝上；已成为梨颈的“火山口”依然在我的右边。由此可见，我原先的推断是完全正确的：粪球没有滚动，仅仅是被挤压，然后被揉制加工。

第二天，我进行了第三次探访。昨天还是半开着的袋状梨颈现已闭合了。卵产下了，工程也完工了，只需再进行一番全面磨光、修饰即可。我惊扰它时，圣甲虫妈妈想必正在做这种磨光、修饰工作，因为它极其注重粪球的几何形状是否完美。

我错过了工程中最繁难的部分。我大致看清楚了卵的孵化室是怎么建成的：围绕着初始阶段的“火山口”的凸出物经爪子的按压后变小变薄了，然后伸长成开口处在逐渐缩小的口袋。到这时为止的活计还是可以给出“令人满意”的评价的。但是，当我想到圣甲虫的那些僵硬的工具，那让人联想到木偶动作的宽大锯齿状铠甲的生硬笨拙的动作的时候，卵将在其中孵化的那间小屋怎么能够建得那么漂亮、完美，我就解释不清楚了。

用这种挖矿石倒挺合适的粗糙工具，圣甲虫是怎么建成那育婴室、那内部极其光洁的产卵房的？那锯齿极大、如同采石用的锯子的爪子，在从那口袋的狭窄口子伸进去时，是不是变得与刷子一般柔软了？为什么不可能呢？我们早就介绍过这种情况了，而圣甲虫的情况则又是在证明这一点：工具不分好坏，只要在能工巧匠的手里就什么都能干。圣甲虫用自己所配备的随便什么工具都能发挥其专家的才能。它如同富兰克林所说的那种模范工人，能把刨子当锯子，能把锯子当刨子，怎么使唤都行。圣甲虫就用它刨土的那把大锯齿耙作抹刀和刷子用，把将要诞生幼虫的小屋抹得溜光。

最后，还有一个有关这个孵化室的细节。在梨颈的顶端，有一处总是显得与众不同：有几根纤维竖立在那儿，可梨颈的其他地方全都被圣甲虫细心地加以抹光溜儿了的。那儿是塞子，圣甲虫妈妈一产完卵便用这个塞子把那狭小的开口塞上，而这个塞子结构松散，说明没有被拍打按压，而其他地方全都被仔细拍压过了，一点突出的纤维都没有。

为什么梨形粪球的其他地方都被圣甲虫用爪子拍压实了，而唯独顶端这儿偏偏来个例外呢？因为圣甲虫卵的后端靠在这个塞子上，如果这个塞子受到挤压，被往后推去，就会把此压力传导给胚胎，使胚胎有死去的危险。圣甲虫妈妈了解这一危险，便用一个没有拍压过的塞子封住口子，这样可以使室内的空气更加顺畅地流通，而虫卵也可以免受挤拍所引起的震荡的危害。

本篇详细介绍了圣甲虫制作梨形粪球的全过程。作者通过设计独特的观察实验，考察了圣甲虫工作过程的各个阶段，通过思考，将观察到的各个细节联系起来。

在梨形粪球的制作过程中，作者突出描写了圣甲虫的“细心”。请你在文中找出表现其“细心”的句子。

# 米诺多蒂菲

名师导读

米诺多蒂菲是一位神话人物的名字，以这个名字命名的这种昆虫自然也有其神奇之处。他们对家庭的忠诚和奉献真让人感动。

为了给本章要介绍的这个昆虫命名，专业分类学家采用了两个希腊神话中吓人的名字：一个是米诺多，就是米诺斯的那头在克里特岛地下迷宫中以人肉为食的公牛的名字；另一个是蒂菲[①]，即巨人族中的一位，系大地之子，试图登天的那位的名字。凭借米诺斯之女阿里阿德涅给的一团线，阿德尼安·忒修斯捉住了米诺多，将它杀死，安然无恙地走出地下迷宫，从而使得自己祖国的百姓永远摆脱了被这半人半兽的怪物吞食的厄运。蒂菲则在自己垒起的高山之巅遭到雷劈，跌进埃特拉火山口里。他依然活在火山口中。他的气息化作了火山的烟雾。他如果一咳嗽，便会引起火山喷发出岩浆来；他如果想换个肩膀扛着，让另一个肩膀歇上一歇，便会让西西里岛不得安宁：他会引发西西里岛的地震。

名师点评 以介绍昆虫名称的由来开始，引出其外形的特点。

读书笔记

在昆虫的故事里找到一种对这类古老神话的回忆倒并不让人觉得扫兴。这些神话人物的名字听起来既响亮又悦耳，它们并不会引起与真情实况的矛盾，而那些按照构词法硬造出来的名称反而总会让人觉得名不副实。如果用一些朦胧、近似的名字把神话与历史联系起来，这种名字才是最符合人意的。米诺多蒂菲就是这种情况。

名师注解

① 蒂菲：也译作提丰或堤丰。

读书笔记

因此，人们称一种体形较大、与地下打洞的昆虫血缘极其相近的黑色鞘翅目昆虫为米诺多蒂菲。它是一种平和无害的昆虫，但它的角可比米诺斯的公牛还要厉害。在我们的那些披着甲胄的昆虫中，谁都没有它的武器那么咄咄逼人。雄性米诺多蒂菲胸前有三根一束的平行前伸的锋利长矛。假如它体大如公牛的话，即使忒修斯本人在野外遇上了它，也不敢迎战它那支可怕的三叉戟。

寓言中的蒂菲野心勃勃，想通过把连根拔起的群山垒成一根立柱去洗劫诸神的仙境。博物学家们的蒂菲则不会登天，只会下地，能把地钻得很深很深。巨人蒂菲用肩膀一扛，把一个省的土地弄得震颤起来；我们的昆虫蒂菲则用脊背去拱，把泥土拱松动，让小土堆震颤不已，如同被埋在火山中的巨人蒂菲一动，埃特拉火山就轰隆作响似的。

我们将要描述的就是这种昆虫。

但是，讲这个故事有什么用处呢？这么深入细致地去研究又有什么意义呢？这我知道，这种研究不会让一粒胡椒身价百倍，不会让一堆烂白菜成为无价之宝，也不会建成或装备一支舰队、让决心拼个你死我活的人们相互对峙的那样的一些严重后果。我们的这种昆虫并不期盼获得这么多的荣耀。它只是通过自己那些千变万化的表现来展示自己的生活；它能够帮助我们多少弄懂一点所有的书中的最晦涩的那本书——有关我们人类自身的书。

这也是所有自然科学研究和社会科学研究的价值。

米诺多蒂菲很容易弄到，饲养也不费钱，观察起来也挺有意思，所以它比其他的那些高级动物更能满足我们的好奇心。再说，与我们成为近邻的那些高级动物研究起来很单调乏味，而它则不然，它的本能、习性和身体构造都颇具特点，是我们闻所未闻的，所以它能向我们揭示一个新的世界，仿佛我们是在与另一个星球的生物举行研讨会。这就是我高度评价这种昆虫并坚持不懈地与之建立联系的原因之所在。

米诺多蒂菲喜爱露天沙土地，因为羊群去牧场必经那里，一路上总要不停地拉下羊粪蛋的。那是它日常的美食。如果没有羊粪蛋，它也能退而求其次，找点很容易收集的兔子的细小粪便来凑合。一般来说，兔子总是躲到百里香丛中去拉屎撒尿，因为它十分胆小，怕暴露目标，受到袭击。

大约在三月份的头几天，我们就可以碰见米诺多蒂菲夫妇齐心协力，潜心修窝筑巢。此前一直分居于各自的浅洞穴中的雌雄米诺多蒂菲，现在开始要共同生活较长的一段时间。

夫妻双方在那么多的同类中间还能相互认出对方来吗？它俩之间存在着海誓山盟吗？如果说婚姻破裂的机会十分罕见的话，那么对于雌性来说甚至这种破裂的机会根本就不存在，因为做母亲的很久以来就不再离开其住处了。相反，对做父亲的来说，婚姻破裂的机会却很多，因为其职责所在，必须经常外出。如同我们马上就会看到的那样，雄性一辈子都得为储备粮食奔忙，是天生的垃圾搬运工。它独自一人白天按时把妻子从洞中挖出来的土运走；夜晚它又独自在自家宅子周围搜寻，寻找为自己的孩子们做大面包的小粪球。

有时候，各家住宅比邻而建。收集粮食的丈夫归来时会不会摸错了门，闯进他人家中去呢？在它外出觅食时，会不会在路上碰见一位“待字闺中”的散步女子，于是便忘了前妻的恩爱，准备离婚呢？这个问题值得研究。我已尽力在用下面这个方法解决这一问题了。

有两对夫妇正在挖土建巢时被我挖了出来。我用针尖在它们鞘翅下部边缘做了无法抹去的记号，所以我能把它们区分开来。我随手把这四位分别放在一块有两拃深的沙土场地上。这样的土质一夜工夫就能挖出一口井来。在它们急需粮食的情况下，我就给它们弄一把羊粪放进去。我用一只瓦钵翻扣在场地上，既可防止它们逃逸又可为它们遮阳，让它们安安静静地去沉思默想。

第二天，令人满意的答案出来了。场地上只有两个洞穴，两对夫妇如原先一样重新相聚在一起，两位丈夫都各自找到了自己的结发妻子。次日，我又做了第二次实验，然后又做了第三次实验，结果都一样：用针尖做了记号的一对在一个洞中，没做记号的另一对则在通道尽头的另一个洞穴里。

我又重复做了五次实验，它们每天都得重新开始组建家庭。现在，事情变糟了。有时接受试验的四只中每只各居一屋，有时在同一个洞穴中住着两只雄性或者两只雌性，有时一只雌性接纳了雄性，但组合方式与一开始完全不同。我过分地重复实验了，这以后就乱了套了。我每天这么折腾都把这些挖掘工弄烦了。一个摇摇欲坠的宅子老是在重建，终于把合法夫妻给拆散了。既然房屋每天都会倒塌，那么正常的夫妻生活也就过不下去了。

不过这并无多大关系，反正一开始的那三次实验已足以证明，尽管那两对夫妇一次一次地受到惊吓，但这似乎并没有破坏它们之间夫妇关系那微妙的纽带，夫妇关系仍有着一定的抵抗力。夫妇双方在我精心制造的一系列混乱之中仍旧能够认出对方来。它们相互信守着山盟海誓，这在夫妇关系上总是“朝三暮四”的昆虫界确实是一种难能可贵的高尚品质。

在外貌相近、相似的情况下，我们人类可以根据话语、音色、音调相互识别，而它们则是哑巴，没有任何方法进行呼唤。它们能够使用的方法，剩下的只能是嗅觉了。米诺多蒂菲丈夫寻找自己的妻子的情况让我想起了我家的爱犬汤姆。汤姆在发情期间，鼻子朝上，嗅闻由风送来的空气，然后跳过围墙，急忙奔向远方传来的具有魔力的召唤。我由此还想起了大孔雀蝶，雄蝶们从好几公里以外飞来向刚出茧的正值婚嫁时期的雌蝶们表示敬意。

但是，这种对比尚有许多不尽如人意之处。雄性的狗和大孔雀蝶在受到妙龄雌性召唤时尚不认识它们面前的美人儿，而对长途跋涉前去朝圣一窍不通的雄性米诺多蒂菲来说情况则完全相反，它只需稍微转上一圈便径直奔向它常与之接触的女人了；它应该是通过对方身体中散发出的与别人不同的气味，通过除了它这个情郎之外别人闻不出来的某种独特气味，把它的女人辨别出来了。

这些带有气味的散发物是由什么成分构成的呢？米诺多蒂菲尚未告诉我。这很遗憾，它本会讲述一些有关其嗅觉的神奇功能的有趣的故事。

那么，这对夫妻在家中是怎么分工的呢？要想知道这一点可不是容易的事，不是用小刀尖挑出来看看就行了的事。谁要是想参观在洞中挖掘的这种昆虫的话，就得动用镐头，那可是很累的活儿。这种昆虫的宅子可不像圣甲虫、螳螂和其他一些昆虫的屋子，用小铲子轻轻一铲，毫不费力地就挖开了；米诺多蒂菲住在一口深井中，只有用一把结实的铁铲，连续挖上好几个小时才能挖到底。要是太阳稍许毒一点儿，干完这个活儿你一定会累趴下的。

唉！我年岁大了，可怜的关节都生锈了！明知地下有个有趣的问题，我想去探究一番，可就是力不从心，挖不动了！但是，我热情未减，仍旧如当年一样的热情似火。我对研究工作的喜爱并未减退，不过力气上差了些。幸好我有一个帮手。他就是我的儿子保尔，他身轻体健，臂膀有力，帮了我的大忙了。我动脑，他动手。

家中的其他人，包括孩子们的妈妈，都非常地积极，平常总会帮我们一把。坑越挖越深，必须隔着老远仔细观察铲子挖上来的那些东西，查找点滴资料，这时候人多眼睛就亮。一个人没看见的，另一个人就会瞅见。双目失明的于贝尔是依靠一个目光敏锐的忠实仆人对蜜蜂进行研究的。我比这位伟大的瑞士博物学家的条件可强得多了。我的眼睛虽然已经是老花眼，但视力还是挺好的，何况我的家人的眼睛都很好，他们都在帮助我。我还能继续进行研究，他们是功不可没的，我非常感激他们。

一大清早，我们就到了现场。我们找到了一个洞穴，还有一个挺大的土堆，土堆呈圆柱形，是一下子推上来的一整块土。挪开土块，便现出一口很深很深的井。我用途中捡拾的一根很长很直溜儿的灯芯草秆儿试探着往井下伸去，越伸越深。最后，在一点五米左右的深处，那根灯芯草秆儿就不再往下去了。我们探到了，我们探到米诺多蒂菲的卧房了。

我们用小铲子小心翼翼地剥落卧房外面的土，于是便看到了屋里的主人，先挖出来的是雄性米诺多蒂菲，再稍许往下挖一点就挖到了雌性米诺多蒂菲了。夫妻俩被取出来之后，露出一个颜色很深的圆点：那是粮食柱的末端。现在小心又小心，轻轻地挖。我们沿着洞底边缘把中间的那块土与其周围的土切割开来，然后用小铲子兜底儿把那块土整个儿地铲起来，既要小心谨慎又得干净利落。铲起来了！我们弄到了米诺多蒂菲夫妇及其卧房了。我们挖了一个上午，累得精疲力竭，总算弄到了这笔财富。保尔背上直冒热气，可见他花了多大的力气。

一点五米这个深度不是也不可能是一成不变的，许多因素都会使深度改变，比如昆虫钻过的地方的湿度和土质如何啦，距离产卵期的时间长短啦，昆虫干活的热情的大小和时间是否充裕啦。我看见过有一些洞穴还要稍许深一些；我也见到过另有一些洞穴还没达到一米深。不管是什么情况，为了生儿育女，米诺多蒂菲都必须有一个很深很深的住所，而据我所知，没有任何一种昆虫挖掘工挖过这么深的。我们马上就会寻思是什么样的迫切需要在逼迫羊粪蛋的收集者居住在那么深的地方。

在离开现场之前，我们先记下一个事实，确证这一事实以后会很有价值的。雌性米诺多蒂菲是住在洞穴底部的，而其丈夫则待在其上方不远处，它俩都被吓得一动也不敢动，现在尚无法确知它俩在干什么。

这一细节在我翻挖的各个洞穴中都一再地被发现，它似乎说明这对伙伴各自有一个固定的位置。

更擅长养儿育女的米诺多蒂菲妈妈住在下层。它独自在挖掘，因为它精通垂直挖掘的技术，这种挖法事半功倍，可以挖得很深。它是个能工巧匠，始终不停对着坑道工作面挖掘着。它的丈夫只是一名小工，待在它的身后，用它的角背篓随时清理浮土。这之后，能工巧匠变成了女面包师，把为孩子们准备的糕点揉制成圆柱形；而米诺多蒂菲爸爸则为它打下手，为妈妈从外面运进来面食原料。如同在所有的和睦家庭中一样，女主内男主外。这可能就是为什么在管形宅子中它俩所居的住处始终不变的缘故。将来我们将会知晓这种猜测是否与事实相符。

现在，让我们在家里从容地、舒服地观察我们好不容易挖掘出来的洞穴中间的那整块土。这块土中有一个呈香肠状的食品罐头，长短粗细几乎像拇指一般。里面装着的食品颜色很深，被压得很瓷实，分好多层，可以辨别出其中有已被压碎了的羊粪蛋。有时候，面包被揉得很细，从头到尾全都十分地均匀；更多的时候这圆柱形面团像一种牛皮糖，里面有一些疙疙瘩瘩的东西。根据女面包师的忙闲情况，它所揉制的面包看上去千差万别，有时间就做得讲究一些，没时间则敷衍了事。

食品罐头紧紧地嵌在洞穴的那个死胡同里，那儿的墙壁比井里其他地方的更光滑、更平整。用小刀尖轻易地就可把它与周围土层剥离开来，就像剥树皮似的。我就这样弄到了不沾一点泥土的这个食品罐头。

这项工作已做完，我们现在来了解一下卵的情况，因为这只罐头肯定是为幼虫准备的。由于我从前了解到粪金龟是把自己的卵就产在“血肠”底部食物中间的一个特别的窝窝儿里的，所以我期待着在“香肠”底部的一个密室里找到粪金龟的近亲米诺多蒂菲的卵。我判断错了。我要找的卵并不在我所猜想的地方，也不在“香肠”的上部，反正食品罐头里哪儿都没有。

我又在食品罐头外面寻找，终于找到了。卵就在罐头食品柱的下面的沙土里，完全没有妈妈们精心安排的保护。那儿没有一间新生儿细嫩肌肤所要求的墙壁光滑的小房间，而只有一个并非精心建造而是妈妈胡乱扒拉起来的粗糙的废墟堆。幼虫将在这个离食物有一段距离的硬床上孵化。为了吃到食物，幼虫必须扒拉沙土，穿过这层有几毫米厚的沙土天花板。

我既已挖出了那连带着食品罐头的整块土，又有我自制的器具，我就可以观察这段香肠是如何制成的了。

米诺多蒂菲爸爸爬出洞外，选好一个粪球，其长度大于井口直径。它把粪球往井口挪去，要么倒退着用前爪拖拽，要么用头盔轻轻顶着一下一下地往前推。推到井口边时，它是不是猛一使劲儿，一下子把粪球推进洞里去呢？绝对不是，它有自己的计划，不让粪球重重地摔落下去。

它爬进井口，前足搂紧粪球，小心地把一头塞进井内。到了离井底一定距离的地方，它只需把粪球稍微倾斜一点，粪球就可以两头顶着井壁，因为其轴心很宽。这样就构成了一块临时的楼板，可以承重两三个粪球。这就是米诺多蒂菲爸爸的加工车间，它可以在此干活儿而又不影响在下面工作着的自己的妻子。这是一座磨坊，制作面包的粗面粉就要在这儿进行加工。

这个磨坊工爸爸装备精良。你瞧它的那支三叉戟。十分坚挺的前胸上戳着一束三根的锋利长矛，两边的两根长，而中间的那根短，三根的矛头全都直指前方。这件兵器有何用途呢？我起先以为只不过是雄性的一件饰物，如同粪金龟族中其他许多族类都佩戴着的一样，只是形状各异而已。可米诺多蒂菲的这个可不是饰物，而是它的一件劳动工具。

那三根矛尖并不整齐，形成了一个凹弧，里面可以装载一个粪球。在那块没铺得太好、摇来晃去的楼板上，米诺多蒂菲爸爸得用四只后爪支撑着井壁才能保持平衡。那它将如何把那个滑动的粪球固定住，并把它压碎呢？我们来看看它是怎么干的吧。

它稍稍弯下身子，把三叉戟插入粪球，这样一来粪球便卡在新月形的工具中固定不动了。米诺多蒂菲爸爸的前爪是空着的，因此它便可以用其前臂上的锯齿状臂铠去锯粪球，把它切成一小块一小块的，从楼板缝隙处掉下去，落在米诺多蒂菲妈妈的身旁。

从磨坊工那儿掉下去的是粗粉，没有过过筛子，里面还掺杂着没太磨细的碎块。尽管这面粉磨得不细，但仍给正在精心制作面包的女面包师帮了大忙，使它得以简化工序，一下子就可以把好粉次粉分离开来。当楼上的粪球，包括楼板全被磨碎之后，有角的磨坊工匠便回到了地面，寻找新的粪料，然后再从容不迫地重新开始研磨。

作坊中的女面包师也没有闲着。它把自己身旁纷纷散落的面粉捡拾起来，进一步碾细，进行精加工，再进行分类，软一些的用作面包心，硬一些的用作面包皮。它转过来绕过去的，用自己那扁平的胳膊轻轻地拍打着原料。然后，它把原料一层层地摊开，再用脚踩瓷实，宛如葡萄酒酿制工在榨葡萄汁一般。踩瓷实之后的大面饼便于储存。经过将近十天的共同努力，夫妇二人终于制作成功了长圆柱形的大面包。丈夫供应面粉，妻子揉制加工。

现在应该概括一下米诺多蒂菲的种种品德了。当严冬过去之后，雄性米诺多蒂菲便开始寻觅配偶，找到之后便与之安居地下，从此，它便对自己的妻子忠贞不渝，尽管它要经常外出，而且也会碰上可能让它移情别恋的女性，但它始终不忘发妻。它以一种没有什么可以使之减退的热情帮助自己的那位在孩子们独立之前绝不出门的挖掘女工。整整一个多月，它用它那叉口背篓把挖出的土运往洞外，始终任劳任怨，永不被那艰难的攀登所吓倒。它把轻松的耙土工作留给妻子做，自己则干着最重最累的活儿，把土从一条狭窄、高深、垂直的坑道往上推出洞外。

随后，这位运土小工又变成了粮食寻觅者，到处去收集粮食，为孩子们准备吃的东西。为了减轻妻子剥皮、分拣、装料的工作，它又当上了磨面工。在离洞底一定的距离处，它研碎被太阳晒干晒硬了的粮食，加工成粗粉和细粉，面粉不停地纷纷散落在女面包师的面包房内。最后，它精疲力竭地离开了家，在洞外露天地里凄然地死去。它英勇不屈地尽了自己作为父亲的职责；它为了自己的家人过得幸福而作出了无私的奉献。

而米诺多蒂菲妈妈也一心扑在这个家上，从未出过大门。古人把这种女子称之为 domi mansit[1]。它把一个个面团揉成圆柱形，把一只只卵分别产于一个个面团里，从此便守护着自己这些宝贝，直到孩子们长大，能独立离去

名师注解

① domi mansit：此为普罗旺斯方言俗语，意为“模范妈妈”。

为止。当金风送爽时节到来时，模范妈妈终于又回到地面上来，孩子们簇拥着它。孩子们自由自在地四散而去，到羊群常去吃草的地方去捡拾粪球，大快朵颐。这时候，一心为了孩子们的慈母已无事可做，溘然长逝。

是的，普遍的对自己的孩子表现得漠不关心的父亲们中间，米诺多蒂菲是个例外，它对自己的孩子们倾注了全部的心血。它总是想到自己的家人，从未想到自己。它原可尽享美好的时光，原可与同伴们一起欢宴，原可与女邻居们调情嬉耍，但它却并未这样，而是埋头于地下的劳作，拼死拼活地为自己的家人留下一份产业。当它足僵爪硬、奄奄一息时，它可以无愧地自己告慰自己："我尽了做父亲的职责，我为家人尽力了。"

作者对米诺多蒂菲的描述，以夫妻分工协作为主线，从建造居所和制作食物两方面入手，歌颂了米诺多蒂菲夫妇尽心尽责守护家庭，为养育孩子而奉献一生的精神。

## 延伸思考

请找出作者略写的部分，说说为什么不展开详写？

# 南美潘帕斯草原的食粪虫

名师导读

在一位修士朋友的帮助下，“我”得到了南美潘帕斯草原的食粪虫——法那斯米隆，并对它进行了观察。这种昆虫会为幼虫准备一个葫芦，两份食谱。

能够跑遍全球，穿越五洲四海，从南极到北极，观察生命在各种气候条件下的无穷无尽的变化情况，对于醉心于考察研究的人来说这肯定是一种幸运。鲁滨孙的漂流似的生活让我欢喜兴奋，我年轻的时候就怀着他那种美妙的幻想。然而，伴随着周游世界的美丽梦幻而来的却是郁闷和蛰居的现实。印度的热带丛林、巴西的原始森林、南美大兀鹫喜爱的安第斯山脉的高峰峻岭，全都坍缩成作为一块探察场地的荒石园了。

但上苍保佑，我并不为此而抱怨不已。获得思想上的收获并非一定要经历长途跋涉。让·雅克[①]在他饲养的金丝雀生活的海绿树丛中采集植物；贝尔纳丹·德·圣皮埃尔[②]偶然地在其窗边长出来的一株草莓上发现了一个世界；萨维埃·德·梅斯特尔[③]把一张扶手椅当作马车在自己的房间里做了一次最著名的旅行。

这种旅行方式是我力所能及的，只是没有马车，因为在荆棘丛中驾车太

名师注解

① 让·雅克：即卢梭（1712－1778年），法国18世纪著名思想家、文学家，启蒙运动最卓越的代表人物之一。主要著作有《忏悔录》《新爱罗绮丝》《爱弥儿》《社会契约论》等。

② 贝尔纳丹·德·圣皮埃尔（1737－1814年）：法国作家，著有《大自然研究》《保尔和薇吉妮》等。

③ 萨维埃·德·梅斯特尔（1763－1852年）：法国作家，著有《在我屋内旅行》等。

难了。我在荒石园周围上百次地一段一段地绕行；我在一家又一家人家门前驻足，耐心地询问，隔这么一长段时间，我就能获得零零星星的答案。

读书笔记

我对最小的昆虫“小村镇”都非常地熟悉；我在这个“小村镇”里了解了有螳螂栖息的各种细枝；我熟悉了有苍白的意大利蟋蟀在宁静的夏夜轻轻鸣唱的所有荆棘丛；我认识了披着由黄蜂这个棉花小袋编织工耙平的棉絮的所有小草；我踏遍了有切叶蜂这个树叶剪裁工出没的所有丁香矮树丛。

如果说对荒石园的各个角落的踏勘还不够的话，我就跑得远一些，那样能获得更多的“贡品”。我绕过旁边的藩篱，在大约一百米的地方，我同埃及圣甲虫、天牛、粪金龟、蜣螂、螽斯、蟋蟀、绿蚱蜢等有了接触，总之我与一大群昆虫部落进行了接触，要想了解它们的进化史，那得耗尽一个人整整的一生。当然，我同自己的近邻接触就足够了，非常地够了，用不着长途跋涉跑到很远很远的地方去。

名师点评

科学研究与收集标本不同，需要耐得住寂寞。

再说，跑遍世界，把注意力分散在那么多的研究对象上，这不是在观察研究。四处旅行的昆虫学家可以把自己所得之许许多多的标本钉在标本盒里，这是专业词汇分类学家和昆虫采集者的乐趣，但是收集详尽的资料则是另一码事。他们是科学上的流浪的犹太人，没有时间驻足停留。当他们为了研究这样那样的事实时，就可能要长时间地停在一地，然而，下一站又在催促着他们上路。我们就不要让他们在这种状况下去勉为其难了。就让他们在软木板上钉吧，就让他们用塔菲亚酒[①]的短颈大口瓶去浸泡吧，就让他们把耐心观察、需时费力的活儿留给深居简出的人吧。

这就是为什么除了专业分类词汇学家列出的枯燥乏味的昆虫体貌特征外，有关昆虫的历史记录极其贫乏的原因之所在。异国的昆虫数量繁多，无以计数，它们的习性我们几乎始终一无所知。但是我们可以把我们眼前所见到的情景与别处发生的情况加以比较，看

名师注解

① 塔菲亚酒：西印度群岛的一种甘蔗酒。

一看同一种昆虫在不同的气候条件下，其基本本能是如何变化的，这非常有益。

读书笔记

这时候，无法远行的遗憾重又涌上心头，使我比以往任何时候都更加地感到无奈，除非我在《一千零一夜》中的那张魔毯上找到一个座位，飞到我所想去的地方。啊！神奇的飞毯啊，你要比萨维埃·德·梅斯特尔的马车合适得多。但愿我能怀揣着一张往返票，在你上面有一个角落可坐！

我果然找到了这个角落。这个意想不到的好运是基督教会学校的修士、布宜诺斯艾利斯市萨尔中学的朱迪利安教友带给我的。他虚怀若谷，受其恩泽者理应对他表示的感激会让他很不高兴的。我在此只想说，按照我的要求，他的双眼代替了我的眼睛。他寻找，发现，观察，然后把他的笔记以及发现的材料寄来给我。我用通信的方式同他一起寻找，发现，观察。

作者并没有亲身前往阿根廷，而是让自己的思想参与了远行。魔毯是想象中的事物，让它作为思想的交流工具，作者此处的描写可谓别具匠心。

我成功了，多亏了这位卓越的合作者，我在那张魔毯上找到了座位。我现在到了阿根廷共和国的潘帕斯大草原，渴望着把塞里昂的食粪虫的本领与其身在另一个半球的竞争者的本领做一番比较。

开端极好！萍水相逢的朋友竟然让我首先得到了法那斯米隆那漂亮的昆虫，全身黑中透蓝。

雄性法那斯米隆前胸有个凹下的半月形，肩部有锋利的翼端，额上竖着一个可与西班牙蜣螂媲美的扁角，角的末端呈三叉形。雌性则以普通的褶皱代替了这漂亮的装饰。雄性与雌性的头罩前部都有一个双头尖，肯定是一个挖掘工具，也是用于切割的解剖刀。这种昆虫短粗、壮实、呈四角形，让人联想到蒙彼利埃周围非常罕见的一种昆虫——奥氏宽胸蜣螂。

如果形状相似则本领也必然相似的话，那我们就该毫不迟疑地把如同奥氏宽胸蜣螂制作的那件又粗又短的“香肠面包”归之于法那斯米隆。唉！每当牵涉本能的问题时，昆虫的体形结构就会造成误导。这种脊背正方、爪子短小的食粪虫在制作葫芦时技艺超群。连圣甲虫都制作不了这么像模像样的葫芦，尤其是个头儿又这么大的葫芦。

这种粗壮短小的昆虫制作的产品之精美让人拍案叫绝。这种葫芦制作得如此符合几何学标准，简直无可挑剔：葫芦颈并不细长，然而却把优雅与力量结合在一起。它似乎是以印第安人的某种葫芦作为模型制作的，特别是因为它的细颈半开，鼓凸部分刻有漂亮的格子纹饰，那是这种昆虫的跗骨的印迹。它好像是用藤柳条嵌护着的一只铁壶，大小可以达到甚至超过一只鸡蛋。

这真是一件极其奇特而稀有的珍品，尤其是这竟然是出自一个外形笨拙、身材粗短的工人之手。不，这再一次说明工具不能造就艺术家，人和虫都是这么个理儿。引导制作工匠完成杰作的关键因素中有比工具更重要的东西：我说的是“头脑”——昆虫的才智。

法那斯米隆对所遇到的困难不屑一顾。不仅如此，它还对我们的分类学嗤之以鼻。一说食粪虫，我们就将其视为牛粪的狂热追慕者。可法那斯米隆重视牛粪既非为自己食用也不是为了给自己的孩子们享用。我们常常会看见它待在家禽、狗、猫的尸骨架下，因为它需要尸体的脓血。我所绘出的那只葫芦就立在一只猫头鹰的尸体下面。

这种埋葬虫的胃口与圣甲虫的才能的结合谁愿意怎么看就怎么看吧。我不想去解释这种现象，因为昆虫的一些癖好让我困惑不解，它们的这些癖好似乎谁也无法仅仅根据其外貌就能判断得出来。

我知道在我家附近就有一种食粪虫，它也是尸体残余的唯一的享用者。它就是粪金龟，是光顾死鼹鼠和死兔子的常客。但是，这种侏儒殡葬工并不因此就鄙视粪便，它像其他的金龟子一样照旧大吃不误。也许它有双重饮食标准：奶油球形蛋糕是供给成虫的，而略微发臭的腐肉这浓重口味的食料则是喂给幼虫的。

类似情况在别的昆虫的别的口味方面也同样存在。捕食性膜翅目昆虫汲取花冠底部的蜜，但它喂自己的孩子时却用的是野味的肉。同一个胃，先吃野味肉，后汲取糖汁。这种消化用的胃囊在发育过程中必须发生变化吗？不管怎么说，这种胃同我们人的胃一样，对年轻时喜食的东西到了晚年就鄙夷厌恶了。

让我们更加深入地观察研究一下法那斯米隆的杰作。我弄到的那些葫芦全都干透了，硬得几乎跟石头一样，颜色也变成浅咖啡色了。我用放大镜仔细观察，里外都没有发现一丁点儿木质碎屑，这种木质碎屑是牧草的一个证明。这么说，这怪异的食粪虫没有利用牛屎饼，也没有利用任何类似的粪料。它是用其他材料制作自己的产品的。是什么材料呢？一开始挺难弄清楚。

我把葫芦放在耳边摇动，有轻微的响声，就像是一个干果壳里面有一个果仁在自由滚动时发出的声响一样。葫芦里是不是有一只因干燥而抽缩了的幼虫呀？我起先一直是这么认为的，但我弄错了。那里面有比这更好的东西，可让我长了见识了。

我小心翼翼地用刀尖挑破葫芦。在一个同质的均匀内壁中——我的三个标本中最大的一个的内壁竟厚达两厘米——嵌着一个圆圆的核，满满当当地充填在内壁孔洞里，但却与内壁毫不粘贴，所以可以自由地晃动，因此我摇动时就听见了响声。

就颜色与外形而言，内核与外壳并无差异。但是，把内核砸碎，仔细检查碎屑，我就从中发现一些碎骨、绒毛絮、皮肤片、细肉块，它们全都淹没在类似巧克力的土质糊状物中。

我把这种糊状物在放大镜下面进行了筛选，去除了尸体的残碎物之后，放在红红的木炭上烤，它立即变得黑黑的了，表层覆盖着一层鼓胀的光亮物，并散发出一股呛人的烟，很容易闻出那是烧焦的动物骨肉的气味。这个核全部浸透了腐尸的脓血。

我对外壳进行同样处理后，它也同样变黑了，但黑的程度没有核的颜色那么深。它几乎不怎么冒烟。它的外层也没有覆盖一层乌黑发亮的鼓胀物。它一点也没含有与内核所含有的那些腐尸的碎片相同的东西。内核与外壳经烧烤之后，其残余物都变成一种细细的红黏土。

通过这粗略的观察分析，我们得知法那斯米隆是如何进行烹饪的。供给幼虫的食品是一种酥馅饼……肉馅是它用头罩上的两把解剖刀和前爪的齿状大刀把尸体上能剔出来的所有东西做成的，有下脚毛、绒毛、捣碎的骨头、细条的肉和皮等。一开始，这种用烤野味的作料拌稠的馅呈浸透腐尸肉汁的细黏土冻状，现在变得硬如砖头。最后，酥馅饼的糊状外表变成了黏土硬壳。

这位糕点师傅对其糕点进行了包装，用圆花饰、流苏、甜瓜筋囊加以美化。法那斯米隆对这种厨艺美学并非外行。它把酥馅饼的外壳做成葫芦状，并饰以指纹状的饰纹。

这种无法食用的外壳在肉汁中浸泡的时间太短，可想而知，这并不受法那斯米隆的青睐。等幼虫的胃变得皮实了，可以消受粗糙的食物时，它会刮点内壁上的东西充饥，这一点倒是有可能的。但是，从整体来看，直到幼虫长大能出来之前，这个葫芦一直完好无损。它不仅开始时是维持馅饼新鲜的保护神，而且始终都是隐居其间的幼虫的保险箱。

糊状物的上面的部位，紧挨着葫芦的颈部，被修整成一个黏土内壁的小圆屋，这是整个内壁的延伸部分。一块用同样材料制成的挺厚的地板把它与粮食隔开。这就是孵化室，卵就产在那儿，我在那儿发现了卵，可惜已经干了。幼虫在这个孵化室里孵化出来，事先得打开一扇隔在孵化室和粮食之间的活动门，才能爬到那个可食的粪球处。

幼虫诞生在一个高出那块食物并与之并不相通的小保险匣里。新生幼虫必须及时地自己钻开那食品罐头盒盖。后来，当幼虫待在那罐头食品上面时，我的确发现地板上被钻了一个刚好能让它钻过去的孔。

这块美味的牛肉片，裹着厚厚的一层陶质覆盖层，致使这份食物能根据缓慢孵化的需要，长时间地保持新鲜。怎么实现这一目的的？我仍搞不清楚。卵在其同样是黏土质的小屋里安全无虞地待着，完好无损。到这时为止，一切都尽善尽美。法那斯米隆深谙构筑防御工事的奥秘，深知食物过早地发干的危险。现在剩下的是胚胎呼吸的需求问题了。

在解决这个呼吸问题方面，法那斯米隆也是匠心独运、智慧超群的。葫芦颈部被沿着轴线打通了一条顶多只能插入一根细麦管的通道。这个闸口在内部开在孵化室顶部最高处，在外部则开在葫芦柄的末端，呈喇叭形半张开着。这就是通风管道，它极其狭窄而且又有灰尘阻而不塞，因此便防止了外来的入侵者。我敢说这是简单但绝妙的杰作。我说的有错吗？如果说这样的一个建筑是偶然的结果的话，那么必须承认这种偶然却具有一种非凡的远见卓识。

这种迟钝的昆虫是如何建好这项极其繁难、极其复杂的工程的呢？我在以一个旁观者的目光观察这南美潘帕斯草原的昆虫时，只有上述这个工程结构在指引着我深入思考。从这个工程结构可以不出大错地推断出这个建筑工所使用的方法。因此，我就这样进行了对它工作情况的设想。

它先是遇上了一具小昆虫尸体，尸体的渗液使下面的黏土变软。于是，它根据软黏土的大小或多或少地收集起来。收集的多少并没有明确的限定。如果这种软黏土非常之多，收集者就大加消费，粮仓也就更加牢固。这样一来，制成的葫芦就特别大，大得超过鸡蛋的体积，还有一个两厘米厚的外壳。

但是，这么一大堆的材料远远超出模型工的能力，所以加工得很不好，外观上看上去，一眼就看出是一项十分艰苦笨拙的劳动所创造出来的成果。如果软黏土很稀少，它便严格节省着使用，这样它动作也就自然得多，弄出来的葫芦反而匀称齐整。

那黏土可能先是通过模型工前爪的按压和头罩的劳作变成球形，然后被挖出一个很宽很厚的盆形。蜣螂和圣甲虫就是如此做的，它们在圆粪球的顶部挖出一个小盆，在对蛋形或梨形最后打磨之前，把卵产在小盆里。

在这第一项劳作中，法那斯米隆只是一个陶瓷工。不管尸体渗液浸润黏土有多么不充分，只要是具有可塑性，任何黏土对它来说都可以加工。

现在，它变成了肉类加工者了。它用它那带锯齿的大刀从腐尸上切、锯下一些细碎小块来；它又撕又拽，把它认为最适合幼虫口味的部分弄下来。然后，它把这些碎片统统聚集起来，再把它们同脓血最多的黏土搅和在一块。这一切搅拌得非常均匀，就地制成了一只圆粪球，无须滚动，如同其他食粪虫制作自己的小粪球一样。补充说一句，这只粪球是按照幼虫的需要量制作的，它的体积几乎始终不变，无论最后那个葫芦有多大。

现在酥馅饼做好了。它被放进大口张开的黏土盆里存好。它没挤没压，以后可以自由转动，不会与其外壳有一点粘连。这时候，陶瓷制作的活儿又开始了。

昆虫用力挤压黏土盆的厚厚的边缘，为肉食制好模套，最后使肉食的顶端被一层薄薄的内壁包裹住，而其他部分则由一层厚厚的内壁包住。顶端的内壁上，留有一个环形软垫，这儿的内壁的厚度与日后在顶端钻洞进粮仓的幼虫的弱小程度成正比。随后，这个环形软垫也进行压模，变成一个半圆形的窟窿，卵就产在其中。

通过挤压黏土盆的边缘，使之慢慢封口，变成孵化室，制作葫芦的工序就宣告结束。这道工序尤其需要高超的技艺。在做葫芦柄的同时，必须一边紧压粪料，一边沿着轴线留出通道作为通风口。

我觉得建造这个通风闸口极其困难，因为计算稍微有点偏差，这个狭窄的口子就会立刻被堵住了。我们最优秀的陶瓷工中最最心灵手巧的工匠如果缺少一根针的帮助也是干不成这件活儿的，它把针先垫在里边，完工之后，就把这根针抽出来。这种昆虫是一种用关节连接着的机械木偶，在它自己都没有想到的情况之下，就挖出了一条穿过大葫芦柄的通道。如果它想到了，也许就挖不成了。

葫芦制作完后，就得对它粉饰加工了。这是一件费时费工的活计，要使曲线完美流畅，并在软黏土上留下印记，如同史前的陶瓷工用拇指尖印在其大肚双耳坛上的印记一样。

这件活计完工了，它将爬到另一具尸体下面重新开工，因为一个洞穴只能容下一个葫芦，多了不行，如同圣甲虫制作它的梨形小粪球一样。

## 精华赏析

法那斯米隆制作葫芦的过程十分复杂，配料也很特殊。作者一开始谈到研究需要耐心，忙于在世界各地跑来跑去未必有益；而他选择这个来自荒石园以外的食粪类昆虫进行观察，显示出了作者极大的好奇心与探索精神。这两点正是他取得成就的重要原因。

## 延伸思考

法那斯米隆为幼虫准备的葫芦，制作起来很考究。请你说说，从哪些地方可以看出来？

# 粪金龟和公共卫生

名师导读

食粪虫是保持公共卫生的能手。尤其是粪金龟，它们能挖很深的洞，不断地将动物粪便埋入地下，使其成为肥料，滋养土地，促进植物的生长，使大自然的生命交替呈现良性循环。

读书笔记

食粪虫以成虫的形态完成一年的轮回，在来年春季的欢乐节日里，子女们围在膝前，家里添丁进口，成员数量翻了一两番，这在昆虫的世界里肯定是无出其右的。蜜蜂这种在本能方面的贵族，一旦蜜罐装满也就随即死去；另一位贵族——蝴蝶，虽非本能方面的贵族但却是服饰华美的贵族，当它把自己那成团的卵固定在得天独厚之地时也随即离开人间；浑身披着铠甲的步甲虫在把自己的子孙后代撒放在乱石下之后，随即也就命归黄泉了。

其他昆虫也是如此，除了那些群居的昆虫以外。群居昆虫的母亲能够独自或在仆从陪伴下幸存下来。这种规律是带有普遍性的：昆虫天生是无父无母的孤儿。可我们要讲的这种情况却是一种意想不到的反常现象：卑贱的滚粪球工竟然逃过了那种扼杀高贵者的残酷规律。食粪虫尽享天年，成了长寿元老，而且鉴于其所作的贡献，它也确实当之无愧。

作者将城市与乡村进行对比，突出了大自然对人类生活的调节力。

有一种公共卫生要求在最短的时间里把任何腐烂的东西全部清除干净。巴黎至今尚未解决它那可怕的垃圾问题，这迟早是决定这座巨大城市生存或死亡的难题。大家在寻思，这城市之光会不会有这么一天被土壤中饱含的腐烂物质散发出的臭气给熏得熄灭了。聚集着数百万人口的大都市虽拥有无尽的财力与智力但也无法解决的问题，一个小小的村庄却无须花钱无须操心费力就给解决了。

大自然对乡村的清洁卫生倾注关怀，但对城市的舒适却漠然置之，虽说还谈不上是充满敌意。大自然为乡间田野创造了两类清洁工，没有什么是能使它们厌烦倦怠、疲劳懒散的。第一类是苍蝇、葬尸虫、皮蠹、食尸虫类、阎虫科，它们专司尸体解剖。它们把尸体分割切碎，在自己的胃里把碎尸烂肉消化之后再还以生命。

名师点评

昆虫参与了自然生命的循环过程，自然界的生态循环得以不间断地进行。

一只鼹鼠被耕作的农具划破肚皮，它的业已发紫的脏腑把田间小径弄污；一条栖息在草地上的游蛇被行人踩死，这个蠢货还以为自己是除了祸害，干了好事；一只尚未长毛的雏鸟从窝里摔下，落在托着其窝的大树下面，可怜巴巴地摔成了肉酱……成千上万的这种残尸碎肉无处不在，如果不及时地加以清理，其臭气将成为很大的公害。但我们也不必害怕：这种尸体一旦在某处出现，小收尸工们便立即赶到。它们随即对尸体进行处理，掏空内脏，吃得只剩下骨头，或者至少要把尸体弄得如同一具干尸。用不了二十四小时，死去的鼹鼠、游蛇、雏鸟等便没了踪影，环境卫生保持住了。

第二类清洁工也同样热情饱满。城市里为了清洁卫生而在厕所里用氨水消毒，其味极其难闻，农村里的厕所就用不着洒氨水。农民在需要独自一人待着时，一堵矮墙、一道藩篱、一丛荆棘即可避人耳目。无需赘言，你一定会知道此人在那里干什么。当你被一簇簇长生草、厚厚的苔藓以及其他一些美丽的东西装点的陈砖旧瓦所吸引，走近一堵好似为葡萄培土的矮墙边时，哇呀！在这如此美丽的隐蔽处跟前，那是一大摊什么玩意儿呀！你赶紧逃之夭夭，苔藓、长生草、青苔等等都不再吸引你了。你第二天再去原地看一看，那摊东西不见了，那块地方变得干净了：食粪虫来过这里。

读书笔记

不让屡屡出现的有碍观瞻的污垢被人看到，对于这些勇士们来说，最微不足道的了，它们肩负的是一项更崇高的使命。科学向我们证实，人类最可怕的种种灾祸都能在微生物中找到根源；微生物与霉菌相近，属于植物界的极边缘的生物。在流行病暴发期间，这些可怕的病原菌在动物的排泄物中迅速地大量繁殖。它们污染着空气和水这两种生命的第一要素；它们散布在我们的衣物、食物上，把疾病传播开来。凡是被这些病原菌污染了的东西统统都要用火烧掉，用消毒剂消灭掉，用土深埋掉。

为保险起见，绝不要让垃圾积存在地面上。垃圾是否无害？垃圾是否危险？虽然说不准，但最好还是把垃圾清除掉。早在微生物让我们明白这种警惕是多么必要之前，古代的贤哲似乎就已经明白了这一点。东方民族比我们更容易受到传染病的危害，他们早已在这一方面掌握了一些明确的规律。摩西虽然是古埃及这方面科学的传播者，他在自己的人民在阿拉伯沙漠中流浪的时候，已经在法典中制定了处理的方法。

读书笔记

普罗旺斯农民不注意卫生，根本不考虑这方面的险情。幸好，摩西训诫的忠实执行者——食粪虫在为此而辛勤劳作。消灭、掩埋带菌物质全都是它。以色列人一有内急要解决便腰里别着一根尖头棍跑出营地，而食粪虫也随即赶到，还带着比以色列人的尖头棍更高级的挖掘工具。解手的人一走，它便立即挖出一个井坑，把污秽物深埋掉，不再产生危害。

这帮掩埋工所搞的服务工作对于野外的环境卫生意义十分重大，而我们，这种净化工作的主要受益者，反而对这些小勇士有点鄙夷不屑，还用粗言恶语对待它们。做好事，不为人理解，反受恶名，被石头砸死，被人用脚踩死。看来这已成了一定之规了。蟾蜍、刺猬、猫头鹰、蝙蝠，以及其他一些为我们服务的动物，就是明证，它们不企求我们什么，只是希望我们多少有点宽容心。

那些垃圾污物肆无忌惮地暴露在太阳地里，而保护我们免受其害的，在我们这一带，最英勇卓绝的卫士就是粪金龟。这并不是因为它们比其他的埋粪工更加勤快，而是因为它们有一副好的身子骨，能干苦活儿累活儿。再者，当需要稍稍恢复一下体力时，它们则喜欢对我们最恶心的污秽物下手。

在科学实验中选取合适的观察对象很重要。作者选择了常见的、有代表性的研究对象进行观察，其所得结果也必然更具有普遍性。

我们附近有四种粪金龟在从事这项工作。有两种(突变粪金龟和野生粪金龟)比较罕见，我们也就不专门去观察、研究它们了；相反，另外两种(粪生粪金龟和伪善粪金龟)却十分常见。后两种粪金龟背部墨黑，胸前都穿着华美的衣服。看到专事淘粪的工人竟穿得如此漂亮，我不禁惊讶无语。粪生粪金龟面部下方像紫水晶般闪亮，而伪善粪金龟的面部下方则闪烁着黄铜的光芒。我笼子里喂养

着的就是这两种粪金龟。

我们先来看看它们作为掩埋工都有哪些能耐。笼中一共有十二只，两种粪金龟混在一起。笼子里原先放置了大量食物，这一次事先把所剩的吃食全部清除掉了。我想估算一下一只粪金龟一次能掩埋多少东西。日落时分，我把刚在我家门前拉了一摊的骡子的粪便放进笼子里去给那十二个囚徒。那摊粪便不算少，足可装上一篮子。

第二天早晨，那摊骡粪全都埋于地下了。地上几乎一点也没有，顶多有点碎渣渣什么的。我因此可以大致估算出：按每只粪金龟都干了同样的工作量计算，那它们每人掩埋了大约有一立方分米的粪便。如果我们想到它们那瘦小的身材，又要挖洞又要运物，那真叫人感叹：这可真像泰坦干的活儿呀。而且，这还仅仅用了一个夜晚而已。

它们存粮这么丰富，是不是就守着财富待在地下不出来了？绝不是这样的！现在正是大好时光。黄昏来临，宁静温馨。现在正是精神振奋、心情舒畅的时刻，正是去远处大路上寻物觅宝之时，因为路上正有牛羊群放牧归去。我的住客们离开了地窖，返身回到地上。我听见它们簌簌地在爬栅栏，冒失地撞到壁板上，黄昏时的这番热闹气氛我是预料到的。我白天已经收集了与头一天一样丰盛的食物，正好拿来喂给它们。到了夜里，这些食物又都不见了踪影。第二天，地面上又干干净净的了。只要夜色美好，只要我总有足够的东西满足这帮“贪得无厌”的“敛财奴”，那么这种情况就永远会继续下去。

尽管其食物异常丰富，粪金龟在日落时分还是会离开已储存的食物，在太阳的余晖中嬉戏，并去寻找新的开发工地。对于它来说，好像已得到的并不算什么，只有将要得到的才有价值。那么，每晚黄昏那美好时刻它所更新的粮食仓库，它到底用来干什么呢？很明显，粪金龟一夜之间是无法消费完这么丰盛的食物的。它储存的食物多得已不知如何处理，它只知积攒，却不完全利用，而且，它还总也不满足于自己那装满粮食的仓库，每晚还在拼死拼活地忙着往仓库里运送。

它随处建造粮仓，每天随便遇上哪座仓库便在那里弄些食物吃上一顿，吃不了的就几乎全部剩在那儿。从我笼子里喂养的粪金龟来看，它们那种掩埋工的本能要比其作为消费者的食欲来得迫切。笼子里的地面在增高，我则不得不随时把它弄平。如果我把土堆挖开，我就会发现坑井中堆满了粪便，厚厚的，原封未动。原先的泥土已经变成了粪和土的结块，难以分开，如果我要继续观察而不致搞错，就得大加清理才行。

要想把结块中的粪便分离出来，总免不了有误差，不是分出来的多了，就是分出来的少了，与精确的量难以一致，但从我的观察来看，有一点是明白无误的：粪金龟是热情似火的掩埋工，它们往地下运送的食物远远超过它们日常之所需。这样的一种掩埋工作是由一大群出力多少不一的合作者的劳动大军完成的，所以很显然，土壤的净化在很大的程度上得以实现，而且有这么一支辅助性的劳动大军在作出贡献，公共卫生的保持也才能有望，这是值得庆幸的。

此外，植物以及因植物的连锁反应而连带的一大批生物也得益于这种掩埋工作。粪金龟埋到地下并于第二天抛弃的那些东西并未丢失，远未丧失其利用价值。整个世界的结算过程中什么也不会丢失的，清单的总数是永恒的。粪金龟埋起来的小块软粪便将会使周围的一簇禾本植物枝繁叶茂。一只绵羊路过这儿，把这丛青草吃掉。羊长肥，人也就有了美味羊腿可以享受了。粪金龟的辛勤劳动给我们带来了一块美味的肉。

九十月份，当头几场秋雨浸透土壤，圣甲虫得以打破出生的牢笼时，粪生粪金龟和伪善粪金龟开始建造自家住宅，这住宅建造得很简陋，有辱这些享有“挖土工”美名的勇士们。如果单纯是挖掘一个避难所以防冬季严寒的话，粪金龟倒也不负其“挖土工”之美名：在井的深度、工程之完美和速度方面，没有谁可与之相提并论的。在沙土地和不难挖掘的土地上，我曾发现一些坑洞，洞深竟达一米。还有的能挖得还要深，我因为没有耐心，再说工具也不凑手，也就没有去挖挖看究竟深有几许。这就是粪金龟，熟练的挖井工，无人可及的打洞者。如果天寒地冻，它会下到不用担心霜冻的地层。

但是，建造子孙住宅就是另一码事了。美好季节转瞬即逝，如果要给每只卵配备一个这样的地堡，那时间是来不及的。要挖掘一个深洞，粪金龟就必须把冬天来临之前的空闲时间全部用上，别无他法。要使避难所更加安全，它就得把心思全用在造房建屋上，暂时不能去干别的事情。可在产卵期间，这么辛勤的劳作是不可能的。时间过得很快。它得在四五个星期内给很多子女准备住的吃的，这就无法长时间地去挖深井了。

粪金龟为其幼虫挖的地洞并不比西班牙蜣螂和圣甲虫挖的深多少，尽管季节有所不同。就我在野地里所发现的所有地洞来看，也就是三分米左右，尽管那儿土很好挖，挖多深都没问题。

这种简陋的住处状如一段香肠或猪血腊肠，长度不超过两分米。这段“香肠”几乎都是不规则的，有时弯曲，有时又多少有些凹凸不平。这种不完美的情况是由于石头地的高低起伏所导致的，粪金龟是直线和垂直的挖掘工，无法总是按照自己的艺术标准去挖掘。于是，与地道紧贴在一起的粮食也就很忠实地再现了其模具的不规则性。“香肠”底部是圆的，如同地洞底部一样。这圆圆的底部就是孵化室，这圆形的孵化室可以放下一只小榛子。因胚胎的需要，室的侧壁挺薄，空气能很容易地透进。在孵化室内，我看到有一种带点绿的黏液在闪亮，那是疏松多孔的粪核的半流质状物质，是粪金龟妈妈吐出来喂给新生幼儿的头一口食物。

卵就睡在这个圆圆的小窝里，与四壁无任何接触。卵是白色的，呈加长的椭圆形，与成虫的体积相比较，卵的体积够大的了。粪生粪金龟的卵长有七八毫米，宽有四毫米多，比伪善粪金龟卵的体积要稍小一点。

动物（包括人类）会产生两种基本的垃圾污染，即腐尸和粪便。它们是各种细菌的温床，如果不及时处理，不仅会产生恶臭，还会带来各种传染病。在这方面，食腐和食粪的昆虫有巨大功劳。我们平时忽视或瞧不起的这些小虫们，其实在保护着自然平衡和所有动植物的健康。

## 延伸思考

作者详写了粪金龟搬运、掩埋粪料的行为，其中哪些地方说明了这一行为对自然循环的益处？请你找出来。

# 昆虫的装死【精读】

**名师导读**

各种昆虫会在不同的条件下装死，又会在不同条件下复苏。它们装死的时间长短也不同。这是为什么呢？一起来看看昆虫学家的实验吧，这些实验会给我们答案。

我研究昆虫装死的情况时，第一个被我选中的是那个凶狠的剖腹杀手——大头黑步甲。让这种大头黑步甲动弹不了非常容易：我用手捏住它一会儿，再把它在手指间翻动几次就可以了。还有更加有效的办法：我捏住它，然后把手一松，让它跌落在桌子上，在不太高的高度下，让它摔这么几次，让它感到碰撞的震动，如果必要的话，就多让它摔几次，然后，让它背朝下，仰躺在桌子上。

以选取实验对象作为文章开头，直截了当、干净利落地切入正题。

大头黑步甲经这么一折腾，便一动不动，如死一般。它的爪子蜷缩在肚腹上，两条触须软塌塌地交叉在一起。两个钳子都张开着。在它的旁边放上一只表，这样，实验的起始与结束时间就可以准确地记录下来。这之后，只有等待，而且还得静下心来，耐心地等待着，因为它静止不动的时间是非常长的，让人等得心烦，没有耐心是成功不了的。

读书笔记

大头黑步甲的静止状态保持得很长，有时竟然长达五十分钟，一般情况之下，也得有二十分钟左右。如果不想让它受到外界的影响，比如，这种实验正好是在盛夏酷暑时进行，我就把它用玻璃罩扣住，避开了大热天里的常客——苍蝇的骚扰，那么，它的静卧状态就是真正的完全的静止状态：无论是跗骨也好，触须也好，还是触角也好，全都毫不颤动，看上去，它就像是僵死在桌子上了似的。

最后，这只看似死了的大头黑步甲复活了。前爪跗节开始在微微颤动，随即，所有的跗骨全都颤动起来，触须、触角也跟着在慢慢地摇来摆去。这就证明它确实复活了。它的腿脚随后也跟着乱划乱踢起来。它的身体在腰带紧束住的地方稍稍弓起，接着重心落在头和背上，然后，它猛一用力，身子便翻转过来了。此刻，它便迈开小碎步，跑动起来，仿佛知道此处危险重重，必须逃离险区。假如我又把它抓住，它便又立刻装起死来。

我趁此机会又做了一次实验。刚刚复苏的大头黑步甲又一次静止不动了，依旧是背朝下地仰躺着。这一次，它装死的时间要比第一次来得长。当它再次苏醒时，我又进行了第三次同样的实验。随后，我又对它进行了第四次、第五次实验，一点喘息的机会都不留给它。它静卧的时间在逐渐地延长。根据我所记录下来的静卧时间，分别为十七分钟，二十分钟，二十五分钟，三十三分钟，五十分钟。

我做了许多次类似的实验，虽然结果不完全相同，但基本上有一个共同点：昆虫连续假死时，每一次的持续时间都不相同，长短不一。这个结果使我们得知，通常情况之下，如果实验连续多次进行的话，大头黑步甲会让自己假死的时间一次比一次长。这是不是说明它一次比一次更适应这种假死状态呢？这是不是说明它变得越来越狡猾，企图让敌人最终丧失耐心？对此我一时尚无法作出定论，因为我对它的探究还很不够。

要想探出它是否真的是在耍手腕，在作假蒙人，蒙混过关，就必须采取一种非常聪明的试探方法，揭穿这个骗子的骗人招数。

接受试验的大头黑步甲躺在桌子上。它能感觉到自己身子下面是一块坚硬的物体，想要向下挖掘，根本就不可能。挖掘一个地下隐蔽室，对于大头黑步甲来说本来是小菜一碟，因为它掌握着快捷强劲的挖掘工具。然而，自己身下却是一块硬东西，毫无挖掘的可能，所以它无可奈何，只能忍气吞声地静静地躺在那儿，一动不动，必要的话，它甚至可以坚持一小时。如果躺在沙土地上的话，它立即就能感觉得到下面是松松散散的沙粒。在这种情况之下，它还会傻乎乎地静静地躺着，不想法尽快逃之夭夭？难道它连扭动腰身都不想？没有一点往沙土地里钻的意思？

我真的希望它会有所转变，产生逃跑的念头。但是，最后，我知道自己的想法错了。无论我把它放在木头上、玻璃上、沙土上，还是松软的泥土地上，它都不改变自己的战略战术。在一片对它来说挖掘起来极其容易的地面上，它照样是静卧着不动弹，同在坚硬物体上躺着时一模一样。

大头黑步甲对不同材质物体表面采取了同样态度，并不厚此薄彼，坚持一视同仁，这一点对我们的疑惑不解稍微地“敞开了一点门缝”。接下来所发生的事情令“这扇门”大大地敞开来了。接受试验的大头黑步甲躺在我的桌子上，离我很近，可以说是就在我的眼皮子底下。我发现它的触角在半遮挡着它的视觉，但它的那两只贼亮的眼睛看见了我，它在盯着我，在观察着我。面对着我这么个庞然大物，这个昆虫的视觉会有什么样的感应呢?

我们就认为这个正盯着我的昆虫把我看作是欲加害于它的敌人吧。这样的话，只要我待在它的面前，这个生性多疑的昆虫就会一动不动地躺着。如果它突然又恢复活动了，那它肯定是认为已经把我耗得差不多了，让我已经完全失去了耐心。那么，我还是先躲到一边去。既然它面前的这个庞然大物已经离开了，它也就用不着再装死，再耍这种花招也没什么意义了，所以，它就会立刻翻转身子，急急忙忙地溜之大吉。

我走出十步开外，到了大房间的另一头，隐蔽好，不弄出任何的动静。但是，我的这番谨慎小心的心思全都白费了，我的那只昆虫仍旧待在原地，没有一点动静，就这么静静呆了好长好长的时间，跟我在它的近旁待的时间一样的长。

它真够狡猾的，想必它是发觉我仍旧待在这间房间里了，只是待在房间的另一头罢了。这也许是它的嗅觉在告诉它我并没有离去。一计不成，我就另生一计。我把它用钟形罩给扣住，不让讨厌的苍蝇去骚扰它，然后，我便走出房间，到花园里去了。房间的门窗全都紧闭着，屋外的声音传不进去，屋内也没有什么会惊扰它的，总之，一切会令它感到惊恐的东西，全都远离了它。在这么安静而不受骚扰的环境中，它会有什么反应呢?

实验的结果是，假死的时间与平时情况之下完全一样，既未增加也未减少。二十分钟过去了的时候，我进屋里去查看了一下，四十分钟过去的时候，我又进屋里去查看了一番，但是，情况没有发生任何的变化，它仍旧是仰面朝天，一动不动地原地躺着。

这之后，我又用几只昆虫做了相同的实验，但其结果都很明确地证明，它们在装死的过程中，并没有任何令它们感到危险的东西存在，在它们的周围，既没有声音，也没有人或其他昆虫。在这种情况之下，它们仍然一动不动，那想必并不是在欺骗自己的敌人。这一点得到肯定之后，我便推测其中必然是另有原因的。

读书笔记

那它究竟为何采取这种特殊伎俩来保护自己呢？一个弱者、一个得不到保护的不惹是生非的人，在必要之时，为了生存而采取一些诡计，这是可以理解的。但它可是一个浑身甲胄、崇尚武力的家伙，为什么要采取这种弱者的手段，对此我感到很难理解。在它所出没的势力范围内，它是打遍天下无敌手的。强悍的圣甲虫和蛇金龟，都是生性温厚的昆虫，它们非但不会去骚扰它，欺侮它，相反，倒是它食品储存室里源源不断的猎物。

我又开始怀疑，是不是鸟儿对它构成了威胁？可是，它同步甲虫的体质相同，身体里浸透着一股刺鼻恶心的气味，鸟类闻了是绝不敢把它吞到肚子里去的。再说，它白天都躲藏在洞穴里，根本就不到洞外来，谁也见不到它，谁也不会打它的歪主意。而到了天黑之后，它才爬出洞外，可夜里鸟归林，河边已无鸟儿的踪影了，它也就根本不存在有被鸟类一口啄到之虑。

名师点评

排除了各种威胁因素，仍然找不到原因，这样描写更能引起读者的好奇心。

这么一个对蛇金龟，有时也对圣甲虫进行残杀的刽子手，这么一个并没有谁敢碰它的可恶而凶残的家伙，它怎么就一遇风吹草动便立刻装死呢？我百思不得其解。

我在这同一片河边地带，发现了同时在此居住的抛光金龟（也叫光滑黑步甲），它给了我一些启迪。前面所说的大头黑步甲是个巨人，相比之下，现在所提到的同是这片河边的主人的抛光金龟就是个侏儒了。它们体型相同，同样是乌黑贼亮，同样是身披甲胄，同样是以打家劫舍为生。但是，相比之下算是侏儒的抛光金龟，虽然远不如其巨人同类个大力强，但它却并不懂得装死这个诡计。你无论怎么折腾它，把它背朝下放在桌子上，它会立即翻转过来，拔腿就跑。我每次试验，也只能看到它背朝下静止不动个几秒钟而已。只有一次，我实在是把它折腾得够呛，它总算是假装死去地呆了一刻钟。

这侏儒与巨人的情况怎么这么不同呀？巨人只要一被弄得仰面朝天，它就静止不动了，非要装死一个钟头之后才翻身逃走。强大的巨人采取的是懦夫的做法，而弱小的侏儒则是采取立即逃跑的做法，二者反差这么大，其原因究竟在哪里呢？

于是，我便试试危险情况会对它产生什么样的影响。当大头黑

步甲背朝下腹朝上一动不动地静躺着的时候，我在想，让什么敌人出现在它的面前好呢？可我又想不出它的天敌是什么，只好找一种让它感到是个来犯者的昆虫。于是，我便想到嗡嗡叫的苍蝇了。

将原先被排除在实验之外的苍蝇引入实验中，改变思路，会给研究带来突破。

大热天里做实验，苍蝇嗡嗡地飞来飞去，真的是让人心里很烦。如果我不给大头黑步甲罩上钟形罩，我也不在它的身边守着，那么，讨厌的苍蝇肯定是会飞落在我的实验对象的身上，这样，苍蝇就会帮上忙了，可以替我探听一下装死的大头黑步甲的虚实了。

当苍蝇落在大头黑步甲身上，刚刚用自己的细爪挠了挠装死的它几下，它的跗节便有了微微颤动的反应，仿佛因直流电疗的轻微振荡而颤抖一样。如果这个不速之客只是路过，稍做停留，随即离去的话，那么，这细微的颤动反应很快便会消失；如果这位不速之客赖着不走，特别是，又在浸着唾液和溢流食物汁的嘴边活动的话，那么，受到折腾的大头黑步甲就会立即蹬腿踢脚，翻转身子，逃之夭夭。

它也许是觉得，在这么个不起眼的对手面前要花招实在没有必要，会伤自尊。它重又翻转身子离去，是因为它明白眼前的这个骚扰者对自己并不构成什么威胁。看来，我们得另请高明，让一个力量强大、身材魁梧、让人望而生畏的讨厌的昆虫来试探一下大头黑步甲了。正好，我喂养着一只天牛，爪子和大颚都十分厉害。天牛这种带角的昆虫，我知道它是性情平和的，但大头黑步甲并不了解这个情况，因为在它所出没的河边地带，从来就没有出现过天牛这种大个儿昆虫。说实在的，看上去，这长角的蛮横的天牛真的让虫类望而生畏，退避三舍。昆虫对陌生者本来就存有的一种恐惧感，这下一定会让情况复杂起来的。

读书笔记

我用一根稻草秆儿把天牛引到大头黑步甲旁边。天牛刚把爪子放到静静地仰卧着的那个家伙的身上，它的跗节便立即颤动起来。如果天牛非但不把爪子挪开，而且还老在它的身上摸来挠去，甚至转而变成一种侵犯的姿态，那么，如死一般躺着的大头黑步甲便一下子翻转身子，仓皇地溜走。这情景，与双翅目昆虫骚扰它时一模一样。危险就在眼前，再加上对陌生者所怀有的恐惧感，它当然会立即抛弃装死的骗术，逃命要紧。

读书笔记

我又做了一种实验，结果也颇让我感到欣慰。大头黑步甲仰躺在桌子上装死，我便用一件硬器物轻轻敲击桌腿，让桌子产生微微的颤动。但不能猛敲，免得桌子发生摇晃。我注意掌握力量的大小，让桌面产生的颤动仿佛是一种弹性物体所产生的颤动一样。用力过大，会惊动大头黑步甲的，它就不会保持其僵死状态了。我每轻敲一下，它的跗节便蜷缩着颤动一会儿。

最后，我们再来看看光线对它所产生的影响。到目前为止，我的实验对象都是待在我书房那弱光环境中接受我的实验的，并未接触到直射进来的太阳光。此刻，我书房的窗台已经洒满阳光。我要是把我的实验对象移到阳光充足的窗台上去，让这个静卧着一动不动的昆虫接触一下强光，它会有何反应呢？我刚往窗台这么一移，效果立即产生：大头黑步甲腾地翻转身子，拼命奔逃。

现在，真相大白了。吃尽苦头、被折腾得够呛的大头黑步甲，已经把自己的秘密吐露出来了。当苍蝇戏弄它，舔它粘有黏液的嘴唇，把它当作一具尸体，想吸尽所有可口的汁液的时候；当它眼前出现了那个让它望而生畏的天牛，爪子已经伸到它的腹部，像是要占有一个猎物的时候；当桌子发生轻微的震颤，它以为是大地传来的震颤，断定有敌人在自己的洞穴附近挖掘，将要来袭的时候；当强烈的阳光照射到它的身上，对自己的敌人十分有利，而对喜欢昏黑的它不利，以为自己的安全受到威胁的时候，它就会立即作出反应，抛弃装死的骗术，立即逃命。但是，当一种灾祸对它构成威胁的时候，它通常总是采取它那装死的惯用伎俩，以骗过敌人。所以说，装死是它的看家本领。

名师点评

通过多次试验终于得出了结果，下面的任务就是对结果进行分析。

在我以上所提及的那种危在旦夕的时刻，我的实验对象是在战栗，而不是继续装死。在这类危险之下，它已经是方寸大乱了，慌不择路地拼命逃遁。它那一贯的伎俩已经不见了踪影，确切地说，它根本就无计可施了。所以说，它的静止不动，并不是装出来的，而是它的一种真实状态，是它的复杂的神经紧张反应造成它一时间陷于动弹不得的状态之中。随便一种情况都会让它极度地紧张起来，随便一种情况都可以让它解除这种僵直状态，特别是受到阳光的照射。阳光是促发活力的无与伦比的强烈刺激。

我觉得，在受到震动后长时间保持静止状态方面，可以与大头黑步甲相提并论的是吉丁中的一种，即烟黑吉丁。这种昆虫个头儿不小，浑身黑亮，胸甲上有白粉，喜欢在刺李树、杏树和山楂树上待着。在某些情况之下，你有可能发现它把爪子紧紧地收拢起来，触角耷拉着，仿佛僵死了一般，而且可以保持一个多小时这种状态。而在其他的情况之下，它总是一遇危险便迅速逃走；从表面上看，是气候因素在起作用，但我却并没明白气候到底暗暗地发生了什么变化。在这种情况之下，一般来说，我只发现它的僵直状态只是保持了一两分钟而已。

读书笔记

烟黑吉丁在光线暗淡的地方一动不动，可我把它一移到充满阳光的窗台上，它立刻就恢复了活力。在强烈的阳光下只待了几秒钟，它便把自己的一对鞘翅裂开，作为杠杆，骨碌一下，就爬了起来，立刻就想飞走，好在我眼疾手快，一把便摁住了它，没让它逃掉。这是一见到强光就惊喜，晒着太阳就狂热的昆虫，一到午后炎热的时候，它便趴在刺李树上晒太阳，如痴如醉，快活极了。

看见它如此地喜欢酷热，我立刻便产生一种想法：如果在它装死的时候，立刻给它降温，那它又会作出何种反应呢？我猜想它会延长其静止状态。但这种方法使不得，因为一旦降温，有越冬能力的昆虫可能会被冻得麻木，随即会进入冬眠状态。

昆虫学家没有自作主张地随意试验，而是根据昆虫活动的规律加以考虑，谨慎行事。这才是严谨的科学精神的体现。

我现在需要的不是烟黑吉丁的冬眠，而是要它保持充沛的活力。所以，我要让它处于徐缓的、有节制的降温状态，要让它像在相似的气候条件下一样，依然具备它平时那样的生命行为方式。于是，我动用了一种很合适的保冷材料——井水。我家的那口水井，夏季里，水温要比外面气温低十二度，清凉清凉的。

我用惊扰的方法，把一只烟黑吉丁折腾得处于僵缩状态，然后，让它背朝下地躺在一只小的大口瓶底上，再用盖子把瓶口盖紧盖严，放进一个装满冷水的小木桶里。为了使桶里的水保持其低温，我不断地往桶里加井水。在加入新的井水时，我小心翼翼地先把原来桶内的井水一点一点地去掉。动作必须轻而又轻，否则便会惊动瓶子里的昆虫。

结果十分理想，我并没白费心思。那只烟黑吉丁在水中的瓶子里待了五个小时，都没有动弹一下。五个小时可不算短，而且，如果我再这么实验下去，它可能还会坚持更长时间。但是，五个小时已经很不错了，很能说明问题，绝不要以为它这是在耍花招。毫无疑问，它此时此刻并不是在故意装死，而是进入了一种昏昏沉沉的麻木状态，因为我一开始把它折腾得只好以装死来对付，后来么，降温的方法又给它造成一种超乎寻常的延长休眠状态的条件。

我对大头黑步甲也采取了这种井水降温法，但它的表现却不如烟黑吉丁，在低温下保持休眠状态的时间没有超过五十分钟。五十分钟不算稀奇，以往没有用降温法时，我也发现过大头黑步甲静卧过这么长时间。

现在，我可以下结论说，吉丁类昆虫喜欢灼热的阳光，而大头黑步甲是夜游者，是地下居民。因此，在进行“冷水处理”时，吉丁与大头黑步甲的感受就不尽相同。温度降低之后，怕冷的昆虫会惊魂不定，而习惯于地下阴凉环境的昆虫则不以为然。

我继续沿着降温的这一思路进行了一些实验，但并未发现什么新的情况。我所看到的是，不同的昆虫在低温下保持休眠状态的时间之长短，取决于它们是追求阳光者还是喜欢阴暗者。现在，我再换一种方法来试一试看。

我往大口瓶里滴上几滴乙醚，让它挥发，然后，把同一天捉到的一只粪金龟和一只烟黑吉丁放进瓶里。不多一会儿，这两只试验品便不动弹了，它们被乙醚给麻痹了，进入了休眠状态。我赶紧把它们取了出来，背朝下地放在正常的空气之中。

它俩的姿态与受到撞击和惊扰后的姿态一模一样。烟黑吉丁的六只足爪，很规则地收缩在胸前；粪金龟的足爪则是摊开来的，不成规则地叉开着。它们是死是活，一时还说不清楚。

其实，它们并没有死。两分钟后，粪金龟的跗节便开始在抖动，口须在震颤，触角在缓缓地晃动。接着，前爪活动起来。又过了将近一刻钟，其他爪子也都乱摇动开来。因碰撞震动而进入静止状态的昆虫，很快就会采取动态姿态。

但烟黑吉丁却如死一般地躺着，好长时间也不见它动弹，一开始，我真的以为它死了。半夜里，它恢复了常态，我是第二天才看到它已经像平时一样地在活动了。我在乙醚尚未充分发挥效力之前，便及时地停止了这种实验，所以没有给烟黑吉丁造成致命的伤害。不过，乙醚在它身上所起的作用要比在粪金龟身上所起的作用严重得多。由此可见，对碰撞震动和降低温度比较敏感的昆虫，同样对乙醚所产生的作用也很敏感。

敏感性上的这种微妙的差异，说明了为什么我用同样的撞击和手捏方法使两种昆虫处于静止不动状态之后，它们的表现会有这么大的区别。烟黑吉丁静卧姿态保持近一个小时，而粪金龟则只待了两分钟就在摇晃自己的足爪了。直到今天为止，我也只是在少有的情况之下，才见到粪金龟能坚持两分钟的静卧姿态。

实验解决了问题，但也带来了新的疑问。这是推动科学研究不断进行的必要条件。在这里，它引发读者的好奇心，去进一步探索昆虫装死的秘密。

烟黑吉丁体型大，且有坚硬的外壳在保护身体，它的外壳硬得连大头针和缝衣针都扎不透。既然如此，为什么它那么爱装死，而无坚硬外壳保护的小粪金龟却无须装死来保护自身呢？这种情况，在不少的昆虫身上也都是存在的。各种昆虫当中，有些会长时间地一动不动，有的却坚持不了一会儿，仅仅依照接受实验的昆虫的外形、习性来预先判断其实验结果，是完全不可能的。譬如，烟黑吉丁一动不动的时间保持得很长，那么，就可以断定与它同属的昆虫，因其类别相同，就一定同烟黑吉丁的表现是一样的了？我碰巧捉到了闪光吉丁和九星吉丁。我在对闪光吉丁做实验时，它硬是不听我的指挥。我把它背朝下地按住，它就拼命地抓我的手，抓住我捏着它的手指，只要让它的背一着地，它就立即翻过身来。而九星吉丁却不用费劲儿就能让它静卧着不动了，只是它装死的时间也太短了！顶多也就是四五分钟而已！

我在附近山间碎石下经常可以发现一种墨纹甲虫，身子很短小，且有一股怪味。它能持续一个多小时一动不动，可以与大头黑步甲相提并论了。不过，必须指出，在大多数情况之下，它只能坚持几分钟的僵死状态，然后便立即恢复常态。昆虫能长时间地坚持一动不动，是不是它们喜欢暗黑的习性造成的？完全不是，我们看一看与墨纹甲虫同属一类的双星蛇纹甲虫就十分清楚了。双星蛇纹甲虫后背滚圆滚圆的，仰身翻倒后，立即便翻过身来。还有一种拟步行虫，脊背扁平，身体肥实，鞘翅因无中缝而无法帮它翻身，因此，静止不动，装死一两分钟之后，便在原地仰卧着拼命踢蹬、挣扎。

读书笔记

鞘翅目昆虫因腿短，迈不了大步，逃命时速度不快，因此，它应该比其他昆虫更加需要以装死来欺骗敌人，但实际上并非如此。

我逐一地观察研究了叶甲虫、高背甲虫、食尸虫、克雷昂甲虫、碗背甲虫、金匠花金龟、重步甲、瓢虫等一系列昆虫，它们全都是静止几分钟，甚至几秒钟，便立即恢复了活力。还有不少种类的昆虫，根本就不采取装死这一招。总之，没有任何的昆虫指南可以让我们事先就能断定，某种昆虫喜欢装死，某种昆虫不太愿意装死，某种昆虫干脆就拒绝装死。如果不经过实验就先下断言，那纯粹是一种主观臆测。

物种的多样性，在这些昆虫的装死行为的不同表现中得到了展现。

科学研究是容不得主观臆测的，任何观点都需要实验的证实。

作者为了研究昆虫装死的现象进行了大量实验，取得了翔实的实验结果，并进行了严谨的分析和验证。从这一系列实验中，我们可以了解到昆虫学家清晰的研究思路和灵活的研究技巧，以及他对研究对象的保护。从始至终，他没有杀死一只昆虫；每一个实验都针对了实验对象的生理特点，严格控制在一定的限度内。观察者不应是自然物种的迫害者，在法布尔的身上，我们看到了这种神圣的科学精神。

作者的试验中研究了哪些昆虫的装死现象？请列举这些昆虫的名称。

# 昆虫的“自杀”

名师导读

听说昆虫中存在着一种“自杀”现象。“我”用蝎子做了实验，结果发现“自杀”完全是误会！

人们不会去模仿自己根本就不认识的人，也不会假扮成自己所不了解的人，这一点是显而易见的。所以说，要想装死，就必须对死亡多少有点了解。

昆虫，或者更确切地说，动物，它们对有限的生命会有预感吗？它们会在自己那极其简单的脑子里思考生命终止这一可怕的问题吗？这种对生命的最后时刻所感到的惊恐不安，既是人所感到的最大痛苦，也是人之所以伟大的一个证明。命运卑微的动物就不存在这种不安。它们与意识模糊的小孩子一样，只享受现在，不考虑未来。它们摆脱了“人生苦短”的忧虑，生活在一种蒙昧无知的甜美的宁静之中。

将昆虫乃至动物类比为人类幼儿，呈现出可爱的形象，昭示了作者对昆虫、对动物的热爱。

少年时期，中学时代，我也是个淘气包。放学之后，我常常与几个同学，在回家的路上，到河边去摸那种很小的花鳅。鱼儿被我们抓到之后，拼命地挣扎，没有装死的样子。我们也常去抓鸟，鸟被抓到之后，吓得浑身哆嗦，但也没见它装死。可有一次，我看到火鸡(我们附近养火鸡的人家很多)，我便突发奇想：我要折腾折腾火鸡。圣诞将至，它将成为大家节日的盘中餐了。我便把家中的一只火鸡的脑袋别在它的翅膀下面，一边用手摁住它，不让它动弹，一边从上往下慢慢地摇晃它两三分钟。奇怪的结果出现了。我的实验对象变成了一堆没有了生气的东西，它侧着身子倒在地上，任由我摆弄它。如果它那时而膨胀起来，时而瘪了下去的羽毛没有在显露出它仍然在呼吸着的话，我还真的以为它已经死了。它确实像只死鸟。它把自己那变得凉冰冰、足趾蜷缩起来的爪子缩到肚腹下面，让人看着十分可怜。圣诞节，平安夜，尚有几天才到，它就这么死了，那可就太早了点。但是，我白担心了。它醒了，站立起来，只是身子有点摇晃，站立不稳，而且尾巴耷拉着，没精打采的样子。但这种状况并未持续多久。不一会儿，它又恢复了常态，欢蹦乱跳起来。

这种迷迷糊糊、昏昏沉沉、麻木迟钝的状态介于熟睡与死亡之间，持续的时间有长有短。我又多次用火鸡做过实验，每一次都出现这种适当间隔的静止状态，有时持续半个小时，有时则只持续几分钟工夫。同昆虫一样，想要弄清楚原因，并非易事。后来，我又用珠鸡做了相同的实验，做得非常成功。它那昏昏沉沉、迷迷糊糊、麻木迟钝的状态持续了很长时间，以致我当时都有点忐忑不安了。它的羽毛不像火鸡那样，没有起伏，无一点生命的迹象，我真的以为它已经给憋死了。我用脚轻轻地把它挪动了一下，但它却一点反应也没有。我又把它挪动了一下，只见它把脑袋从翅膀底下扭出来，站立住，平衡了一下身体，立刻便飞跳着逃走了。它那麻木状态维持了半个钟头。

我后来又对母鸡、鸭子、鸽子、雏鸟、翠鸟进行了实验。母鸡、鸭子、鸽子麻木状态保持得较短，只有两分钟左右，而雏鸟和翠鸟则更加顽固，半睡半醒状态只有几秒钟。

我们还是关注我们的昆虫吧。昆虫从静止不动状态恢复到活动状态，呈现出十分值得注意的特点。我们曾用乙醚对试验对象进行过实验，它们确实是被催眠了，一动不动。它们并不是在耍花招，这一点是毫无疑问的。它们真的是处于死亡的边缘。如果我不及时地把它们从散发着乙醚气味的大口瓶里弄出来，那它们永远不会从麻木状态中苏醒过来，最后必死无疑。

它们身上究竟是什么在预示它们的生命恢复了呢？那就是：它们脚上的跗节在微微颤动；触须在微微颤抖；触角在摇晃摆动。这就像是人一样，从酣睡中醒转来时，伸伸胳膊腿儿，打打哈欠揉揉眼睛。昆虫也是先摇动自己的那些细小的趾肢节和最灵活的器官，以示其知觉的恢复。

如果昆虫真的是在耍花招施诡计的话，它又有什么必要去做这些细致的苏醒准备动作呢？危险一旦消除，或者被认为已经消除，它为什么不迅速站立起来，尽快逃脱，何必慢慢腾腾地做那些很不合适的假动作呢？它难道会狡猾到在最小的细节上也要假装复活不成?！绝对不是这么一回事。这种看法是毫无道理的。脚上跗节的颤动，触须和触角的晃动，都明显地说明存在着一种真正的、即将消失的昏沉迷糊的状态，这种状态与乙醚麻醉所造成的后果相似，只是程度较轻而已。脚上跗节的颤动表明，被我折腾得动弹不了的实验对象，并不是民间传说或流行的理论所坚持的那样，说昆虫是在装死。它确确实实是被施行了催眠术。

经敲击物体引起的震动的影响，或者突然间遭受惊吓，使昆虫陷入一种迷迷糊糊、昏昏沉沉的麻木状态。这种状态就像是鸟儿把头埋在翅膀下面，原地晃晃悠悠地站立一会儿一样。对于我们人来说，突然看见恐怖的事情，我们会被惊呆，茫然不知所措，有时甚至因此而丧命。作为高等动物的人尚且如此，那么，反应极其敏锐的昆虫，其生理机能在遇到可怕事物的震慑惊吓时，叫它怎能承受得住，怎能不暂时就范呢？如果惊恐程度不太严重，昆虫在片刻的痉挛之后，很快就会恢复常态，惊恐症状也就随之得以缓解；如果惊恐程度很严重，它就会突然进入催眠状态，好长时间僵直不动。

昆虫根本就不知道死亡是怎么回事，它又怎么会装死呢？当然是不可能的。昆虫同样也不知道自杀是怎么回事，根本不知道自杀是用来立刻中止极其痛苦状况的一种手段。据我所知，我还没见到过有什么动物自动剥夺自己生命的名副其实的自杀实例。感情色彩较浓的昆虫，有时会任凭苦恼去折磨自己，直至神形憔悴，这件事情倒是有的，但是，用匕首刺死自己；用小刀割断自己的喉咙等这种事，我却从未见到过。

说到这儿，我倒是想起了蝎子自杀的事来。对于蝎子是否会自杀，众说纷纭，有人认为确有其事，有人则持否定态度。有人说，蝎子被一圈火围住之后，会用带毒的螯针扎自己，直到自杀成功为止。这故事究竟有多少真实的成分？我们亲自来做个实验看看。

我所住的环境为我提供了便利的条件。我在几只大泥瓦罐里铺上一层沙土，再放上几片碎瓦片，养着一群怪模怪样的昆虫。我一直在企盼着它们向我提供一些有关昆虫习性方面的事实，但它们却不肯满足我的愿望。我养的是南方的那种大白蝎，一共有十二对。附近小山上阳光充足的沙质土地带，有许多扁平的石条，每块石条下面都居住着一只蝎子，孤零零的，但这些可憎可恶的丑陋家伙却无处不在，多得不得了。这种大白蝎子恶名在外。

它的毒针到底有多厉害，我未亲身经历，所以也说不清楚。可是，我书房里就关着一群可怕的囚徒，我总得与它们接触。需要去查看它们时，必然会有危险，所以我加倍地小心，注意避开它们的锋芒。既然我自己没有亲自尝到过它们的厉害，我便只好向别人求教。我让曾经被蝎子蜇过的人谈谈他们被蜇的体验。这些人主要是打柴的樵夫，他们长年在山上砍柴，难免会一不注意就被蝎子蜇上一下。其中有一位曾经告诉我说：

"我吃完了午饭，靠在柴捆上打了个盹儿。突然间，一阵钻心剧痛把我给疼醒了。那滋味就好像是被烧红了的钢针给扎了一下似的。我赶紧伸手去摸，一把摁住了一个乱爬乱动的家伙。是只蝎子！它钻进了我的裤腿里去了，在我小腿肚子下边一点儿蜇了我一家伙。这只丑陋不堪的小怪物，足有人手指头那么长。喏，这么长，先生，这么长。"

这位老实忠厚的樵夫边说边比画着，还把自己那根长长的食指伸出来。手指长的蝎子我并不觉得有什么可惊奇的，因为我在野外捕捉昆虫时，时不时地也要碰到蝎子，比手指长的多的是。

"我还想继续干活儿，"那位忠厚的樵夫继续对我说道，"可我浑身直冒冷汗，眼瞅着那条腿渐渐地肿胀起来，肿得有这么粗，先生，这么粗。"

他比画着肿胀的腿。然后，又张开双手，空掐在小腿周围，比画成有一只小水桶那么粗的圆圈来。

"真的，有这么粗，先生，这么粗。我一步三挪，使出吃奶的劲儿，忍着剧痛，才回到家里，其实也只有四分之一里那么点儿路而已。小腿越肿越厉害，还在往上肿去。第二天，已经肿到这么老高的地方了。"

他用手指了指，告诉我已经肿到小腿窝儿那儿了。

"真的，先生，整整三天，我下不了床，站不起来。我咬着牙关，拼命忍着，把肿腿跷到一把椅子上。敷了好几次碱末，总算把肿给消了下去，喏，才恢复到现在这个样子。先生，您看。"

说完自己被蜇的经历之后，他也跟我讲述了另一个樵夫的故事。那人也被蝎子蜇了小腿下部。那个樵夫走出老远去砍柴，被蜇了之后，没有力气走回家去，走着走着便倒在了路边。后来，被几个过路人发现，抱头的抱头，抱腰的抱腰，抱腿的抱腿，总算把他给送到了家里。“他们就像在抬死尸一样，先生。真的，就像抬死尸一样！”

这位讲述者带着乡下人的风格在叙述着，说话时比画个没完，但我却并不觉得他夸张。人要是被蝎子蜇了，那疼痛确实是难以描述。而蝎子要是被自己的同类蜇了一下，那它很快就支持不住了。对此，我有很大的发言权，因为我亲自做过多次的观察研究。

我从我的“动物园”里取出两只强壮的大蝎子，把它俩同时放进一个大口瓶的沙土底儿上。然后，我拿起一根稻草梗儿，去撩拨它们，激怒它们，并让它们往后倒退，最后，它们相互遭遇了。这两个受到骚扰的大家伙，本来就怒火中烧，仇人相见，分外眼红。这怒火是我给挑起来的，但看上去，它俩都把这挑衅的罪责算到了对方的头上。双方都把自己的防御武器——钳子举起，呈月牙儿形，钳口大张，顶着对方，不让对方靠近自己，两条蝎子尾巴你一下我一下地突然伸出，从背部上方向前刺去，毒囊不断地顶撞在一起，一小滴如清水般的毒汁挂在螯针的硬尖上。

格斗进行的时间并不长。其中的一个被另一个的毒针刺中，只见它，没过两三分钟，便站立不住，摇摇晃晃，倒在了地上。得胜者毫不客气，走上前去，从容如常地开始撕咬战败者的头胸前端，也就是撕咬我们想找到蝎子头却看到只是个肚腹前口的地方。它一口一口慢慢地在撕咬，时间拖得很长。一连四五天，战胜者一直没有停止过啃噬自己的同类。它要把战败者吃掉，其理由有一点是可以理解的：这个行为对战胜者来说正大光明。

我从观察中掌握了真实的情况：蝎子的毒螯针能够使自己的同类即刻毙命。现在，我想谈一谈蝎子的自杀问题，也就是有人说过的那种自杀法。如果按人们所说，蝎子被一圈火炭围住，它便会用螯针蜇自己，最后，以自愿死亡来结束这失常的状态。如果真的是这样的话，那么，这对这种野性十足的昆虫来说，应该是一件很理想的事。现在，还是让我们来看一看吧。

我用烧红的木炭围成一个圆圈，把我养着的那只个头儿最大的蝎子置于圈中。风助火势，木炭越烧越旺。热浪滚滚，向圈中的蝎子袭去，灼热难耐，只见它一个劲地倒退着在火圈内打转。稍不注意，身体便被火苗灼了一下，它便左一闪右一躲，突然加快倒退，不顾方位地瞎冲瞎奔，免不了身体又不时地遭到火灼。它每次想逃出重围，都被狠狠地烧了一下。它变得狂躁不安。

往前冲，被烧一下，往后退，又挨火灼一下，它进也不是退也不是，既绝望又愤怒。只见它怒气冲冲地挥舞着自己的长枪，再反卷成钩子，然后伸直，平放于地，接着便把长枪举起。它的动作迅疾而又章法不乱，简直让我眼花缭乱，惊叹不已。

现在，它该给自己一枪了，以便摆脱这生不如死的境地。谁知道，它竟突然一阵抽搐，然后便一动不动了，身体直直地平躺在地上。等了一会儿，仍不见它有所动作，像是完全僵直了。它真的死了？也许在它那让人眼花缭乱的狂舞中，有一剑刺中了自己，而我却没有看到。如果它真的是用自己的短剑刺中自己的身体，以自杀术得以解脱，那它肯定是死了。

但是，我心中总是存有疑惑。于是，我便用镊子把看上去已经死了的蝎子夹起来，放在一层清凉的沙子上面。一小时之后，这个看上去已无生命迹象的蝎子却突然复活了，与放进火圈中间之前一样的活泛，虎虎有生气。我又用第二只、第三只蝎子做了同样的实验。结果同第一只蝎子的情况完全一样：因绝望而发狂，突然间一动不动，像遭雷击似的瘫软地平躺在地上，待放到清凉的沙子上时，又都突然地生机勃发了。

由此可以断定，说蝎子会自杀的人，一定是被它那突然失去生命力的假象给蒙骗了，他们看见蝎子身陷火墙的高温之中，于绝望之中变得疯狂至极，浑身抽搐，猝然倒地，便以为它经过垂死挣扎，终于自杀身亡了。他们过早地得出一个错误的结论，以致让蝎子在火墙中被活活地烤焦了。如果他们不是那么轻信表面现象，早点把蝎子从火墙内取出，置于清凉的沙子上，那他们大概早就会发现，表面上看似死去了的蝎子会恢复生命活力，就会得出结论说，蝎子根本就不知道什么叫自杀。

可以说，除了高级动物——人以外，任何具有生命的生物都不具有自愿结束生命的这种视死如归的精神力量。我们人，自以为具有很大的勇气和魄力可以从生活的苦难中自行解脱，把这种解脱视之为人的崇高特质，视之为一种可以进入沉思境界的优势，好像这是人优于其他动物的一种标志。然而，我们一旦真的把这种精神付诸行动，实际上则是一种懦弱逃避的表现。

谁若是想走上自杀这条道的话，最好想一想中国的一位伟大的哲人——孔子在两千五百年前所说的话。这位中国哲人有一天在树林中遇到一个陌生男子，见他正往树杈上扔绳子做套，准备上吊，他便赶紧向那陌生人说了几

句话。伟大的哲人说：“哀莫大于心死。哀皆可补，唯心死不能。勿以万事于子皆无可救。试以历多世而无争之理自服。此理为：活则无绝望之事。人能自至哀达至乐，自至难达至福。子其鼓勇若自今日起和生之所值。子其善用寸阴。”[①]

这种中国式的哲思深入浅出，浅显易懂，但其寓意却十分深邃。它让人想起一位寓言作家的另一种哲学。这位寓言作家写道：

若我被人致伤致残，
缺腿断臂，患痛风，
只要我仍活着，
我便心满意足矣。

的确，中国的伟大哲人和这位寓言作家说的都很有道理。生命是一种严肃的东西，不能因遇到一点艰难困苦就心烦意乱，轻易地就把生命抛弃。我们不应把生命视为一种享乐、一种磨难，而是应该把它视为一种义务，一种只要一息尚存都必须全力以赴地去尽的义务。

让生命的最后一刻提前到来者，就是懦夫，就是蠢货。我们有权凭着自己的意愿决定坠入死亡深渊的方式，但这并不意味着我们有权轻生遁世。相反，这种自由意志的权利恰恰向我们提供了动物所没有的向前看的本领。

只有我们才知晓生命的欢乐会怎样结束；只有我们才能预见自己末日的到来；只有我们才对死者表示缅怀，怀有崇敬之情。凡此种种，都无比重要，这是其他动物所想不到的。当伪劣的科学在高谈阔论，在拼命让我们相信一只可怜的昆虫会耍花招装死的时候，我们要求这种科学应更贴近事物去进行观察研究，切莫把昆虫因恐惧而引发的昏厥状态，误以为它能装出自己根本并不知晓的状态。

只有我们人类才能够清醒地认识到一种结局，只有我们人类才具有想见到人世彼岸的卓越本能。地位卑微的昆虫们也在发表着自己的意见：“你们

名师注解

① 孔子并无以上言论，疑作者引文有误。

应有信心。本能是从来不会违背自己的诺言的。”

本篇以动物的“自杀”现象警醒人类。动物是不会自杀的，那是人类强加于动物的误解。而有的人类在困境中选择自杀以摆脱磨难，在作者看来，这类人在对生命的尊重和热爱这一点上，反而还不如简单的昆虫。

## 延伸思考

作者为什么将装死和自杀放在一起写呢？这样写的作用是什么？

# 绿 蝇

名师导读

绿蝇是食腐类昆虫。它们将卵产在死尸中，幼虫孵化后将腐肉变成流质。幼虫在自己进食的同时，也滋养了土地。

我在一生中曾经怀有几个愿望，希望在自家附近能拥有一个水塘。这水塘要能避开冒失唐突的过路人的视线，周围还要长着一些灯芯草，水面上还得漂浮着浮萍、荷叶。空闲时，我可以坐在池塘边，柳荫下，思考那水中的生活，那是一种原始的生活，比我们现在所过的生活更加单纯，温馨与野蛮中尚带着淳朴。

我可以观察研究软体动物生活的天堂，可以观赏嬉戏的豉甲、划水的尺蝽、跳水的龙虱和逆风行进的仰泳蝽。仰泳蝽仰躺在水面上，摇动着它那长长的桨在划水，而它那两条短小的前腿则收缩于胸前，等着猎物的出现，准备抓捕。我可以研究正在产卵的扁卷螺，在它那模模糊糊的黏液里凝聚着生命之火，宛如朦朦胧胧的一片星云中聚集着恒星一般。我可以观察新的生命在蛋壳里旋转，勾画出螺纹，也许那就是未来哪个贝壳的轮廓。如果扁卷螺略通几何学的话，它也许能够勾画出如同地球围绕太阳运转的轨道来。

经常跑到池塘边小憩，会让我产生很多的想法。可是，命运却不让我遂愿，池塘终成泡影。我尝试着用四大块玻璃构成一座小池塘，可是心有余而力不足，这个我梦寐以求的水族馆未能建成。

春天来临，美国山楂树开花了，蟋蟀齐鸣。这时节，我脑海里又不断地浮现出我的第二个愿望。我走在路上时，看见了一只死鼹鼠和一条被石头砸死的蛇。二者的死都是人为的。鼹鼠正在掘土刨坑，驱除害虫，正巧有一农夫在翻地，他的铁锹一下子挖到了它，把它拦腰斩断，扔到一边。而那条游蛇，它是被春意融融唤醒的，来到了阳光下，蜕去旧衣，换上新衣。正在这时，被人发现。此人便说："啊！你个可恶的东西，我要为民除害。"他边说边用石头把它的脑袋砸个稀巴烂。这条在保护庄稼与消灭害虫的激烈战斗中帮助过我们的无辜的蛇，就这么一命呜呼了。

这两个动物的尸体已经腐烂。人们经过它们的身旁时，扭头便走。只有观察家停下脚步，捡起了这两具尸体，瞧了瞧，只见一群活物在其上爬来拱去，这些生命力旺盛的昆虫正在啃噬着它们。我把它们又放回原处，"殡葬工"会继续处理这两具尸体的，它们会非常精心地负责完成自己的殡葬任务的。

我的脑海中一直浮现着一个愿望：了解清楚这些清除腐尸的清洁工的习性，看着它们不停地在分解尸体，观察它们把死亡物质迅速地加工后收到生命的宝库中去。

我的这种愿望也许让人觉得荒诞，认为我不干正事，却关注腐尸烂肉和食尸虫等令人作呕的昆虫。请大家切勿如此想。我们的好奇心最牵挂的，一个是起始，一个是终结。物质是如何聚集的，如何获得生命的？生命终止时，物质又是如何分解的？如果我拥有一个小池塘，那些带有光滑螺纹的扁卷螺就可以为我的第一个问题提供宝贵的资料了；而那只腐烂了的鼹鼠将会解答我的第二个问题，它将会向我显示"熔炉"的功能，一切都将在"熔炉"里熔化，然后重新开始。

我现在可以实现我的第二个愿望了。我有场地，有我的荒石园昆虫实验室。没有人会跑到我这儿来打扰我、嘲讽我，我的研究也得罪不了什么人。到目前为止，一切都很顺利，只是有一点小小的麻烦，因为我养了一些猫，它们会到处乱窜，如果它们发现了我的观察物，就会前来捣乱、破坏，把它们叼得乱七八糟。为了防止我的那些猫的骚扰，我想了一个办法：建造了一个空中楼阁，四条腿的动物上不去，只有专攻腐烂物者才能飞抵那儿。

我把三根芦苇绑在一起，做成三脚架，放在荒石园中不同的地方，每个三脚架上吊有一只陶罐，里面装满沙子，离地面一米高，罐子底部钻一个小孔，如果下雨，雨水则可从小孔中流出。我把尸体放在罐子里。我选中的尸体是游蛇、蜥蜴、蟾蜍，因为它们皮肤光滑无毛，我可以很容易地监视入侵者的一举一动。不过，哺乳动物、禽类和爬行动物，我有时也要根据实验目的来选择使用。我以两个苏[1]作为酬劳，让邻居家的孩子为我提供货源。一到春天、夏天，他们便常常满心欢喜地跑到我这里来，有时用小棍挑着一条死蛇，有时用甘蓝菜叶包着一条蜥蜴。他们还向我提供用捕鼠器捕捉到的褐色家鼠，渴死的小鸡，被园丁打死的鼹鼠，被车轧死的小猫，被毒草毒死的兔子。这是一桩买家和卖家都十分满意的交易，以前村子里不曾有过，将来恐怕也不会有。四月很快地过去了，罐子里的昆虫越聚越多。首先到访的是小蚂蚁。为了远离蚂蚁这不速之客，我把罐子吊在空中，可蚂蚁却对我的这番图谋嗤之以鼻。一只死动物刚放进罐子里还没两个钟头，尚未发出尸臭，它们不知怎么就赶来了。这帮贪婪的家伙沿着三脚架的支脚攀缘而上，爬进罐内，开始解剖尸体。如果此肉正合它们的胃口，那它们就会在沙罐里安营扎寨，挖一个临时蚁穴，以便逍遥自在地处理这丰富的食物。

这一季节，正是蚂蚁工作最繁忙的时节。它们总是第一个发现死动物。并且，总是等到死尸被啃噬得只剩下一点被太阳晒得都发白了的骨头时才最后一个撤离。这帮流动大军离得老远，怎么就会知道那看不见的高高的三脚架顶上有吃的东西呢？而那帮真正的肢解尸体者则必须等到尸体腐烂，发出强烈的气味，才会得知尸体的方位的。这就说明，蚂蚁的嗅觉比其他昆虫要灵敏得多，在臭气开始扩散开来之前，它们就已经嗅到尸体所在的地点了。

当尸体搁置了两天，被太阳烤熟烤烂了之后，臭气就散发出来了。这时候，啃尸族也就纷纷地赶来了。只见皮蠹、腐阎虫、扁尸甲、埋葬虫、苍蝇、隐翅虫等一窝蜂地向尸体冲上去，啃噬它，消耗它，几乎把它吃个精光。如果光是蚂蚁在打扫战场的话，它们只能一点一点地搬，打扫卫生的工作要拖得很久。但上述的那帮昆虫，干起活来雷厉风行，很快就能完成清扫任务。有些使用化学溶剂的昆虫，其效率更加地高。

最值得一提的当然是苍蝇那一类昆虫，它们简直就是高级净化器。苍蝇的种类繁多，如果时间允许的话，这些骁勇善战的勇士每一位都值得我们去仔细观察，大书一笔。但这会让读者们感到厌烦的。我们只需了解几种苍蝇的习性，便可知其他种类苍蝇的习性了。在此，我只把自己的观察研究范围局限在绿蝇和麻蝇身上。

名师注解

① 苏：原法国辅助货币，现已不用。

绿蝇浑身上下一片闪亮，是大家都司空见惯的双翅目昆虫。它那通常呈金绿色的金属般的光泽，可以与最漂亮的鞘翅目昆虫金匠花金龟、吉丁、叶甲虫等一比高低。当我们看到如此华丽的服装竟然穿在清理腐烂物的清洁工身上，总不免会觉得十分惊诧。经常光顾我的那些吊着的沙罐的是三种绿蝇：叉叶绿蝇、食尸绿蝇和居佩绿蝇。叉叶绿蝇和食尸绿蝇呈金绿色，为数不多，而居佩绿蝇则是闪着铜色光亮。这三种绿蝇，眼睛都是红红的，眼圈则是银色的。

个头儿最大的是食尸绿蝇，但干起活儿来最内行的当属叉叶绿蝇。四月二十三日，我正碰巧碰见一只叉叶绿蝇在产卵。它落在一只死羊的脖颈椎里，把卵产在那里面。它一动不动地在那里足足地待了一个钟头，把卵全部都产了进去。我影影绰绰地看见了它那红眼睛和白面孔。我小心翼翼地把它产下的卵全部收集起来。

我本想数一下究竟有多少个卵，但此刻却没法去数，因为它们聚在一起，密密麻麻，难以计数。只能把这个大家庭养于一只大口瓶中，等它们在沙土地里变成蛹之后再数。我发现了一百五十七只蛹，这肯定只是一小部分，因为我后来又对叉叶绿蝇以及其他的绿蝇进行过观察，发现它们总是分好几次产下一包一包的卵，这真可以组建一支大兵团了。

我之所以说绿蝇分好几次产卵，是因为我观察到以下的一些情景可以作证。我把一只经多日暴晒、有些发软的死鼹鼠平放在沙土上。它的肚皮边缘有一处鼓胀起来，形成一个穹隆。绿蝇和其他双翅目昆虫从来不在裸露的表面产卵，因为脆弱的胚芽经受不住暴晒，所以必须把卵产在阴暗隐蔽的地方。

在目前的情况之下，唯一的入口就是死鼹鼠肚腹下的那个皱褶。今天，只有那个地方才有产卵者在产卵。一共有八只绿蝇。只见绿蝇或单个或几个地潜入这个理想的穹隆下面。爬进穹隆的绿蝇在里面需要待上一段时间，在外面的绿蝇则需等待。等待者十分焦急，一次次地飞到洞口去张望，看看产房里的情况，是否已经产下了小宝宝。产房里的产妇终于出来了，停在死鼹鼠身上歇息，等着下一轮再进入产房继续产卵。产房中进来了新的绿蝇，它们也得在里面待上一段时间，然后才把床位让给下一批产妇，自己则去外面晒晒太阳，养精蓄锐。整个上午，只见它们就这么进进出出，忙个不停。

由此得知，绿蝇产卵是分几次的，中间有几次休息的时间。当绿蝇感到已成熟的卵尚未进入输卵管时，它就会待在太阳底下，不时地飞起来转上一圈，然后落在死鼹鼠身上凑凑合合地吃点喝点。当成熟的卵进入输卵管时，它们便会尽快地找到合适的产房生下宝宝，卸去重负。因此，整个产卵过程需要持续两天。

我谨慎小心地把其身下有绿蝇在产卵的死鼹鼠掀起来，看见绿蝇正在产卵，十分地忙碌。它们用输卵管的尖端，迟疑地在摸索着，想尽量地把卵排在卵堆的最深处。当红眼产妇神情严肃地生产时，有不少蚂蚁正在它的周围忙着打劫，许多蚂蚁在离开时，嘴里都叼着一只蝇卵。我还看见一些胆大包天的抢掠者竟然爬到输卵管下面去抢掠。产妇并不予以理睬，任由它们去胡作非为，大概它心里有数，自己肚子里有的是卵，抢走那么一点算不了什么，无伤大雅，何必大动肝火。

确实，幸免于难的卵已足以保证绿蝇产妇组建一个兴旺发达的大家庭了。过了几天，我又回到那座妇产医院，掀起那具死鼹鼠看了看。在那具尸体下面恶臭的脓血里，许多只小虫子在蠕动着。蛆虫的尖脑袋冒出了浪尖，晃动一下，立即又缩进到浪谷里去。这里真的是像波浪滚滚的海洋。掀起死鼹鼠的腰间部位之后，那景象让人恶心、发毛，但是，我必须经受住考验，否则以后见到更可怕的情景就难以支撑住了。

我们现在见到的产房是一条死蛇组建的。它盘成一个漩涡状，占满了整个罐子的底部。只见不少的绿蝇纷纷飞来，而且，还有一些在继续飞来，壮大这支产妇大军。产房里不见你争我斗地抢床位的现象出现，产妇们都自顾自地在生产。死蛇那一圈圈盘旋所造成的缝隙是最理想的产卵处所，这里可以避开毒日头的暴晒。金色的苍蝇排列成一根链条似的，相互间紧挨着。它们尽量地在把输卵管往缝隙里插，连翅膀被揉皱翘到头上也在所不惜，生产是头等大事，哪儿还顾得上这种打扮上的小事？它们一个个全都静声静气的，红红的眼睛看着外面，所排成的链条，时而会出现几处断裂，那是因为有几个产妇离开了自己的产床，飞到死蛇产房旁边散步，等待下一批卵子成熟进入输卵管之后，再回到断裂处，再次产卵。

尽管链条常常出现断裂，但生产速度并没减下来。仅仅一个上午，那螺旋状的缝隙中，就布下了一层密密麻麻的卵。可以把这些卵成块地剥离下来，上面一尘不染。我用纸做了个小铲子，铲下来一大堆白色的卵，把它们放进玻璃管、试管和大口瓶里，然后，再放上一些必要的食物。

卵的长度约一毫米，呈圆柱形，表面十分光滑，两头略显圆圆的，二十四小时之内便可孵出。这时候，我脑子里想到了一个很重要的问题：绿蝇的幼虫将如何进食？我知道应该喂它们一些什么，可我都不清楚它们怎么吃。它们的吃法，从这个词的严格意义上来说，那能叫吃吗？我对此心存怀疑是不无道理的。

我们来观察一番那些个头儿较大的绿蝇幼虫。它们是蝇类的普通幼虫，头部尖尖的，尾部呈截断状，整体看上去呈长锥形。其尾部的皮肤表面有两个棕红色的点，那是气门。被称为头部的那个部位，其实只是肠道的入口，也可称之为幼虫的前部，那里有两个黑色的爪钩，装在半透明的套子里，时而微微向外凸出，时而收缩回套子里。那是不是可以被视之为大颚呢？绝对不行，因为这两个爪钩并不像真正的爪钩那样是上下对生的，它们平行地长着，永远不会相合。

那么这两个爪钩到底是干什么的呢？它们是幼虫的行走器官，是移动爪钩。它们可以起到支撑的作用，在反复地一伸一缩的过程中，幼虫就能往前爬去，幼虫就是靠着这个看似咀嚼器的器官在行走。幼虫的喉头犹如一根登山用的拐杖。我把幼虫放在一块肉上，用放大镜仔细观察，便发现它在散步，忽而抬起头来，忽而低下头去，每次都在用爪钩捣肉。当它停下来时，其后部静止不动，而前部则保持弯曲，以探测空间，那尖尖的脑袋在探索着，前进，后退，将那黑色的爪钩一伸一缩的，如同活塞在不停地运作一样。我观察得十分认真仔细，但却并未发现它的“嘴”沾到过一点撕扯下来的肉，也没看见它吞进过肉。它用爪钩不停地敲打着那块肉，但却从未从肉上咬下过一口来。

然而，蛆虫却在长大，变胖。那它到底是怎么吸取食物的，它可并未嚼食呀？它虽然没有吃，但它应该是喝了。它的食谱是肉汁。肉是固体物质，它不会使之液化，那它就得运用某种特殊的烹调方法把肉变成可以吸食的液体。我们得想方设法揭开它的这一秘密。

我弄上一块大小如核桃一般的肉块，用吸水纸把水分吸干，放在一头封闭的玻璃试管里，在这小块肉上，我还放了几小坨卵，是从沙罐里的那条死蛇缝隙中采集的，大约有二百粒。然后，我把玻璃试管口用棉花球塞上，将试管竖起，放在实验室的一处避光的角落里。我又弄了一个玻璃试管，也如法炮制，只是里面没有放蝇卵，我把它放在前一个试管旁边，以作参照。

蝇卵孵化后只两三天，结果就让我感到十分的惊讶了。那块用吸水纸吸干了的小肉块已经变湿了，甚至在幼虫爬过的玻璃管管壁上都留下了水迹，幼虫蠕动着经过的地方，都出现了一片水汽。而作为参照物的那个试管仍旧是干的，这就说明幼虫蠕动时所经过的地方留下的液体并不是从那块肉里渗出来的。

另外，幼虫仍在不停地工作着，其结果更加证实了这一点。那块小肉简直像是放在火炉旁边的冰块似的，一点一点地在融化，很快，那肉便变成了液体。它已经不能被称为肉了，而是“李比希提取液”[①]。如果我把试管口的棉花球弄掉，把试管倒置，里面的汁液会流得一滴也不剩的。

这绝不是肉质腐烂所导致的溶解，因为在作为参照物的试管里的那块同样大小的肉块，除了颜色和气味变了之外，看上去仍和原来的一样。原先是一整块，现在仍旧是一整块。而那块经过绿蝇幼虫加工过的肉块，却已经像是融化了的黄油似的稀稀的了。我们所见到的就是绿蝇幼虫的化学功能，我想，研究胃液作用的生理学家见了也会自叹弗如的。

这之后，我又用煮熟的鸡蛋蛋白做了实验，获得了更加强有力的证据。我把蛋白切成榛子一般大小，经过绿蝇幼虫加工之后，溶解成为无色的液体，我若不是做实验，知道是什么材料，真的会以为那液体就是水。液体的流动性强，幼虫在液体中失去了依托，不谙水性，便溺死其中。它们是因为尾部被淹没，窒息而亡的。幼虫尾部有张开的呼吸孔，如果泡在密度较大的液体中，呼吸孔会浮在液体表面上，但是，在流动性很强的液体中，呼吸孔就无法浮于液面之上了。我同时也放了一个试管在一旁作为参照，管子里同样是没有放入绿蝇幼虫，结果，这个没有幼虫的试管里的熟蛋白块仍旧一如先前，硬度也没有变，如果不被霉菌侵蚀的话，它会变得更加地坚硬。

其他的装有四元化合物——谷蛋白、血纤维蛋白、酪蛋白和鹰嘴豆豆球蛋白的那些试管里，也发生了类似的变化，只是程度上有所不同而已。幼虫吸食了这些物质里的蛋白质，身体长得胖胖的，只要是能避免被淹死，那就万事大吉，健康地成长。生活在死尸上的幼虫也不见得比它们长得更好。再说，试管里的幼虫即使掉进液体中，也不必惊慌失措，因为试管里的物质仅

名师注解

① 李比希提取液：李比希（1803 — 1873 年），德国化学家，他创立了有机化学，发明了现代面向实验室的教学方法。所谓的“李比希提取液”只是在此作一比喻而已。

仅处于半液化状态。其实，那并不是真正的液体，而是糊状流质。

即使食物达到了这种不完全的液化状态，绿蝇幼虫仍不满意，它们仍然希望把食物变成液体。它们无法吃固体食物，所以喜欢流质，喜欢把头埋到流质里去吸食，仿佛在喝汤似的。那种起着相当于高级动物的胃液作用的溶液，无疑是来自它们的口腔。如同活塞似的不停地运作的爪钩连续不断地排出微量的溶液，但凡爪钩接触到的地方，都留下了微量的蛋白酶，致使被接触处很快地渗出水来。既然消化总的来说就是在液化，所以我们可以明确地说，绿蝇幼虫是先消化食物，然后再进食。

我从这种看似令人恶心的实验中得到了乐趣。我想，意大利学者斯帕朗扎尼神父发现，生肉块在那沾了小嘴乌鸦胃液的海绵作用下，变成了流质时，势必与我此时此刻的感受是一样的。这位意大利学者发现了消化的秘密，并成功地在试管里完成了胃液作用的实验，而当时，胃液的作用尚不为人所知。我这个远方的信徒也见到了使这位意大利学者惊讶不已的现象，不过，实验物却是人们无法想象得到的。绿蝇幼虫代替了小嘴乌鸦的胃液，它们腐蚀了肉块，破坏了肉块中的谷蛋白和酪蛋白，使之变成了液体。我们的胃是在隐蔽状态下工作的，而绿蝇幼虫却是在体外，在光天化日之下完成其功效。它先消化，然后才把消化物像喝汤似的喝下去。

看见这些绿蝇幼虫把头埋进这种汤里去，我就在寻思，它们真的不会咀嚼吗？或者不会以更直接的方式进食吗？为什么它们的皮肤罕见地光滑，难道皮肤能够吸收食物吗？我在拿金龟子和其他食粪虫做实验时，发现它们的卵明显地在变大，因而自然而然地便认为那是因为它们吸入了孵化室里的油腻空气所致。我认为，绿蝇幼虫能够依靠自己全身的皮肤吸收食物，除了“嘴巴”在吸食像汤似的液体以外，它们的皮肤也在帮助吸收和过滤。这也许就是它们必须先把食物变成液体的原因之所在。

我再举一例，以兹证明幼虫事先将食物液化的事实。如果把鼹鼠、蛇或其他动物的尸体放在露天的沙罐里，上面套上金属网罩，以防双翅目昆虫侵入，那么，尸体便会被烈日暴晒，变干，变硬，而不会像预料的那样使尸体下面的沙土润湿。尸体都是会渗出液体的，任何一具尸体都像一块吸足了水分的海绵，尽管水分的渗出极其缓慢，但都会被干燥的空气和热气所蒸发掉，因此，尸体下面的沙土能够保持干燥，或者说保持基本的干燥。尸体最终变成了木乃伊，变得如同一张皮了。

相反，如果沙罐不用金属网罩住，任由双翅目昆虫自由进出，情况马上就会大不相同。三四天的工夫，尸体下面就会出现脓液，而且沙土地被浸湿了一大片，这是液化的开始。

我又用一条较大的蛇做了实验，这条蛇长约一米五，有粗瓶颈那么粗。由于体积过大，超过了沙罐的容量，我便把它盘成双层螺旋状。当这个美味佳肴在旺盛地分解时，沙罐简直成了一片沼泽地，无数只绿蝇幼虫和更强大的液化器——麻蝇幼虫在这片沼泽地里蠕动着。

沙罐里的沙土被浸湿之后，泥泞不堪，仿佛经受了一场大雨似的。液体从沙罐底部那个盖着一个扁卵石的预留小孔里滴下来。这是蒸馏器在运作，那条死蛇正在这只尸体蒸馏器中被蒸馏。一到两周之后，液体将会消失，被沙土吸干，黏糊糊的沙土地上只会剩下一些鳞片和骨头。

总之，绿蝇幼虫可以说是世界上的一种力量，它能够最大限度地将死者的遗骸归还给生命，将尸体进行蒸馏，分解为一种提取液，让大地吸收，使大地变成沃土。

## 精华赏析

绿蝇幼虫的进食方式很独特，对环境也起到了特别的作用。作者通过大量的对比实验，发现了绿蝇幼虫将食物液化的方法。在此过程中，他克服了心理障碍，坚持观察，体现了昆虫学家对科学研究的奉献精神。

## 延伸思考

请用简洁的语言概括绿蝇幼虫的进食特点。

# 麻　蝇【精读】

名师导读

麻蝇是种很有特点的双翅目昆虫，从产下幼虫到幼虫生长、幼虫的羽化，整个过程都很独特。让我们一起来看看与众不同的麻蝇吧！

这里所见之昆虫，服饰上虽有不同，但生活习性并非不一样，都是在同尸体交往，都同样具有迅速使肉体液化的功能。麻蝇是一种黑灰色的双翅目昆虫，个头儿比绿蝇要大，背部有褐色条纹，腹部有银光点。它的眼睛血红血红的，目露凶光，虎视眈眈地要去肢解尸体。它是一种食肉蝇，专业术语称之为“麻蝇”，俗称“肉灰蝇”。

要介绍麻蝇的生活习性，当然先要讲清楚麻蝇是什么样子的。这段外貌描写，引出了本章要重点介绍的对象。

无论这两种称谓如何，我们可千万不要望文生义，误以为麻蝇会经常光顾我们的住处，特别是在秋季，会大胆地在没放好的肉上下蛆。不是这样的。干这种可恶勾当的罪魁祸首是肉蓝蝇。肉蓝蝇体态比较肥胖，呈深蓝色。它们飞到玻璃窗上嗡嗡地鸣响，狡诈地把食品柜给团团围住，寻找机会，趁人不备，对食品柜里的肉食下毒手。

麻蝇往往会与绿蝇携手，合伙干坏事。绿蝇从不闯入我们的住所来冒险，而是在大太阳底下工作。麻蝇则不像绿蝇那样胆小，如果在外面找不到食物充饥的话，它也会冒冒险，闯入民宅，干点坏事。不过，它干完坏事便立即逃之夭夭，因为它感到在民宅里很不自在。我在露天实验场的一个分支机构——我的这间实验室，已经变得有点像是储肉间了。麻蝇有时会飞到这儿来。如果我在窗台上放一块肉的话，它便会飞落在上面，享用一番，然后便心满意足地

读书笔记

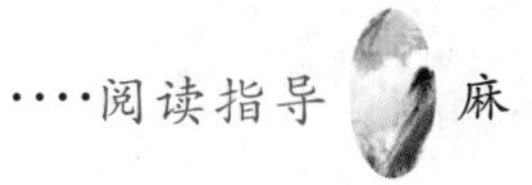


飞离。架子上放置的大口瓶、茶杯、玻璃杯等，也是它光顾的对象。

因研究的需要，我收集了一堆在地下蜂巢里窒息而死的胡蜂幼虫。麻蝇悄无声息地飞了来，发现了那一大堆死了的胡蜂幼虫，非常高兴。这种美食也许是其家人从未有幸品尝过的，于是，它便把自己的一部分家庭成员安置在这堆死胡蜂幼虫上面。我把一个煮熟了的鸡蛋掰下几块蛋白来喂绿蝇的幼虫，剩下的大部分则放在一个玻璃杯的杯子底部，麻蝇占据了这剩下的鸡蛋，在上面进行繁殖。其实，它并不在意这是一种新东西，只要是蛋白质一类的食物，它都觉得可口，所有一切，即使是死蚕，甚至芸豆和鹰嘴豆的豆泥，它都觉得很对自己的胃口。

不过，它感到最对自己胃口的还是死尸。从哺乳动物到禽类，从爬行动物到鱼类，其死尸它都喜欢吃。麻蝇有绿蝇陪伴，对我的那些沙罐情有独钟，来得十分勤快，每天都飞来探望那条死蛇，用吸管吸上一点尝一尝，看看是否熟透可食了。它来了又飞走，飞走了又回来，来来回回好几趟，不紧不慢，不慌不忙，最后才开始干起活儿来。不过，访客太多，熙熙攘攘，观察起它们的行为举止来十分不便，所以，我就在我的工作台前的窗台上放上一块肉，既不碍手碍脚，又便于观察。食尸麻蝇和红尾粪麻蝇是常来光顾这块腐肉的两种双翅目昆虫。红尾粪麻蝇腹部末端有一粒红点；而食尸麻蝇则要比红尾粪麻蝇略为强壮，在数量上也占有优势，在沙罐里的工作，大部分都是它在承担的，而且，它几乎总是独自飞到窗台上的那个诱饵上来。

它会突然地飞来，一开始还小心翼翼地，有点害怕，但不一会儿胆子便大了起来，我即使走过去，它也并不飞走，看来它是迷上了这块肉了。它工作起来很迅速，将腹部末端对着那块肉蹭这么两下，便大功告成。一群蠕动着的蛆虫被产了下来，迅速地四下里散开去，我都来不及拿起放大镜来精确地统计一下它们到底有多少。我眼睛这么看了一下，有十二三条，但倏忽间，不知它们都爬到哪儿去了？

它们似乎刚一着地便钻进了那块肉里去了，转眼工夫就不见了踪影。可是，它们还都是一些新生婴儿，那块肉还是有着一定的阻力的，它们不可能这么快就钻进去了呀？那它们到底是跑哪儿去了呢？我突然发现，那块肉的褶皱间有一些麻蝇幼虫，它们在单独行动，已经在用嘴拱起来了。我不能把它们一个一个地夹起来，数一数，那会伤及它们的。我只能用眼睛这么查看了一下，大约有十二三只，是我几乎还没来得及看到，就一下子产下来的。

作者抓住了麻蝇最有特点的习性。

读书笔记

麻蝇产下的是一些活的幼虫，而不是通常所见的卵。它们的这些幼虫，我们人早已熟悉了。我们早已知晓，麻蝇从不“生蛋”，而是直接生孩子，因为它们要干的活儿实在是太快，任务又非常地紧急，孵卵的任务太费时间！对于专门加工死尸的它们来说，一天就是一天，必须妥善地加以利用，分秒必争，不可浪费。而绿蝇是产卵的，它们的卵最快也得二十四小时才能孵出幼虫。麻蝇则节省了这个时间，从自己的子宫里迅速地输出一批劳动力，这些初生幼虫一落地，便开始繁忙的劳作。

这支劳动小分队人员并不算多，这是无可争辩的事实，不过，它们的数量还可以增加不知多少倍。学者雷沃米尔对麻蝇所拥有的那台奇妙的生育机器曾经做过如下的描述：那是一条螺旋形的带子，涡纹似天鹅绒一般地柔软，其间藏有密密麻麻的幼虫。每一只幼虫都有一层膜包裹着，它们一个挨着一个地紧紧地挤靠着，如同一张羊毛皮。这位很有耐心的学者对这个军团成员的数量做过统计，据说高达两万！他是做过解剖的，这个数字又不能不信，但是听了真的是让人瞠目结舌。

可是，麻蝇怎么会有时间安置这么一大家子呢？而且，它得分期分批地一包一包地安置，如同它刚才在我窗台的那块肉上所做的那样。在排空子宫之前，它可是得找许多的死狗、死猫、死鼠、死蛇啊！它能找到那么多吗？野外是会有不少的死去的动物尸体，但也不会有那么多呀。不过，它也倒并不在乎是什么样的动物尸体，什么样的动物尸体都可以，而且它也会去找那些不太起眼的尸体。如果猎获物很丰富，它明天，后天，甚至随后的几天，都会飞来的。在它繁殖的季节里，它会不断地将一包一包的幼虫安置在各个地方，直至把自己腹中的胎儿全部安排妥当。可是，今后，这些幼虫也将轮到自己做产妇，那个繁殖速度可真是吓人啊！麻蝇一年之中会繁殖几代。它像是被催逼着不停地生，生，生！应该对它叫停才是。

我们现在先来了解一下这种麻蝇的幼虫的情况。幼虫十分健壮，体型较大，特别是其尾部的特征明显，很容易与绿蝇幼虫区别开来。它的尾部是平切的，有一个切得很深的槽，槽的底部有两个用来呼吸的孔，两个带琥珀色唇的气门。气门边缘有十多条呈放射状的月牙饰纹，肉乎乎的，棱角分明，像一顶冠冕，幼虫可以随意地通过收缩和松弛肉质月牙饰纹使冠冕关闭或开启，这样一来，当气门没于糊状物中的时候，就能有所保护，不致被堵塞住。当幼虫被液体淹没时，这顶带月牙边的帽子就会闭合起来，如同一朵花把花瓣收拢起来一样，液体就无法渗入气门了。

对麻蝇幼虫进行外貌描写，从采用的描写方式上，我们可以看出作者的褒贬意图。

随着幼虫露出液体表面，尾部也就重新露了出来。当它刚好与液体表面持平时，冠冕就重新开启，看似一朵小花，花冠上带着白色的月牙边，中间有两根鲜红鲜红的雄蕊。当幼虫熙熙攘攘地一个一个紧紧地挤靠着把头埋进臭气熏天的汤液中时，看上去就像一片白色的小洲。当你一心一意地观察着这些冠冕，看着它们不停地在一开一合，还发出极其微弱的扑扑声，你会不知不觉地忘记了那臭味，看着它们就像是看着一片娇美的海葵。麻蝇的幼虫自有其风韵。

毫无疑问，如果事物都有其一定之规的话，那么，一只为防止溺毙而采取了严密的防范措施的幼虫，想必是应该经常地出没于沼泽地的。它的尾部戴上帽子并非是为了美观和张开时好看。它身上的这个带有放射状条纹的机件是在对我们说，它从事的工作具有相当大的危险性，在死尸堆里干活儿，有送命的危险。这个道理很简单，我们前面已经说过了，绿蝇幼虫靠熟蛋白生存，而熟蛋白又极对它的胃口，但熟蛋白在胃蛋白酶的作用下，会变成糊状，变得很稀，幼虫很容易被溺毙。它的尾部与稀汤般的食物持平的那个气门，没有任何防护，如果在液体中失去了依托，则必死无疑。

读书笔记

尽管麻蝇幼虫是所有“液化装置”中的无出其右者，但它们却未曾经历过上述危险，即使是生活在尸液的沼泽中。它们身上那鼓出来的尾部，起着浮子的作用，能使气门保持在液面之上。如果需要潜入到更深的地方去觅食，尾部的“海葵”就会闭合起来，保持气门不受堵塞。麻蝇幼虫具有潜水装备，因为它们是无与伦比的“液化装置”，随时都得为潜入水下做好准备。

在干燥的地方，我便把它们放在一块纸板上，以便于观察。我刚一把它们放到纸板上，它们立刻便活跃起来，蠕动着，到处乱爬，粉红色的气门打开来，口器抬起落下，起着支撑作用。纸板就放在离窗户三步远的工作台上。这时候，柔和的自然光照进屋里，所有的幼虫全都动作起来，背向窗户，爬动着，而且爬得挺快，像是急匆匆地忙着逃命。

读书笔记

我把纸板转了个一百八十度，但未碰幼虫。这么一来，幼虫们又面朝着窗户了。只见它们立刻停止爬动，迟疑片刻，转了个弯儿，又向背光的方向爬去。没等它们爬出纸板，我又把纸板转了个一百八十度，它们又一次掉转身子，往回爬去。我反复地转动纸板，每次都看见它们转过身子，背朝窗户爬去。它们这么执着，我转动纸板迷惑它们的计谋总不能得逞。

纸板的长度只有三拃，活动的空间不大。于是，我便考虑给它们一个更大的空间，看看结果如何。我把它们放在屋里地板砖上，用小镊子夹住，让它们头冲窗户。可是，只要我把镊子松开，还它们以自由，它们便立刻转过头来，躲开阳光，快速地向背光处爬去。它们爬过屋里的地板砖，再爬六步远就碰到墙壁了。这时候，有的向左爬去，有的向右转去，总觉得离那讨厌可恶的光线充足的窗户太近。

毫无疑问，它们害怕光亮，在逃避光亮。我用一块布帘把窗户遮严，挡住了光线，然后，把幼虫放在纸板上，再把它们的头冲着窗户，它们照样向窗户爬去，并未改变方向。等我突然把布帘揭开，它们立刻就会掉转身子，背向窗户逃走。

名师点评：提出问题，为下文做了铺垫。

对于一个生来就生活在阴暗的地方，生活在死尸身下的蛆虫来说，躲避光亮是很自然的事。奇怪的是对光的感知这件事本身，因为蛆虫是瞎子，在它那尖尖的、所谓的头部的身体前部，没有任何感光器官的痕迹，身体上其他部位也未见感光器官的痕迹，浑身上下的皮肤完全一致，光滑苍白。

这个瞎眼幼虫，没有任何视觉器官的专门神经网络，却对光线极其敏感。它全身的皮肤像是一层视网膜，当然，这视网膜是看不见东西的，但它却能辨别明暗。蛆虫在灼热的阳光直射之下，会表现得极度不安，这就说明它能感知冷热明暗。比如我们人类，我们的皮肤比蛆虫的皮肤可就粗糙得多了，但我们不用眼睛，仍然可以分辨得出日晒与阴凉。

但是，我的那些承受实验者，仅仅是接受了从我的工作室窗口射进来的阳光。对这柔和的阳光，它们都感到极度不安，十分惶恐，慌不择路地在逃跑，唯恐避之不及。从这一点来看，这个问题似乎比较复杂了。

这些逃亡者，它们究竟感觉到了什么呢？它们是不是被辐射刺痛了？是不是受到了其他的什么已知或未知的射线的刺激？或许阳光中还隐藏着许多我们尚不得而知的秘密。如果用光学仪器对幼虫进行观察，也许能获知一些宝贵资料。如果我手头有进行观察研究的这种设备的话，我会很高兴地对这个问题做进一步的探究。但是，我现在并不拥有这种设备，以前当然也未曾拥有过，将来肯定也不会有，我不相信自己会有这种财力。话虽如此，但我还是想在我那微薄的收入所允许的条件下，做进一步的研究。

麻蝇幼虫身体发育完全之后，便要钻进泥土里去，在地下变成蛹。它之所以钻入地下，无疑是想在变形时能避开地面上的喧闹，求得安静。此外，它还有一个目的，在地下可以不受光线的干扰。蛆虫在蜷缩进“小桶”里去时，会尽可能地离群索居，避开喧嚣。

一般情况之下，即使土质松软，幼虫钻入地下的深度也很少超过一掌宽的厚度，因为它要考虑到自己变成成虫之后，翅膀十分纤弱，破土而出较为困难。在不深不浅的地方，幼虫可以适当地将自己封闭起来。在它周围的起阻挡光线作用的泥土厚度并不均匀，最厚的地方大约有十厘米。有这层屏障遮挡，隐居者像是生活在世外桃源，逍遥自在，悠然自得，生活安宁。如果我们故意把它的这个保护屏的厚度弄薄，那会出现什么情况呢？

我便取了一根两头开口的玻璃管，长约一米，直径二点五厘米。这根玻璃管是我给我的孩子们做化学小实验时用的，我曾经让氢气燃烧的火焰在管子里“歌唱”。我用软木塞把这根长玻璃管的一头塞住，然后往管子里灌入用筛子筛过的很细的干沙子，再把二十条用肉块喂养的麻蝇幼虫放入管子里的沙土地上。我把管子竖着吊在我的工作室的一个角落里。随后，我又用同样的方法在一个一拃宽的大口瓶里，也装上很细的干沙子和麻蝇幼虫。等到这两个容器里的幼虫长得很强壮时，你只要不加干涉，它们就会钻入沙土地里适合它们的深度中去。

最后，幼虫在沙土地里面变成了蛹。这时候，我就该去检查这两个容器了。大口瓶里的情况与我在野地里所观察到的情况相同，幼虫隐藏在大约十厘米的深度，那是它们的安静的居所，上方有它们穿过的土层在保护着它们，大口瓶里装满的细沙正好在它们的周围形成了一道厚厚的保护层。

但是，长玻璃管里的情况就不同了。躲藏得最浅的也有半米深，其他的幼虫则藏得更深，有许多甚至都钻到了管子底部，碰到了软木塞这个无法穿越的障碍。很显然，如果管子再长一些，这些钻到管子底部的幼虫肯定还会往下钻的。没有一只幼虫居住在它们通常所处的深度，全都钻到了这根沙柱的下端，直到力气使完，钻不动为止。由于感到惊恐，它们才向极深极深的地方逃去。

它们在逃避什么呢？当然是光线。它们所穿越的土层在自己上方形成的保护层，已经超过了它们所必需的厚度，但是，它们对四周的环境仍然感觉不够踏实。因为，顺着中心轴往下面钻去，四周只有十二毫米的保护层，这么薄的一层沙土层当然让它们心里有所不安了，因此，它们只得继续向下方钻去，希望在更深处能够找到一个更加安全的隐蔽所，直到力气使完，遇到了障碍，才不得不停止前进。

在这柔和的光线里，到底是哪些辐射能对生性喜欢黑暗的幼虫产生影响呢？这肯定不光是光辐射的问题，因为一块用塞实的泥土做成的一厘米多厚的屏障是完全不透光的，应该还有其他已知或未知的辐射，这种辐射能够穿透普通辐射所无法穿透的屏障，使幼虫感到烦躁不安，感到与外界相距太近，所以它才会继续地往玻璃管子下面钻去，寻找一个更加安全的庇护所。我因手头没什么仪器设备，只能是根据自己的观察作出一些推测而已。

麻蝇的幼虫钻到泥土一米深处时，如果器皿还要深的话，它会继续不停地往下钻。这是因为我所采用的玻璃管之细长所致，如果不是这种试管，按幼虫凭自己的智慧去寻觅隐蔽所，那它是绝不会钻得那么深的，往下钻一掌宽的深度就足够了，甚至一掌宽的深度都嫌过深。幼虫在变形之后，还得回到地面上来，这可是要它们付出巨大的劳动的。因为它们在往外钻的时候，边挖边有塌方的情况出现，刚挖了一点，马上就会又给填上了，所以，它们要做不少的无用功。有时候，它们还得在没有撬棍、没有镐头的情况之下，在相当于凝灰岩的洞穴里，也就是说，在被雨水浇过之后凝结成硬块的土里，替自己挖出一个通往地面的竖井来。

往地下钻的时候，幼虫依靠的是爪钩，而准备钻出地面时，它已成为双翅目昆虫，没有了任何的挖掘工具。而且，它刚出壳时，身上软塌塌的，十分地柔弱。它是怎么钻出地面的呢？我们来观察一下装满沙土的那根玻璃管的底部的蛹就明白了。从麻蝇破土而出的方法，我们就能得知绿蝇和其他蝇类是如何出洞的了，因为它们所采用的方法完全相同。

在蛹壳里时，即将诞生的双翅目昆虫首先得凭借自己的那个生在双眼之间的鼓包，使头部的体积扩大两三倍，把包裹在它外面的那层壳挤裂。头部的这个鼓包会搏动，随着充血和消退的不断交替，鼓包便一起一伏，一鼓一瘪，如同水压机的活塞在吸压泵筒的前部一样。

作者详细描写了麻蝇从幼虫蜕变成苍蝇的过程。

头部钻出蛹壳以后，这个畸形的脑积水患者即使一动不动，它额头上的这个囊袋也依然在运作着。细致的工作在蛹壳中已经完成了，它的紧身衣已经脱去。在这个过程中，这个囊袋一直在工作着。它的这个脑袋根本就不像是一只苍蝇的脑袋，而是如同一顶大得出奇的怪模怪样的帽子，底部鼓胀起来，形成两顶无边红圆帽，那就是它的眼睛。头部顶端从中央裂开，冒出一个鼓包来，把两个半球分别挤往头部左右两侧。依靠鼓包的压力，幼虫变成了苍蝇，打通了小酒桶似的蛹壳底部。这种方法确实是非常新颖独特的。那么，小酒桶被打穿了之后，为什么那囊袋，也就是气囊，还长时间地鼓胀着呢？我从观察中发现，那是个杂物袋，昆虫暂时地把血液储存在其中，以减小身体的体积，而且也便于把“紧身衣”脱去，然后，摆脱那个细得如细颈瓶似的蛹壳。麻蝇在其整个羽化的过程中，在尽可能地把大量的液体挤压出来，注入外面的那个气囊之中，随着外面的鼓包膨胀起来，直至变形，这样，麻蝇的身体就变小了。这个出壳过程十分艰苦，时间拖得很长，需要两个小时或更长一点的时间。

读书笔记

这个脑积水患者在不停地让自己头部的那个鼓包鼓起来瘪下去。被这个鼓包顶起来的沙土顺着它的身体往下流去。这时候，它的腿只是在起辅助作用。当“活塞”推动时，它便把腿向后绷紧，一动不动地支撑着；当沙土在从身体周边往下流去时，它便用自己的腿把沙土压实，并快速地把这些沙土往下推去，然后，腿又绷得紧紧的，一动不动，作为支撑，等待下一次的沙土流下来。头部每向上前进多少，就会有多少沙土流下来填补身后的空地。前额每鼓胀一次，麻蝇就前进一点。在沙土干燥易于流动的情况之下，进展比较顺利，只需十五分钟的工夫，麻蝇就能向上推进十点五厘米。

浑身尘土的麻蝇，一旦到达地面，立即着手梳妆打扮。它最后一次鼓起前额，用前足的跗节仔仔细细地把鼓包轻轻刷干净，在收起这个鼓包，把它变成一个不再裂开的额头之前，必须把它彻底地掸干净，否则会有沙粒落入脑袋里去，危及生命安全。另外，它还把翅膀刷了一遍又一遍，翅膀上面的那个小提琴月牙缺口已经消失，翅膀变长了，伸开来。这样打扮了一番之后，麻蝇便静止不动地待在沙土表面，它已经完全成熟了。我让它自由地飞走，飞到沙罐里的那条死蛇身上，与它的同伴们相聚在一起，共同工作。

作者抓住了麻蝇的独特之处，详细描写了麻蝇幼虫的情况及其蜕变为苍蝇的全过程。

为了观察麻蝇幼虫和它们羽化的过程，作者设计了哪些实验？请用简要的语言说明。

# 红蚂蚁【精读】

名师导读

鸟类中，鸽子可以从遥远的地方飞回家，燕子也能准确地知道自己的迁徙路线。它们这种准确定位的能力到底是怎样形成的，一直众说纷纭。那么，昆虫中有没有这样的例子呢？通过实验和观察，“我”发现红蚂蚁等昆虫经过长途跋涉也能顺利回家，不过，它们靠的不是什么气味、气候等外在因素，而是自己强大的记忆力。

如果把鸽子运到几百公里远的地方，它会自己返回到自己的鸽舍；燕子从它在非洲的居住地飞越大海，重新回到自己的旧巢里去。在这么漫长的旅途中，它们依靠什么来寻找方向呢？是依靠视觉吗？《动物的智慧》一书的作者、睿智的观察家图塞内尔①，对自然状态下的动物的了解颇深，他认为是视觉和气象在指引信鸽寻找方向。他在书中写道：“法国的这种鸟凭借自己的经验获知，严寒源自北方，炎热来自南方，干燥生于东方，潮湿出自西方。它具有足够的气象知识，可以为自己辨别方位，指导飞行。放在用盖子盖住的篮子里的鸽子，从布鲁塞尔运到法国南部的图卢兹，它们绝对不可能用自己的眼睛把自己所经过的地方记录下来，但是，没有人能够阻止它们根据对大气的热度的印象，感觉到自己是向南方走去。等到到达图卢兹之后，它便知道自己的鸽舍是在北方，应往北边温度较低的地方飞去，于是，它们便一直朝这个方向飞着，直到飞抵的空域的平均温度是它所居住的区域的温度时，才会停止飞翔。如果它未能立刻找到自己的家门的话，那就说明它不是飞得偏左了，就是飞得偏右了。这时候，它只需往东边或往西边寻找一番，花上几个小时，就可以把自己的飞行路线上的偏差给纠正过来了。”

名师注解

① 图塞内尔（1803 — 1885 年）：法国政治家。

如果位置的移动是北—南方向，那么这个解释就非常地有说服力，但这个解释却不适用于在等温线上的东—西方向的移动。另外，这种解释存在着一大缺点：它无法推而广之。猫穿过第一次来到的城市的大街小巷组成的迷宫，从城市的一端跑到另一端，回到自己的家中，这就不能归于视觉的作用，也不能说是气候变化的影响。同样，我的石蜂也不是凭着视觉的指引，特别是当它们在密林中被我放出来时，它们飞得不太高，离地面只有两三米，没有可能看清这个地方的全貌，在脑海中绘出图来。它们被放飞之后，只是稍加犹豫，在我身边绕了几圈，便朝北边飞去。尽管密林深处树木繁茂，枝叶交错，尽管丘陵高高，连绵不断，它们顺着离地面不高的斜坡往上飞，越过一切障碍。视觉指示它们避开了种种障碍，但却并未告诉它们应往哪个方向飞。至于气候，也起不了作用，因为在几公里的这么短的距离之内，气候是没有什么变化的。即使它们的方位感很强，可它们的巢穴所在的地方与放飞地点的气候完全一样，冷热干湿的变化不大，所以它们对往何处飞去并无把握。我在想，一定是有着一种什么神秘的东西在指引着它们，它们肯定是具有我们人类所不具有的特别的感觉。达尔文的权威无人藐视，他也持有这一观点。想了解动物对地磁是不是具有感应作用，想了解动物是不是受到紧贴于身的一根磁针的影响，这不就是在承认动物具有一种对磁性的感觉吗？我们人类有这样的感官官能吗？当然，我说的是物理学的磁力，而不是梅斯梅尔①或卡廖斯特罗②所谓的磁力。

这种未知的感官官能是否存在于膜翅目昆虫身上的某个部位，以某个特殊的器官来感知的呢？我们立刻便会想到它的触角。当我们对昆虫的习性不甚了解时，总是把它的怪异行为归之于它的触角，认为它的触角上一定有什么我们所不了解的特殊的东西存在。可是，我完全有理由对触角具有指示方向的能力表示怀疑。当毛刺砂泥蜂在寻觅昆虫时，它的确是用自己的触角在不断地拍打着地面，如同用手指轻弹地面一样。但这种仿佛在引导昆虫捕猎的探测丝大概并不可能被用来指引昆虫的飞行方向。为了搞清这个问题，我

名师注解

① 梅斯梅尔（1734 — 1815 年）：奥地利医生，提出“动物磁力”说，认为人可以通过这种磁力向他人传递宇宙力。

② 卡廖斯特罗（1743 — 1795 年）：意大利魔术家和冒险家，曾在欧洲兜售一种所谓的“长生不老药”。

做了一些实验。

我把几只高墙石蜂的触角，尽量地齐根剪去，然后，把它们弄到别处去放飞，可它们像其他石蜂一样，很容易地就回到自己的巢里了。我还以同样的方法对我们这一地区最大的节腹泥蜂（栎棘节腹泥蜂）进行了实验。这种捕食象虫的泥蜂也同样很容易地回到了自己的居所。因此，我便把触角具有指示方向官能这种假设给抛弃了。那么，昆虫的这种感觉官能究竟存在于什么地方呢？这我并不知道。

我所知道的，而且是通过实验清楚地知道，就是没有了触角的石蜂，回到自己的蜂房之后并不能恢复工作。它们只是一味地在自己所建造的建筑物前飞来飞去，在石头上歇息，在蜂房的石井栏边停一停。它们仿佛是在那儿悲苦地沉思默想，久久地凝视着那尚未完工的建筑物。它们离开了又回来，把周边的所有不速之客统统赶走，但它们再也不会去运送蜜浆或灰泥了。第二天，我没有再见到它们，不知它们去了哪里。工人没有了工具，哪儿还有心思干活儿？石蜂在垒屋砌窝时，总是用触角不停地拍打着，探测着，勘探着，仿佛依靠自己的触角把活儿干得精细完美。触角就是它们的精密仪器，如同建筑工人的圆规、脚尺、水准仪和铅绳。

名师点评

触角虽不是探路工具，但有其他作用。

我一直在用雌性昆虫做实验，它们出于母性，对窝的建造更加忠实卖力。如果用雄蜂做实验，把它们弄到别的地方，会出现什么情况呢？我原本对这些情郎并不看好。它们有这么几天工夫，围着蜂房乱哄哄地飞来飞去，等着雌蜂从蜂房出来，你争我夺，争风吃醋，然后，你就再也见不着它们的踪影，它们根本不去过问房屋居室盖到什么程度了。我就在想，对于雄蜂来说，留在出生的蜂房或去别处安家，有什么大不了的，只要那儿可以找到妻子、情人就可以了！可是，我想错了，错怪了它们，雄蜂回到蜂房里来了。我考虑到雄蜂身体弱小，没有把它们弄到很远的地方去放飞，只让它们飞了一公里左右的路程。不过，尽管路途不算遥远，但对于雄蜂来说，这仍然是从陌生之地起飞的一次远程航行，因为我还从未见过雄蜂飞过这么长的距离。

读书笔记

有两种壁蜂——三叉壁蜂和拉特雷伊壁蜂也同样飞到我的荒石

园昆虫实验室的蜂房里来。它们在石蜂留下的洞穴里建房搭窝。来得最多的是三叉壁蜂。这是探究这种定向感觉在多大程度上遍及膜翅目昆虫的大好机会。的确，三叉壁蜂无论雌雄，都知道返回窝里。我进行了一些短距离的实验，用的蜂不多，实验的结果与其他实验的结果相同，因此，我对自己的结论完全信赖了。总之，加上我以往所做的实验，得出的结论是，有四种昆虫能够返回自己的窝里，它们是棚檐石蜂、高墙石蜂、三叉壁蜂和节腹泥蜂。我可否就此而将我的这一结论推而广之，认为昆虫就是具有这种从陌生的地方返回自己家园的能力呢？我还不敢这么说，因为据我所知，下面的一种相反的结果就很能说明问题。

通过人与红蚂蚁的类比，更形象地展现了红蚂蚁的行为特点。

在我的荒石园昆虫实验室里，有许多的实验品，首推红蚂蚁。这种红蚂蚁犹如捕猎奴隶的亚马逊人[①]，她们不善于哺育儿女，不会寻找食物，即使食物就在身边也不会去拿，必须依靠仆人们伺候她们进食，帮她们料理家务。红蚂蚁就是这样，专门去偷别人的孩子来伺候自己家族。它们抢掠邻居家的不同种类的蚂蚁，把别的蚂蚁的蛹掠到自己的蚁穴里来，不久之后，蛹蜕了皮，就成了红蚂蚁家中拼命干活的奴仆了。

“亚马逊人”是指红蚂蚁。这是借代的修辞方法，请你在下文中找找看，还有哪些地方使用了相同的借代方法。

炎热的夏季来到时，我经常看见这些“亚马逊人”从它们的营地出发，前去远征。这支远征的队伍竟长达五六米。如果沿途未遇见什么引起它们注意的事情，那它们的队形就始终保持不变，但是，如果突然发现了蚂蚁窝的话，前排打头的红蚂蚁就立刻停下脚步，变成散兵队形，乱哄哄地围成一团打转。这时候，后面的红蚂蚁便聚到这个蚁团中来，越聚越多。一些侦察尖兵被派出去打探，如果发现情况搞错了，它们便恢复原来的队形，继续前进。它们穿过园中小路，消失在草地中，但一会儿又在稍远点的地方出现了，然后又钻进枯枝败叶堆里，再大模大样地钻出来，就这样一直在寻寻觅觅。最后，终于发现了一个黑蚂蚁窝，红蚂蚁就立即急不可耐地闯

名师注解

① 亚马逊人：古希腊神话中的纯女性部族，生活在欧亚大陆的交界处，大概位置在现代土耳其北部的特尔莫冬河附近。

入黑蚂蚁蛹穴里去，不一会儿，携带着各自的战利品纷纷爬出来。有时候，在这地下城市的城门口，遇上黑蚂蚁在守卫着，一方要尽力守护自己的财产，另一方则势在必得，双方混战一场，场面颇为惊心动魄。由于敌我双方力量的悬殊，胜利者当然是红蚂蚁。这帮强盗，一个个用大颚咬住黑蚂蚁的蛹，急急忙忙地往回家的路上赶。不了解奴隶制的读者，可能对这种“亚马逊人”式的抢掠故事感到有趣，可我却不想多谈这种事情，因为这个故事与我想要讲述的昆虫返回窝巢的主题有所偏离了。

抢掠蚁蛹的红蚂蚁的运输距离之远近，取决于附近有没有黑蚂蚁。有时候，十几步路的地方就有黑蚂蚁穴，有时候则必须跑到五十步，甚至一百步开外的地方去寻找。我只看到过一次红蚂蚁远征到园子以外的地方去了。它们爬上园子那四米高的围墙，翻过墙去，一直爬到远处的麦田里。至于要走什么样的路，这支征服大军是并不在意的。荒芜的不毛之地，绿草茵茵的草坪，枯枝败叶堆，砖石建筑，杂草丛等，它们都可以爬过去，并不挑挑拣拣，有所偏好。

名师点评

作者通过列举红蚂蚁走的路，来说明它们具有极强的适应能力。

然而，返回的路却是不可改变的，必须是原路返回，无论原路是多么曲曲弯弯，高低不平，是否难行。由于捕猎的偶然性，红蚂蚁往往要经由十分复杂难行的路途，但即便如此，它们在获得战利品返回家园时，仍旧是走原先来时的路，即使来路艰险万分，它们也矢志不渝，绝对不会改变路线。

如果它们去时经过的是厚厚的枯叶堆，那对它们来说，就等于是满地深渊的地带，稍有不慎，一失足便掉进深渊里去了。一旦掉到很深的凹处，往上爬到摇摇晃晃的枯枝桥上，然后再走出这小路纵横交错的迷宫，红蚂蚁就得累个精疲力竭，浑身散架。即使这样，它们仍旧是死心塌地地沿着原路走。如果想偷点懒，旁边就是一条好走的道，十分平坦，而且离原路只一步之遥，可是，它们就是看不到这仅仅一步之隔的平坦大道。

读书笔记

有一天，我发现它们又出发去抢掠了，在池塘砌起的护栏内边排着长队往前挺进。头一天，我已经把池塘里的两栖动物换成了金鱼。突然间，一阵强劲的北风吹袭过来，从侧面狠狠地吹刮着它们，

读书笔记

把好几排兵丁刮落到池塘中去。金鱼一见，立刻加速游了过来，张开那对于红蚂蚁来说深如巷道的大嘴，把落水者全都吞进肚里。天有不测风云，雄关漫道，红蚂蚁大队尚未越过天堑，便伤亡惨重。我心里在想，它们归来时应走另一条道，何必非要经由这致命的悬崖峭壁呢？但情况并不如我所料。大颚里咬着黑蚂蚁蛹的长长队伍仍然是原路返回，尽管明知这条路崎岖艰难，有致命的危险。这对金鱼来说，倒是再好不过的了，它们得到了从天而降的双份吗哪①：蚂蚁和它的猎物。这不可理喻的顽固的红蚂蚁大队，宁愿损兵折将，也非要原路返回。

这帮"亚马逊人"之所以这么固执，看来是因为它们有时出外抢掠的路途较远，如果不原路返回，很可能走迷了路，回不了家。毛虫从窝里出来，爬到另一根树枝上去寻找更合适的可口的树叶时，在自己走过的路上留下丝线，然后再沿着这条丝线回到自己的家中。这就是远行时会遇到迷路危险的昆虫所能够使用的最基本的方法：一条丝线把它们带回了家。比起毛虫及其简单幼稚的寻路方法来，我们对于依靠感官定向的石蜂以及其他一些昆虫的了解就非常地少了。

红蚂蚁这种抢掠者虽然也属于膜翅目类，可它们出外返家的办法却是少得可怜。这从它们只知从刚刚走过的路往回返就可以看得出来。它们这是不是在某种程度上仿效毛虫的办法呢？当然，它们沿途并不会留下指路的丝，因为它们身上并没有这样的器官。那么，它们会不会一路上散发出某种气味，譬如甲酸味什么的，以便通过嗅觉引导方向？许多人是持有这种看法的。

"据说"是一种很不明确的说法，与严谨的实验形成鲜明的对比。作者准备以证据对这种说法进行批驳。

据说，蚂蚁就是通过嗅觉来辨明方向的，而它的嗅觉就在它那始终动个不停的触角上。我对这种看法持有怀疑。首先，我并不相信嗅觉会存在于触角上，其理由我已经提到过了；再者，我希望通过实验来证明红蚂蚁并不是依靠嗅觉来辨别方向的。

名师注解

① 吗哪：《圣经》中所叙述的天赐食粮。据说古代以色列人离开埃及前往迦南（今巴勒斯坦境内）的长达40年的旅途中，上帝将这种食物赐给他们。

我时间很紧，没工夫一连几个下午去观察我的那些“亚马逊人”大队的出发，而且，即使浪费了这么多时间去跟踪观察，往往也是无功而返。可我有一个小助手，她没我那么忙，她名叫路易丝，是我的小孙女，我每每跟她讲述蚂蚁的故事时，她都很感兴趣，而且还刨根问底。我把任务交代给她时，她高兴得跟什么似的，对小小年纪就能为科学作出贡献感到十分自豪。于是，天气晴朗时，她便满园子跑，寻找红蚂蚁，监视红蚂蚁，仔细地辨认它们列队前去打劫黑蚂蚁窝的路径。她这已不是第一次充当我的小助手了，对她的认真负责，我是非常放心的。有一天，我正在记笔记，只听见有人砰砰地直敲我的书房门：

“是我，路易丝，快来，爷爷，红蚂蚁爬到黑蚂蚁窝里去了。快来呀！”

我连忙打开房门，问她道：

“你看清楚它们走的路了吗？”

“看清楚了，我还做了记号哩。”

“做了记号？怎么做的？”

“像小拇指[①]那样做的呗，我把小白石子撒在红蚂蚁走过的路上。”

我赶忙跟着她跑到园子里去。没错，我的六岁的小助手说的没错。她事先准备好了一些小白石子，看到红蚂蚁大队人马浩浩荡荡地列队走出兵营，她便跟随其后，在它们行经的路上，隔一段撒上点小白石子。这帮“亚马逊强盗”打劫抢掠之后，便开始沿着小白石子所标示的那条路折返回来。打劫地点与它们的家相距百米。这样一来，我便有时间进行事先利用空闲所策划的实验了。

我抄起一把大扫帚，把红蚂蚁的行军路线扫得干干净净，扫出的路面有一米宽，路面上的浮土全都扫尽，撒上点别的粉状材料。如果原先的浮土上留有红蚂蚁的气味的话，现在，浮土扫尽，粉状材料已经更换，红蚂蚁肯定会被弄得晕头转向，辨别不清方向。我把这条路的出口处分割成彼此相距几步远的四个路段。

现在，红蚂蚁大队来到了第一个切割开来的地方。它们明显地在犹豫。有的在往后退去，然后又返回来，接着又往后退去；有的则在切割开的部分

名师注解

① 小拇指：法国诗人、童话作家佩罗的童话《小拇指》中的主人公。

的正面徘徊彷徨；有的就在侧面散开来，似乎想要绕开这个陌生的地方。蚁队的先头部队一开始是聚集在一起的，结成一个有几十厘米的蚁团，然后就散开来，宽度有三四米。这时候，后续部队也拥上前来，在这障碍物前越聚越多，相互堆挤在一起，乱哄哄一片，茫然不知所措。最后，有几只大胆的红蚂蚁，毅然决定冒险走上那条被扫过的路，其他的红蚂蚁随后便跟了上来；与此同时，有少数的红蚂蚁则绕了个弯，也走上了原先的那条路。其下面的那几个切割路段，它们同样也这么犹豫来犹豫去的，但最终，或直接地，或从侧面绕着，都走上了来时的那条路。我虽然设下了圈套，扫清道路，分段切割，但红蚂蚁最终还是沿着有小白石子标示的那条来时路返回去了。

读书笔记

这个实验似乎说明红蚂蚁的嗅觉确实在起作用。在被切割的路段，红蚂蚁四次都同样地表现出了犹豫不决，但它们最后还是踏上了原路，回到了家中。这也许是因为我清扫得还不够干净彻底，一些有味道的浮土仍然残留在原来的那条路上。绕过扫干净的地方走的红蚂蚁，有可能是受到扫到一旁的浮土的气味所指引。因此，我还不能急着下结论，在表示赞成或反对嗅觉起作用之说以前，我必须在更好的条件之下，再进行实验，必须把它们留在一切材料上的气味全部消除干净。

法布尔谨慎踏实地进行科学研究，不盲目下结论，这值得我们学习。

几天之后，我认真细致地制订了新的计划。小路易丝又帮我去进行观察。很快，她就跑回来向我报告，说红蚂蚁出洞了。这我并不感到惊讶，因为时值六月，下午天气闷热难耐，特别是大雨将要来临，红蚂蚁很少不爬出洞外来。我仍旧把小白石子撒在红蚂蚁走过的路上，撒在我选定的最有利于实现我的计划的地方。我把一根作为园子浇水用的帆布管子接到池塘的一个接水口上，把阀门打开；红蚂蚁经过的路径被管子里汹涌喷射出来的水给冲断了，冲出一个一步宽的大缺口，冲出好远好远去。我就这么猛冲了有一刻钟的工夫。然后，当红蚂蚁抢掠归来，走近这儿时，我减缓水流的速度，减小水层的厚度，免得让它们通过时过于费劲乏力。如果这帮强盗必须经由原路返回的话，那它们就必须越过这一巨大的障碍。

红蚂蚁的先头部队在这个大缺口面前犹豫了很长很长的时间，

后面的红蚂蚁们有足够的时间赶上前来，与排头兵们聚集在一起。只见它们最后利用露出水面的卵石，走进了急流，然后，脚下的基础没有了，那些最大胆最勇敢的便被流水卷挟而去，但它们的大颚仍旧紧紧地咬着，不肯丢弃自己的猎获物，就这样随波逐流，最后被冲到突出的地方，又到了河岸边，重新找寻可以涉水渡河的地方。地上有几根麦秸秆儿被冲得到处都是，这便是红蚂蚁需要迈上的摇晃不稳的独木桥。有一些橄榄树的枯枝，被咬着猎获物的乘客们当作了木筏。有一部分最勇敢的红蚂蚁，靠着自己的胆量，也靠着好运气，没有利用任何渡河工具，涉水而过，爬上了对岸。我看到有些红蚂蚁被水流卷带到此岸或彼岸两三步远的地方，看上去它们非常焦急，不知究竟该如何办才好。在这支溃散部队的一片混乱惶恐之中，在遭到这次灭顶之灾的时候，我没发现有哪一只红蚂蚁把嘴里的猎获物丢弃的。它们是宁可死也绝不丢掉战利品的。总而言之，它们总算渡过了难关，勉勉强强，凑凑合合地渡过了激流险滩，而且是从规定的路线渡回去的。

这些战利品对维持生计很有用处，红蚂蚁们不敢随意丢弃。

在这之前，湍急的水流已经把路段给清洗干净了，而且，在它们忙于渡河的时候，仍不断地有新的水流流过，因此，我觉得，经过我这么一折腾，路上留下的气味应该是没有了，这个问题可以排除在外了。如果这条路上有甲酸味道，我们的嗅觉也嗅不出来，至少在我所说的条件下感觉不出来。现在，我来用一件更加强烈而且我们可以嗅得出来的气味来代替，看看会出现什么情况。

红蚂蚁不受强烈气味的干扰。

我来到了第三个出口处，在红蚂蚁必经之路上，拿了几把薄荷叶，把地面擦拭了一番。这薄荷叶是我刚从花坛里手摘的，很新鲜，气味挺浓。在路的稍远处，我又用薄荷叶铺在地上。红蚂蚁抢掠归来，经过用薄荷叶擦拭过的地方时，没有显出担心、犹豫，而来到薄荷叶覆盖着的地段时，也只是稍加犹豫，便毅然决然地走了过去。经过这两次实验——用水冲刷路面的实验和用薄荷叶改变气味的实验之后，我觉得，再认为是嗅觉在指引着蚂蚁沿着原路返回家园的，那就没有道理了。我再做一些别的测试，我们就会明白了。

现在，我对地面未加改变，而是用几张很大的纸张，横铺在路面上，用几块小石头把它们压住，弄平。这块纸地毯彻底地改变了道路的外貌，但丝毫没有去掉可能会有的气味。红蚂蚁爬到这纸地毯面前，非常地犹豫，疑惑不解，比面对我所设下的其他圈套，甚至激流，都要更加地犹豫不决。它们从各个方面探查，一再地前进，后退，再前进，再后退，最后才铤而走险，踏上了这片陌生的区域。它们终于穿越了纸地毯。通过之后，大队人马又恢复了原先的行进行列。

名师点评

红蚂蚁行进时受到地貌的影响比受到气味的影响更大。

我在稍远处还设下一个圈套，在静候着这帮“亚马逊人抢掠大军”。我用一层薄薄的细沙把路给切断，而这条路原本是浅灰色的。道路颜色这么稍加改变，就会让红蚂蚁颇费一番踌躇。它们在这层薄薄的黄沙面前就像先前面对纸地毯一样，犯起嘀咕来，不过，它们犹豫的时间并不长，很快，就毅然决然地穿越了眼前的这道障碍。

无论是黄沙铺地还是用纸铺成地毯，都并没有使来时路上的气味消失掉，但红蚂蚁走到这些障碍面前时，都要先犹豫再三，停止前进，这就说明并不是嗅觉而是视觉使它们最终找到了回家的路。没错，是视觉在起作用，只不过它们的视力十分微弱，只要移动几个卵石就能改变它们的视野。由于它们近视得厉害，所以，一条纸带，一层薄荷叶，一层黄沙，甚至更加微小的改动，对它们来说，简直就是面目全非，致使这些兴冲冲带着战利品班师回朝的抢掠大军焦急不安地在这陌生地带举步不前，徘徊彷徨。最终之所以还是穿越了这些可疑的地区，那是因为它们经过反复尝试，企图穿过这片经过加工改造的地带的过程中，有几只蚂蚁终于认出了前面有些地方是它们所熟悉的，而其他的蚂蚁对这些视力较好的同胞十分信赖，便跟着它们穿了过去。

读书笔记

当然，光靠这么点微弱的视力还是不够的，这些“亚马逊强盗”还具有精确的记忆力。蚂蚁还有记忆力？那它的记忆力是怎么回事？它的记忆力跟我们的有何相似之处？对于这些问题，我无从回答，但是，我可以明确地说，昆虫对于自己到过一次的地方是记得很准确的，而且还记得非常地牢。这一点我可没少发现。我甚至还观察到这样的情况：红蚂蚁抢掠的猎获物太多，一趟搬不完，或者，这支远征军发现某处黑蚂蚁非常非常多。于是，第二天，或者第三天，它们还会进行第二次远征。在第二次同一条线路的远征中，大队人马无须沿途寻找，而是直奔目的地。我曾经沿着两天前这支抢劫大军所走过的那条路撒下小石子作为标记，我惊奇地发现它们走的是同一条路，走过一个石子又一个石子。我事先就在推测，它们会根据我所做的路标，沿着我的石桥墩向前迈进。情况果然如此，没有出现什么大的偏离。

它们所走的路是两三天前的路了，路上留下的原有的气味应该已经散尽，不可能保持这么久的。所以我得出结论，是视觉在指引着远征的红蚂蚁们。当然，除了视觉之外，还有它们对地点的极其准确的记忆。而它们的这种记忆力强到能把印象保留到第二天，第三天，甚至更久。这种记忆力极其精确，因为它在引导红蚂蚁穿越各种各样的地形地貌，沿着前一天或前几天所走过的路返回家园。

如果遇到不认识的地方，红蚂蚁会怎么办呢？除了对地形的记忆以外（在此，记忆力已于事无补，因为我假设这个地区还没有被探测过），它们有没有像石蜂那样的即使是在小范围内的指向能力呢？能不能返回自己的居所，或者跟正在行进的大队会合呢？

这支抢掠大军并未搜寻园子里的角角落落。它们尤为喜欢探索的是北边，毫无疑问，在北边抢劫的收获最大。所以，它们的大队人马通常总是向北边开拔。在南边，我却很少见到它们光顾。因此，它们对园子的南边即使不是完全不认识，起码也是不如对北边那么地熟悉。在作了这番交代之后，我们一起来观察一番，红蚂蚁在这片它们不太熟悉的地方会有什么样的表现。

我守候在红蚂蚁穴旁边。在大队人马抢掠归来的时候，我把一片枯叶放在一只蚂蚁面前，让它爬到叶子上面去。我没有去碰它，只是把它运送到离长长的队伍有两三步远的地方去，当然是往南边的两三步远处。这么远的距离，又是它所不熟悉的环境，它立刻便晕头转向了。我看到这只小红蚂蚁被放到地上之后，漫无目的地在寻觅着，茫然不知所措，但是，它并没有抛弃嘴里的战利品。只见它急匆匆地奔跑着，与自己的同伴的距离越来越远了，可它还以为是在追赶队伍哩。不一会儿，它又折返回来，又走远去，东边试探一番之后又转向西边，向四面八方去探寻，但总也找不对路。其实，它的同伴们就在离它两步远的地方向前挺进。我还记得有几只这样的迷路者，左寻寻右觅觅，忙乎了半个小时，又急又慌，始终走不上正道，而是越离越远，但大颚仍旧咬着黑蚂蚁蛹不放。它们后来的结局是什么？它们把它们的战利品如何处置了？我没有时间也没有耐心一直跟踪这几个迷路的强盗。

这种膜翅目昆虫显然没有其他的膜翅目昆虫所具有的指向感觉。它们只不过是能够记住所到之处而已，除此之外，没有其他方面的特长。只要让它偏离主路两三步远，它就会迷失方向，无法与家人团聚。而石蜂则不然，即使飞越几公里，也能找准方向，这难不倒它。这种奇妙的感官只有几种动物才具有，而我们人却并不具备，我曾经对此深感惊讶。人与这几种动物在这个方面的差别竟然如此之大，很容易引起人们的争议。现在，这种差别已不复存在，进行比较的是两种十分相近的昆虫，两种膜翅目昆虫，它们之间竟然也有这么大的差异！如果它们是从一个模子里出来的，那为什么一种膜翅目昆虫具有某种官能，而另一种膜翅目昆虫却并不具有呢？多了一个官能，这可非同小可，比起器官上的某个小问题来，这可是非常重要的特征啊！我对此不甚了了，我盼着进化论者能向我提供一个站得住脚的理由来。

我在前面已经看到了这种对准确地点的惊人的记忆可以保持得那么久而且记得那么牢，那么，这种记忆力到底好到什么程度，竟然能把印象铭刻在心里？红蚂蚁需要多次走过或者只要一次远征就能知道沿途的地形地貌吗？它所走过的路线是不是一下子就深印在它的记忆之中了？红蚂蚁在出动去抢掠黑蚂蚁窝时，它们并没有固定的目标，是随心所欲地这么往前走的，边走边搜索，所以它们想往何处去搜寻猎物，我们无从干预。现在，让我们一起来观察一下其他膜翅目昆虫是怎么做的吧。

我选定了蛛蜂作为观察对象。我在此不准备专门介绍蛛蜂的习性。它们捕食蜘蛛和掘地虫。它们先抓住猎物，把它麻醉之后，留给未来的幼虫当作食粮，然后再建住所。如果挟带着沉重的猎物去寻找适合筑窝建巢的处所，那是极其困难，很不方便的，因此，它便把猎获的蜘蛛什么的存放在草丛或灌木丛这样高一些的地方，以防不劳而获、坐享其成的其他昆虫，尤其是蚂蚁，趁自己不在时，把猎物给蚕食或糟蹋了。把猎物存放好之后，蛛蜂便去寻找一处合适地点，挖洞穴，筑窝巢。在建房造屋的过程中，它仍会时不时地飞去看看它存放的猎物，轻轻地咬一咬，拍一拍猎物，似乎因获得如此丰盛的食物而沾沾自喜，乐不可支。然后，它又回到建筑工地，继续挖洞建房。如果它觉得情况有点不对头，它不仅会去探看猎物，还会把猎物搬到离建筑工地近一些的地方来，当然，仍旧是存放在较高的地方。蛛蜂确实是这么做的，所以我可以利用这一特点去了解一下它的记忆力究竟好到什么程度。

当蛛蜂在地下忙着挖洞筑巢的时候，我便把它的猎物拿走，放在离原存放点仅半米远的空旷处。不一会儿，只见蛛蜂飞过来查看自己的猎物了，它径直飞向存放点。它对所走的方向非常地有把握，对存放点记得非常地清楚，这很可能是它此前曾多次来过这儿的缘故？我没见它以前来过，所以对此不敢妄加推测。总之，蛛蜂一下子就找到了存放猎物的草丛。它在草丛上走过来走过去的，仔细地查找猎物，多次回到存放猎物的那个点。最后，它确信自己的猎物已不翼而飞，便用触角拍打地面，慢慢地在存放点四周再仔仔细细地搜寻，终于发现猎物就在一旁不远处的一个空旷的地方。它觉得莫名其妙，非常惊讶。它朝猎物走去，突然猛地一惊，往后直退。猎物是活的还是死的？是我刚才捕获的那个猎物吗？它那模样好像是在作如是想。其实并不是这么回事。

蛛蜂在草丛高处，便急急忙忙地返回工地去了。这第二个存放点是它第一次看到，而且是经过时匆忙看到的。这么匆匆一瞥，它能记得很准确吗？另外，在昆虫的记忆中，两个地点现在可能被搞混淆了，第一个存放点跟第二个存放点会让它不知谁先谁后。等下它究竟会往哪儿去探看呢？

我们很快就能知晓结果。蛛蜂已离开洞穴，再一次去查看自己存放的猎物。它径直奔向第二个存放点，在那儿找了很久，怎么也找不到自己的猎物。它明明知道自己就是把猎物存放在那儿的，怎么会找不着呢？它继续在那儿寻找着，根本没有打算回到第一个存放点去看看。对于它而言，第一个存放点已不复存在，它关心的只是这第二个存放点。只见它在原地找了个遍之后，又往四周继续寻过去。

它终于在那个光秃秃的空旷地里找到了自己的猎物，是我把猎物放到那儿去的。蛛蜂立即把寻找回来的猎物存放到第三个草丛高处。我又对它进行了测试。这一次，蛛蜂毫不迟疑地就直冲第三处草丛奔去，与前面两个存放点没有发生丝毫混淆，对头两处存放点它根本不屑一顾，足见它的记忆力多么准确。我以同样的方法又连续进行了两次实验，蛛蜂总是直奔最后的那个存放点，对先前的存放点根本不予理会。蛛蜂这个小家伙的记忆力真是惊人，令我叹服。一个与别处并无多大不同的地方，它只要匆匆忙忙地瞥上一眼，就能够深深地印在记忆之中，何况它还有很多的活儿要干，还得忙着建房造屋，操心的事不少。我们作为高级动物，我们的记忆力能够始终像蛛蜂那么好吗？我看未必。回过头来再看看红蚂蚁，它也具有与蛛蜂同样的记忆力，因此，它在长途跋涉之后，凭记忆沿着原路返回家中，也就没有什么可以怀疑，没有什么无法解释的了。

现在，我来再给蛛蜂制造点麻烦，增加点难度。我用指头在土里按下一个印，弄出个凹坑，把蛛蜂的猎物放进这个小凹坑里，上面用一片薄薄的叶子把它盖好。蛛蜂来到猎物存放点之后，居然从叶子上穿过，在上面走过来走过去，却并没想到自己的猎物就在叶下。然后，它又往四周去寻找，终无所获。这就说明，指引它的并非嗅觉，而是视觉。在此期间，它的触角一直在不停地拍打着土地。那么，触角这个器官究竟起到什么作用呢？这我说不清楚，我只知道它不是嗅觉器官。通过对砂泥蜂寻找灰毛虫的实验，我已经得出了这个结论，现在，我所得到的证据已经经过验证，我觉得这是决定性的，毋庸置疑。我还得指出，蛛蜂的视力很弱，所以它虽经常在离自己猎物不远的地方来来往往地寻找，却没能一眼就看到自己那被我挪了窝儿的猎物。

本篇围绕着昆虫的记忆力展开。作者先以鸽子、燕子等鸟类的回巢行为引起话题，再延伸到昆虫的回巢，通过实验发现昆虫的归巢是凭借其超强的记忆力来实现的。在进行实验讨论的过程中，作者主要以红蚂蚁为例，但也加入了对蛛蜂等其他昆虫的观察。因为从科学研究的角度来讲，只研究一种昆虫的行为属于个案，不能证实普遍性；而通过对几种不同的昆虫进行研究，作者有效地证实了昆虫具有的精准记忆力。

除了红蚂蚁外，作者还引述了哪些昆虫的观察结果？

# 蝉和蚂蚁的寓言

名师导读

本章引用了有关蝉和蚂蚁的寓言。寓言作家和昆虫学家对蝉和蚂蚁的观察不同，寓言有其深刻的道理，却并不符合实情。在大自然的实际情况中，蝉和蚂蚁的角色刚好对调。

声誉往往是随着故事传说促成的，而童话则更胜故事一筹，无论是有关人类的还是有关动物的。特别是昆虫，如果说它以各种方式吸引着我们，是因为有着许许多多有关它的传说，而这些传说真实与否则无关紧要。

譬如，有谁不知道蝉呢？起码也闻听过其名吧。在昆虫学领域中，还能找到如它那样名声很大的昆虫吗？它那钟情于歌唱而不顾未来如何的声名，早在我们训练记忆之初便已被当作素材了。人们用易学好懂的短小诗句告诉我们，当寒风四起，严冬来临，一无所有的蝉便跑到其邻里蚂蚁那儿去喊饿求食去了。乞食者不受欢迎，遭到不堪忍受的讽刺挖苦，这反而让它名声大振。蚂蚁说了如下两句虽简短却粗俗无情的话语：

您先前唱了又唱！我听着舒服，好呀，您现在就跳吧。

这两句话给蝉带来的声誉远胜于它精彩的演唱带来的名声。这深深地印入孩子们的心灵深处，永不会磨灭。

蝉生活在油橄榄生长的地区，而这类地区之外的大多数人并不知道其歌唱本领，但它在蚂蚁面前的落魄沮丧样儿，无论大人还是孩子全都知晓。名声即源于此！一个如同自然史一样，其道德声名受到践踏的极具争议的故事，一个其全部好处就在于奶妈说的又短又小的故事，就是一种声誉的基础，而这种声誉将会像《小拇指》中的靴子和《小红风帽》中的烙饼[①]一样地牢牢地支配着岁月在人们脑中留下的残存记忆。

儿童的记忆极为优秀。习惯、传统一旦存入其记忆库，就无法抹去。蝉的大名得到广泛传播应归功于儿童，是他们在最初学着背诵时，磕磕巴巴地说出了蝉的不幸遭遇。构成寓言基本内容的那些荒谬浅薄的东西因他们而将保存下去：严寒来临时，蝉将永远挨冻受饿，尽管冬天已不再有蝉了；蝉总是乞讨几颗麦粒，尽管它那娇嫩的吸管根本就吸不进这种食物；蝉还将讨要苍蝇和蚯蚓，尽管它从来不吃它们。这些荒唐的错误，责任究竟在谁呢？在拉·封丹[②]。他的大部分寓言因观察之细微，颇让我们着迷，但有关蝉的描述却是考虑欠佳的。他的寓言里最早的那些主角，如狐狸、狼、猫、山羊、乌鸦、老鼠、黄鼠狼以及其他许许多多动物，他非常熟悉，所以他在跟我们讲述它们的事情和动作时，惟妙惟肖，入木三分。它们是一些高地的动物，是他的邻居，是他的常客。它们的公开的和私下的生活都是他天天所见的，但是，在兔子雅诺欢蹦乱跳的地方，蝉是见不到的。拉·封丹从来没有听见过它歌唱，从来没有看见过它。他以为，这个著名的歌唱家肯定是一种蚱蜢。格兰维尔[③]的画笔尽管与拉·封丹寓言配合得相得益彰，但也犯了同样的错误。在他的插图里，蚂蚁是一副勤劳的家庭主妇的打扮。它站在门槛上，身旁是大袋大袋的麦子，不屑地背对着伸着爪子——对不起，伸着手的乞讨者。头戴18世纪阔边女帽，腋下夹着吉他，裙摆被凛冽寒风吹贴在小腿肚子上，这就是那第二个人物的形象，与蚱蜢一模一样。格兰维尔同拉·封丹一样，也没弄清楚蝉的真实模样，他栩栩如生地再现了那个以讹传讹的错误。

在这个内容贫乏的小故事里，拉·封丹只不过是拾了另一位寓言作家的牙慧而已。蝉备受蚂蚁的冷落的传说如同利己主义的表现，也就是说如同我们的世界一样。历史已久远，古雅典的孩童背着满袋无花果和油橄榄去上学

名师注解

① 《小拇指》中的靴子和《小红风帽》中的烙饼：《小拇指》和《小红风帽》系法国童话作家佩罗的作品，在法国家喻户晓。

② 拉·封丹：法国17世纪著名寓言作家，以其创作的经典寓言闻名于世，如《乌鸦与狐狸》等。

③ 格兰维尔：法国19世纪的著名画家，为《拉·封丹寓言》配过插图。

时，嘴里就已经像是在背书似的在嘟囔这个故事了："冬天到，蚂蚁们把自己受潮的食物搬到太阳下晒干。突然间，一只饥肠辘辘的蝉跳上前来求乞。它想讨几粒粮食。吝啬的蚂蚁们回答说：'你夏日里欢唱，那冬天你就蹦跳吧。'"尽管这个情节有点枯燥，但那正是拉·封丹的有悖常理的主题。

可这个寓言正是源自希腊，那是有名的盛产油橄榄、蝉非常多的地方。难道伊索[①]果真像传说所说的那样就是这则寓言的作者吗？这令人怀疑。不过，这也无关紧要，因为那位讲故事的人是希腊人，是蝉的老乡，他应该对蝉颇为了解。在我们村子里，没有那种缺少见识的农民，他会知道冬天根本就没有蝉。冬季来临，必须为油橄榄树培土时，村子里凡是用锹铲土的人都认得蝉的初始形态——幼体。他们在小路边成百上千次地看见过它，知道夏季来临时，这个幼体是如何从自己修建的圆洞中钻出地面的，知道它如何抓挂在细树枝上，背上裂开一道缝，蜕去比硬羊皮纸还要硬的外壳，变成浅草绿色，然后又变成了褐色，成了一只蝉。阿蒂卡[②]的农民也并不傻，他们也注意到了最不开眼的人都能看出的情况，他们对我的那些乡巴佬乡邻十分清楚的东西也是知道的。这则寓言的作者，不管他是哪位文人，都是处于最有利的了解事实的条件之下，对这类事情肯定是十分了解的。那么，他故事里的这种谬误是源自哪里呢？

拉·封丹情有可原，而古希腊的那位寓言作家则是不可原谅的，他只讲述书本上的蝉，而不去了解近在咫尺的像锣钹似的振翅鸣叫的真实的蝉。他不关心现实，却因袭传说。他是一位更古老的故事讲述者的应声虫。他在复述源自各种文明那可敬之母的印度的某种传说。他根本没有弄清楚印度人笔下描述的主旨是在表明一种无远见的生活会导致什么样的危险，却以为编成故事的动物场景比蝉和蚂蚁的对谈更贴近真实。印度传说中，人是动物的伟大朋友，是不会犯这样的错误的。这一切似乎表明，原始故事的那个主人公不是我们的蝉，而是另一种动物——或者称之为昆虫，其习性与所编的故事颇为吻合。

这则古老的故事在许多世纪里令印度河流域的贤哲们深思，令那儿的孩

名师注解

① 伊索：公元前 6 世纪前后古希腊的寓言作家。

② 阿蒂卡：希腊的一半岛名，希腊首都雅典即位于该半岛上。

子们得到乐趣，它也许像历史上某个族长第一次提出节俭持家一样年代久远，并一代一代地流传下去，内容基本上没有变化，但正如所有的传说一样，因为要适应当时当地的情况，细节便因岁月的无情而有所扭曲了。

希腊乡间并无印度所讲述的这种昆虫，人们便差不离儿地把蝉加进故事里去，正像在现代雅典——巴黎一样，把蝉与蚱蜢给搞混了。错已铸成。从此，谬误深印进孩子们的记忆之中，无法抹去，假成了真，真却成了假。

让我们试着为这个被寓言糟践的歌手正名吧。我得首先承认，它是个讨厌的邻居。每年夏天，它们被两棵枝繁叶茂的高大法国梧桐所吸引，成百成百地飞到我家门前安家落户，从日出到日落，此起彼落地叫个不停，震得我脑袋生疼。在这一片吱吱声中，你无法思考问题，思绪被打乱，头昏脑涨，没法定下心来。如果我不起早点儿干些事，那整个一天就会泡汤了。

啊！该死的虫子，我本想安静地待着，可你却成了我住所的一大祸害。竟然有人说，雅典人把你养在笼子里，好惬意地听你歌唱。吃饱饭眯瞪着，有一只蝉叫叫还凑合，但成百只一起嚷叫，震得你耳鼓疼痛，你无法集中精力，真让人活受罪呀！你振振有词，说是你先来到这儿的，有权鸣唱。在我住到这里之前，那两棵法国梧桐完全属于你，而我却成了其树荫下的不速之客。可我得先告诉你，为了照顾给你写故事的人，你得在你的响钹上装个减音器，压低你的叫声。

事实真相把寓言作家向我们讲述的东西当作肆意杜撰给摒弃了。当然，蝉和蚂蚁之间有时候是有一些关系的，这是毫无疑问的，只不过，这些关系与人们讲给我们听的正好相反。这些关系并不是出自蝉的主动，它从不需要别人的帮助活下去，而是来自蚂蚁这个贪得无厌的剥削者，它把所有可吃的东西全都搬到自己的粮仓里。无论何时，蝉都不会跑到蚂蚁门前嚷饿去，还一本正经地许诺将来连本带利一并奉还。恰恰相反，是蚂蚁实在饿得不行，跑去乞求那个歌手的。我说的是“乞求”！借和还是从来不存在于掠夺者的习性中的。蚂蚁剥削蝉，厚颜无耻地把它洗劫一空。我们要讲讲这种洗劫，这是至今尚无人知晓的历史悬案。

七月骄阳似火，午后酷热难耐，成群的昆虫干渴难忍，在枯萎打蔫儿的花上爬来爬去，想找点儿水解渴，而蝉却对普遍的水荒不屑一顾。它用它那如钻头般的细嘴，在自己那永不干涸的酒窖中钻了开来。它不停地歌唱着，落在一棵小树的细枝上，钻透那坚硬平滑、被太阳晒得汁液饱满的树皮。它从钻孔中把吸管插进去之后，便一动不动地、聚精会神地、美滋滋地沉浸在汁液和歌声的甜美之中。

如果我们多盯着它看一会儿，也许会看到一些意想不到的悲惨事情。果然，许许多多渴得不行的家伙在转悠着。它们发现了这口井，因为井边渗出汁液而暴露了。它们一拥而上，一开始还有点儿小心翼翼地，只是舔舔渗出来的汁液。我看见拥挤在甜蜜的井口旁的有胡蜂、苍蝇、球螋、泥蜂、蛛蜂、金匠花金龟，最多的是蚂蚁。

最小的家伙，为了靠近清泉，便从蝉的肚腹下钻过去，宽厚仁慈的蝉便抬起爪子，让这些不速之客自由通过。个头儿大的家伙急得直跺脚，挤上前去，飞快地嘬上一口，退了出来，跑到旁边的树枝上兜上一圈，然后又更加大胆地返回来。不速之客们贪心越来越大：刚才还谨小慎微的它们突然变成了一群乱哄哄的侵略者，一心要把掘井者从井边驱逐掉。

在这群冲锋陷阵的强盗中，最大胆最坚决的就是蚂蚁。我看见有一些蚂蚁在咬蝉爪，还看见一些蚂蚁在扯蝉翼尖，趁势爬上蝉背，挠蝉的触角。一只胆大包天的蚂蚁就在我的眼前咬着蝉的吸管，拼命地往外拽。

巨蝉被这帮小蚂蚁如此这般地搅扰得没了耐心，终于弃井而去。它在逃走时还向这帮劫匪撒了一泡尿。对于蚂蚁来说，蝉的这种高傲的蔑视无伤大雅！反正它的目的达到了。它成了这口井的主人了，但是，使井冒水的泵已不再转，井很快也就干涸了。井水虽少，但却甘甜。一旦再有机会，它们还会用同样的法子再喝上几大口的。

大家都看到了，事实彻底地把寓言臆想的角色给调换过来了。毫不客气、抢劫时决不退缩的求食者是蚂蚁，而甘愿与受苦者分享甘露的能工巧匠是蝉。还有一点也足可以把颠倒的情况调整过来。经过五六个星期漫长的欢唱之后，歌手生命耗尽，从大树高处跌落下来。它的尸体被烈日晒干，被行人的脚踩踏。时刻在寻找战利品的蚂蚁撞见了它，蚂蚁随即把这美食扯碎、肢解、弄烂，搬到自己那丰富的食物堆中去。甚至还可以看到蝉虽已奄奄一息，但翼还在灰土中颤动，可是一小队蚂蚁便拥上去向各个方向拉扯它、撕拽它。此时的蝉伤心至极。看了这同类相残的景象之后，我们就不难看出这两种昆虫之间到底是什么关系了。

古希腊对蝉有着很高的评价。人称“古希腊贝朗瑞[①]”的阿纳克雷翁[②]为蝉写了一首颂歌，对蝉称颂有加。他说：“你几乎就像诸神明一样。”但诗人这么赞颂蝉，其理由却并不很恰当。他的理由是说蝉有如下三个特点：生于地下，不知疼痛，有肉无血。我们也不必指责诗人犯了这些错误，因为那是当时的普遍看法，而且在有人细致入微地进行观察之前，这种看法已流传甚久。再说，在这种讲究对仗押韵的小诗句中，人们对这一点也没有过于关注。

即使在今天，和阿纳克雷翁一样很熟悉蝉的普罗旺斯的诗人们，在赞颂这种昆虫时，也并没怎么关心真实的蝉。但是，这种指责却牵扯不到我的一个朋友，他是个痴迷的观察家和一丝不苟的务实派。他准许我从他的活页本中抽出一页普罗旺斯语的诗，他以极其严谨的科学态度着重描述了蝉和蚂蚁的关系。诗中的诗意形象及道德评价责任在他，这样娇美的花朵在我的博物学园地上是长不出来的。但是，我得肯定他的叙述的真实性，与我每年夏天在我花园中丁香树上所看到的情况一致。我把他的诗译成法语附在下面，但有许多地方译的意思只是相近而已，因为法语中并不是总有普罗旺斯语的对应词的。

## 蝉和蚂蚁

### 1

上帝啊，真热呀！但却是蝉的好时光，

它乐至疯狂，欢唱昂扬。

七月流火，收割忙。

名师注解

① 贝朗瑞(1780 — 1857 年)：法国著名的诗人，歌词作者，作品有《高卢人和法兰克人》等。

② 阿纳克雷翁(公元前 6 世纪)：古希腊的抒情诗人。

金色麦浪翻滚，收割者，
弯腰弓背，辛苦劳作不歌唱：
它口干舌燥，有歌无法唱。

以农夫的口干舌燥说明天气炎热。

这是你的好时光，你就放声唱吧，
娇小可爱的蝉呀，
敲响你的响钹，
扭动你的肚腹，亮出你的两片镜子。
农夫在挥镰，刀起秆落，
刀光在麦浪中闪亮。

读书笔记

小水罐挂在割麦人腰间，
罐中装满水，罐口有草堵塞。
磨刀石凉快地待在木盒里，
不停地有水浇润，
可农夫在烈日下呼哧喘息，
只觉得骨髓都快煮沸。

可你，蝉儿，你可是有清泉解渴呀：
你那尖细的小嘴钻透细枝树皮，
出现一眼清甜多汁的水井。
糖汁顺着窄细的管道涌出。
泉水汩汩流淌，
你美美地吮吸畅快。

啊！太平时光不会总这么长！
左邻右舍尽是窃贼，
外加散兵游勇流浪儿，
都看见你掘了一口甜井。
它们口渴难耐，痛苦地挪上前来，

偷窃、抢劫者的行为。

意欲攫取你的一滴甜浆。

小心点儿呀，我的小可爱：
这帮饥渴非常的家伙，
先是谦卑恭顺，
转眼间就变成无赖疯狂。

读书笔记

它们先是沾沾嘴唇，
然后便不满足于你的剩饭残汤，
它们抬起头来，想把一切沾光。
它们将会如愿以偿。
它们爪似耙，搔弄你的翅尖。
在你宽大的脊背上，
一阵爬上爬下地忙，
抓你的嘴，拽你的角，扯你的脚趾。

它们从这儿那儿四处扯，
让你冒火又惆怅。
你滋地一泡尿，
喷向这帮强徒，
你便离开树枝。

蝉躲避侵略者的智慧。

你远远地离开这帮无赖，
可它们抢占了你的甜水井，
狂笑不已，满心欢畅，
津津有味地舔着玉液琼浆。

而这帮不知疲倦地吮吸的流浪汉中，
尤数蚂蚁为最强。
苍蝇、黄边胡蜂、胡蜂、鳃角金龟，

等等各色无赖、骗子，
都是大太阳逼迫无奈来到你的井旁，
唯独蚂蚁是铆足劲儿地要把你损伤。
踩你的脚趾，挠你的脸，
捏你的鼻子，躲你腹下乘凉，
凡此种种，唯它最强。

蚂蚁的强盗行为。

这混蛋拿你的爪子当梯，
大胆地爬上你的翅膀，
趾高气扬地溜来荡去，
上下奔忙。

## 2

现在讲述一个不足为信的故事。
早年间，老人们对我们说，
冬季某日，你饥肠辘辘，耷拉着脑袋，
偷偷地前去
蚂蚁的地下大粮仓窥探。

读书笔记

富有的蚂蚁把夜间寒露打湿的麦粒
摊晒在太阳下，
准备存于地窖中。
麦粒已晒干，蚂蚁在装袋。
你眼含泪水，突然光临。
你央求它说："天寒地冻，北风
呼啸，我快饿死了。
你余粮成堆，
借我一点儿，
甜瓜成熟时节，

我定当奉还。”
“借我点麦粒吧。”

你还是走吧。
你要是以为它会借给你，
你就大错特错了。
那大袋大袋的粮食，
你休想弄到一星半点儿。
“滚开，刮桶底儿去吧。
你夏天唱得来劲儿，
冬天就该饿死！”
古老的寓言就是这么说的，
它劝告我们学做吝啬鬼，
看紧钱袋偷着乐……
让那些蠢货尝尽饿肚之苦才满足！

寓言作家说的让我冒火，
竟然说你冬天去寻找
苍蝇、小虫、谷粒，
可你从来不吃这些呀。
麦粒！天呀，你要它干什么！
你自有自己的甘泉，
不求任何其他物。

冬天与你何干！你的后代子孙
在地下酣睡，
而你也将长眠不醒。
你的尸体落下，玉陨香消。
有一天，觅食的蚂蚁，看见了它。
在你干瘪的皮肤上，

读书笔记

可恶的蚂蚁在争抢；
掏空了你的胸腔，把你撕成了碎片，
当作腌货贮藏，
冬天大雪纷飞，这可是美味佳粮。

3

这才是真实的故事，
与寓言所说的完全不一样。
该死的，你们做何感想！
啊，专捡便宜的家伙，
利爪带钩，挺胸腆肚，
带着保险箱统治在世上。

名师点评

以直接抒发感慨的方式，重现真正的事实情况，对蚂蚁的卑劣行径表示愤慨。

混账的，你们还口吐流言，
说艺术家从不干活，
蠢货就该遭殃。
闭上你们的臭嘴吧，
蝉在钻透树皮找佳酿，
你们却偷吃偷喝忙，
它玉陨身亡，你们仍揪住不放。

我的朋友用他那富于表现力的普罗旺斯方言，如此这般地为被寓言作家污蔑的蝉平了反。

## 精华赏析

在本篇结尾，作者以诗歌的形式讲述实情，生动形象，可以说是创作了一个新的寓言。诗歌中将蚂蚁的侵略和掠夺行为大加揭露和批判，与旧寓言的内容形成了鲜明对照。

## 延伸思考

请简述蝉的生活习性。

# 蝉出地洞【精读】

名师导读

蝉的幼虫是挖洞的能手，它们的挖洞技巧与其他挖洞的昆虫都不同。而且，蝉洞还是个小小的气象观测站。

读书笔记

将近夏至时分，第一批蝉出现了。在人来人往、太阳暴晒、被踩踏瓷实的一条条小路上，张开着一些能伸进大拇指、与地面持平的圆孔洞。这就是蝉的幼虫从地下深处爬回地面来变成蝉的出洞口。除了耕耘过的田地以外，几乎到处可见一些这样的洞。这些洞通常都在最热最干的地方，特别是在道旁路边。出洞的幼虫有锐利的工具，必要时可以穿透泥沙和干黏土，所以喜欢最硬的地方。

我家花园的一条甬道由一堵朝南的墙反射阳光，照得如同到了塞内加尔一样，那儿有许多蝉出洞时留下的圆洞口。六月的最后几天，我检查了这些刚被遗弃的井坑。地面土很硬，我得用镐来刨。

名师点评

通过对比突出蝉挖洞的特点。

地洞口是圆的，直径约两厘米半。在这些洞口的周围，没有一点儿浮土，没有一点儿推出洞外的土形成的小丘。事情十分清楚：蝉的洞不像粪金龟这帮挖掘工的洞，上面堆着一个小土堆。这种差异是二者的工作程序所决定的。食粪虫是从地面往地下掘进；它是先挖洞口，然后往下挖去，随即把浮土推到地面上来，堆成小丘。而蝉的幼虫则相反，它是从地下转到地上，最后才钻开洞口，而洞口是最后的一道工序，一打开就不可能用来清理浮土了。食粪虫是挖土进洞，所以在洞口留下了一个鼹鼠丘；而蝉的幼虫是从洞中出来，无法在尚未做成的洞口边堆积任何东西。

蝉洞约深四分米。洞是圆柱形的，因地势的关系导致有点弯曲，但始终要靠近垂直线，这样路程是最短的。洞的上下完全畅通无阻。

想在洞中找到挖掘时留下的浮土那是徒劳的，哪儿都见不着浮土。洞底是个死胡同，成为一间稍微宽敞些的小屋，四壁光洁，没有任何与延伸的其他通道相连的迹象。

根据洞的长度和直径来看，挖出的土有将近两百立方厘米。挖出的土都跑哪儿去了呢？在干燥易碎的土中挖洞，如果只是钻孔而未做任何其他加工的话，洞坑和洞底小屋的四壁应该是粉末状的，容易塌方。可我却惊奇地发现洞壁表面被粉刷过，涂了一层泥浆。洞壁实际上并不是十分光洁，差得远了，但是，粗糙的表面被一层涂料盖住了。洞壁那易碎的土料浸上黏合剂，便被黏住不脱落了。

读书笔记

蝉的幼虫可以在地洞中来来回回，爬到靠近地面的地方，再下到洞底小屋，而带钩的爪子却未刮擦下土来，否则会堵塞通道，上去很难，回去不能。矿工用支柱和横梁支撑坑道四壁；地铁的建设者用钢筋水泥加固隧道；蝉的幼虫这个相比之下毫不逊色的工程师用泥浆涂抹四壁，让地洞长期使用而不堵塞。

如果我惊动了从洞中出来爬到近旁的一根树枝上去，在上面蜕变成蝉的幼虫的话，它会立即谨慎地爬下树枝，毫无阻碍地爬回洞底小屋里去，这就说明即使此洞就要永远被丢弃了，洞也不会被浮土堵塞起来。

名师点评

这是蝉洞最大的特点。

这个上行管道不是因为幼虫急于重见天日而匆忙赶制而成，而是一座货真价实的地下小城堡，是幼虫要长期居住的宅子。墙壁进行了加工粉刷就说明了这一点。如果只是钻好之后不久就要丢弃的简单出口的话，就用不着这么费事了。毫无疑问，这还是一间气象观测站，外面天气如何，在洞内的地表下面就可以探知。幼虫成熟之后要出洞，但在深深的地下它无法判断外面的气候条件是否适宜。地下的气候变化太慢，不能向幼虫提供精确的地面气象资料，而这又正是幼虫一生中最重要的时刻——来到阳光下蜕变所必须了解的。

幼虫几个星期，也许几个月耐心地挖土、清道、加固垂直洞壁，但却不把地表挖穿，而是与外界隔着一层一指厚的土层。在洞底它比在别处更加精心地修建了一间小屋。那是它的隐蔽所、等候室，如果气象报告说要延期搬迁的话，它就在里面歇息。只要稍微预感到外面风和日丽的话，它就爬到高处，透过那层薄土盖子探测，看看外面的温度和湿度如何。

描写幼虫对气候的敏感。

如果气候条件不如意，刮大风下大雨，对幼虫蜕变是极其严重的威胁，那谨小慎微的小家伙就又回到洞底屋中继续静候着。相反，如果气候条件适宜，幼虫便用爪子捅几下土层盖板，便可以钻出洞来。

似乎一切都在证实，蝉洞是个等候室，是间气象观测站，幼虫长期待在里面，有时爬到地表下面去探测一下外面的天气情况，有时便潜于地洞深处更好地隐蔽起来。这就是蝉在地洞深处建有一个合适的歇息场所，并将洞壁涂上涂料以防止塌落的原因之所在。

但是，不好解释的是，挖出的浮土都跑到哪儿去了？一个洞平均得有两百立方厘米的浮土，怎么全都不见了踪影？洞外不见有这么多浮土；洞内也见不着它们。再说，这如炉灰一般的干燥泥土，是怎么弄成泥浆涂在洞壁上的呢？

读书笔记

蛀蚀木头的那些虫子的幼虫，比如天牛的和吉丁的幼虫，应该可以回答第一个问题。这种幼虫在树干中往里钻，一边挖洞，一边把挖出来的东西吃掉。这些东西被幼虫的颚挖出来，一点一点地被吃下，消化掉。这些东西从挖掘者的一头穿过，到达另一头，滤出那一点点的营养成分后，把剩下的排泄出来，堆积在幼虫身后，彻底堵塞了通道，幼虫也就不得再从这儿通过了。由胃或颚进行的这种最终分解，把消化过的物质压缩成比没有伤及的木质更加密实的东西，致使幼虫前边就出现了一个空地儿，一个小洞穴，幼虫可以在其中干活儿。这个小洞穴很短小，仅够关在里面的这个囚徒活动。

蝉的幼虫是不是也是用类似的方法钻掘地洞的呢？当然，挖出来的浮土是不会通过幼虫的体内的，而且，泥土，哪怕是最松软的腐殖土，也绝不会成为蝉的幼虫的食物。但是，不管怎么说，被挖出来的浮土不是随着工程的进展逐渐地被抛在幼虫身后了吗？

蝉在地下要待四年。这么漫长的地下生活当然是不会在我们刚才描绘的准备出洞时的小屋中度过的。幼虫是从别处来到那儿的，想必是从比较远的地方来的。它是个流浪儿，把自己的吸管从一个树根插到另一个树根。当它或因为冬天逃离太冷的上层土壤，或因为要定居于一个更好的处所而迁居时，它便为自己开出一条道来，同时把用颚这把镐尖挖出的土抛在身后。这一点无可争辩。

如同天牛和吉丁的幼虫一样，这个流浪儿在移动时只要很小的空间就足够了。一些潮湿的、松软的、容易压缩的土对于它来说就等于是天牛和吉丁幼虫消化过后的木质糊糊。这种泥土很容易压缩，很容易堆积起来，留出空间。

困难来自另一个方面。蝉洞是在干燥的土中挖掘而成的，只要土始终保持干燥，那就很难压紧压实。如果幼虫开始挖通道时就把一部分浮土扔到身后的一条先前挖好现已消失的地道中去，这也是比较有可能的，尽管还没有任何迹象可以证明这一点。不过，如果考虑到洞的容量以及极难找到地方堆积这么多的浮土的话，你就又会怀疑起来，心想："这么多的浮土，必须有一个很大的空间才能存放得下，而这个空间的挖成也同样要出现许多的浮土的，要存放起来同样是困难重重。这样就又得有一个空间，同样也就又会有许多浮土，如此循环不已。"就这么转来转去，没有个头。因此，光是把压紧压实的浮土抛到身后的猜想尚无法解释这个空间的出现这一难题。为了清除掉碍事的浮土，蝉应该是有一种特殊的法子的。我们来试试解开这个谜。

我们仔细观察一只正在往洞外爬的幼虫。它或多或少总要带上点或干或湿的泥土。它的挖掘工具——前爪尖上沾了不少的泥土颗粒；其他部位像是戴上了泥手套；背部也满是泥土。它就像是一个刚捅完阴沟的清洁工。这么多污泥让人看了惊讶不已，因为它是从一个很干燥的土里爬出来的。我们本以为会看见它满身的粉尘，但却发现它是一身的泥污。

再顺着这个思路往前观察一下，蝉洞的秘密就解开了。我把一只正在对其洞穴进行挖掘的幼虫给挖了出来。我运气真好，幼虫正开始挖掘时我便有了惊人的发现。一个大拇指一样长的地洞，没有任何的阻塞物，洞底是一间休息室，眼下全部工程就是这个状况。那位辛勤的工人现在是什么样呢？就是下面的这种状况。

这只幼虫的颜色比我在它们出洞时捉到的那些幼虫显得苍白得多。眼睛非常大，特别白，浑浊不清，看不清东西。在地下视力有什么用？而出了洞的幼虫的眼睛则是黑黑的，闪闪发亮，说明它能看得见东西。未来的蝉儿出现在阳光下，就必须寻找树枝，有时还得到离洞口挺远的地方去寻找将在其上蜕变的悬挂树枝。这时候视力就非常重要了。这种在准备蜕变期间的视力的成熟足以告诉我们幼虫并非仓促地即兴挖掘自己的上行通道，而是干了很长的时间。

读书笔记

另外，苍白而眼盲的幼虫比成熟状态时体型要大。它身体内充满了液体，就像是患了水肿。用指头捏住它，尾部便会渗出清亮的液体，弄得全身湿漉漉的。这种由肠内排出来的液体是不是一种尿液？或者只是吸收液汁的胃消化后的残汁？我无法肯定，为了说起来方便，我就称它为尿吧。

喏，这个尿液就是谜底。幼虫在向前挖掘时，也随时把粉状泥土浇湿，使之成为糊状，并立即用身子把糊状泥压贴在洞壁上。这具有弹性的湿土便糊在了原先干燥的土上，形成泥浆，渗进粗糙的泥土缝隙中去。拌得最稀的泥浆渗透到最里层，剩下的则被幼虫再次挤压、堆积，涂在空余的间隙中。这样一来，坑道便畅通无阻了，一点浮土都不见了，因为已被就地和成了泥浆，比原先的没被钻透的泥土更瓷实、更匀称。

幼虫就是在这黏糊糊的泥浆中干活儿来着，所以当它从极其干燥的地下出来时便浑身泥污，让人觉得十分蹊跷。成虫虽然完全摆脱了矿工的又脏又累的活儿，但并未完全丢弃自己的尿袋，它把剩余的尿液保存起来当作自卫的手段。如果谁离得太近观察它，它就会向这个不知趣的人射出一泡尿，然后便一下子飞走了。蝉尽管性喜干燥，但在它的两种形态中，都是一个了不起的浇灌者。

不过，尽管幼虫身上积满了液体，但它还是没有那么多的液体来把整个地洞挖出的浮土弄湿，并让这些浮土变成易于压实的泥浆。蓄水池干涸了，就得重新蓄水。从哪儿蓄水，又如何蓄水？我觉得隐约地看到问题的答案了。

作者通过观察和联想才找到问题的答案。

我极其小心地整个儿地挖开了几个地洞，发现洞底小屋壁上嵌着一根生命力很强的树根根须，大小有的如铅笔粗细，有的如麦秸管一般。露出来可以看得见的树根根须短小，只有几毫米长。根须的其余部分全都植于周围的土里。这种液汁泉是偶然遇上的呢，还是幼虫特意寻找的？我倾向于后一种答案，因为至少当我小心挖掘蝉洞时，总能见到这么一根根须。

是这样的。要挖洞筑室的蝉，在开始为未来的地道下手之前，总要在一个新鲜的小树根的近旁寻觅一番。它把一点根须刨出来，嵌于洞壁，而又不让根须突出壁外。这墙壁上的可以供养生命的地点，我想就是液汁泉，幼虫尿袋在需要时就可以从那儿得到补充。如果由于用干土和泥而把尿袋用光了，幼虫矿工便下到自己的小屋里去，把吸管插进根须，从那取之不尽的水桶里吸足了水。尿袋灌满之后，它便重新爬上去，继续干活儿，把硬土弄湿，用爪子拍打，再把身边的泥浆拍实、压紧、抹平，畅通无阻的通道便做成了。情况大概就是这样的。我虽然没法直接观察到，而且也不可能跑到地洞里去观察，但是根据逻辑推理和其他种种实际情况可以证实这一结论。

如果没有根须那个大水桶，而幼虫体内的蓄水池又干涸了，那会怎么样呢？下面这个实验会告诉我们的。我把一只正从地下爬出来的幼虫捉住了，把它放进一个试管的底部，用松松地堆积起来的一试管干土把它埋起来。这个土柱子高十五厘米。这只幼虫刚刚离开的那个地洞比试管长出三倍，虽说是同样的土质，但洞里的土要比试管里的土密实得多。幼虫现在被埋在我那短小的粉状土柱子里，它能重新爬到外面来吗？如果它努力挖的话，肯定是能爬出来的。对于一个刚从硬土地中挖洞的幼虫来说，一个不坚固的障碍能在话下吗？

然而我却有所怀疑。为了最后顶开把它与外界隔开的那道屏障，幼虫已经把最后储备的液体消耗光了。它的尿袋干了，没有活的根须它就无法再把尿袋灌满。我怀疑它无法成功是不无道理的。果不其然，三天后，我看到被埋着的幼虫耗尽了体力，终未能爬上一拇指高。浮土被扒动过，因无黏合剂而无法当场黏合，无法固定不动，刚一拨弄开，便又塌下来，回到幼虫爪下。老这么挖、扒，总也不见大的成效，总是在做无用功。第四天，幼虫便死了。

如果幼虫的尿袋是满的，结果就大不相同。我用一只刚开始准备蜕变的幼虫进行了同样的实验。它的尿袋鼓鼓的，在往外渗，身子全湿了。对于它来说，这活儿是小菜一碟。松松的土几乎毫无阻力。幼虫稍稍用尿袋的液体润湿，便把土和成了泥浆，黏合起来，再把它们抹开、抹平。地道通了，但不很规则，这倒不假，随着幼虫不断往上爬，它身后几乎给堵上了。看起来好像是幼虫知道自己无法补充水，因而为了尽快地摆脱一个它很陌生的环境而节约自己身上的那仅有的一点液体，不到万不得已绝不动用。就这么精打细算的，十来天之后，它终于爬到了外面来。

洞口被捅开之后，大张着嘴待在那儿，宛如被粗钻头钻出的一个孔。幼虫爬出洞来后，在附近徘徊一阵，寻找一个空中支点，诸如细荆条、百里香丛、禾蒿秆儿、灌木枝杈什么的。一旦找到之后，它便爬上去，用前爪牢牢地抓住，脑袋昂着。其余的爪子，如果树枝有地方的话，也撑在上面；如果树枝很小，没多少地方，两只前爪钩住就足够了。然后便休息片刻，让悬着的爪臂变硬，成为牢不可破的支撑点。这时候，中胸从背部裂开来。蝉从壳中蜕变而出，前后将近半个小时的工夫。蝉从壳中蜕变出来后，与先前的模样儿大相径庭！双翼湿润、沉重、透明，上面有一条条的浅绿色脉络。胸部略呈褐色。身体的其余部分呈浅绿色，有一处处的白斑。这脆弱的小生命需要长时间地沐浴在空气和阳光之中，以强壮身体，改变体色。将近两个小时过去了，却未见有明显的变化。它只是用前爪钩住旧皮囊，稍有点微风吹来，它就飘荡起来，始终是那么脆弱，始终是那么绿。最后，体色终于变深了，越来越黑，终于完成了体色改变的过程。这一过程用了半个小时。蝉上午九点悬在树枝上，到十二点半的时候，我看着它飞走了。

旧壳除了背部的那条裂缝而外，并无破损，并且牢牢地挂在那根树枝上，晚秋的风雨也都没能把它吹落或打下。常常可以看到有的蝉壳一挂就是好几个月，甚至整个冬天都挂在那儿，姿态仍旧如同幼虫蜕变时的一模一样。旧壳质地坚固，硬如干羊皮，如同蝉儿的替身似的久久地待在那儿。

啊！如果我对我的那些农民乡邻所说的全都信以为真的话，有关蝉的故事我可有不少好听的。我就只讲一个他们讲给我听的故事吧，只讲一个。

你受肾衰之苦吗？你因水肿而走路晃晃悠悠的吗？你需要治它的特效药吗？农村的偏方在对待这种病上有特效，那就是用蝉来治。把成虫的蝉在夏天里收集起来，穿成一串，在太阳地里晒干，然后好生地藏在衣橱角落里。如果一个家庭主妇七月里忘了把蝉穿起来晒干收藏，那她会觉得自己太粗心大意了。

你是否肾脏突然有点炎症，尿尿有点不畅？赶快用蝉熬汤药吧。据说没什么比这更有效的了。以前，我不知哪儿有点不舒服，一个热心肠的人就让我喝过这种汤药，我起先不知道，是事后别人告诉我的。我很感谢这位热心者，但我对这种偏方深表怀疑。令我惊诧不已的是，阿那扎巴[1]的老医生迪约斯科里德也建议用此偏方，他说："蝉，干嚼吃下，能治膀胱痛。"从福西亚[2]来的希腊人把蝉和橄榄树、无花果树、葡萄等传授给了普罗旺斯的农民，从此，自那遥远年代起，普罗旺斯的农民便把这宝贵的药材奉若至宝。只有一点有所变化：迪约斯科里德建议把蝉烤着吃；现在，大家把蝉用来煨汤，作为煎剂。

有关蝉的偏方，证明了蝉在人类生活中的影响力。它的名声不只是在寓言和故事中。

说此偏方可以利尿，纯属幼稚天真。我们这儿人人皆知，谁要想抓蝉，它就立即向谁脸上撒尿，然后飞走。因此，它告诉了我们其排尿的功能，迪约斯科里德及其同时代的人便以此为据，而普罗旺斯的农民至今也仍这么认为。

啊，善良的人们！如果你们获知蝉的幼虫能用尿和泥来建自己的气象站的话，那你们又会怎么想呢！拉伯雷描写道，卡冈都亚[3]坐在巴黎圣母院的钟楼上，从自己巨大的膀胱里往外尿尿，把巴黎成百上千的闲散的人淹死，还不包括妇女和儿童，否则人数会更多。你们听了这个故事后，也会信以为真吗？

精华赏析

本篇围绕蝉幼虫挖洞的情况，从其挖洞的作用、技巧等方面入手，通过观察实验得出准确的结论。作者在结尾处又分析了人们对蝉的误解，突出了科学性。

名师注解

① 阿那扎巴：土耳其东南部的一座古城，迪约斯科里德的故乡。

② 福西亚：土耳其西南的一座古城，公元前 7 世纪时的商业重镇。

③ 卡冈都亚：法国 16 世纪著名作家拉伯雷的《巨人传》中的主人公。

# 螳螂捕食【精读】

名师导读

蝗螂是一种很有趣的昆虫，它能吃下比自己个头大、比自己更凶猛的猎物，这靠的不是莽撞，而是一套能够制服猎物的本领。

有一种南方的昆虫，其令人感兴趣的程度至少与蝉一样，但声名却远不及后者，因为它总是悄无声息。如果上苍赐予它一个迷人的高阶音钹的话，凭着它形体与习性的奇特，它准能让著名歌手蝉的声誉黯然失色。这里的人们称它为“祷上帝”，学名则叫螳螂，拉丁文名为“修女袍”①。

读书笔记

科学的术语与农民朴素的词汇在这儿是相互吻合的，都是把这种奇特的生物看成是一个传达神谕的女预言家，一个沉湎于神秘信仰的苦修女。这种比喻由来已久。古希腊人早就把这种昆虫称为“占卜者”“先知”。庄户人在比喻方面也乐行其事，他们对外表上所见之模糊材料大加补充。他们看见在烈日烤炙的草地上有一只仪态万方的昆虫半昂着身子庄严地立着。只见它那宽阔薄透的绿翼像亚麻长裙似的掩在身后，两只前腿，可以说是两只胳膊，伸向天空，一副祈祷的架势。只这些足矣，剩下的由百姓们的想象去完成。于是乎，自远古以来，荆棘丛中就住满了这些传达神谕、向上苍祷告祈求预言的苦修女了。

以人们对螳螂的误解引入正题，起到强调作用。

啊，天真幼稚的好心的人们，你们犯了多么大的错误呀！它的

名师注解

① “修女袍”：此系螳螂的拉丁文直译名，因其长长的膜翅似修女长袍而被如此冠名。

种种祈祷似的神态掩藏着许多的残忍习性，那两只祈求的臂膀是可怕的劫掠工具：它并不捻动念珠，而是要结果一切从旁经过的猎物。人们怎么也没想到螳螂竟然是直翅目①食草昆虫中的一个例外，它专门吃活食。它是昆虫界和平居民里的老虎，是埋伏着等待捕捉新鲜肉食的妖魔。可想而知，它力大无穷，又嗜肉成性，外加它那完美而可怕的捕捉器，使它可能成为野地上的一霸。“祷上帝”可能变成了凶神恶煞般的刽子手。

如果不提它那置人死地的工具，螳螂其实没有什么可以让人担惊受怕的。它甚至不乏典雅优美，因为它体形矫健，上衣雅致，体色淡绿，薄翼修长。它没有张开如剪刀般的凶残大颚，相反却小嘴尖尖，好像天生就是用来啄食的。借助从前胸伸出的柔软脖颈，它的头可以转动，左右旋转，俯仰自如。昆虫之中，唯有螳螂能引导目光，可以观察，可以打量，几乎还带面部表情。

它整个身躯一副安详状，同极其准确地被誉为“杀人机器”的前爪相比起来，反差极大。它的腰肢异常地长而有力，其功用就是向前伸出“狼夹子”，不是坐等送死鬼，而是去捕捉猎物。捕捉器稍有点装饰，颇为漂亮。腰肢内侧饰有一个美丽的黑圆点，中心有白斑，圆点周围有几排细珍珠点作为陪衬。

它的大腿更加地长，宛如扁平的纺锤，前半段内侧有两行尖利的齿刺。里面一行有十二颗长短相间的齿刺，长的黑色，短的绿色。这种长短齿刺相间增加了啮合点，使利器更加锋利有效。外面的一行简单得多，只有四颗齿刺。两行齿刺末端有三颗最长的。总之，大腿是一把双排平行刃口的钢锯，其间隔着一条细槽，小腿屈起可放入其间。

小腿与大腿有关节相连，伸屈非常灵活，它也是一把双排刃口钢锯，齿刺比大腿上的钢锯短些，但数量更多更密。末端有一硬钩，其尖利可与最好的钢针相媲美，钩下有一小槽，槽两侧是双刃弯刀或修枝剪。

这硬钩是高精度的穿刺切割工具，让我一看到就觉得后怕。我在捉螳螂时，不知有多少回被我一把抓住的这家伙给钩住，我腾不出手来，只好求助别人帮我摆脱这个顽抗的俘虏！谁要是想不先把刺入肉中的硬钩弄出来就硬

名师注解

① 现在的昆虫分类学已将螳螂从直翅目中划分出来，独立成螳螂目。

拽开螳螂，那他的手肯定会像被玫瑰花刺儿扎了一样，出现道道伤疤。昆虫中没有谁比它更难对付的了。这家伙用修枝剪挠你，用尖钩划你，用钳子夹你，让你几乎无还手之力，除非你用拇指捏碎它，结束战斗，那样的话，你也就抓不着活的了。

螳螂在休息时，捕捉器折起来，举于胸前，看上去并不伤害别人，一副在祈祷的架势。但是，一旦猎物突然出现，它就立刻收起它那副祈祷姿态。捕捉器的那三段长构件突地伸展开去，末端伸到最远处，抓住猎物后便收回来，把猎物送到两把钢锯之间。一对老虎钳宛如手臂内弯似的，夹紧猎物，这就算是大功告成了：蝗虫、蚱蜢或其他更厉害的昆虫，一旦被夹在那四排尖齿交错之中，便小命呜呼了。无论它们如何拼命挣扎，又扭又蹬，螳螂那可怕的凶器还是死咬住不放。

要想对螳螂的习性进行系统研究，必须要在家中饲养，在野外它无拘无束的情况下，是研究不了的。饲养它并不困难，因为只要有好吃好喝的伺候，它并不在乎被囚在钟形罩中。我们得每天给它精美食物，天天换样儿，那它就不怎么会因失去荆棘丛而感觉遗憾了。

我准备了十来只宽大的金属网罩，用来关押我的囚徒，同饭桌上罩饭菜防苍蝇的网罩一样。每一个罩子都扣在一个装满沙子的瓦罐上。笼里放着一束干百里香、一块为将来产卵用的平石头，这就是它的全部家当。这一座座小屋排放在我动物实验室的大桌子上，那儿白天大部分时间日照充足。我把我的俘虏们关在笼子里，有的单独囚禁，有的集体关押。

我是八月下旬开始在路边干草堆中和荆棘丛里看到成年螳螂的。肚子已经很大了的雌性螳螂日见增多。而瘦弱的雄性伴侣却比较少见，我有时得花很大的劲儿才能给我的那些雌性俘虏配对，因为囚笼中那些雄性小个子经常被悲惨地吃掉。这种惨剧我们先按下不表，先来说说那些雌性螳螂。

雌性螳螂饭量极大，喂养时间长达数月，所以食物的维系并非易事。几乎必须每天更换食物，而大部分都是被它们稍微尝上几口便不屑地弃之不食了。我敢相信，螳螂在它们的出生地荆棘丛中，要更注意节约些。由于猎物不充足，它们会把到手的食物吃干净为止，可在我的笼子里，它们就大手大脚起来，常常是咬上几口之后，便把那鲜美的食物撇下不吃了。它们似乎在以这种方式排遣囚禁之烦恼吧。

为了对付这种奢侈浪费，我必须寻找援助了。附近的两三个无所事事的小家伙在我的面包片和甜瓜块的引诱下，每天早上和晚上跑到周围的草丛中去摆放用芦苇编成的小笼子，收回时，小笼子里面装着活蹦乱跳的蝗虫、蚱蜢。而我也没闲着，手拿网子，每天在围墙周围转悠，企盼能为我的囚徒们弄点鲜美猎物。

这些美味是我想用来了解螳螂的胆量和力气到底有多大的。在这些美味之中，大灰蝗虫个头儿要比吃它的螳螂大得多；白额螽斯的大颚很有力，我们的指头都怕被它咬伤；蚱蜢怪模怪样，扣着金字塔形的帽子；葡萄树距螽音钹声嘎嘎响，圆乎乎的肚腹上还长有一把大刀。除了这些难以下嘴的野味外，还有两种可怕的猎物：一个是圆网蛛，肚子似圆盘，带有彩花边饰，大小如一枚二十苏的硬币；另一个是冠冕蛛，形象凶恶，鼓腹腆肚，令人望而生畏。

名师点评

作者通过描写猎物的可怕，更加突出了捕猎者的胆量和力气。

当我看到笼子里的螳螂一见到面前的各种猎物便勇猛地冲上前去的劲头儿，我便毫不怀疑它们在野地里遇见类似对手时也一定是毫不畏缩。如同在我的金属网罩中它尽享我慷慨奉上的美味一样，在荆棘丛中，它必定是毫不客气地享用偶然送上门来的肥美猎物。对大猎物的这种捕猎充满危险，它绝不是心血来潮之举，应该是它习以为常的事。然而，这种捕猎似乎并不多见，因为机会不多，也许这是螳螂的一大憾事。

各种各样的蝗虫，还有蝴蝶、蜻蜓、大苍蝇、蜜蜂以及其他中不溜儿个头儿的昆虫，都是它日常所能抓到的猎物。反正，在我的笼子里，大胆的女猎手在任何猎物前都没有退缩过。无论是灰蝗虫还是螽斯，也无论是圆网蛛还是冠冕蛛，迟早都逃不脱它的利爪，在它的锯齿内动弹不得，被它津津有味地嚼食。这种情形是值得讲述一下的。

读书笔记

一看见罩壁上傻乎乎靠近的大蝗虫，螳螂痉挛似的一颤，突然摆出吓人的姿态。电流击打也不会产生这么快的效应。它转变迅速，样子可怕，以致一个没有经验的观察者会立即犹豫起来，把手缩回来，生怕发生意外。即使像我这样已习以为常的人，如果掉以轻心的话，遇此情况也不免被吓一大跳的。这就像是突然从一个盒子里弹出一种吓人的东西——一种小魔怪似的。

读书笔记

它的鞘翅随即张开，斜拖在两侧；双翼整个儿展开来，似两张平行的船帆立着，宛如脊背上竖起阔大的鸡冠；腹端蜷成曲棍状，先翘起来，然后放下，再突然一抖，放松下来，随即发出“噗、噗”的声响，宛如火鸡展屏时发出的声音一般，也像是突然受惊的游蛇吐芯儿时的声音。

它的身子傲岸地支在四条后腿上，上身几乎呈垂直状。原先收缩相互贴在胸前的劫持爪，现在完全张开，呈十字形挺出，露出装点着排排珍珠粒的腋窝，中间还露出一个白心黑圆点。这黑的圆点恍如孔雀尾羽上的斑点，再加上那些象牙质的纤细凸纹，是它战斗时的法宝，平时密藏着，只是在打斗时为了显得凶恶可怕，盛气凌人，才展露出来。

螳螂以这种奇特姿态一动不动，目光死死地盯住大蝗虫，对方移动，它的脑袋也跟着稍稍转动。这种架势的目的是显而易见的：螳螂是想震慑、吓瘫强壮的猎物，如果后者没被吓破了胆的话，后果将不堪设想。

作者在前面先写了螳螂强悍凶狠的神态，然后才道出其真实目的。

它成功了吗？谁也搞不清楚螽斯那光亮的脑袋里或蝗虫那长脸后面在想些什么。它们那麻木的面罩上没有任何的惊恐呈现在我们的眼前。但是，可以肯定受威胁者是知道危险的存在的。它看见自己面前挺立着一个怪物，高举着双钩，准备扑下来；它感到自己面临着死亡，但在时间还来得及时它却并没有逃走。它本是个长腿的蹦跳者，善于高跳，轻而易举地就能跳出对方利爪的范围，可它却偏偏傻乎乎地待在原地，甚至还慢慢地向对方靠近。

据说，小鸟见到蛇张开的大嘴会吓瘫，看见蛇的凶狠目光会动弹不得，任由对方吞食。许多时候，蝗虫差不多也是这么一种状态。现在它已落入对方威慑的范围。螳螂将两只大弯钩猛压下来，爪子一抓，双锯合拢、夹紧。不幸的蝗虫已无还手之力：它的大颚咬不着螳螂，后腿只是胡乱地蹬踢。它的小命休矣。螳螂收起它的战旗——翅膀，复现常态，开始美餐。

本段证实了前面说的，螳螂展开的架势只是对比较强悍的敌人进行威胁，并非螳螂捕猎的必用手段。

在抓获蚱蜢和距螽这种危险小于大灰蝗虫和螽斯的昆虫时，螳螂那魔怪般的姿态没有那么咄咄逼人，持续时间也没那么长。它只需将大弯钩一伸就解决问题了。对付蜘蛛也是如此，只需拦腰抓住对方，就用不着担心其毒钩了。对于其日常食物中不起眼的蝗虫，无论是在我笼子里的还是野地里的，螳螂都极少用它的震慑法子，它只是一把抓住闯进它的势力范围的冒失鬼就完事了。

当要捕食的活物可能会进行顽强抵抗时，螳螂则不敢怠慢，要利用一种震慑、恫吓猎物的姿态，让自己的利钩有办法稳稳地钩住对方。随后，它的“狼夹子”便把被吓傻了无还手之力的受害者夹紧。它就是以这种迅猛的魔怪般的姿势把自己的猎物吓瘫了的。

名师点评

作者在前文写螳螂的威慑性神态时，已经提及了翅膀。作者在这里又因为翅膀的作用突出而再花笔墨，明显起到了强调作用。

在这种怪诞的姿势中，双翅起了很大的作用。螳螂的翅膀很宽大，外边缘呈绿色，其余部分为无色半透明。纵向上有许多经翅脉，呈扇面状辐射开来。还有一些更细的、横向的翅脉，成直角地与纵向翅脉相切，与之形成无数的网眼。在呈“魔怪”姿态时，翅膀展开，立成两个平行的平面，几乎相互触及，犹如昼间休憩的蝴蝶的翅膀一样。两翅之间，翘卷着的腹端突然剧烈抖动起来。肚腹摩擦翅脉，发出一种喘息声，我把它比作处于防御的游蛇吐芯儿的声音。如果要模仿这种声响，只需用指尖快速擦过展开的翅膀的正面即可。

几天没进食的螳螂，因饥饿难忍，能一下子把与它相同大小或比它个头儿大的灰蝗虫全部吃掉，只撇下其翅膀，因为翅膀太硬而无法消受。吃光这么个大猎物，两小时足够了。但这么狼吞虎咽的情况甚是罕见。我曾见到过一两次，我当时就一直纳闷儿，这个饕餮者是怎么找到地方存这么多的食物的？容量小于容积的原理是怎么颠倒过来为螳螂服务的？我惊叹它的胃的高超特性，竟能让食物立即消化、溶解，穿肠而过。

读书笔记

在我的笼子里，蝗虫是螳螂的家常饭菜，大小不等，种类各异。看着它用劫持爪上的那对钳子夹住蝗虫蚕食着，实属一件趣事。虽然说它那尖尖小嘴似乎并不像是生就为大吃大喝所用的，可猎物却被它吃光了，只剩下双翅，而且，翅根上多少有点肉的地方也没有放过。爪子、硬皮全都穿肠而过。有时候，螳螂抓住一条肥硕的后大腿，送到嘴边，细细地品味着，一副心满意足的神态。蝗虫的肥硕大腿对它来说可能是上等好肉，犹如一块上好羊肉对我们而言一样。

螳螂先从猎物的颈部下口。当一只爪拦腰抓住猎获物时，另一只则按住后者的头，使脖颈上方断裂开来。于是，螳螂便把尖嘴从这失去护甲的地方插进去，锲而不舍地啃吃开来。猎物颈部裂开了大口。头部已遭破坏，蹬踢也就随之停止，猎物便成了一个没有知觉的尸体，螳螂因而可以自由选择，想吃哪儿就吃哪儿了。

## 精华赏析

写作顺序在写作过程中起到了非常重要的作用，同样的材料，以不同的写作顺序进行组合，得到的效果也不同。本篇先写螳螂捕猎，再写进食，这样的写作顺序符合生物的生活规律，显得自然、协调。

## 延伸思考

请画出描写螳螂神态的句子和段落。

# 灰蝗虫【精读】

名师导读

灰蝗虫的蜕变可是个精细的工作，尤其是翅膀，从一个“小包袱”展开成美丽的鞘翅，从柔软变坚硬，整个过程需要细致耐心的观察。

我刚刚看到一件激动人心的事：一只蝗虫正在最后蜕皮，成虫从幼虫的壳套中钻了出来。情景壮观极了。我观察的是一只灰蝗虫，是蝗虫族类中的巨人，九月葡萄收获季节里在葡萄树上常常能见到它。它身体有一指长，所以比别的蝗虫观察起来方便得多。

灰蝗虫的幼虫肥胖难看，但已初具成虫的粗略模样，通常呈嫩绿色，但也有的是青绿色、淡黄色、红褐色，甚至有的已像成虫的那种灰色了。其前胸呈明显的流线型，并有圆齿，还有小的白点，多疣，后腿已像成年蝗虫一样粗壮有力，饰有红色纹路，而长长的后腿上长着双面锯齿。

鞘翅再过几天就将大大超过肚腹，但目前还只是两片不起眼的三角形小羽翼，上端贴在流线型前胸上，下端边缘往上翘起，呈尖形披檐状。鞘翅勉强能遮住蝗虫躯干的背部，宛如西服的垂尾，因省料子而剪短不够长，显得十分难看。鞘翅遮盖着的是两条细长小带子，那是翅膀的“胚芽”，比鞘翅还要短小。

此处作者采用了明喻的修辞方法。

总之，它们很快将成为灵巧漂亮的羽翼，不过眼下还是两块为节省布料而剪得难看至极的破布头。从这堆破烂玩意儿里将有什么东西跑出来呢？是一对极其宽阔而美丽的翅膀。

此处作者采用了暗喻的修辞方法。

咱们先仔细地观察一番事情的经过。幼虫感到自己已经成熟，可以蜕变之后，便用后爪和关节部位抓住网纱。而前腿则收回，交叉在胸前待命，以支持背朝下躺着的成虫翻转身来。鞘翅的鞘——三角形小翼呈直角地张开其尖帆，那两条翅膀胚芽的细长小带子在暴露出的间隔处的中央竖起，并微微分开。这样，蜕皮的架势业已摆好，稳稳当当。

此处作者采用了借代的修辞方法。

首先必须让旧外套裂开。在前胸前端下部，由于反复一张一缩的缘故，推动力便产生了。在颈部前端，也许在要裂开的外壳掩盖下的全身都在进行着这种一张一缩的反复运动。关节部位薄膜细薄，可以让人一眼看到在这些裸露地方的张缩运动，但前胸中央部位因有护甲挡着就看不出来了。

蝗虫的中央部位血液在一涌一退地流动着。血液涌上时宛如液压打桩机一般一下一下地撞击着。血液的这种撞击，机体集中精力产生的这种喷射，使得外皮终于沿着因生命的精确预见而准备好的一条阻力最小的细线裂开。裂缝沿着整个前胸的流线体张开，宛如从两个对称部分的焊接线裂开一样。外套的其他部分都无法挣开，只有在这个比其他部位都薄弱的中间地带裂开。裂缝稍稍往后延伸了一点，下到翅膀的连接处，然后再转到头部，直至触须底部，再在此处分成左右短叉。

读书笔记

背部从这个裂口显露出来，软软的，苍白的，稍稍带点灰色。背部在缓慢地拱起，越拱越大，终于全拱出来了。

随后头也拱了出来。外壳被撇在原地，完好无损，但两只玻璃状的眼睛已什么也看不见了，样子极怪；触须的套子没有一丝皱纹，也未见任何异样，处于自然状态，垂在这张变成半透明的已无生气的脸上。

触须在从这么窄小又裹得如此紧的外套中钻出来时并没有遇到任何阻力，所以外套没有翻转过来，没有变形，连一点儿褶皱都没弄出来。触须的体积与外壳大小一样，而且同样是有节瘤的，可它却并未损坏外壳，而是轻易地从中钻了出来，如同一个光滑直溜儿的物件从一个宽大无障碍的管子里滑落出来一般。后腿的伸出也一样轻而易举，且更令人震惊。

现在该是前腿然后是关节部位摆脱臂铠和护手甲了，但也未见有丝毫的撕裂，没有丝毫的褶皱，更没有丝毫自然位置的变化。此时蝗虫只用长长的后腿的爪子抓住网罩。它垂直悬吊着，头冲下，我一碰纱网，它就像钟摆似的摆动起来。它的悬吊支点是四个细小的弯钩。

如果这四个弯钩一松，没抓住，这只蝗虫就没命了，因为除了在空中以外，它的巨大翅膀在其他地方是张不开的。但是，它们抓得牢牢的，因为在它们从外壳伸出来之前，生命就使它们变得坚硬牢固，能稳稳当当地承受得起随后的从外壳中挣脱的使命。

现在鞘翅和翅膀在出来。那是四个窄小的破片，隐约可见一些条纹，状如被撕裂的小纸绳，顶多只有最终长度的四分之一。

它们软极了，支撑不了自身重量，耷拉在头朝下的身子两侧。翅膀末端无所依靠，本该冲着后部，但现在却冲着倒挂的蝗虫的头部。蝗虫未来的飞行器官现在那副惨相如同原本肉乎乎的四片小叶子被暴风雨打得破败不堪的模样。

为了让自己的身体机能臻于完善，蝗虫必须进行一项深入细致的工作。这项机体内的工作甚至已经在充分地进行着，也就是把黏液凝固，让不成形的结构定型，但是，从外部丝毫看不出来其内部的这种神秘的实验。外面看上去，蝗虫似乎毫无生气。

这期间，后腿摆脱开来。粗大的大腿显现出来，向内的一侧呈淡粉红色，但很快便变成了鲜艳的胭脂红。后腿出来很容易，把收缩的骨头一伸，道路便畅通无阻了。

但小腿就是另一码事了。当蝗虫成为成虫时，整条小腿上竖着两排坚硬锋利的小刺。另外，下部顶端有四个有力的弯钩。这是一把货真价实的锯，有两排平行的锯齿，极其粗壮有力，除了稍微小了点以外，真可以与采石工人的大锯相媲美。

幼虫的小腿结构相同，因此也是裹在有着同样装置的外套里。每个弯钩都嵌在一个同样的钩壳之中，每个锯齿都与另一个同样的锯齿相啮合，而且啮合得严丝合缝，即使用刷子刷上一层清漆来替代要蜕掉的外壳也不如它们那样紧紧相贴。

然而，胫骨的这把锯子从中蜕出来时却没有让紧贴着外壳的任何地方有一点点损伤。如果我没有一而再、再而三地仔细观察，我是不敢相信的。被抛弃的小腿护甲完完整整，毫发未损。无论末端的弯钩还是双排锯齿都没有弄坏一点软嫩的外壳。那外壳细嫩得一口气都能把它吹破似的，但尖利的大耙在其间滑动却未留下一丝的擦伤。

我远没想到会是这种情况。我看到那披着刺棘的铠甲时，就以为小腿上的外壳会像死皮似的自己一块块脱落，或者被擦碰掉下。但事实却远非如此，这大出我所料！

弯钩和刺棘毫不费力、没有一点阻碍地从薄膜里出来了，可它们却是能让小腿形同一把可锯断软木头的锯子的呀。脱下来的衣服依靠其爪状外皮，钩在网罩的圆顶上，无一丝一毫的褶皱和裂缝，用放大镜也没看到有什么硬擦伤。外壳蜕皮前后完全一模一样。那蜕下的护胫也同那条真腿一样，无丝毫的差异。

谁要是让我们把一把锯子从贴在其上的极薄的薄膜套里抽出来而又不对薄膜套有丝毫损伤，那我们必然是哈哈大笑，因为这根本就办不到。但生命却嘲弄了这类的不可能。生命在必要时有办法实现荒诞的事情。这一点蝗虫的爪子就告诉了我们。

胫骨锯一出了套既然是那么的坚硬，所以紧紧地裹住它的套子不被弄碎肯定它是出不来的。但困难被它绕开来了，因为胚甲是它唯一的悬挂带，必须绝对地完好无损，才能给它提供牢固的支撑直至它完全摆脱出来。

正在努力挣脱的腿还不是能够行走的肢体，它还没有达到随后不久的那种硬度。它非常软，极易弯曲。我对它的蜕皮部分做了实验，我把网罩倾斜，便会看到已经蜕皮部分因受重力影响，随我的意愿在弯曲。细小的带状弹性胶质也没什么弹性了。但是，它很快就硬了起来，只几分钟工夫，它便具有了所必需的硬度。

再往前些，在外套遮住我看不见的部分里，小腿肯定要软一些，处于一种极具弹性的状态，可以说是流体状的，这使得它几乎可以像液体似的从通道中流出来。

小腿上这时已经有锯齿了，但并不像它出来之后那么尖利。的确，我可以用小刀尖给小腿部分地剔去外壳，并拔除被模子紧裹着的小刺。这些小刺是锯齿的胚芽，是柔软的肉芽，稍加外力便会弯曲，外力一除又立刻恢复原状。

这些小刺向后仰倒以利于蜕出，而随着小腿的往外伸出，它们也在逐渐地竖起、变硬。我所观察着的不是单纯地把护腿套蜕去，露出在盔甲中已成形的胫骨，而是一种以其蜕变速度而令我惊讶不已的诞生过程。

螯虾的钳子在蜕皮时把两只手指的嫩肉从硬如石头的旧套中挣脱出来时，情况差不多也是这样，但细腻精确的程度却远不及蝗虫。

现在，小腿终于自由了。它们软软地折进大腿的骨沟里，一动不动地成熟起来。肚腹蜕皮了，它那件精细的外套出现了皱纹，在往上蜕去，直至顶端，只有这顶端还在壳内卡了一会儿，除此之外，蝗虫全身都已露在外面。

它垂直地吊挂着，头朝下，由现已空了的小腿护甲的钩爪钩住。

蝗虫一动不动，后部由破烂衣衫固定着。它的肚子鼓胀得非常之大，看上去像是由储存的机体液汁撑起来的，翅膀和鞘翅很快就要动用这些液汁的。蝗虫在休息，在恢复元气。一直这么等了有二十分钟。

然后，只见它脊椎一着力，由倒悬成正挂，用前跗节抓牢挂在头上的旧壳。即使倒挂着用脚倒钩高空秋千的杂技演员为了正过身来，腰部也没有这么用力。这么用力的一个翻转之后，其他的就不在话下了。

蝗虫依靠自己刚刚抓住了支撑物，便稍稍往上爬，碰到了罩子的网纱，这网纱恍若在野地里蜕变时所依托的灌木丛。它用四只前爪把自己固定在网纱上。这么一来肚腹末端就完全解脱了，然后又猛地最后一挣，旧壳便掉了下去。

旧壳的落下让我颇感兴趣，它使我想起了蝉衣是如何顽强坚毅地顶着凛冽寒风而未从挂住的小树枝上掉下去。蝗虫的蜕变方式几乎与蝉一模一样。可蝗虫的悬挂点怎么会那么不牢固呢?

只要挺身动作没结束，弯钩就牢牢地钩住，而这个动作一做完，似乎全身的一切都动摇了，稍微一动便脱落下来。足见这时的平衡很不稳定，这就再一次显出蝗虫从外套中出来的每个动作是何等的精确无误啊。

我因为找不到更好的术语，所以便用了“挺身”一词，其实这并不完全贴切。“挺身”意味着猛烈，而蝗虫的动作中没有猛烈，因为平衡处于不稳定中的缘故，而稍微一用力，蝗虫便会摔下来，一命呜呼，它就会干死在那儿，或者至少它的飞行器官因无法展开而将成为一堆破烂。蝗虫并不是硬挣出来，它是小心谨慎地从外套中滑动出来，仿佛有一根柔软的弹簧在把它轻轻弹出。

我们再回头看看那些蜕皮之后表面上没有丝毫变化的鞘翅和翅膀吧。它们仍旧是残缺不全，几乎像是上面有细竖条纹的小绳头。它们要等到幼虫完全蜕皮并恢复正常姿态之后才会展开。

我们刚才看到蝗虫翻转身子，头朝上了。这种翻身动作足以让鞘翅和翅膀回到正常位置。原先它们极其柔软地因自身重量而弯曲地垂着，自由的一端朝着倒置的头部。

读书笔记

此刻，它们仍旧因自身的重量而调整姿势，从而处于正常方向。已不再有弯曲的花瓣，颠倒的位置也调整过来，但这并没使它们那不起眼的外表有任何的改变。

翅膀完全张开时呈扇形。一束轮辐状的粗壮翅脉横贯翅膀，成为可张可缩的翅膀构架。翅脉间，有无数横向排列的小支架层层叠起，使整个翅膀成为一个带矩形网眼的网络。鞘翅很小，又很粗糙，也是这种网络结构，但网眼是方块形。

鞘翅和翅膀状若小绳头时，都看不出这种带网眼的组织来。上面仅仅是几条皱纹，几条弯曲的小沟，表明这些肢体是经精巧折叠使体积达到最小的织物构成的东西。

翅膀的展开是从肩部附近开始的。那儿一开始看不出有什么变化，但很快便现出一块半透明的纹区，有着清晰而美丽的网络。

渐渐地，这块纹区用一种连放大镜都观察不到的缓慢速度在一点点扩张，致使末端那胖得不成形状的东西在相应地缩小。在逐渐扩展和已经扩展的这两部分的相接处，我怎么看也看不出个所以然来：我什么也看不出，如同我在一滴水中什么也看不出来一样。但是，少安毋躁，不一会儿那方块网络组织就非常清晰地显现出来了。

用放大镜都难以察觉，更能说明作者观察得仔细。

根据这初步观察，我们真的会以为一种可以组织成实物的液体突然凝固成带肋条的网络了。我们还会以为眼前的是一种晶体，因其突如其来，颇像显微镜载玻片上的溶化盐似的。其实并非如此：情况不是这样。生命在其孕育中没有这种突如其来。

我折断一个发育了一半的翅膀，用大倍数的显微镜对着仔细观察。这一次，我满意了。似乎在逐渐结网的两部分的交接处，这个网络实际上已预先存在着。我很清楚地辨别出其中的已经粗壮的竖翅脉；我还看见其中横向排着的支架，尽管它们确实还很苍白且不凸出。我成功地把末端的几块碎片展开来，找到了要找的一切。

这已经证实了。翅膀此刻并不是织布机上由电动梭子生产出来的一块布料，而是一块已经完全织成了的成品布料。它所欠缺的只是展开和刚性，无须费多少事了，这就像熨衣服时用熨斗一熨就成了。

三个多小时过后，鞘翅和翅膀就全部展开了。它们竖立在蝗虫背上，呈一张大帆状，忽而无色，忽而嫩绿，如同蝉翼一开始那样。联想到它们原先只像是个不起眼的小包袱，如今展开得这么宽大，真令人拍案叫绝。这么多东西怎么在那小包袱里装下去的呀！

作者丰富的联想让昆虫世界充满了奇幻色彩，引人入胜。

小说中说过一粒大麻籽儿里装着一位公主的全套衣裳。而我们这儿所见的是另一粒更加惊人的籽儿。小说里的那粒大麻籽儿为了发芽不断地增长繁殖，最后用了多年的时间才长出办嫁妆所需要的那么多麻来，而蝗虫的这粒“籽儿”，短时间内便长出一对漂亮的大翅膀来了。

这个竖起四块平板来的绝妙大翅膀缓慢地坚硬起来，还增加了色彩。第二天，翅膀的颜色便已定型。翅膀第一次折合成一把扇子，贴在自己应在的地方；鞘翅则把外边缘弯成一道钩贴在体侧。蜕变完成了。大灰蝗虫要做的事只剩下在灿烂的阳光下使自己更加壮实，使自己的外衣晒成灰色。让它去享受自己的快乐，我们还是稍稍回头看看。

读书笔记

前面说过，在紧身甲顺着底部中线裂开后不久便从外套中出来的那四个残缺不全的东西，包含着有着翅脉网络的鞘翅和翅膀，这网络算不上完美无缺，但至少整体看来无数细部已经定型。为打开这寒碜的包袱，并让它变成美丽的翅膀，只需让起压力泵作用的机体把储存着为此一时刻而用的液汁注入里面去即可，而这一时刻是最为辛劳的时刻。通过这个事先弄好的管道，一股细流便把翅膀给撑开了。

但是，仍旧包裹在外套里的这四片薄纱究竟是什么情况呢？幼虫翅膀的镰刀、三角翼端是不是由一些模具按照它们那弯曲折叠的皱襞的模样，把包裹着的东西加工定型，从而编织出来的鞘翅和翅膀的网络？

如果我们看到的不是个真正的模具，我们就可以稍许歇上一歇了。我们会想：用模具铸出来的东西跟凹模一样，这是很简单的。但是，我们脑子的歇息只是表面的，因为我们必然会想，模具那么复杂的结构也得有自己的出处呀！我们也别追得那么深。对我们来说，这一切可能都是两眼一抹黑的。我们就局限在所观察到的情况就行了。

我把一只已成熟要蜕变的幼虫的一个翼端放在放大镜下仔细观察。我看到上面有一束呈扇形辐射开来的粗壮翅脉。其间夹杂着另外一些苍白而细小的翅脉。最后，还有许多很短的横线，更加细微，弯成“人”字形，补足了这个组织的内部空间。

这就是未来鞘翅的简略雏形。它与成熟了的鞘翅真是天壤之别！似建筑物梁木的翅脉的辐射状布局则完全不一样，由横翅脉构成的网络丝毫不像未来的复杂结构。未来继粗略雏形产生的是极其复杂的结构，而这一切都在现在粗糙的基础上臻于完善。翅膀的变化也是此结果，即最终的翅膀也同样是这种情况。

当准备状态和最终状态都呈现在眼前时，就一目了然了：幼虫的小翼并不是按其模样加工材料并按照其凹模来制造鞘翅的简单模具。

不是这样的。我们所期待的包裹状薄膜还没在这个雏形当中，这个包裹一旦打开，其组织之大、之复杂将令我们惊讶不已。或者更确切地说，这个包裹状薄膜就在雏形中，但却是处于潜在状态。在成为真正的实物之前，它只是个虚拟形态，但可以变成实物。它存在于雏形之中，就比如是橡树就存在于橡栗之中一样。

翅膀的镘刀和鞘翅的翼端没有固定着的边缘为一圈半透明的小肉球所包围。经高倍放大镜放大之后，可以看见其中有几个似有似无的未来锯齿的雏形。这很可能是生命将使其物质运动起来的工地。没有任何可以看得出来的东西使人感觉到那个神奇的网络的存在，我们感觉不到这个网络的每一个网眼都将会有自己明确的形状及其精确的位置。

因此，能使这种可以组织起来的材料具有薄纱状，并让脉序构成一个难以绕出的迷宫，势必有比模具更巧妙更高级的结构，势必有一张标准的平面图，有一个让每一个原子进入规定位置的理想的施工说明书。在材料动起来之前，外形已经明确地勾勒出来，供塑型液流动的管道也已经铺设好了。我们建筑物的砾石已按照建筑师思考好的施工说明书码放好了。它们先按所设想的样子码放，然后便真正地垒砌起来。

同样，蝗虫翅膀这个从不起眼的外套中挣脱出来的美丽的花边薄翼，让我们知道了还有另一位建筑师，它画出了一些平面图，生命则按这些平面图去建造。

生物的诞生方式多种多样，有比蝗虫的诞生更让人惊叹不已的方式，但是，那都是在不知不觉中进行的，被时间这巨大的帷幕遮盖住了。如果我们不具备持之以恒的精神，那神秘缓慢的进程就会让我们看不到最激动人心的场面。而蝗虫的蜕变却不一样，快得出奇，所以必须全神贯注，即使你再感到迷茫也不能分心。

谁要是想看一看生命以多么不可思议的灵巧在工作而又不想枯燥乏味地等候的话，那就去看葡萄树上的大蝗虫好了。种子发芽，叶子舒展，花朵绽放都极其缓慢，我们的好奇心难以得到满足，但葡萄树上的大蝗虫都可以代替，以了却我们的心愿。我们无法看到小草的缓慢生长，但我们却能十分清楚地观察到蝗虫的鞘翅和翅膀的蜕变过程。

看到这个“大麻籽儿”几个小时就变成了一张漂亮的大帆，真让人惊得目瞪口呆。啊！生命在编织蝗虫的翅膀，真不愧是个能工巧匠，而蝗虫只是那些微不足道的昆虫中的一种而已。老博物学家普林尼谈到它时说道：“葡萄树蝗虫在这个向我们指出的不为人知的角落，显示出它是多么强大，多么聪慧，多么完美！”

我听说有一位博学的研究者，他认为生命只不过是物理力和化学力的一种冲突而已，他苦思冥想，希望有一天以人工的方法能获得那种可加以组织的材料，亦即行话所说的“原生质”。如果我有这种能力，我会急于满足这位雄心勃勃的人的。

喏，就这样，你准备好了各种各样的原生质。经过深思熟虑、深入研究、耐心细致、谨慎小心，你的愿望实现了。你从你的实验仪器中提取了一种易于腐败、过几天就发臭的蛋白质黏液，总之，是一种脏得很的玩意儿。你将如何处置你的产品？

你能把它组织起来吗？你能给它以活的建筑结构吗？你能用一种注射器把它注入两片不会搏动的薄片中间去，以获取哪怕是一只小飞虫的翅膀吗？

蝗虫几乎就是按这种方法干的。它把它的原生质注入小翅膀的两个胚层之间，材料也就在其间变成了鞘翅，因为它在那儿有我们前面所说的原型作为指引。它在自己行程的迷宫中按照先于它在那儿存在并且已制定好的施工说明书行动。

这种对形状进行协调的原型，这个事先存在的调节装量，你的注射器里有吗？没有。所以说你就把你的产品扔掉了吧。生命是决不会从这种化学垃圾中迸发出来的。

## 精华赏析

文章抓住了灰蝗虫蜕变过程中最有代表性的部分，即灰蝗虫翅膀的蜕变，进行详写。作者通过细腻、活泼、生动的描写，突出表现了自然界的鬼斧神工。

## 延伸思考

请在文中找出运用了借代修辞方法的句子。

# 大孔雀蝶

名师导读

大孔雀蝶硕大而美丽，“我”为了观察它们使尽浑身解数，但“我”仍无法解释清楚它们之间那神秘的吸引力。

这是一个难忘的晚会。我把它称作大孔雀蝶晚会。谁不认识这美丽的蝴蝶？它是欧洲最大的蝴蝶，穿着栗色天鹅绒外衣，系着白色皮毛领带。翅膀上满是灰白相间的斑点，一条淡白色“之”字形线条穿过其间，线条周边呈烟灰白，翅膀中央有一个圆形斑点，宛如一只黑色的大眼睛，瞳仁中闪烁着黑色、白色、栗色、鸡冠花红色的呈彩虹状的变幻莫测的色彩。

它的体色模糊泛黄的毛虫也同样美丽好看。它那稀疏地环绕着一圈黑纤毛的体节末端，镶嵌着青绿色的珍珠。它那粗壮的褐色茧形状极其奇特，口部状如渔民的捕鱼篓，通常紧贴在老巴旦杏树根部的树皮上。这种树的树叶是其毛虫的美味食物。

五月六日那天早上，一只雌性大孔雀蝶在我面前的实验室桌子上破茧而出。它因孵化时的潮湿而浑身湿漉漉的，我立即用金属网罩把它罩了起来。我这也是灵机一动才这么做的，因为我还没有针对它的特殊安排。我只是凭着观察者的简单习惯，把它关了起来，时刻密切注意可能会出现的情况。

我很有运气。晚上九点钟光景，全家人都躺下睡觉了，我隔壁房间乱糟糟的一阵响动。小保尔没怎么穿衣服，来回走动，又蹦又跳，跺脚踢物，弄翻椅子，简直像疯了似的。只听见他在喊我。“快来呀，”他在大声喊叫，“快来看这些蝴蝶呀，像鸟儿一样大！房间里都飞满了！”

我赶忙奔过去。一看，怪不得孩子会那么兴奋，那么乱喊乱叫。那是从未发生过的“擅闯民宅行为”，是巨大蝴蝶的入侵。有四只已经被抓住，关进了麻雀笼里。还有大量的蝴蝶全都在天花板上飞来飞去。

见此情景，我立刻想起了早晨被我关起来的那只雌性大孔雀蝶来。“快穿上衣服，孩子，”我对儿子说，“把你的笼子放那儿，跟我走。咱们去看看稀罕玩意儿。”

我们在往下走，来到住宅右侧我的实验室。经过厨房时，我碰见了保姆，她也被眼前发生的事弄得惊愕不已。她在用她的围裙驱赶一些大蝴蝶，一开始她还以为是蝙蝠呢。

看起来，大孔雀蝶已经差不多把我的住宅全都占据了。这肯定是那只被囚女俘引来的，它周围的那方天地会成什么样儿了呀！幸好，实验室的两扇窗户有一扇是开着的。道路通畅。

我们手里拿着一支蜡烛，冲进了房间。我们第一眼所见简直是终生难忘。一群大蝴蝶轻拍着翅膀，围着钟形罩飞舞，落在罩子上，忽而又飞走，然后又飞回来，再飞向天花板，继而又飞下来。它们扑向蜡烛，翅膀一扇，蜡烛灭了。它们又扑向我们肩头，钩住我们的衣服，轻擦着我们的面部。这屋子简直成了一个巫师招魂的秘窟，成群的“蝙蝠”在飞舞。为了壮胆，小保尔紧攥住我的手，比平时用力得多。

它们有多少只呢？将近二十来只。再加上误入厨房、孩子们的卧室和其他房间的，总数将近四十来只。我要说，这是一次难忘的晚会，一次大孔雀蝶的晚会。它们不知是如何得知消息的，从四面八方赶来。其实，那是四十来个情人，急不可耐地赶来向今晨在我实验室的神秘氛围中诞生的女子致意的。

今天，我们就别再多打扰这一大群追求者了。蜡烛的火焰伤着了这群来访者，它们冒冒失失地向火上扑去，烧着了身子。明天我将用一份事先拟定的实验问卷再来进行这项研究。

现在，我们先来整理一下思路，来谈谈这一个星期里我观察到的所有情景中重复见到的情况。每次都发生在晚上八点到十点之间：蝴蝶们是一只一只飞来的。房外是暴风雨的天气，天空乌云翻滚，一片漆黑，花园里，露天地，树丛内，伸手不见五指。

对于这些到访者来说，除了这漆黑之夜外，住所也难以进入。房屋掩映在一些高大的梧桐树下，屋前向外的前厅有一条两边长着厚厚的丁香和玫瑰树篱的甬道，屋前还有丛丛松树和杉柏帷幕在抵挡凛冽的西北风的侵袭。大

门不远处还有一道小灌木丛形成的壁垒。大孔雀蝶要赶到“朝圣地”就必须在漆黑的夜晚穿越这杂乱的树枝屏障，左冲右突，迂回前进。

在这样的情况下，猫头鹰都不敢离开它那油橄榄树的巢穴贸然闯入。而大孔雀蝶装备精良，长着多面的小光学眼睛，比大眼睛的猫头鹰技高一筹，敢于毫不迟疑地勇往直前，顺利通过，没有发生碰撞。它迂回曲折地飞行着，方向掌握得非常之好，所以越过了重重障碍，抵达时仍精神抖擞，大翅膀没有丝毫的擦伤，完好无损。对于它们来说，黑夜中的那点光亮已足够了。

即使认为大孔雀蝶具有某些普通视网膜所没有的特殊视觉，这种异乎寻常的视觉也不会是通知在远处的它飞来这里的东西。远隔着的距离和其间的遮挡物肯定使这种视觉起不了这么大的作用。

再说，除非有迷惑性的光的折射——这件事并不属于这种情况——大孔雀蝶会直扑所见到的东西，因为光线的指引非常准确。不过大孔雀蝶有时也会出错，但错的不是要走的大方向，而是引诱它前去的所发生事情的确切地点。我刚才说过，孩子们的卧室是在此时此刻到访者们的真正目的地（我的实验室）的对面，在我们秉烛闯入之前，那里已经被一群蝴蝶占据了。它们肯定是因情急搞错了。厨房里也是一样，那里也有一群满腹狐疑的蝴蝶，因为在厨房里有一盏灯，挺亮，对于夜间活动的昆虫来说是一种无法抗拒的诱惑，所以它们可能因此而迷了路。

我们只考虑黑暗的地方吧。在这种地方迷失方向者也不在少数。我在它们要前往的目的地附近几乎到处都发现一些。因此，当被囚女俘身陷我的实验室时，蝴蝶们并不是全都从那个直接而可靠的通道——开着的窗户飞进来的，那通道离钟形罩下的女囚只不过三四步远。有不少是从下面飞进来的，它们在前厅四处乱窜，顶多飞到了楼梯口，可那是一条死路，上面有一个门关着，进不去。

这些情况说明，赶来求爱的大孔雀蝶们并没有像普通光辐射告诉它们之后它们所做的那样(这些光辐射是我们的身体能感觉到或不能感觉到的)，直奔目标飞来。另有什么东西在远处告诉它们，把它们引到确切地点附近，然后让最终的发现物处于寻找和犹豫的模糊状态之中。我们通过听觉和嗅觉获得的信息差不多也是这种情况，当必须准确地弄清声音或气味的来处时，听觉或嗅觉却是很不准确。

发情期的大孔雀蝶夜间朝圣时究竟是靠什么样的信息器官呢？人们怀疑是靠它们的触角。而表面上，雄性大孔雀蝶似乎是用它们那宽阔的羽状薄翼在探测。这些美丽的羽饰只是一些普通的服饰呢，还是也起着一种引导求爱者找寻气味的作用呢？似乎不难进行一个带结论性的实验。咱们不妨来试一试。

入侵发生的翌日，我在实验室里找到了头天夜袭的访客中的八位。它们在关着的那第二扇窗户的横档上盘踞着，一动不动。其他的访客在一番飞舞尽兴之后，于晚上十点钟光景从进来的那个通道，也就是日夜全都敞开着的那第一扇窗户飞走了。这八只坚韧不拔者正是我要做的实验所必需的。

我用小剪刀从根部剪掉大孔雀蝶的触角，但并未触及它们身体的其他部位。它们对这种手术并未有什么反应。谁都没有动，只不过稍稍抖动了一下翅膀。手术非常成功：伤口似乎不怎么严重。被剪去触角的大孔雀蝶没有疼得乱飞乱舞，这对我的实验计划是最好不过的了。一天结束了，它们一直静静地一动不动地待在窗户的横档上。

余下要做的还有另外几项事情。特别是当被剪去触角的大孔雀蝶在夜间活动时，应给女囚换个地方，不让它待在求爱者们的眼皮底下，以保证研究的成果。因此，我把钟形罩和女囚搬了家，把它放在地上，在住宅另一边的门廊下，离我的实验室有五十来米。

夜幕降临，我最后一次查看了一下我那八只动过手术者。有六只已经从敞开着的那扇窗户飞走了；还留下两只，但是已经摔在了地板上，我把它们翻过来，仰面朝天，它们都没有力气翻转身子了。它们已精疲力竭，奄奄一息。可别责怪我的手术不好。即使我不用剪刀剪去它们的触角，它们照样会衰老垂危。

那六只大孔雀蝶精力充沛，已经飞走了。它们还会飞回来寻找昨天引它们飞来的诱饵吗？它们没有了触角，还能找得到现已移往别处、离原先的地点挺远的那只钟形罩吗？

钟形罩放在黑暗之中，几乎是在露天地里。我时不时地拿着一只提灯和一个网跑过去看看。来访者被我捉住、辨认、分类，并立即在我关上了门的相邻的一间屋子里被放掉。这样做可以精确地计数，免得同一只蝴蝶被计算上好几次。另外，这临时的囚室宽敞空荡，绝不会损伤被捉住的蝴蝶，它们在囚室里会觉得很安静，而且有很大的空间。在我以后的研究中，我也将采取类似的安全措施。

十点半钟，再没有到访者了，实验结束了。捉住的一共有二十五只雄性，只有一只是失去触角的。昨天被动过手术的那六只大孔雀蝶，身强力壮，得以飞出我的实验室，回到野外，其中只有一只回来寻找那只钟形罩。如果必须肯定或者否定触角的导向作用，那我尚不敢信任这种收获不大的结果。让我们在更大的范围内再做一番实验吧。

第二天早上，我去查看头一天被捉住的俘虏们。我看到的情况并不令人鼓舞。有许多都落在地上，几乎没有了生气。我把它们用手指夹住时，有几只只是略微有点生命的气息。这些瘫痪了的囚徒还能有什么用处？咱们还是试一试吧。也许到了寻欢求爱的时刻，它们又会恢复生气。

有二十四只新来的接受了截去触角的手术。先前被剪去触角的那一只被剔除了，因为它差不多已奄奄一息了。最后，在这一天剩余的时间里，监狱的大门是敞开的，谁想飞走就飞走，谁想去参加盛大晚会就去参加吧。为了让飞出去的接受试验，它们在门口必然会遇见的那只钟形罩又被挪了地方。我把它放置在一楼对面那一侧的一个套间里。当然，这个房间进出自由。

这二十四只被剪去触角者中，只有十六只飞到了外面。还有八只已精疲力竭，不多久就会死在这儿。飞走的那十六只中，有多少只晚上会回来围着钟形罩飞舞呢？一只也没有。第二晚我只逮着七只，全都是新飞来的，也全都是羽饰完整的。这一结果似乎表明剪去触角是较为严重的事。不过，我们还是先别忙着下结论：还有一个疑点，而且是很重要的疑点。

“瞧我这副德性吧！我还敢在别的狗面前露面吗？”刚被别人无情地割掉两只耳朵的小狗莫弗拉说。我的蝴蝶们会不会有小狗莫弗拉同样的担忧？一旦失去美丽的装饰，它们就不再敢出现在其情敌们面前向雌性示爱吗？这是它们的惶恐吗？是它们少了导向器的缘故吗？是不是因为久等而未能如愿所致，因为它们的狂热是短暂的？实验将解答我们的疑问。

一系列疑问，道出了作者的严谨态度，以及强烈的求知欲。

第四天晚上，我捉到十四只蝴蝶，全都是新来者，我逐个地把它们关在一间房间里，它们将在里面过夜。第二天，我趁它们习惯于昼间歇息不动之机，把它们前胸的毛拔掉少许。拔去这么一点点毛对昆虫无伤大雅，因为这种丝质的下脚毛很容易长出来，所以不会伤及它们在要回到钟形罩前的时刻到来时所必需的器官。对于这些被拔毛者这算不了什么，可对于我来说，这将是我识别谁来过而谁是新来者的重要标记。

这一次没有出现精疲力竭、无法飞舞者。入夜，十四只被拔毛者飞回野外去了。当然，钟形罩又挪了地方。两个小时里，我逮住了二十只蝴蝶，其中只有两只是拔过毛的。至于前天晚上被剪去触角的大孔雀蝶，一只也没有出现。它们的求偶期结束了，彻底结束了。

在有拔毛标记的十四只中，只有两只飞回来了。其余的十二只虽然有着我所推测的导向器，有着它们的触角羽饰，但为什么没有回来呢？另外，在被囚禁了一夜之后，为什么总是有那么多被证实为体力不支者呢？对此我只有一个回答：大孔雀蝶被强烈交尾的欲望迅速消耗得精疲力竭。

大孔雀蝶为了结婚，这个它生命唯一的目的，具备了一种奇妙的天赋。它能长距离飞行，穿过黑暗，越过障碍，发现自己的意中人。两三个晚上的时间里，它用几个小时去寻觅，去调情。如果不能遂愿，一切就全都完了：极其准确的罗盘失灵了，极其明亮的灯火熄灭了。那今后还活个什么劲儿呀！于是，它便缩到一个角落里，清心寡欲，长眠不醒，幻想破灭，苦难结束。大孔雀蝶只是为了代代相传才作为蝴蝶生存的。它对进食为何事一无所知。如果说其他的蝴蝶是快乐的美食家，在花丛间飞来飞去，展开其吻管的螺旋形器官，插入甜蜜的花冠的话，那大孔雀蝶可是个没人可比的禁食者，完全不受其胃的驱使，无须进食即可恢复体力。它的口腔器官只是徒具形式，是无用的装饰，而非货真价实、能够维持身体机能运转的工具。它的胃里从未进过一口食物：如果它不是活不长的话，这可是个绝妙的优点。灯若想不灭就必须给它添油，大孔雀蝶则拒绝添油，不过它也就因此而活不长。只两三个晚上，那正是配对交欢必需的最起码的时间，这就是它生命的一切，之后，大孔雀蝶也就寿终正寝了。

那么失去触角的大孔雀蝶一去不复返又是怎么回事呢？它们是否在证明没有了触角它们就无法再找到那只有女囚在等候它们的钟形罩呢？绝对不是。如同被拔掉毛身体受损但却安然无恙的昆虫一样，它们也是在宣告自己的寿命已经终结了。它们无论被截肢还是身体完整者，现在皆因年岁大的缘故而派不上用场了，它们的存在与不存在已无意义。由于实验所必需的时间不够，我们未能了解到触角的作用。这种作用先前让人摸不着头脑，今后仍旧是一个疑团。

我囚禁在钟形罩下的那只雌性大孔雀蝶存活了八天。它根据我的意愿，每晚在居住处的一隅或另一处，为我引来数目不等的一群造访者。我用网随到随捕，然后立即把它们关进封闭的房间，让它们过夜。第二天，我起码要在它们的胸部剪掉些毛，以做标记。

来访者的总数在这八天当中高达一百五十只，考虑到今后两年为了继续这项研究必需的资料我将要费劲乏力地去寻找这种活物的话，这个数目可真让人瞠目结舌。大孔雀蝶的茧在我住所附近虽说并非找不到，但至少是十分罕见，因为其毛虫的栖息地老巴旦杏树并不太多。那两年的冬天，我对这些衰老的树全都一一检查过，翻查它们那藏于一堆杂乱的木本植物中的树根，可我有多少次都是无功而返，空手而回呀！因此，我的那一百五十只大孔雀蝶是从远处，从很远的地方，也许是从方圆两公里以外或更远的地方飞来的。它们是如何获知我实验室里的情况而纷纷前来的呢?

有三个信息因子是易感性的决定条件：光线、声音和气味。大孔雀蝶从敞开的窗户飞进来之后，视觉指引着它，仅此而已。但在它进来之前，在外面那未知的环境中则不然！说大孔雀蝶具有猞猁那种穿墙视物的视觉是不足以说明问题的，还必须解释为什么它有一种敏锐的视觉，能够神奇地看见几公里之外的东西。这个问题太大太难，咱们别去讨论了。

声音同样与此无关。胖胖的雌性大孔雀蝶虽能够从很远的地方招引来情人，但它却是静默无语的，连最敏锐的耳朵也听不见它的声音。说它有春心萌动，激情颤抖，也许可以用高倍显微镜观察得到，严格地说，这是可能的。但是，我们不要忘了，到访者应该是在很远的距离之外，在数千米之外获得信息。在这种情况下，我们就别去考虑声学的因素了，否则的话，就无宁静可言，周围一定是乱哄哄一片。

剩下的就是气味了。在感官范畴内，可以说气味的散发比其他的东西更能解释为什么蝴蝶们会稍做迟疑之后便纷纷前来追逐吸引它们的那个诱饵。是否确实有这么一种类似于我们称之为气味的散发物呢？这种散发是极其难以发觉的，我们所感觉不到但比我们的嗅觉更敏锐的嗅觉能够感觉出来。得做一个实验，这实验极其简单，就是把这些散发物掩藏起来，用气味更大更浓烈而经久的一种气味压住它们，成为主导气味，这样一来，微弱的气味就几乎不存在了。

我事先在晚上雄性大孔雀蝶将被招来的那个屋子里撒了点樟脑。另外，在钟形罩下，在雌性大孔雀蝶旁边我也放了一只装满樟脑的宽大圆底器皿。大孔雀蝶来访的时刻来到时，只需待在房间门口就能闻到这股子樟脑味儿。我的巧计未能奏效。大孔雀蝶们像平时一样，如约而至。它们闯入房间，穿越那股浓烈的气味，像在没有气味的环境中一样，方向准确地向钟形罩飞去。

我对嗅觉能否起作用已产生了疑惑。再说，我现在也无法继续实验了。第九天，我的女俘因久等无果已精疲力竭，把未能孵出幼虫的卵下在钟形罩的金属纱网上之后死去了。没了雌性大孔雀蝶，也就无事可做，只好等到明年再说。

名师点评：科学研究需要锲而不舍的精神。

这一次，我将采取一些预防措施，储备了充足的必需品，以便如我所愿地重复已经做过的和我考虑要做的实验。说干就干，不必拖延了。

夏日里，我以每只一个苏的价格买了一些大孔雀蝶毛虫。我的几个邻居小孩——我日常的供货者们对这种交易十分起劲儿。每个星期四，他们在摆脱那令人生厌的动词变位的学习之后，便跑到田间地头，不时地会找到一条大毛虫，用小棍子尖端挑着给我送来。这帮可怜的小鬼不敢碰毛虫，当我像他们抓熟悉的蚕时那样用手指捉住毛虫时，他们都惊呆了。

读书笔记

我用老巴旦杏树枝喂养我那昆虫园中的大孔雀蝶毛虫，不几天便有了一些优等的茧。到了冬天，我在老巴旦杏树根部一丝不苟地寻找，获得不少的成果，补足了我的收集物。一些对我的研究感兴趣的朋友跑来帮我。最后，通过精心喂养，四处搜寻，求人代捉，虽身上被荆条划得伤痕累累，但我有了不少的茧，其中有十二只较大较重的是雌性。

失望一直在伴随着我。五月来临，这是个气候变化无常的月份，把我的心血化为乌有，使我痛心疾首，愁苦不堪。说话又到了冬季。寒风凛冽，吹掉了梧桐树的新叶，落满一地。这是天寒地冻的腊月，晚上必须生上旺火，穿上厚厚的冬衣。

我的大孔雀蝶也饱受煎熬。卵孵化晚了，孵出来一些迟钝呆滞的家伙。在一只只钟形罩里，雌性大孔雀蝶根据出生先后今天一只明天一只地住了进去，可是很少或者压根儿就没有外面飞过来探望的雄性大孔雀蝶。在附近倒是有一些，因为我收集的长着漂亮羽饰的试验用雄性大孔雀蝶，一旦孵化出来，辨认清楚之后便会立即被关进园子里。它们不管离得远的还是就在附近的，都很少飞过来，而且即使来了也无精打采。

也许低温也对提供信息的气味散发物有很大的影响，而炎热则可能有利于气味的散发。我这一年的心血算是白费了。唉！这种实验真难呀，它受到季节变换的快慢和反复无常的制约！

我又开始进行第三次实验。我喂养毛虫，到田野里去寻找虫茧。到了五月份，我已经收集了不少。季节很好，符合我的要求。我又见到了一开始导致我进行这种研究的那次令人振奋的大孔雀蝶的入侵的盛况。

每天晚上都有大孔雀蝶飞来，有时十一二只，有时二十多只。雌性大孔雀蝶肚腹鼓鼓的，紧贴在钟形罩的金属网上。它毫无反应，甚至连翅膀都没颤动一下。它好像对周围所发生的事情无动于衷。我家人中嗅觉最灵敏的也没有嗅出什么气味来；我家亲朋中被拉来作证的听觉最敏锐的也没听见任何响动。那只雌性大孔雀蝶一动不动地、屏息凝神地在等待着。

雄性大孔雀蝶三三两两地扑到钟形罩圆顶上，绕着飞来飞去，不停地用翅尖拍打着圆顶。它们之间没有因争风吃醋而发生打斗。每只雄性大孔雀蝶都在尽力地想闯入钟形罩，看不出对其他的献殷勤者有任何的嫉妒。徒劳地尝试一番之后，它们厌倦了，飞走了，混入正在飞舞着的蝶群中去。有几只绝望者从那扇敞开的窗户飞走了，一些新来者代替了它们；而在钟形罩的圆顶上，直到十点钟左右，还不断地有蝴蝶尝试闯入，随即失望而去，随即又有新来者代替之。

钟形罩每天晚上都要挪挪地方。我把它放在北边或南边，放在楼下或二楼，放在住所右翼或左翼五十米开外，放在露天地里或一间僻静小屋的暗处。这一番神不知鬼不觉地突然搬来搬去，不知情者想找可能都找不着，但是却一点儿也没骗过蝴蝶们。我的时间与心思全白费了，没有迷惑住它们。

这里并不是对地点的记忆在起作用。譬如头一天晚上，那只雌性大孔雀蝶被放置在住所的某间房间里。羽饰美丽的雄性大孔雀蝶飞到那儿舞了两个小时，甚至还有一些在那儿过了一夜。第二天，日落时分，当我转移钟形罩时，雄性大孔雀蝶都在外边。尽管寿命转瞬即逝，但新来者仍有能力进行第二次、第三次的夜间远征。这些只能存活一日的家伙首先将飞往何处？

它们了解昨夜幽会的确切地点。我还以为它们将凭着记忆回到那儿去，而在那儿发现人去楼空时，它们将飞往别处继续追寻。但并不是这么回事：与我的期盼恰恰相反，根本就不是这样的。它们谁也没有再出现在昨晚一再光顾的地方，谁都没在那儿做过短暂逗留。此地已看出是没有人气了，记忆似乎并没有事先向它们提供任何情报。一个比记忆更加可靠的向导把它们召唤去了另外的地方。

在此之前，雌性大孔雀蝶一直公开地待在金属网眼上。那些到访者在漆黑的夜晚目光仍是敏锐的，它们凭借那对我们而言简直如同漆黑的夜色的一点微光是能够看见那只雌性大孔雀蝶的。如果我把雌性大孔雀蝶关进不透明的玻璃罩中，那会出现什么情况呢？这种不透明的玻璃罩难道就不能让提供信息的气味自由散发或完全阻止它散发吗？

今天，物理学使我们能够发明利用电磁波的无线电报了。大孔雀蝶在这个方面是不是可能超越了我们？为了刺激周围的雄性大孔雀蝶，通知几公里以外的求爱者，刚刚孵化出来的适婚雌性大孔雀蝶难道已拥有已知的或未知的电波和磁波吗？这种电波、磁波难道会被某种屏障隔断而被另一种屏障放行吗？总而言之，一句话，它是不是会按照自己的方法利用某种无线电呢？我觉得这并没有什么不可能的。昆虫是研究这种高级发明的强者。

于是，我把雌性大孔雀蝶放在不同材质的盒子里。有白铁的，木质的，硬纸壳的。全都关得严严实实，甚至还用油性胶泥给封上。我还用了一只玻璃钟形罩，摆放在一小块玻璃的绝缘柱上。

在这种严密封闭的条件下，没有飞来一只雄性大孔雀蝶，一只也没有，尽管晚上既凉爽又安静，环境宜人。无论是什么材质的——金属的，玻璃的，木质的还是硬纸壳的——密封盒，都使传递信息的气味无法散发出去。

一层两指厚的棉花层也产生同样的效果。我把雌性大孔雀蝶放进一只很大的短颈大口瓶里，用棉花盖上瓶口，扎紧。这足可以使周围的雄性大孔雀蝶无法知晓我实验室的秘密了。一只雄性大孔雀蝶都没有露面。

反之，我们把盒子不要密封，让它微微开着点，再把这些盒子放进一只抽屉里，装进大衣橱中，但尽管这么藏了又藏，雄性大孔雀蝶仍然蜂拥而来，多得就像明显地把钟形罩放在一张桌子上时一样。女俘被放在帽盒里，塞进一只关好的壁橱等待着的那个晚上的情景至今仍历历在目。雄性大孔雀蝶们扑向壁橱门，用翅膀扑打着，啪啪连声，想闯进去。这些过路的朝圣者，也不知从何处飞过田野来到此处，它们非常清楚门后面藏着什么。

因此，任何类似无线电报的通信手段都不可能，因为一道屏障无论是好导体还是坏导体，一经出现便立即阻断了雌性大孔雀蝶的信号。为了让信号畅通无阻，传得很远，必须具备一个条件：囚禁雌性大孔雀蝶的囚室不能关得严丝合缝，密不透风，要让内外空气相通。这又使我们回到了存在一种气味的可能性上，但那是经我用樟脑所做的实验给否定了的。

我储存的大孔雀蝶的茧业已告罄，但问题仍然没有被弄个一清二楚。我第四年还要继续搞下去吗？我放弃了，原因如下：如果我愿跟踪观察一只大孔雀蝶夜间婚礼中的亲昵举动，那是颇为困难的。献殷勤的雄性为达到目的肯定是无需亮光的，但我那人的微弱视力在夜间无亮光的条件下是看不见什么的。我起码得点上一支蜡烛，但又常常被飞舞的群蝶给扇灭了。提灯倒是可以免此烦恼，但是它光线昏暗，又会出现阴影，根本无法让你看得清清楚楚。

还不光是这一点。灯的亮光还会把蝴蝶从它们的目标引开，使之无法成其美事，而且照得太久，还会严重影响整个晚会的成功。来访者一飞进屋内，便疯狂地扑向火光，烧坏身上的绒毛，而且，之后其因为被烧伤而疯狂，就无法用来取证了。如果它们没有被烧着，被隔在玻璃罩外面，落在火光旁边，便会像是被施了魔法似的，不再动弹。

一天晚上，雌性大孔雀蝶被放置在餐厅的一张桌子上，正对着敞开着的窗户。一盏煤油灯点着，灯上装有一个搪瓷的宽大灯罩，吊挂在天花板上。一些来访者落在钟形罩的圆顶上，在女俘面前急不可耐的样子，另外的一些来访者，飞过女俘囚室时略微致意一番，便向煤油灯飞去，盘旋片刻之后，被搪瓷灯罩的反射光照得迷迷糊糊的，便贴在灯罩下面一动不动了。孩子们已经伸手要去捉它们了。“别动，”我说，“别动。别惊扰它们，别搅扰这些前来朝圣的客人们。”

整个晚上，它们全都没有动弹过。第二天，它们仍留在原地。对亮光的迷恋使它们忘掉了对爱情的陶醉。

面对这样的一些迷恋亮光的家伙，精确而长久的实验无法进行，因为观察者需要照明条件。我放弃了对大孔雀蝶及其夜间婚礼的观察。我需要一只习性不同的蝴蝶，它得像大孔雀蝶一样勇敢地奔赴婚礼幽会，但又能在白天行房。

在用一只满足上述条件的蝴蝶进行研究之前，暂时先别顾及时间的先后次序，说几句我结束研究之前飞来的最后一只蝴蝶的事。那是一只小孔雀蝶。

别人不知从哪儿给我弄来一只很棒的茧，裹着一个宽大的白色丝套。从这个不规则的大褶皱的丝套中，很容易抽出一只外形似大孔雀蝶茧但体积要小一些的茧来。丝套端口用松散但又聚集的细枝结成网状，可出而不可进，我一眼便可看出那是一只夜间活动的大孔雀蝶的同类。丝套上有编织者的名号。

果然，三月末，一天清晨，那只茧孵出一只雌性小孔雀蝶，我立刻把它关进实验室的钟形金属网里。我打开房间的窗户，好让这件大事传布到田野中去，而且必须让可能前来的探访者自由进入房间。被囚的这只雌蝶贴在金属网纱上，一个星期都没再动一动。

我的小孔雀蝶女囚美丽极了，一身呈波纹状的褐色天鹅绒华服，上部翅膀尖端有胭脂红斑点，形似四只大眼睛，宛如同心月牙，黑色、白色、红色和赭石色混在一起。如果不是色泽那么发暗的话，几乎就是大孔雀蝶的装饰。这种体形和服饰如此华美的蝴蝶，我一生中见到过三四次。我昨天见了茧，但从未见到过雄性蝶。我只是从书本上知道雄性比雌性要小一半，体色更加鲜艳，更加花枝招展，下部翅膀呈橘黄色。

我还不了解的陌生贵客、羽饰漂亮的雄蝶，它们会飞来吗？在我们周围这一片似乎很少见到它们。在那遥远的藩篱墙中，它们能得知那只适婚雌蝶在我实验室的桌子上正等待着它们吗？我敢保证它们会前来，而且我错不了。瞧，它们来了，甚至比我预料的还早到了。

晌午时分，我们正要吃午饭，因心悬可能会出现的情况尚未来用餐的小保尔，突然跑到饭桌前，面颊红彤彤的。只见一只漂亮的蝴蝶在他的指间扑扇着翅膀，它正在我实验室对面飞舞时，被小保尔一下子捉住了。小保尔递过来给我看，以目光询问我。

“哇！”我说，“正是我们等待着的朝圣者呀。先别吃饭了，赶快去看看是怎么回事。回头再吃吧。”

因奇迹的出现，午饭都给忘了。雄性小孔雀蝶令人难以置信地按时被女囚给神奇地召唤来了。它们艰难曲折地飞翔，终于一只接一只地飞来了，它都是从北边飞过来的。这个情况很有价值。的确，乍暖还寒已经一个星期。北风呼啸，吹落了老巴旦杏树新绽开的花蕾。这是一场凶猛的风暴，通常在我们这里是预示着春天不远了。今天，气候突然转暖，但北风依然在呼啸着。

在这段时间里，天气陡变，飞来找那只雌性小孔雀蝶的所有雄性小孔雀蝶全都是从北边飞到我的"拘蝶园"中的。它们顺着气流飞，没有一只是逆流而来。如果它们有与我们相似的嗅觉作为罗盘，如果它们是受分解于空气中的有味道的微粒指引，那它们就应该是从相反的方向飞来才对。如果它们是从南边飞来的，我们就会认为它们是闻到风吹来的气味才找到地方。在北风呼啸，空气吹净，什么味道也闻不到的天气里，从北边飞来，怎么可能假定它们在很远的地方就嗅到了我们所说的气味呢？我觉得有气味的分子不可能会顶着强风传给它们。

两个小时中，在灿烂阳光之下，来访的雄性小孔雀蝶们在我的实验室门前飞来飞去。其中大部分都在一个劲儿地寻来觅去，或撞墙欲入，或掠地而过。见它们如此犹豫不决，我想它们是因找不到引它们飞来的那个诱饵的确切位置而十分着急。它们从老远飞来，没有弄错方向，可到了地方却又拿不准确切地点了。不过，它们迟早会飞进屋内去向女俘致意的，但也不会留恋。下午两点钟时，一切便结束了。一共飞来了十只雄性小孔雀蝶。

整整一个星期，每当中午时分，阳光极其明亮时，一些雄性小孔雀蝶便会飞来，但数量在减少。前后加起来一共将近有四十只。我觉得无须重复实验了，因为不会给我已知的情况再添加资料了，所以我只是在注意两个情况。首先，小孔雀蝶是昼间活动的，也就是说它们是在光天化日之下举行婚礼的。它们需要充足明亮的阳光。而与它成虫的形态和毛虫的技艺相近的大孔雀蝶则完全相反，大孔雀蝶需要在日暮天黑之后活动。将来如果有人能对这种相反的习性进行解释，也就能对这个现象进行解释。其次，一股强气流从相反方向吹散能够给嗅觉提供信息的分子，但却不会像我们的物理学所假设的那样，阻止小孔雀蝶飞抵有气味的气流的相反的一面。

为了继续研究，我们需要的是夜间举行婚礼的大孔雀蝶，而不是小孔雀蝶。后者出现得太晚了，而我并没有再研究它们。我需要的是大孔雀蝶，不管是什么样的，只要它在结婚时行房敏捷高效即可。这种大孔雀蝶，我能得到吗？

本篇中，我们看到了昆虫学家为了研究一种昆虫的特殊现象而进行的坚持不懈的努力。连续四年的时间里，法布尔一直坚持对大孔雀蝶的观察，虽然结果并不圆满，但他到最后也没有放弃希望。

作者在研究雌性大孔雀蝶对雄性大孔雀蝶的吸引力时，进行了多次实验，分别排除了哪些因素的作用？

# 小阔条纹蝶

名师导读

通过对小阔条纹蝶的研究，作者明白了雌蝶吸引雄蝶的秘密。

是的，我将能得到它，我甚至已经得到它了。一个七岁的男童，脸上透着灵气，但并不每天洗脸，他光着脚，短裤破烂，用一条带子系着，每天都给我家送萝卜和西红柿。一天早晨，他提着蔬菜篮子来了，收下了我给的蔬菜钱，放在手心里一枚一枚地数着那几枚他母亲期盼的苏，然后便从口袋里掏出了一件东西，是他头天沿着一个藩篱捡拾兔草时发现的。

“还有这个，”他把那东西递给我说，“这个您要不？”“要呀，我当然要。你想法再给我找一些，你找到多少我要多少，而且我答应你每个星期天带你去玩旋转木马。喏，我的朋友，这是两个苏，给你的。把这两个苏单放，别同萝卜钱混在一起，免得向你妈报账时报不清楚。”这个头发乱蓬蓬的小家伙看到这么多钱简直开心极了，隐约感到自己要发大财了。

他走了之后，我仔细地观察着那个东西。这东西值得花气力去寻找。那是一个漂亮的茧，呈圆盾形，使人很容易联想到蚕房里的蚕茧，它很坚硬，呈浅黄褐色。从书本上的一些简单介绍来看，我几乎肯定这是一只橡树蛾的茧。如果真的是的话，那真是老天所赐！我就可以继续我的研究，也许还可能让我补足大孔雀蝶让我隐约瞥见的生活习性的研究材料。

橡树蛾确实是一种传统的蝶蛾，没有一本昆虫学论著不谈及它在婚恋期间的突出表现的。据说有一只雌性橡树蛾被困在一个房间里，甚至还刚刚在一只盒子底部孵卵。它远离乡野，困于一座大城市的喧闹之中。但是，孵卵之事还是传给了树林里和草坪间的雄性橡树蛾们。它们在一个不可思议的指南针的引导之下，从遥远的田野间飞来，飞到盒子跟前，谛听，盘旋，再盘旋。

这些奇情趣事我是从书本中了解到的，但是看到，亲眼看到，同时还能再稍做一番实验，那完全是另一回事。我花了两个苏买的那东西里面有什么呢？会从中飞出来那个著名的橡树蛾吗？

它其实有另一个名字——“布带小修士”。这个新颖别致的名字是由其雄性的外衣导致的，那是一件棕红色修士长袍，但它不是棕色粗呢，而是柔软的天鹅绒，前面的翅膀上横有一条泛白的、长有像眼珠似的小白点的带子。

这里所说的布带小修士，也就是小阔条纹蝶，不是那种在合适的时候，我们心血来潮，带上个网子出去一捉就能捉到的平淡无奇的蝴蝶。在我们村子周围，特别是在我的荒石园中，我住了二十来年还从来没有见到过它。确实，我不是狩猎迷，标本上的死昆虫我并不太感兴趣，我要的是活物，要能表现其天赋才能的活物。不过，我虽无收集者的那种热情，但我对田野里生机盎然的一切都十分关注。一只身材和服饰如此与众不同的蝴蝶要是被我遇上，我肯定会捉住它。

我许诺带他去骑旋转木马的那个小家伙再也没能捉到第二只。三年里，我拜托朋友和邻居帮我找，特别是求那些年轻人，他们是荆棘丛林中手眼明快的搜索者。我自己也在枯叶堆中翻来找去，查看一堆堆石块，掏摸一个个树洞，但都一无所获，稀罕的蝶茧仍未能找到。这足以说明在我住处周围小阔条纹蝶十分罕见。到时候我们将会看到这一点是多么重要。

我猜测的没错，我的那只唯一的茧正是那种著名的蝴蝶。八月二十日，一只雌蝶从茧中出来，胖嘟嘟的，肚子大大的，衣着与雄蝶一样，但是其长袍是米黄色的，更加淡雅。我把它放在我工作室中间的一张大桌子上，用金属钟形网罩罩住。大桌子上放满了书籍、短颈大口瓶、陶罐、盒子、试管以及其他一些器械。大家知道这个环境，就是我为大孔雀蝶准备的那个处所。有两扇窗户朝向花园，阳光照进屋里。一扇窗户是关着的，另一扇则白天黑夜全都敞开着。小阔条纹蝶就待在这两扇窗户中间那四五米间隔之处的半明半暗之中。

当天余下的时间以及第二天过去了，没有什么值得一提的事情发生。小阔条纹蝶用前爪抓住金属网纱，吊挂在朝阳的那一边，一动不动，像死了似的，翅膀未见颤动，触角也没有抖动，如同大孔雀蝶的情况一样。

雌小阔条纹蝶发育成熟了，细皮嫩肉在变结实。它不知运用何种我们的在科学上尚无解释的方法在制作一种无法抗御的诱饵，把一些拜访者从四面八方吸引过来。它那胖嘟嘟的身体里出现什么状况了？里面发生了什么变化把周围闹得个天翻地覆？如果我们能了解它那“炼丹术”的秘诀，那我们将会增加很多的知识。

第三天，新娘子已经准备好了。像过节似的热闹起来了。我当时正在花园里，因为事情拖得太久，对成功已经感到绝望。突然，下午三点钟光景，天气很热，阳光灿烂，我隐约看见一群蝴蝶在开着的那扇窗框间飞来飞去。

它们是一些来向美人儿献媚取宠的情郎。有一些从房间里飞出去，另一些则飞进去，还有一些落在墙上休息，好像因长途跋涉而疲惫不堪了。我隐约看见一些从远处飞来，飞进高墙，飞过高高的柏树冠。它们从四面八方飞来，但数量越来越少。我未能看到婚庆开始的情况，现在客人们差不多都已到齐了。

我们上楼去看看吧。这一次是在大白天，任何细节我都没漏掉，我又见到了那只夜巡大孔雀蝶让我头一回见到的令人惊讶不已的情景。在我的工作室里，一大群雄性小阔条纹蝶在翻飞，转来绕去，我尽量地以目测估算，大概有六十来只。在围着钟形罩绕了几圈之后，有一些便向敞开的窗户飞去，但随即又飞了回来，又开始围着钟形罩转悠开来。最猴急的则停在钟形罩上，用爪子相互抓挠、推搡，竞相取代别人抢占最佳位置。钟形罩里面的女俘大肚子垂着贴在网纱上，声色不动地等待着，在这群纷乱的雄蝶面前，没有一丝兴奋的表情。

雄性小阔条纹蝶无论是飞走的还是飞来的，无论是坚守在钟形罩上的还是在室内飞舞的，在三个多小时的过程中，一直在疯狂地舞动着。但是日已西下，气温有点下降，雄蝶们的激情也随着下降。有许多飞走了，没再飞回来，另外一些占好位置以利明日再战，它们紧贴着那扇关着的窗户的窗棂上，如同雄性大孔雀蝶一样。今天的庆祝活动到此结束。明天肯定还将继续，因为受网纱阻隔，活动尚未取得任何成果。

可是不然！令我大为沮丧的是活动未能再继续，这都是我的错。晚上，有人给我送来一只螳螂，个头儿特别小，所以我非常喜欢。由于老是想着下午的种种情况，我便不经意地匆忙把它这个食肉昆虫放进了那只雌性小阔条纹蝶的钟形罩里了。我压根儿就没想到这两种昆虫共居一室是会产生什么样的恶果。那只螳螂一副小样儿，而那只雌性小阔条纹蝶却是那么胖嘟嘟的！所以我一点也没担心。

唉！我对那带铁钳的食肉昆虫的凶残性认识不足！第二天，我惊呆了，我痛苦地发现那只小螳螂正在啃咬那只胖蝴蝶。后者的脑袋和前胸已经没有了。可怕的昆虫！你让我度过了多么惨痛的时刻啊！再见了，我整夜冥思苦想的研究工作。三年中，我因无研究对象而无法继续我的研究。

名师点评

科学研究容不得半点马虎，一个小小的失误就会让耗时已久的实验功亏一篑，彻底失败。

但愿这倒霉事别让我们忘掉我们刚了解到的那一点点情况。仅一次聚会，就将近有六十只雄性小阔条纹蝶飞来。如果我们考虑到这种蝴蝶的稀少，如果我们记起我和我的助手们那整整数年连续无果的研究，那这个数目将让我们惊讶不已。找不到的那种蝴蝶在一只雌蝶的引诱下，一下子来了这么多。

那么它们是从哪里飞来的呢？毫无疑问，是从老远的地方、是从四面八方飞来的。我很久以来一直在我住处附近寻来找去，一丛丛荆棘，一堆堆石块，我都翻了个遍，所以我可以肯定我们周围没有橡树蛾。为了在我的工作室里聚集一大群这种蝶或蛾，我曾寻遍郊外各地，也不知找了多少地方。

三年过去了，我日思夜求的企盼终于让我得到两只小阔条纹蝶茧。八月中旬前后，这两只茧相隔几天各为我孵出了一只雌蝶来，这使我得以丰富并重复我的实验。

读书笔记

我很快便又重新进行大孔雀蝶已经给了我非常肯定答复的种种实验。白昼的朝圣者也很灵巧，并不比夜间朝圣者差。它们挫败了我所有的计谋。它们准确地飞向被金属网罩罩着的那个女俘，无论网罩放置在什么地方；它们能够在壁橱暗处发现女俘；它们能够在一只盒子的最里面找到女俘，只要这只盒子不要盖得太严。如果盒子关得严丝合缝，它们得不到信息，也就不再来了。在此之前，它们一再重复着和大孔雀蝶一样的英勇行为，别无其他。

一只盖得严严实实的盒子，空气无法流通，雄性小阔条纹蝶也就完全无法知晓女俘的情况。即使把这盒子放在窗户上的十分显眼的地方，也没有一只雄性飞来。因此，这又立即使我想起了无论是金属的、木质的、硬纸板的还是玻璃质的隔墙，都传导不了有气味的散发物。

我对夜巡大孔雀蝶就此做过实验，它们没被樟脑味蒙骗，在我看来，樟脑气味大极了，人的嗅觉就感觉不到被它压住的细微气味了。我用小阔条纹蝶重新进行了这种实验。这一回我把我所存有的汽油和有气味的物品统统都给用上了。

一打碟子放好了，一部分放在囚禁女俘的金属钟形网罩里，另一部分放在网罩四周，围成一圈。有几只装着樟脑，有几只装着宽叶薰衣草香精，有几只装着汽油，还有几只装着臭鸡蛋味的硫化物。不能再多放什么了，否则女俘会被窒息身亡的。这些小碟子早晨便放好了，以便聚会开始时屋子里已经弥漫着这种种气味。

下午，工作室变成了恶心的配药室，一股浓烈的薰衣草香气加上硫化物恶臭的混合气味。而且别忘了我还在这间屋里大量地熏烟。煤气厂、烟馆、香料厂、炼油厂、臭气熏天的化工厂全都集中在这间屋子里了，这样能否使小阔条纹蝶迷失方向呢？

根本就没有。三点钟光景，雄性小阔条纹蝶像通常一样纷纷飞来。它们都往钟形罩那儿飞，其实我事先已经用一块厚布把罩蒙上了，以便增大难度。它们一飞进屋内，便被一种混杂着各种气味的浓烈氛围包围住了，但它们仍旧是朝着女俘的囚室飞去，想从厚布的褶皱下面钻进去与女俘相会。我的计谋未能奏效。

这次实验完全失败了，重复了大孔雀蝶实验的结果。这次的失败之后，我理所当然地要放弃是有气味的散发物在指引雄性小阔条纹蝶来到这里的观点。我之所以没有放弃，应该归功于一次偶然的观察。意外和偶然有时会给我们带来惊喜，把我们引向此前一直在毫无结果地寻觅的真理的道路。

一天下午，我想弄清楚蝴蝶一旦飞进屋里，视觉在寻找目标物中是否还起点作用，便把那只雌性小阔条纹蝶放在一只钟形玻璃罩中，还给它弄点带枯叶的橡树小枝让它停靠。玻璃罩就放在桌子中间，冲着敞开的那扇窗户。雄蝶飞进屋里一定会看得见女俘，因为后者就在它们必经之路上。雌蝶在其上待了一夜和一个早上的那个金属纱网钟形罩下的放了一层沙土的陶罐，我觉得很碍事，未加任何考虑地便把它放到屋子的另一头的地板上，那个角落只能透进半明半暗的光线，离窗户有十来步远。

接下来发生的事把我的思绪搅成一团。飞进来的到访者中没有一位在玻璃罩那儿停下来，而玻璃罩就在明亮的阳光下面，女俘显眼地居于其中。它们全都没朝雌蝶看一眼，没有探询一下。它们全都飞向房间另一头我放着陶罐钟形罩的那个暗黑的角落。

它们落在金属纱网罩圆顶上，久久地探寻着什么，扑扇着翅膀，有的还在相互争斗。整个下午，直到日影西斜，它们都围着空空的圆顶飞舞。最后，它们飞走了，但没有全飞走。有几个执着者不想走，死死地钉在那儿，像是被施了定身法似的。

这真是个奇怪的结果：我的这些蝴蝶飞到那人去楼空之地，长留不去，尽管眼见罩中无人仍死不甘心。从雌蝶所在的那只玻璃钟形罩旁飞过时，来来去去的这群雄蝶中不可能一个也没看出有雌蝶的，但它们就是没有在此哪怕作稍事的停留。它们被一个诱饵给弄得神魂颠倒，竟置真实物于不顾了。

它们是被何物所欺骗的呢？第一天整个夜晚和第二天的整个上午，雌蝶都是待在金属纱网钟形罩里的，它忽而吊在纱网上，忽而在陶罐的沙土层上歇息。它碰过的东西，特别是它那大肚子蹭过的东西，长时间接触之后，浸透了一些散发物的气味。那就是它的诱饵，是它的激发情欲的药物，那也是引得雄蝶神魂颠倒、纷至沓来的尤物。沙土层把这尤物保存一段时间，并向四周扩散出去。

因此，是嗅觉在引导雄蝶们，在远处向它们发出信息。它们为嗅觉所控制，不去考虑视觉所提供的信息，所以途经美人儿正被关押的玻璃囚室时，一飞而过，直奔神奇气味在散发的纱网、沙土层，直奔女魔法师除了气味外什么也没留下的那座空房。

那无法抗拒的尤物需要一定的时间才能配制好。我想它像一种挥发性气体，一点点地散发出去，让一动不动的大肚雌蝶沾过的东西便浸满了这种气体。即使玻璃钟形罩放在桌子正中间，或者更好一些，放在一块玻璃上，内外都无法很好地沟通，而且，雄蝶因为凭嗅觉什么也感觉不到，它们就不会前来，无论你试验多久都无济于事。可我眼下不能以这种内外无法沟通作为理由，因为即使我搞出一个好的沟通环境，用三个小垫子把钟形罩抬离支座，雄蝶们也不会一下子飞来，尽管屋子里蝴蝶为数不少。但是，等上半个小时左右，盛有雌蝶尤物的蒸馏器就开始启动了，求欢者们立即就会像通常那样纷纷而来。

掌握了这些出乎意料的驱云拨雾的材料，我就可以进行不同的实验，这些实验在同一个方面全都具有结论性。早晨，我把雌蝶放在一个钟形金属网罩里。它的栖息处是同先前一样的一根橡树细枝。雌蝶在里面一动不动，像死了似的。它在细枝上待了许久，藏在大概浸润着其散发物的叶丛中。当探视时间临近时，我把浸足了散发物的细枝抽出来，放在离敞开的那扇窗户不远处。另外，我让钟形罩中的雌蝶待在房间中央的桌子上显眼的地方。

蝴蝶纷纷来到，先是一只，然后是两只，三只，很快就是五只，六只。它们进来，出去，又回来，飞上飞下，飞来飞去，始终是在那扇窗户附近，那根细橡树枝放在椅子上，离窗户不远。谁也没往那张大桌子飞，而雌蝶就在那儿的金属网罩中等候它们，离它们并没有多远。它们在迟疑，这可以清楚地看出来：它们在寻找。

最后，它们终于找到了。那它们找到什么了？找到的正是那根细枝，那根早晨曾是胖雌蝶的粉床。它们急速扑扇着翅膀；它们飞落在叶丛上；它们忽上忽下地搜寻、抬起、移动树叶，以致最后那束很轻的细枝被弄掉到地上去了。它们仍在落在地上的细枝叶丛中搜索。在翅膀和细爪的扑打抓挠下，细枝在地上移动着，仿佛被一只小猫用爪子抓扑的破纸团。

当细枝连同那群搜索者移动到远处时，突然新飞来两只小阔条纹蝶。那把刚才放有细枝叶的椅子就在它俩飞经的途中。它俩在椅子上落下，急切地在刚才放过细枝的地方嗅闻个没完。然而，对于先来者和新到者来说，它们热盼的那个真实目标就在那儿，很近，被一只我忘了遮盖起来的金属网罩罩着。它们谁也没有注意到它。它们在地上继续推挤雌蝶早上睡过的那个小床；它们在椅子上继续嗅闻那张粉床曾经放过的地方。日影西斜，撤退的时刻到了。再说，撩拨的气味也在渐渐地淡去，消散。拜访者们没什么可做的了，只好飞走，明日再来。

我从随后的实验中得知，任何材料，不管是哪一种，都可以代替我那偶然的启示者——带叶的细枝。我稍许提前一点把雌蝶放在一张小床上，上面时而铺垫着呢绒或法兰绒，时而放些棉絮或纸张。我甚至还强迫雌蝶睡木质的、玻璃的、大理石的、金属的硬硬的行军床。所有这些东西在雌蝶接触了一段时间之后，都像雌蝶本身似的对雄蝶们有着同样的吸引力。它们全都具有这种吸引雄蝶的特性，只不过是有的强些有的弱些。最好的是棉絮、法兰绒、尘土、沙子，总之是那些多孔隙的东西。而金属、大理石、玻璃反而很快地便失去它们的功效。总而言之，但凡雌蝶接触过的东西，都能把其具有异性吸引力的特性传出去。因此，橡树细枝掉到地上之后，雄蝶们仍旧纷纷飞到那把椅子的坐垫上。

我们来选用一张最好的床，比如法兰绒床，我们将会看到新奇的事。我在一根长试管或小阔条纹蝶正好可以飞进去的一只短颈大口瓶里放一块法兰绒，让雌蝶整个上午都待在上面。来访者们钻入器皿中，在里面拼命扑腾，但却怎么也飞不出来了。我给它们布置了个陷阱，可以让它们有多少死多少。我们把那些落难者放走吧，把藏于盖得严严实实的盒子的最秘密处的那块床垫抽出来。晕头转向的雄蝶们又回到那支长试管里，又钻进了陷阱之中。它们是受到浸透尤物的法兰绒传给玻璃的那种气味的引诱。

我因此便坚信了自己的想法。为了邀请周围的众蝶飞赴婚宴，为了老远地通知它们并引导它们，婚嫁娘散发出一种我们人的嗅觉感觉不出来的极其细微的香味。我的家人们，包括孩子们那最灵敏的鼻子，凑近那只雌性小阔条纹蝶也没有闻出一丝一毫的气味来。

雌性小阔条纹蝶停留过一段时间的任何东西都很容易地浸润了这种尤物，因而这些东西自此也就如雌性小阔条纹蝶一样成为具有同样功效的吸引力的中心，只要它的散发物不消失掉。

没有任何可以用眼看出的诱饵。在求欢者们心急火燎地围绕纷飞的刚刚弄好的纸床上，没有任何看得出的痕迹，也没有一点浸润的样子，其表面在浸润了尤物之后与没有浸润之前一样地干净整洁。

这种尤物配制得很慢，须一点一点地积聚，然后才能充分地散发出去。雌蝶被从其粉床弄走，移到别处，暂时失去了诱惑力，变得冷漠起来；雄蝶们飞往的是因长时间浸润之后的雌蝶栖息地。然而，御座重新放好，被抛弃的女皇又重新掌权了。

信息流通的出现时间有早有晚，根据昆虫品种而定。刚孵出的那只雌性小阔条纹蝶需要一段时间才能发育成熟，才能安排自己的蒸馏器似的器官开始工作。雌性大孔雀蝶早晨孵出，有时候当晚便有探访者飞来，但更经常的是第二天，经过四十来个小时的准备之后才有求欢者。雌性小阔条纹蝶则把自己召唤异性的活动推得更迟，它的征婚广告要等个两三天之后才发布。

让我们稍稍回过头来看看其触角的蹊跷功用。雄性小阔条纹蝶与其婚恋方面的竞争对手一样有着漂亮的触角。把其层叠状的触角视作导向罗盘是否合适？我并无太大把握地对它们进行了我以前做过的那种截肢手术。被动过手术的雄性小阔条纹蝶没有一只再飞回来过。但也别忙于下结论。我们从大孔雀蝶那儿已经知道，它们的一去不复返有着比截肢的结果更加重要的原因。

另外，第二种小阔条纹蝶——苜蓿蛾蝶这种与第一种小阔条纹蝶很相近的蝴蝶，也有着华美的羽饰，它也给我们出了一道难题。在我家附近常常见到它们，就在我的那座荒石园里都发现过它的茧，极容易与橡树蛾的茧搞混。我一开始就曾把它们搞混过。我原指望从六只茧中得到小阔条纹蝶，但将近八月末时，我得到的却是六只另一品种的雌蝶。这下可好，在这六只在我家孵出的雌蝶周围，从未见过有一只雄蝶出现，尽管附近无疑就有雄性小阔条纹蝶出没。

如果宽大而多羽的触角真的是远距离信息传输工具的话，那为什么我的那些有着华美触角的邻居却未获知在我工作室中发生的情况呢？为什么它们的翅膀上美丽花饰并未让它们对一些事情发生兴趣呢？而所发生的这些事情本会让另一种小阔条纹蝶纷纷飞来的呀？这再一次说明器官并不决定能力。尽管有着相同的器官，但某种能力一种昆虫会有，而另一种却并没有。

作者写了几种小阔条纹蝶，分别叫什么名字？各有什么特点？

# 象态橡栗象【精读】

名师导读

象态橡栗象专门在橡栗上打洞产卵，这其中的讲究很多，不仅打洞有生命危险，就连选择合适的橡栗也不是一件容易的事情。搞不好白忙活一场，甚至可能丧命。

作者以机器的运作来比喻自然界的秩序，引出昆虫的相关活动。任何物种，只有观察它们的活动，才能了解它们的来龙去脉。

我们的机器中有某些东西很奇怪，在它们处于静止状态时，你无法知道它们是怎么回事。一旦机器转动起来，怪诞的装置便咬住齿轮，打开、闭合连动杆，我们就看见了各部件的巧妙组合，每个部件都在为实现预定功效而匠心独运地各司其职。这就是各种象虫，尤其是橡栗象的情况。正如其名所示，橡栗象生来就是对付橡栗、榛子以及其他类似坚果的。

在我们那片地区，最引人瞩目的便是象态橡栗象。它的名字起得真妙！让人产生好多联想啊！啊！瞧它那副滑稽相，嘴上还叼着一只长烟斗哩！这烟斗细如马鬃，棕红色，几乎笔直，其长无比，以致橡栗象只好斜着身子，让它伸直，免得折断，像头前伸出一支长矛似的。这么长的一根尖桩，这么一个怪鼻子，橡栗象用它来干什么呀？

我看见有人对此耸耸肩，表示不屑。如果说人生的唯一目的就是通过明的或暗的手段挣钱的话，那这种问题问得就有点荒唐了。

有些研究并不能让人直接挣钱，而是作为精神食粮丰富了人们的生活。

好在另有一些人则不然，在他们眼里凡事都重要，没有微不足道的。他们知道思想的面包是用一些细碎的面团揉成的，它们并不比收获的粮食来得无关紧要；他们知道耕耘者与询问者都在用聚集起来的面包屑供养这个世界。

让我们放过这种问题吧，接着讲述下去。用不着看着橡栗象干活儿，我们也可以猜测到它的奇形怪状的长嘴上有一个类似我们用来钻坚硬物体的钻头。它的大颚是两个钻石尖，构成钻头尖端的高强度齿颏。这种象虫有点像菊花象，但其拥有的工具要比后者差，它们用这种钻头来开道，以便安放自己的虫卵。尽管这种猜测不无道理，但毕竟不是确定无疑的。只有看着橡栗象干活儿我才能知道其中的奥妙。

名师点评

呼应开头的比喻。

耐心的人最终总会碰到机会，因此十月上旬我终于看到橡栗象在干活儿了。我当时惊讶极了，因为从节气来看已经很晚了，一般来说一切技术性的活儿都应该干完了。初寒一到，昆虫的季节便告结束。

那一天，天气坏透了，刺骨的寒风呼啸着，冻得人嘴唇像被刀割似的。这种天气跑到荆棘丛去察看，非得意志坚强不可。但是，假如象态橡栗象如同我所猜想的那样用长杆工具钻橡栗，那就得赶快去看，时间是不等人的。橡栗仍是绿的，但已经有很大的个头儿了。再过两三个星期它们将变成褐栗色，完全熟了，随即就会掉到地上的。

我疯找了一圈，颇有收获。在墨绿的橡树上，我发现一只橡栗象，“长鼻子”已经有一半钻进一只橡栗中去了。要想仔细观察它是不可能的，因为树枝被寒风吹得抖动个不停。于是，我便把那根树枝折断，轻轻地放在地上。那只橡栗象没有注意到被搬了家，仍在继续干着。我躲在一丛矮树后面，蹲在它的近旁，看着它干活儿。

读书笔记

象态橡栗象脚上蹬着黏性套鞋，可以牢牢地贴在光滑浑圆的橡栗上，后来，在我的实验室里的玻璃壁上它也是靠着这种黏性套鞋得以垂直地爬上爬下的。此刻，橡栗象正在橡栗上用自己的手摇钻在忙乎着。它缓慢而笨拙地围着它那根插入橡栗中的钻杆移动着，在画着半圆，圆心就是钻孔，然后又折回头来，画一个反向的半圆。它反复地这么画来画去，如同我们运用手腕的力量用钻子在木头上转来转去地钻一个洞一样。

长鼻子在一点一点地钻进去。一小时后，长鼻子见不着了。然后它歇息了片刻。最后，长鼻工具抽了出来。随后会出现什么事呢？这一次没有出现其他什么事。橡栗象丢下了它钻探的那口井，一本正经地退了出来，蜷缩在枯树叶中。今天我不会获得更多的资料了。

读书笔记

但我并未放松警惕。在有利于捕捉虫子的无风的日子里，我回到了先前去的地方，很快便捉到了一些，装进我实验室的金属网罩中。鉴于这是一项慢工细活，我知道会有不少的困难，所以我宁愿在自己家里不紧不慢地观察研究。

这么做棒极了。如果我像开头一样继续在树林中观察橡栗象的劳作的话，即使我能找到一些橡栗象为我观察所用，那我也永远不会有耐心把它们选择橡栗、钻孔和产卵的情况从头观察到尾，因为它们干起活儿来既细心又慢悠悠的。

组成我的橡栗象所光顾的矮树林的有三种橡树：绿橡树、短柔毛橡树和胭脂虫栎树。如果樵夫不过早砍伐的话，绿橡树和短柔毛橡树会长成很漂亮的树木，而胭脂虫栎树只是一种可怜的荆棘而已。绿橡树是这三种树木中挂果最多的，是橡栗象的最爱。其橡栗坚硬，长形，中等大小，硬壳不太粗糙。短柔毛橡树的果实一般来说长得不好，短小而又皱巴，没熟就掉落了。塞里尼昂丘陵的干旱气候对这种橡树极为不利。因此，橡栗象只是在退而求其次的情况下才选用它。

作者不仅阐述了象态橡栗象选择食物的结果，也解释了其选择食物的原因。

胭脂虫栎树是一种短小的灌木，矮得一迈步就能跨越过去，但其果实却是多汁的，与树那惨兮兮的外表形成强烈的反差。其橡栗鼓鼓的，呈粗大的鹅卵形，壳上立着粗糙的鳞片。象态橡栗象找不到比这更好的居所了，既是坚固的住宅又是丰富的粮仓。

我把几根这三种橡树长满橡栗的树枝置放在我的金属网罩圆顶下面，一头浸在一盆水里，以保持新鲜。小树枝上放了数目合适的配对橡栗象，最后实验仪器也放在我实验室的窗户上，天气晴朗时，一天大部分时间都能照到太阳。现在，让我们耐着性子，时刻监视着。我们将会得到回报的。橡栗象钻探橡栗的过程值得一看。

我们并没等得太久。准备工作做好之后的第三天，我在橡栗象开始干活儿时准时到来。雌橡栗象比雄的体形更壮实，用手摇曲柄钻钻的时间也更长，它仔细地察看那个橡栗，无疑是准备产卵。

它一步一步地从前头爬到后头，从上面爬到下面，爬遍了那个橡栗。橡栗壳很粗糙，爬动很容易。如果脚底没有黏性套鞋，没有在各种姿态下都能保持平衡的刷子形鞋底的话，在橡栗的其他部分爬动就不太容易了。橡栗象以同样从容的姿势在橡栗的上下左右爬来爬去，从未摔落。

选择的过程。

它已经选好了，这个橡栗被认为是最好的。现在要在这个橡栗上钻一个探测洞。橡栗象的钻杆太长，操作起来很困难。为取得最佳机械效果，就必须按照被钻件凸面的法线把钻杆竖立，然后再把干活时间以外呈前伸状态的这个碍事的工具收回到橡栗象钻工的身体下面。

为达到这一目的，橡栗象用后腿支起身子，立在鞘翅尖端和后跗骨形成的三脚架上。没有什么比这个怪诞的钻工更加奇怪的了，它站立着，把长钻杆鼻放回自己身下。

成功了，长钻杆笔直地竖了起来。钻探开始了。其方法就是那天北风呼啸时我在树林中所见到的那种。它极其缓慢地钻着，从右往左，然后再从左往右，循环往复地这么干着。钻头并不是一种因始终朝着一个方向旋转而往下钻着的螺旋形开瓶器似的工具，而是一种套针，先是啃咬，然后轮番向着一个方向和另一个方向磨蚀，逐渐往下扎去。

钻孔的过程。

在继续往下介绍之前，让我们先说一下一个偶然事件，它太引人瞩目，不能避而不谈。我多次偶然发现这种钻工死在自己的工地上。死者的姿态很奇特。如果死亡不总是那么严重的事，尤其是当它是突然发生的工伤事故的话，那怪模怪样的死亡姿态会让人忍俊不禁。

象态橡栗象出于本能而进行的工作，其实危险重重。

探杆尖正好插在橡栗上。已经开始在干活儿了。在钻杆这个致命的尖桩的顶端，象态橡栗象垂直地悬于空中，远离各个支撑面。它已干瘪，也不知道死了有多少天了。爪子僵硬，缩在肚腹下面。即使这些虫爪像活着时那样灵活而又能伸长的话，它们根本也不可能够得着挂橡栗的枝丫的。到底突然发生了什么事，把可怜的橡栗象身子刺穿，如同我们所收集的标本那样，用大头针钉住标本的脑袋？

原来发生了一起工伤事故。由于钻杆太长，象态橡栗象开始干活儿时是用后腿站着的。假设这笨拙的钻工突然脚下一滑，两只后爪一下子没有抓住，身子便立即脱离橡栗，被稍弯的钻杆这么一弹便被甩了出去，因为开始干活儿时，必须让钻杆稍微弯得多一点以利钻探。因此，它便被远远地抛离橡栗工地，徒劳地在空中拼命挣扎，它的跗骨——救命的钻头找不到任何可以抓附的东西。它因无任何支撑点以摆脱险境，最后筋疲力尽地死在长钻杆的顶端。如同我们工厂里的工人们一样，象态橡栗象有时候也会成为自己操作的机器的受害者。让我们祝它们好运，套上结实的黏性鞋套，小心干活儿，当心滑倒。我们再继续介绍吧。

读书笔记

这一次，机械运转良好，但是工作过程奇慢无比，所以它往下钻探的情况用放大镜观察也看不出钻了多少。但象态橡栗象一直在钻探，歇息一会儿，立即又干起来。一个小时，两个小时过去了，神情专注的我紧张而疲乏，因为我下定决心要看一看那关键一刻的工作情况：象态橡栗象收回钻杆，返回来把卵放进井口。这样我起码可以预见到事情进行的状况。

两个钟头过去了，我已经失去了耐心。我与家人协商，家中的三个人轮流值班，不间断地盯着执着的象态橡栗象。我必须不惜一切代价了解到它的秘密。

幸亏我找了帮手，他们小心地帮我仔细观察。连续不断地观察了八个小时之后，将近夜幕降临时分，监视哨在叫我。象态橡栗象看样子已经干完活儿了。它确实在往后撤，谨慎小心地在抽回钻杆，生怕把它弄折了。钻具抽出头了，又笔直地伸向了前方。

猜测的结果和真实的结果形成反差。

那一时刻到了。唉！没到哩。我又一次上当了。我那一轮一轮的八小时值班监视没见结果。象态橡栗象走了，没有利用自己钻探的成果便遗弃了那个橡栗。没错儿，我完全有理由怀疑自己在树林里所观察到的结果。在绿橡树林里，忍受烈日的烤炙，全神贯注地待着，简直是一种难以忍受的折磨。

整个十月份，我在必要时求助手们帮忙，我查看了没被下卵的许多“钻井”。观察的时间长短不一，一般是两个小时，有时候达到或者超过半天。

钻这些劳民伤财而多数又不下卵的井的目的何在？我们先来了解一下虫卵的位置以及幼虫最初几口食物的情况，或许答案就有了。

昆虫的行为和大自然的规律密切相关。

那些住有象态橡栗象卵的橡栗是挂在树上，嵌在橡栗壳里的，仿佛没有发生任何有损于绒毛叶的不正常事情。稍加留意，你很容易地便能辨认出它们来。在离栗壳斗不远处的光滑且仍绿油油的外壳上，可见一个小点，确系灵巧的一针所刺。由于坏死而产生的一个窄小的褐色乳晕很快便把这个小孔洞包围起来，那就是钻井口。另外还有几次，但并不多见，洞穴是穿过壳斗钻出来的。

咱们挑选那些新近钻孔的橡栗，也就是那些苍白针孔尚未因日久天长由褐色乳晕围起来的橡栗。我们把它们的壳剥去。其中不少并未见有什么东西：象态橡栗象钻探了它们，但并未在里面产卵。它们同我的网罩里的那些橡栗一样，被钻了无数小时，但然后却并未被加以利用。而我的网罩里的橡栗，有许多里面有一只卵。

无论壳斗上面的井口有多么远，这只卵总是待在井底，在一堆绒毛叶那儿。那儿有柔软的绒呢，是由壳斗提供的，被滋养品源泉——叶柄的渗液所润湿。我看见一条很小的象态橡栗象的幼虫，是我亲眼看着它孵出来的，它最初几口是在轻轻地咬那堆絮状的食物，那个用丹宁酸调了味儿的新鲜面包。

读书笔记

这种如同新生有机物一样多汁、易消化的小糕点，只有在那儿才有，而象态橡栗象也只是在那儿，在壳斗和绒毛叶之间安放自己的卵。象态橡栗象十分清楚最适合其新生儿那虚弱的胃的食物在什么地方。

上面是相对而言较粗糙的绒毛叶面包。头几个小时，幼虫在餐厅里增强了体力，然后并非直接地，而是通过其母用探针捅开的狭道钻进面包房。狭道中满是面包屑和吃了一半的残渣。吃了这种沿路备好的稍微粗糙的可口面粉后，幼虫力气倍增，于是便完全钻进橡栗那坚硬的果肉中去。

我所掌握的这些情况说明了产卵的象态橡栗象是如何干活儿的。在钻探之前，它上下左右、前前后后地仔细地查来看去，这时它的目的是什么？它是在了解这个橡栗是否已经被别人占据了。诚然，食橱里的食物很丰盛，但两个人吃就不太够了。我确实从未发现有两只虫子在同一个橡栗中的。只有一只，始终都只有一只，这一只在吃完丰盛的食物并消化完后，将食物变成橄榄绿色的小团团，就离开橡栗，下到地上。绒毛叶面包最多也就剩这么一丁点儿的面包屑了。原则是：每只象态橡栗象都有自己的圆形大面包，每个消费者都有自己的一份橡栗口粮。

读书笔记

把卵安置进去之前，先得检查一番，看看这个橡栗是否被别人占据了。可能存在的那个占据者在这个地下墓穴的底部，由满是鳞片的壳斗遮掩着。这个狭小的藏身处没有什么秘密可言。但是，如果橡栗表面没有那细小的针眼的话，再尖的眼睛也猜不到里面藏着一个隐居者。

橡栗上的那个小点不明显，但可仔细辨出，它就是我的向导。有它在，我就知道橡栗有主儿了，或至少，是被做过与产卵有关的试验；它不存在，我就深信这个橡栗尚未有任何人占据。毋庸置疑，象态橡栗象也是根据这同样的方法获知情况的。

我目光锐利，仔细地观察一切，必要时还动用放大镜。我把观察对象拿在手里转来转去地看这么一会儿，情况便一清二楚了。而它，这个近视的橡栗观察者，却不得不到处查来验去，最后才确切地找到那个能说明问题的小孔。再说，对它来说，这是家族利益在迫使它慎之又慎，而我只是好奇心使然。因此，它对橡栗的检查是极费工夫的。

橡栗一旦被确定完好无损，这就成了。钻头在往下钻，一干就是好几个小时。然后，有好多次，象态橡栗象对自己的活计不屑一顾地走开了，钻探完了没有随即产卵。这么卖力地干了这么久又有何用呢？它只是为了饮水解渴、恢复体力才找这么一个橡栗随便钻钻吗？它嘴上的吸管会下到井底深处，在满意的角落吸几口富有营

作者用一连串猜测，增强了读者的求知欲望，也为下文的解答做了铺垫。

养的饮料吗？它这么忙乎一番只是为了个人进食吗？

一开始，我真是这么想来着，因为我毕竟对它为了一大口饮料而这么坚韧不拔颇觉惊讶。但是，雄性象态橡栗象的情况告诉了我实情，我便抛弃了这一想法。雄性象态橡栗象也长有长嘴，必要时也能钻出一口井来，但我从未见过雄性象态橡栗象有谁趴在一个橡栗上面，吭哧吭哧地在掘井。为什么要这么费劲呢？这些节制饮食的昆虫有一点点吃的就足够了。用“长鼻”尖端稍稍刺破一张嫩叶，就足以维持它们的生命了。

读书笔记

如果说它们这些无所事事、无须为吃费神的雄虫无过多需求的话，那么那些忙于产卵的雌性又是怎么回事呢？它们来得及又吃又喝吗？不，被钻了孔的橡栗并不是一个小酒馆，任你在那儿没完没了地喝个够。长嘴伸进橡栗喝上这么一小口那倒有可能，但是，那些碎屑是不是它的初衷？

其真实目的我想我隐约地发现了。我前面说了，卵总是被置于橡栗底部，在一些由叶柄渗出的液汁润湿的絮状物中间。幼虫刚孵出时，还啃不动挺硬的绒毛叶，只能咬壳底柔软的毛毡，以其液汁为食。

但是，随着橡栗长大成熟，这个蛋糕也就变得很硬了，味道以及液汁的量都随之有所变化。柔软部分变硬了，湿润的部分变干燥了。在某一个时期，新生儿所需的舒适条件是极其完备的。稍早些，舒适条件未达到标准；稍晚些，那些条件又过分成熟了。在外边，在橡栗的绿壳上，这种内部厨房的烹饪情况丝毫显现不出来。为了不让幼虫吃不合适的食物，做母亲的只是从外表查看橡栗是不太能够了解真实情况的，只好自己先用“长鼻”尖端尝尝粮仓底部的食粮。

昆虫对自然条件的掌握恰到好处。

妈妈在喂婴儿喝粥之前，也都会先用嘴唇去试试粥的凉热。雌性象态橡栗象也是以同样的慈母心这么去对待自己的幼虫。它把长鼻尖端伸到井底深处，看看里面的食物情况，然后再留下给自己的孩子。如果井底食物令它满意，它就把卵产下来；如果食物令它不满意，它就不再多往下钻探，弃之而去。这就可以解释为什么它钻

作者借用人的慈母之爱，将象态橡栗象的行为拟人化，使文章除了描写动物的习性外，还丰富了它们的感情。

了半天而弃之不用的原因了。那是因为再钻下去也没有用处，井底的食物经其仔细鉴定不符合要求。为了自家孩子的第一口食物，这些象态橡栗象多么细心、多么挑剔啊！

光把新生儿放在将能找到多汁而柔软的、易于消化的食物的地方，这些细心挑剔的母亲还觉得不行。它们对孩子的关怀照顾还远胜于此。一个折中的办法也许有用，就是让小幼虫从最初的吃软糕点改变成吃硬面包。这个折中办法就在母亲钻出的那个坑道里。那儿有一些碎屑，是长嘴上的剪刀剪碎了的。另外，坑道内壁受损、变软，比其他东西更适合新生儿娇嫩的颚。

在啃咬绒毛叶之前，幼虫的确是先钻入这个坑道的。它以沿途找到的粗面粉为食；它收集悬于壁上的褐色微粒；最后，它已足够壮实，便弄破果仁那圆形大面包，钻进里面去，不见了踪影。胃已经锻炼好了，剩下的事就是放开肚皮吃了。

这种管状婴儿哺乳室应有一定的长度，以满足初生婴儿的需要。因此，做母亲的便用那把钻孜孜不倦地干活儿。如果探测的目的只是局限于品尝一下食物，了解橡栗底部的成熟程度的话，操作就会简便得多，只需在橡栗底部钻透外壳就可以了。这一点象态橡栗象并不是不知道：我偶尔也发现象态橡栗象正在对坚硬外壳这么干哩。

我从中看到的只是急于了解情况的产妇的一种试验。如果橡栗合用，钻探就将在橡栗稍高的部位，在壳斗外面重新开始。当卵应该产下时，按惯例确实是钻橡栗，尽可能地选择橡栗较高的部位开工，只要钻杆够长就行。

花了大半天时间仍未完工的那个长钻洞是怎么回事呢？就在离叶柄不远处，少用许多时间和少付出许多劳累，钻头就可以钻到那个理想的地点，那个新生幼虫就能得到可以饮用的清泉，它为什么这么坚持不懈地做呢？做母亲的这么费劲乏力、疲劳不堪自有道理：它这么做可以到达橡栗底部那理想之地，因此也就获得了最佳的效果，可以替自己的孩子准备好一个吃不完的面粉口袋。

这是些鸡毛蒜皮的事！不，对不起，这可是一些大事呀，这是在告诉我们象态橡栗象在储存最微不足道的东西时的细致入微，向我们证明了一种调整细枝末节的高级逻辑。

象态橡栗象像一个优秀的教育家，它总是有自己的好主意，值得尊敬。

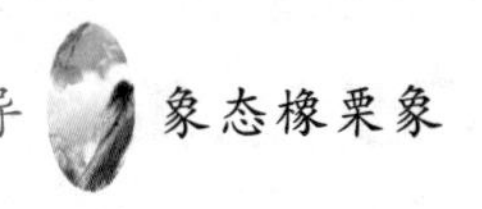

这起码是乌鸫的看法，乌鸫一到秋末，浆果开始短缺时，便美滋滋地拿这种长嘴昆虫充饥。虽说不够塞牙缝的，但味道却十分鲜美，没有尚未被严寒冻坏的橄榄的那种苦涩味。

如果没有乌鸫及其竞争对手的话，春天树木复苏时会成一幅什么景象呀！即使人因自己所干的蠢事而从地球上消失了，乌鸫用其鸣唱来庆祝万物复苏也同样庄严隆重。

除了满足森林欢乐之鸟——乌鸫的胃口而很值得赞扬而外，象态橡栗象还有另一个功用——调节植物的无序生长。如同所有真正名副其实的强者一样，橡树是个慷慨大度者，它大量地提供橡栗。这么多的橡栗大地如何处理它们呢？森林缺少空间便会窒息；树木过多则会殃及所有树木。

读书笔记

不过，鉴于食物充沛，急于使过度生产保持平衡的消费者从四面八方纷纷赶来，田鼠这个原住民在一堆碎石中，在其草料床垫旁存储起橡栗来。松鸦这种外来户也不知如何获得消息的，成群结队地从远方飞来。一连几个星期，它们逐一地对橡树大加叼啄，还像被掐住的猫似的呱呱叫嚷着以表现自己的欢乐与兴奋，任务完成之后，便飞回自己北方的故乡。

象态橡栗象比大家动手更早。它把卵产在还很青的橡栗中。现在，橡栗落在地上，提前变成褐色，还被钻了个圆孔，象态橡栗象幼虫吃光了橡栗里面的食物便从这个小圆孔里爬出来。光一棵橡树下，很容易地就能捡满一篮子这种被掏空的橡栗。对于清理过剩物资的活计，象态科昆虫远胜于松鸦和田鼠。

人为了养猪，很快也来了。在我们村子里，当市镇中负责击鼓宣读公告的人宣布某日为在市镇树林里采摘橡栗的开始日时，那可是件大事哩。前一天，最起劲儿的人便先行跑去查看地点，为自己选定最佳位置。第二天，天蒙蒙亮，全家人便都跑到选定的地点。父亲用长竹竿敲打高处的树枝；母亲围着麻布大围裙，进入林子深处，采摘手能够得着的橡栗；孩子们则捡拾掉落在地上的。一个个篮子装满了橡栗，然后橡栗被倒进筐里，被装入大布袋中。

继田鼠、松鸦、象虫以及其他许多动物之后，现在轮到人在开

人的思维方式无法全面理解自然规律，也无法看清每一个微小生物的价值。

心了，他们在计算采摘了这么多橡栗自己的猪该能长多肥。但是，这份开心之中也藏着一种遗憾，就是眼见这么多的橡栗散落地上，一个个都被钻了孔，被糟蹋了，一点用处也没有了。于是人们便对造成这种破坏的肇事者诅咒起来。听他们的口气，好像这森林只属于他们所有似的，似乎橡树只是为他们的猪才结果。

我想告诉这些人，守林人是不会记录轻罪犯人的罪状的，而这样做非常好，因为人太自私，在收获橡栗中看到的只是猪长肉，肉做肠，这种态度后果是严重的。橡栗在邀请大家全都来利用它的果实。我们人从中获得了最大的一份，因为我们是最强者。那是我们唯一的权利。

但是，在不同的消费者中进行平衡的分配，这是高于一切的大原则。在这个世界上，大家都有各自的角色，无论强大与弱小。如果说乌鸫为万物复苏而欢快鸣唱是大好事的话，我们也别认为橡栗被蛀空是件坏事。被蛀坏的橡栗里有为鸟儿准备的饭后甜食，象态橡栗象肉质鲜美，能让鸟儿臀肥歌美。

我们让乌鸫去歌唱吧，还是回过头来谈我们象虫科昆虫的卵。我们知道卵所在的地方：橡栗底部，在最鲜嫩多汁的果仁中。它是怎么住到那儿去的，那儿离壳斗边缘上方的入口可是够远的，这确实是个小小的问题，甚至可以说是幼稚的问题。但也别对它不屑一顾，因为科学就是由一些幼稚可笑的事物构成的。

第一个用一块琥珀在衣袖上摩擦，随后便得知这块琥珀能吸麦秸的人，绝没猜想到我们今天的电的奇妙用途。他只是在天真地自得其乐而已。但这种儿童游戏经过反复地做，以各种各样的方法进行探索之后，就变成了世界上的强大力量之一。

观察者对什么都不应该忽视，因为人们永远也不会知道会从最不起眼的事物中产生出什么来。因此，我又对自己提出了这个问题：象态橡栗象是通过什么办法在离入口那么远的地方住了下来。

对于尚不知晓卵的位置但可能知道幼虫首先是从其底部咬吃橡栗的人来说，答案可能是这样的：卵产在管道入口，在表面处，而幼虫则在母亲钻好的坑道里爬动，自己爬到储存幼儿食物的那个偏僻地点。

在掌握足够的资料之前，我自己起先也是这么解释的，但我很快就认为这种解释是错误的。当产妇把腹尖贴在刚用钻钻出的孔口便退走不久，我便摘下了这个橡栗。卵好像应该就在那儿，在入口处，紧贴表面的地方……可并非如此，那儿并没有卵，卵在坑道的另一端。如果我大胆假设的话，卵是像一块石头似的掉进坑底。

我们还是快点抛开这种愚蠢的想法吧！坑道极其狭窄，又堵满锉屑似的东西，这么直接掉下去是不可能的。再说，根据叶柄那直的或颠倒的方向，在一个橡栗里下落那就会在另一个橡栗里上升。

出现了第二种解释，同样是大胆的。我在想：布谷鸟在草地里任何地方下蛋，然后用嘴把蛋叼起，放到黄莺的狭小的窝里去。象态橡栗象会不会也用的是类似的法子呢？它会不会利用它的长喙把它的卵送到橡栗底部去呢？我看不到它身上还有其他什么工具能够达到这个深洞的底部。

名师点评

丰富的想象力、大胆的猜测，是进行观察研究的基础。

然而，我们还是赶快抛开因想不出道理来而产生的这种怪诞的解释吧。象态橡栗象是从不会公开地产下卵，然后再去用喙叼住它的。如果它这么做的话，那娇弱的卵在狭窄而又堵塞的坑道里往下放的时候准会被挤压，必死无疑。

我感到非常尴尬。对象态橡栗象的身体结构很有研究的任何一位读者都会有此尴尬的。蚱蜢长有一把大刀，那是它产卵的工具，可以把卵送到地下它所希望的深处去；褶翅小蜂配备着一个探头，可以钻穿石蜂筑成的水泥建筑，把自己的卵放到后者半睡半醒的胖幼虫的茧内去。但象态橡栗象却没有这类短剑、匕首，它的腹部什么都没有，绝对没有。然而，它只需把腹尖贴在井的狭小的孔眼上，就能立刻把卵送到橡栗底部去。

读书笔记

解剖将会告诉我们用其他办法所无法获知的谜底。我剖开象态橡栗象产妇。我看到的令我瞠目结舌。那儿有一部古怪的机器，一根僵硬的棕红色尖头桩，与身体一样长，我觉得几乎像是一只喙，因为它与昆虫头部的喙很相似。那是一根管子，细如毛发，尖端有点张开，状如榴弹发射筒，始端鼓起，呈卵形泡状。

这就是产卵工具，与钻孔器大小粗细相同。钻孔喙钻到哪儿，这个内喙——卵探测器便可下到哪儿。当产妇在橡栗上下钻时，它选择的攻击点就必须让这两个相辅相成的工具都能够到达理想的地点——果仁底部。

现在，其他的就不言自明了。产妇用手摇曲柄钻干完活儿后，坑道完工，它便回转身来，把腹部末端贴在那钻孔上。然后，它拔出剑来，内喙显露出来，毫无困难地钻入锉屑堵塞的坑道。引导探头上什么都没有显现，因为它运转敏捷而小心。卵安置好之后，这个工具逐渐回收，缩回腹内，同样是滴水不漏。大功告成，产妇离去，而我们却一点也没有看出它的破绽。

我强调坚持是有道理的吧。一个看来似乎无意的举止刚刚以毋庸置疑的方式告诉了我菊花象使人狐疑的地方。长吻管象虫有一个内探头，一个外部无任何痕迹的腹部喙。它们在其腹部秘密处藏有类似于蚱蜢和姬蜂的刺刀般的工具。

作者带着丰富的感情描写了象态橡栗象最具特点的行为——钻洞产卵。看似简单的钻洞产卵，原来还有那么多学问和门道，其在大自然生物链复杂庞大的系统中，不失为十分精密的一环。

延伸思考

在讨论象态橡栗象的过程中，作者不断引入人的行为和想法，请说说这样写的作用是什么。

# 豌豆象

名师导读

爱吃豌豆的不光是人，还有豌豆象。它们跟人争夺豌豆，但并不会造成太大的灾害，这与它们产卵的方式和饮食习惯有关。

人一向对豌豆有很高的评价。自远古时起，人类通过精耕细作，细心管理，想尽办法去让豌豆结的果实更大、更嫩、更甜美。这种作物很善解人意，遂人心愿，终于满足了园丁的奢望，提供了他们想要的东西。我们今天离瓦罗①和科吕麦拉们有多么遥远啊！我们离第一个也许是用岩穴熊的半颌骨（因为颌骨上的牙齿如同犁铧）扒划土地以便种下这种野生果实的人更是多么遥远啊！

这种豌豆的始祖究竟在野生植物世界中的什么地方呀？我们所在的各个地区都没有类似的这种植物。在别的地方能找得到它吗？在这一点上，植物学家总是缄默不语或含糊其词。

另外，人们对于大多数可食用的植物同样是一无所知。向我们提供面包的备受颂扬的小麦来自何处？没人知晓。我们除了精耕细作而外，就别再费劲在这儿寻根溯源了，也别到外国去探究来龙去脉了。在东方这片农业诞生之地，采集植物标本者从未在没被犁铧翻耕过的土地上见到过这种独自繁衍生长的"圣麦穗"。

同样，对于黑麦、大麦、燕麦、萝卜、小红萝卜头、甜菜、胡萝卜、笋瓜以及其他许多作物，我们也不甚了解。我们不知道它们原产于何地，顶多也就是根据几百年来的以讹传讹去加以猜测罢了。大自然在把它们交付给我

名师注解

① 瓦罗（公元前 116 —前 27 年）：古罗马学者，讽刺作家。著有涉及各学科的著作 620 卷，其中包括《论农业》。

们时，它们饱含着野生的生命力和不太高的营养价值，如同大自然今天把桑葚和灌木丛的黑刺李提供给我们一样，它们是处于一种吝于施舍的粗胚状态，我们得通过辛勤劳动和运用才智去使它们的果实饱含养分。这是我们投入的第一笔资本，这资本通过耕耘者的出色劳作在那特殊的银行里始终在不断地翻本增息。

谷物和豆类植物可作为长期储存食物，大部分是由人工生产的。其初始状态极不发达的那些改良对象，我们是照原样从大自然的宝库中提取的。经过改良的品种向我们提供大量的食物，这是我们的技术创造的成果。

如果说小麦、豌豆以及其他的作物对我们来说是不可或缺的，那么我们的精心照料作为正当回报对于它们来说也是绝不可少的。这些植物在生死存亡的激烈搏斗中没有抵抗能力，是我们的需求使它们在成长发育，如果我们弃之不顾，任其自生自灭，尽管它们的种子无以计数，但也会很快灭种的，如同愚蠢的绵羊，没有精心圈养放牧，很快就会消失。

它们是我们创造的产物，但并非总是我们所专有的财产。在食物大量积存的任何地方，都有大批的食客从四面八方奔来，不管不顾地大快朵颐，食物愈丰盛，食客来的愈多。只有人才能促进农业的发展，进而成为各方食客蜂拥而至的盛宴的操办者。人在创造更加美味、更加丰盛的食物的同时，无可奈何地也把千千万万的饥肠辘辘者招引到粮仓谷堆中来，它们的利齿尖牙令人无以为抗。人生产得越多，上贡得也越多，大规模的耕作，大量的作物，大量的积存，肥了我们的竞争者——虫子。

这是事物固有的规律。大自然以同样的热情向所有的婴儿提供乳汁，既喂养生产者也喂养消费者。大自然为我们这些辛勤耕耘、播种和收获，并因此而累得筋疲力尽的人使小麦成熟，同时也为小象虫们让麦子成熟。这种小象虫不在田间劳作，却在我们谷仓里安家落户，用它那尖嘴在麦垛里一粒一粒地嚼食麦粒，把麦子都吃成麸子了。大自然为我们这些因翻地、锄草、浇灌而累得腰酸背疼、日晒雨淋的人催促豆荚快快饱满，也为小象虫让豆荚赶快成熟。豌豆象对田园劳作一窍不通，但照旧在春回大地的时刻，按时从收获物中提取自己的那一份儿。

让我们好好瞧瞧豌豆象这个税官是如何卖力地干活儿的。我是个主动纳税者，我任由豌豆象自由行事：我正是为了它才在我的荒石园中播种了几垄它所偏爱的植物种子。除了这几垄不多的豌豆以外，我没有任何别的可召唤豌豆象的东西，但它五月里便按时前来了。它们知道在这个不适宜辟作菜园的荒石园里，头一次有豌豆在开花。这些昆虫税务官急匆匆地奔来履行自己的职责了。

它们是从何处而来？这可是无法说得准确的。它们应是来自某个隐蔽之所，在那儿呈僵直状态地度过了寒冬腊月。盛夏酷暑自己脱皮的法国梧桐，用它那微微翘起的木栓质皮片为无家可归的虫子们提供避难之所。我经常在这种冬季避难所里看见我们的豌豆象。只要寒风凛冽，严冬肆虐，豌豆象就躲在法国梧桐的这些微翘的枯皮下，或者用别的方法以求躲过劫难，直到和煦的阳光初抚它们几下，它们便苏醒过来。这是它们的生物钟在通知它们。它们像园丁一样，知道豌豆的花期，于是，它们便几乎从各个地方，迈着细碎的快步，心急火燎地向着它们所钟爱的植物奔来。

小头，大嘴，身着缀有褐色斑点的灰衣裳，长有扁平鞘翅，尾根有两个大黑痣，身材矮粗，这就是我的访客们的大致模样。五月的上半月刚过，豌豆象部队的尖兵已到。

它们在长有蝴蝶般白翅膀的花上安营扎寨：我看见有一些居于花的旗瓣上，另有一些则藏于龙骨瓣的小盒子里。还有一些数量较多，盘于花序中吮吸着，产卵时刻尚未到来。早晨天气温和，太阳虽明亮，但却不晒人。这是明媚阳光下举行婚配、开心享受的美妙时刻。它们在享受生活的乐趣。有一些在成双配对，但立刻又分了开来，随后又聚在一起。将近晌午时分，烈日当空，男男女女全都退避到花褶的阴处。这种阴凉的地方它们非常熟悉。明天，它们又要开始寻欢作乐，后天依然乐此不疲，直到一天天地在鼓胀起来的豌豆果实撑破龙骨瓣的小盒子为止。

有几只比其他的豌豆象更着急的豌豆象产妇，把卵托付给了新生豆荚，而后者扁平而细小，刚刚才褪掉花蒂。这些匆忙产下的卵也许是因卵巢已无法等待而被迫如此的，我觉得它们的处境极其危险。豌豆象的幼虫将安于其中的种子，此时此刻还只是个脆弱的细粒，既无韧性又无粉质堆。除非豌豆象幼虫颇有耐心，能扛到果实成熟，否则在那儿就找不到吃的。

但是，幼虫一旦孵化出来，它能够长时期不吃不喝吗？这令人怀疑。我所看见过的一些幼虫表明，新生儿一出来便忙着要吃的，如果没有吃的，便会死去。因此，我认为在尚未成熟的豆荚上产下的卵是必死无疑的。但豌豆象种族的兴旺繁衍并不会受到多大的影响，因为豌豆象妈妈是多产的。我们

一会儿就会看到豌豆象妈妈是如何满地下种，而其中大部分都注定要夭折。

五月末，当豌豆荚在籽粒的促动下变得多节，达到或接近成熟的时候，豌豆象妈妈的重任也就完成了。我急切地盼望着能看到豌豆象是如何以我们昆虫分类学所给予它的象虫科昆虫的身份工作。其他的象虫是一些带嘴象、带喙象，它们配备有一根尖头桩，用它来修筑产卵的窝巢。而豌豆象则只有一个短喙，在吸食点甜汁方面非常有用，但论起钻探来则是毫无用处。

因此，豌豆象安顿家小的方法与众不同。它不像橡树象、熊背菊花象、黑刺李象等那样做一些细致灵巧的准备工作。豌豆象妈妈没有配备钻头，所以只好把卵产在露天里，没有任何保护以防风吹日晒雨打。它这么做简直是太简单方便了，但这却是风险极大的，除非卵有特殊体质，能抗御酷热严寒、干燥潮湿。

上午十点，阳光和煦，豌豆象妈妈步伐急促，忽大步忽小步，从上到下，又从下到上，从正面到反面，又从反面到正面地把自己选中的豌豆荚看了个遍。它不时地把一根细小的输卵管伸出来，左探探右触触，像是要划破豆荚的表皮似的，然后便产下一个卵，随即便弃之不顾了。

豌豆象妈妈的输卵管就这么在豌豆荚的绿皮上左点一下右点一下的，就算完事了。卵就留在那儿，没有任何保护，任太阳暴晒。在帮助未来的幼虫进入食橱时缩短寻觅时间方面，豌豆象妈妈没有任何考虑，没有想到为孩子找个合适的地方。有的卵产在被豌豆种子鼓胀起来的豆荚上，有的则下在像贫瘠小山谷似的豆荚隔膜内。在豆荚上的卵几乎与食物直接接触着，而豆荚隔膜内的卵则离食物较远。以后就靠幼虫自己去辨别方向，寻找食物了。总之，豌豆象这种无序产卵方式让人想到粗放式的播种。

更严重的是：产在同一个豆荚上的卵与豆荚内的豌豆粒不成比例。首先我们得知道，一个幼虫就得有一粒豌豆，这是必需的定量，这一定量对一个幼虫来说是富富有余，但是好几个幼虫同时消受，哪怕只是两个幼虫，那也是很勉勉强强的了。每个幼虫一粒豌豆，不多也不少，这是永远不变的规定。

这就要求豌豆象妈妈产卵时必须探知豆荚内的含豆量，限制自己的产卵数。但是豌豆象妈妈根本就不理会这种限制，即使是面对定量的食物配给，豌豆象妈妈也总是产下许多的小宝宝。

我所有的统计在这一点上都是一致的。在一个豆荚上产下的卵总是超过，而且常常是大大地超过可食的豌豆粒的数量。无论粮食多么瘪，上面都有大量的卵。我把豆粒和卵的数量分别数了数，发现一粒豆子上总有五到八个卵，有时甚至有十个，而且看不出豌豆象妈妈就不会在一个豆荚上产下更多的卵来的迹象。真是僧多粥少！在一个豆荚上下这么多的卵干什么？它们中的大多数肯定要被逐出宴席的呀！

豌豆象卵呈琥珀黄色，挺鲜艳，圆柱状，很光滑，两头圆圆的。它长不过一毫米。每个卵都用凝固的蛋清细纤维网黏附在豆荚上。风吹不掉，雨打不下来。

豌豆象妈妈产卵常常是成对的，一个卵在上另一个在下，而往往是上面的那个卵得以孵化，而下面的那个则干瘪而死。为了孵化出来而不死，需要什么呢？也许是需要阳光的沐浴，而下面的卵正好被上面的遮挡着，没有了这种温暖孵育，或者是由于不合适的挡板遮挡的影响，或者是由于其他什么原因，反正孪生卵中的先产下者很少得到正常的发育，在豆荚上干瘪，没有出世便灭于无形了。

这种夭折也有例外的时候，有时候，成对的卵两个都发育良好，但这种情况实属罕见，所以如果总这么成对地产卵，豌豆象的家庭成员差不多要减少一半。有一项不利于我们的豆荚但却有利于象虫科昆虫的临时措施可以减少这种毁灭：大部分的卵都是一只一只地产下的，而且是独自待在一处。

新近孵化的标记是一条弯弯曲曲的苍白或淡白色小带子，它在卵壳附近翘起，撑破豆荚的表皮。这是幼虫的产物，是皮下通道，幼虫在其中蠕动，寻找钻入点。找到这个钻入点之后，身长刚刚一毫米、全身苍白、头戴黑帽的幼虫便在豆荚上钻孔，钻入豆荚宽敞的肚腹中。

它爬到豆粒处，在最近的那颗豆粒上安顿下来。我用放大镜观察它，同时观察它的豌豆地球——它的世界。它在豌豆球面上垂直地挖出一个井坑。我曾看见过一些幼虫半个身子下到井坑中去，后半身则在井坑外边蹬踢加力。不大的一会儿工夫，幼虫便不见了，钻进了自个儿的家中。

入口很小，但一眼就能认得出来，因为它在豌豆淡绿色或金黄色的衬托下呈褐色。入口没有固定的位置，总的说来，除了在豌豆的下半部以外，在豌豆表面的任何地方都可以钻洞，因为下半部的顶端是悬韧带的肥硕之处。

豌豆的胚胎就在这个部分，可它却没受到幼虫的损害，并且还发育成为胚芽，尽管豆粒上面被豌豆象成虫钻了个大窟窿。为什么这个部位完好无损呢？是什么原因使之免遭幼虫的侵害呢？

豌豆象肯定不是在关心园丁的利益。豌豆是为它而生，只为它而生。它之所以不去咬那几口使种子死亡，目的并非是减轻灾害。它克制自己有其他一些原因。

请注意，豌豆是一粒一粒相互紧贴在一起，寻找下嘴部位的幼虫在豆粒上行走并不是进退自如。它还要注意，豌豆的下端因肚脐的瘿瘤而变厚，钻孔就很困难，而在只有表皮保护的其他部分就没有这种困难。甚至也许在豌豆肚脐这一特殊部位有一些特别的液汁被幼虫所讨厌。

毫无疑问，这就是豌豆既被豌豆象蚕食却又照样能够发芽的秘密之所在。豌豆虽破损，但并未死亡，因为入侵是针对空着的上半部，那是既容易钻入又不会对豌豆造成大的损伤的区域。另外，由于整粒豌豆对于单独一个消费者来说是绰绰有余的，而受害部分只是这个消费者所喜爱的部分，但又不是豌豆生命攸关的部位。

在其他的一些条件下，在种子个头儿太小或非常大的情况下，我们可能会看到的情况就大不相同了。在种子个头儿太小的情况下，由于幼虫吃不着什么，不够塞牙缝的，胚芽就一块儿被吃掉了；在种子个头儿非常大的情况下，食物丰盛，可以招待多个食客。如果豌豆象偏爱的豌豆短缺，豌豆象就退而求其次，去吃野豌豆和马蚕豆，这两种植物也向我们提供了类似证据。野豌豆颗粒小，被吃得只剩下一层皮，发芽生长根本无望；马蚕豆个头大，尽管其上有豌豆象的多间住屋，但照样能破土发芽。

我们已知豆荚上的虫卵数量总是大大多于荚内豆粒的数量，我们也知道每个被占有的豆粒是一只幼虫的私有财产，那就要问，多余的那些幼虫是什么下场呢？当最早成熟的幼虫一个个在豆荚食橱里占好位置时，多余的那些幼虫是不是在外面死去了？它们是否被先行占领阵地的幼虫无情地咬死了？都不是。情况是这样的。

就在那一时刻，在豌豆象成虫钻出来时留下了一个大圆孔的老豌豆上，用放大镜可以辨别出一些棕红色的斑点，数量有所不同，斑点中央都有钻孔。我数过，每粒豌豆上有五六个甚至更多的钻孔。那么这些斑点又是什么呢？我不会弄错的：有多少钻孔就有多少个幼虫。有好几个幼虫钻进了一个豆粒中，但能存活下来、长大长肥、变为成虫的却只有一个。那么其他的呢？我们马上来看看。

五月末和六月份是产卵期，豌豆仍然又嫩又绿。几乎所有被幼虫侵入的豆粒都向我们展示出许多斑点，这我们已经从豌豆象遗弃的那些干豌豆上看到了。这是不是很多幼虫聚在一起的标记呢？没错儿。我们把所说的那些豆粒，把子叶分开，必要时再加以细分。我们将好几个蜷在豆粒内的很小的幼虫暴露出来。

聚在一起的这些幼虫似乎相安无事，幸福安详。邻里间和睦相处，互不相争。进餐开始，食物丰盛，就餐者被子叶尚未被触动的部分所形成的膈膜分开着，各自待在自己的小间里，不会互相争斗，没有任何因无意的触碰或有意的寻衅引发的大动干戈。对所有的占有者来说，所有权相同，胃口相同，力量相同。那么共同享用同一个豆粒的情况将如何结束呢？

我把一些被认为有豌豆象居民的豌豆剖开之后放在玻璃试管里。我每天再剖开另一些。我通过这种办法了解到共居一处的豌豆象的生长发育状况。一开始并无任何特别的情况。每只幼虫独自在自己的狭小的窝里，嚼食自己周边的食物。它节省着吃，不吵不闹。它还太小，稍微吃一点点食物就饱了。然而，一粒豌豆无法供养这么多幼虫吃到长大为止。饥荒即将发生，除了一只以外，其余的全都得死去。

事情确实很快就发生了变化。幼虫中居于豆粒中心位置的那一只发育得比其他的幼虫要快。当它稍稍比自己的竞争对手们个头儿大一点点时，后者便全都停止进食，克制着自己不再往前探索食物。它们一动不动，听天由命；它们就如此这般静静地死去了。它们消失了，溶解了，灭亡了。这些可怜的牺牲者是那么小！从此，那粒豌豆整个儿地属于那个唯一的幸存者了，在这个享有特权者的身边，其他的幼虫都一个个地死去了，到底是怎么回事呢？我没有确凿的答案，只能提出一种猜测。

豌豆的中央比其他地方更多地受到太阳的光合作用的抚爱，那儿会不会有一种婴儿食物，一种更适合豌豆象幼虫那娇弱的胃的松软食物呢？在豌豆的中央，幼虫的胃也许受到一种松软、味美、甜甜的食物的滋养，变得强壮，能够消化一些难以消化的食物。婴儿在吃流质、吃大人吃的面包之前，吃的是奶。豌豆的中心部分会不会就像是豌豆象妈妈的乳汁？

豌豆粒的所有占据者心愿相同，权利相等，所以全都往最美味的部分爬去。行程充满艰辛，但临时的栖身之所会反复出现，可以供幼虫们休息。在期盼更好的食物的同时，它们凑合着吃点自己身边已成熟了的食物，它们更多的是用牙来为自己开辟通道而非进食。

最后，那个掘进方向一路正确的幸运的掘土工便抵达了豆粒中心的乳制品厂。于是，它便在那儿安顿下来，而一切便已成为定局：其他的幼虫只有死路一条。而其他的幼虫是如何得知中心部位已被占据了的呢？它们听到自己的那位同胞在用大颚敲击其小屋的墙壁了吗？它们老远地就感觉到有啃啮的动静了吗？大概出现过某种类似的情况，因为自这时起，它们就不再往前探路了。迟到的幼虫们没有去与幸运的优胜者拼抢，没有去试图将它赶走，而是自己选择了死亡。我很欣赏那些迟到的幼虫们那种淳朴的忍让精神。

另有一个条件，空间的条件，在这件事中起着作用。在我们的那些豆象中，豌豆象是个头儿最大的。当它到了成年时，它就需要一种较宽敞的居所，而其他的那些豆象成年时并无这种要求。一粒豌豆可以为豌豆象提供很宽敞的一个居所，但是要住两个人就不行了，因为即使紧挨着也不够宽。这样一来，就必须毫不留情地精简人数，所以在一粒被侵入的豌豆里，除了一只幼虫以外，其他的竞争者被一个不剩地清除了。

而蚕豆则不同，它几乎像豌豆一样深受豌豆象的喜爱，但它却可以接纳好些个豌豆象同时下榻一家旅馆。刚才所说的那种独居者在蚕豆这儿就成了共居者。蚕豆地方宽敞，可住下五六只甚至更多的幼虫，它们之间可以互不侵犯领地。

另外，最初几日，每只幼虫都有松软的蛋糕在自己的嘴边，也就是说食物是远离表面、硬化缓慢、味道保存得很好的那一层。这里面的一层是面包心，其余的则是面包皮。

在豌豆中，这松软的一层位于中心部分，是豌豆象幼虫必须到达的很小的一个点，到不了那儿，就必死无疑；而在蚕豆这块大圆面包里，这个内层覆盖着两片扁平的豆瓣。如果在这硕大的豆粒上随处吃上一口的话，每只幼虫只需在自己面前往下钻，很快就能钻到想吃到的食物。

这样的话会出现什么情况呢？我统计了一下固定在一个蚕豆荚上的虫卵，又数了一下豆荚里蚕豆粒，两相比较，我便得知按五六只幼虫计算，这只蚕豆荚有足够的空间容纳全部家庭成员。这就几乎不存在从卵中孵出之后便死去的多余者了，人人都有一份丰盛的食物，个个都能家兴人旺。食物的充足经受住了这种粗放式的产卵方法引起的挥霍浪费。

如果豌豆象始终都是以蚕豆作为自己全家的住所的话，我就很清楚它为什么在同一个豆荚上产下那么多的卵了：食物丰盛，幼虫容易吃到，所以便能招引豌豆象产下大量的卵来。而豌豆就让我困惑不解了。是什么原因促使豌豆象妈妈昏头昏脑地把孩子生在缺粮的地方，活活地饿死呢？为什么有那么多食客围着只能坐一人的餐桌呢？

在生命的进程中事情可不是这么发展的。某种预见性在调节着卵巢，使之根据食物的多寡产下自己的卵。金龟子、泥蜂、葬尸虫以及其他为孩子们储备食品罐头的妈妈们，都是严格控制自己的生育的，因为它们面包铺里的松软面包，它们捡拾的一筐筐的野味肉，它们拖进埋尸坑中的腐肉块等是通过其艰辛劳动获得的，而且数量不多。

相反，肉上的绿头苍蝇则成包成包地堆积它的卵。它深信尸肉是取之不尽的财富，所以便在其上大量下蛆，根本不在乎下了多少。另外，昆虫要狡诈地抢掠食物，这经常会导致死亡事故的发生，因此昆虫妈妈也就必须用大量产卵的办法来抵消意外死亡的损失，以保持数量上的均衡。芫菁科昆虫就属于这种情况，它常在极其危险的情况下抢劫他人财物，因此它的繁殖能力就极强。

豌豆象既不了解被迫减少家庭人口的劳作者之艰辛，也不清楚被迫大量增加家庭成员的寄生者的苦难。它自由自在，不费力地去寻找，只是在明媚的阳光下在自己所偏爱的植物上溜来荡去，便给自己的每个孩子留下了足够财富。它能做得到，而且还疯婆子似的将超量的孩子生在一个豌豆荚上，致使多数孩子饿死在这间营养不足的哺乳室里。这种愚蠢的做法我不甚理解：它与昆虫妈妈的母性本能所固有的远见卓识背道而驰。

因此我倾向于认为，在世上的财富分享中，豌豆并非豌豆象初期所取得的那一份，可能是蚕豆才对，因为一粒蚕豆就能够供养半打甚至更多的食客。种子个头儿大，昆虫产卵与可食食物数量之间的明显的不协调也就不复存在了。

另外，毋庸置疑，在我们园中种植的各种豆类中，蚕豆的历史最为悠久。它个头儿特别大，而且口感又特别好，肯定自古以来就引起人类的注意。对于长期处于饥饿状态的种族来说，它是现成的，很有营养价值的食物。因此，人们急不可耐地在自己的宅旁园地里大量地种植它，这就是农业的开始。

中亚地区的移民用他们那长满胡须的牛拉着的牛车，一站一站地长途跋涉，给我们的蛮荒地区首先带来了蚕豆，然后把豌豆，最后把防止饥荒发生的谷物也带来了。他们还给我们带来了牛群羊群；他们让我们了解青铜，那是最早的制作工具的金属。就这样，在我们这里文明的曙光就出现了。

这些古代的先驱在给我们带来蚕豆的同时是否不知不觉地也把今天与我们争夺豆类植物的昆虫也给带来了呢？这种怀疑不无道理。豌豆象似乎是豆类植物的原住者。至少我发现它们就曾对当地的许多豆科植物在征收贡税。尤其是它们会在树林里的山黧豆上大量繁殖，因为山黧豆有一串串花朵和长长的、美丽的豆荚。山黧豆的籽粒个头儿不大，大大小于我们的豌豆粒。但是，它的籽粒皮软，幼虫能吃，所以每粒籽粒都足以让其居住者长大长胖。

也请大家注意，山黧豆的豆粒数量很多。我曾数过，每个豆荚内含有二十来颗豆粒，这是豌豆即使产量最高时也达不到的数字。因此，无太多渣滓的优质山黧豆一般可以供养生活在其豆荚上的整个昆虫家庭。

如果树林中的山黧豆突然缺乏了，豌豆象便会转往另外一种味道相同的植物，但这种植物的豆荚又无法喂养其全部幼虫，例如在野豌豆上或人工种植的豌豆上产卵。豌豆象在食物不丰富的豆荚上产下的卵也不少，因为其在起源时期选择的植物或因种类繁多，或因籽粒个头儿大，可以提供丰富的食物。如果豌豆象真的是外来者，那就假定它初始的食物为蚕豆；如果豌豆象是原住者，那就假定它初始的食物为山黧豆。

古老岁月中的某一天，豌豆到了我们这里。它起先是在先它而来的史前的那个同一个小园子里被收获的。人们发现它优于蚕豆，后者在为人作出那么多贡献之后让位于豌豆了。象虫也是这种看法。象虫虽未完全撇弃蚕豆和山黧豆，但却把自己的大本营建立在一个世纪又一个世纪以来逐渐广泛种植的豌豆上。今天，我们得以与豌豆象共享豌豆：豌豆象提取了它中意的一份之后把剩下的一份留给了我们。

由于我们的产品的丰富和优质所导致的昆虫家族的繁衍兴旺，从另一方面来看却是衰败没落的表现。食物方面的进步并不总是完美的，这对于象虫来说如同对我们来说是一样的。省吃俭用，种族则更得益；食不厌精，种族遭殃。豌豆象在蚕豆和山黧豆这种粗糙食物上建立了婴儿低死亡率的移民地。在它们上面，人人都有吃饭的地方。而在精美食品——豌豆上，大部分食客则因饥饿身亡。豌豆提供的食物份额不够，而食客却太多。

我们不必在这个问题上过多地耽搁时间了。我们来看看由于兄弟姐妹全都死去而成为唯一的主人的豌豆象幼虫吧。它在大饥荒中毫发未损，是机遇帮了它的忙，仅此而已。在豌豆粒中央这个丰润的僻静处，它干起了自己的唯一的本行——吃。它先吃自己周边的食物，继而扩大范围，只见它的肚子越来越鼓，它的窝儿在变大，但也随即被大肚子填满。它身轻体健，丰满迷人，透着健康的风采。如果我撩拨它，它便在自己的宅子里懒散地打着转儿，头还轻轻地点着。这是它讨厌我打扰的一种方式。我们让它安静待着吧，别去打扰它了。

它发育得又快又好，以致酷暑来临时，它已经在忙着准备即将到来的外出了。豌豆象成虫没有配备足够的工具为自己在豌豆中打开一条通道钻出去，因为豌豆此时已经完全变硬了。而幼虫知道自己将来会面临的这种无奈，便早有所预见，它将会用一种绝妙的技艺摆脱困境。它用自己有力的颌钻出一个安全门，圆圆的，四壁十分光洁。我们用最好的雕琢象牙的刀具也干不出这么好的活儿来。

事先准备好逃跑的天窗还不够，还必须充分地考虑蛹在干细致活儿时所需要的安全条件。擅闯民宅者会从开着的天窗溜进来，进而损伤毫无防卫能力的蛹。所以这个天窗必须关上。怎么关呢？窍门在这儿。

幼虫在钻逃逸的出口时，啃啮面粉状物质，连一点儿渣渣都不剩。待钻至豆粒表皮时，它便突然停下。这层表皮是一层半透明的薄膜，是幼虫变态时所在的凹室的防护屏，以防外来的不法之徒进入其间。

这也是成虫迁居时将遇到的唯一的障碍。为了使这道屏障易于脱落，幼虫曾在里层细心地围绕着盖子刻画出一道阻力不大的沟槽。幼虫发育成成虫后，它只需用肩膀一顶，用额头稍稍一撞，圆盖就微微顶起，像木锅盖似的掉了下来。出洞口透过豌豆那半透明的表皮展露出来，宛如一个宽大的环状斑点，因室内阴暗而不很明亮。下面发生的事因为隐没于类似毛玻璃的下面，所以我看不清楚。

这种舷窗盖构思真巧妙，既是抵挡入侵者的街垒，又是豌豆象成虫在适当时机用肩膀一顶即开的活门。我们应该因此向豌豆象表示敬意吗？这灵巧的昆虫会想出这么个高招儿，思考出这样一个计划，进而一步一步地付诸实施吗？象虫的小脑袋有这本事可是了不得。在下结论之前，我们还是先进行一下实验吧。

我把被豌豆象幼虫占据的那些豌豆的表皮剥掉，再把这些豌豆放在玻璃试管里，免得它们过快地变干。幼虫在其中同在没有剥去表皮的豌豆里一样发育良好，到时候便开始准备出屋。

如果幼虫矿工是由自己的灵感所指引的话，如果那被不时地仔细检查的顶板被认为已很单薄而幼虫不再继续挖它的通道的话，那么在现在的种种条件之下，会发生什么情况呢？幼虫感觉到自己已经贴近表面，将停止钻探，它将不会损坏无表皮的豌豆的最后的那一层，从而获得了不可或缺的保护屏。

类似的情况并没有出现。井坑在被充分挖掘；出口在外面张开，如同表皮仍在保护着豌豆似的一样宽大，一样精雕细琢。安全条件的变化一点儿也没有改变幼虫的习惯劳作。敌人能够进入这间来去自由的小屋，幼虫对此并不担心。

它没有把有表皮的豌豆钻透，不是因为它经过了深思熟虑。它之所以突然停下来，是因为没有面粉的薄膜不合它的胃口。我们不也是会把那些并无营养价值的豌豆皮从豌豆泥中弄出去吗？因为豌豆皮并没有什么用。看上去，豌豆象幼虫同我们一样：它讨厌豌豆粒上那层如羊皮纸似的咬不动的表皮。它到了表皮那儿便驻足不前了，知道那玩意儿不好吃。从这种厌恶的心情中却产生出一个小小的奇迹。昆虫没有逻辑。它被动地听从一种高级逻辑。它只是听从，而并未意识到自己的技艺，它的这种无意识如同可结晶物质有条不紊地聚集其大量原子一般。

八月份，或稍早些或稍晚些，一些黑斑在豌豆上出现，每粒上始终都是一个，毫无例外，这就是出口舱。九月份，其中绝大部分都会打开。好像是钻孔器钻出的舱门盖整齐划一地分离，落在地上，住屋的出入口便畅通无阻了。豌豆象以最终的形态衣着光鲜地爬了出来。

季节很美好。经雨水浇灌的花朵盛开。从豌豆里出来的移民在秋天的欢悦中前来探花。然后，寒冬来临，移民们便纷纷寻找避难所躲藏起来。其他的一些与这些移民数量相当，并不急于离开其出生时所在的豆粒。整个寒冬腊月，它们滞留在豆粒里，躲在不敢触动的保护屏下面，一动不动。小屋的门只待酷暑回来时才被安装在铰链上，也就是说在抵抗力较弱的沟槽上发挥作用。到那时，迟到的幼虫才会走出家门，与先期到达者们会合，待豌豆开花时节，共同准备干活儿。

从方方面面去观察昆虫本能的无穷无尽、变化多端的表现，对于观察者来说是对昆虫世界的观察的最大乐趣，因为没有任何东西比这更能展现生命中的种种事物那奇妙的配合一致的了。我知道，这么去了解昆虫学，并非人人都赞赏的，人们对一心扑在昆虫的一举一动上的这个天真汉嗤之以鼻。对于急功近利的功利主义者来说，一小把没被豌豆象糟蹋的豌豆远胜于一大堆与其没有直接相关利益的观察报告。

缺乏信仰的人呀，谁告诉你今天没用的东西明天就不是有用的？了解了昆虫的习性，我们将能更好地保护我们的财富。如果我们不能摒弃这种不注重研究的功利的观念，我们可能会追悔莫及的。正是通过这种或立即可以付诸实践的或不能立即付诸实践的观念的积累，人类才会而且继续会变得越来越好，今天比从前好，将来比现在好。如果说我们需要豌豆象与我们争夺的豌豆和蚕豆，那我们也需要知识，因为知识如同巨大而坚硬的和面缸，进步这种面包就在其中揉拌、发酵。头脑中的知识同谷仓中的蚕豆一样地重要。

头脑中的知识还特别告诉我们说："贩卖谷物者无须费心劳神地去与豌豆象进行斗争。当豌豆运到谷仓时，损失已经造成，无法弥补，但这种损失不会扩展。完好无损的豌豆丝毫不用担心与受损害的豌豆为邻，无论它们混居一起多久，豌豆象到时候都会从这些受损害的豌豆中出来。如果有可能逃走，它们会从粮仓中飞走。如果情况相反，它们会死去而不对完好无损的豌豆造成丝毫的损害。在我们食用的干豌豆上从来没有豌豆象卵，从来没有新的一代豌豆象出现。同样，我们也从来未见豌豆象成虫所造成的损害。"

我们的豌豆象并非定居于粮仓之中，它们需要新鲜空气、阳光、田野的自由。它吃得不多，蔬菜的硬的部分它们是绝对不吃的。对于它那细小的嘴来说，在花间吮吸几口蜜汁就足够了。另外，幼虫需要的是正在豆荚里发育成长的绿色豌豆这松软的面包。正是由于这些原因，粮仓中不会发生开始时进入豌豆中的豌豆象卵发育成长之后又在繁殖下一代的现象。

灾害的根子在田野里。在与这种昆虫进行斗争时如果我们不总是束手无策的话，就特别应该在田野上监视豌豆象的为非作歹。豌豆象数量惊人，个头儿又小，且极其狡猾，所以很难被消灭干净，因此，它对我们人的愤怒不屑一顾。园丁又叫又骂，象虫则无动于衷。它们仍旧一如既往地继续干它们那收税官的行当。幸好，有一些助手前来帮我们的忙，它们比我们更有耐心，其工作更加卓有成效。

八月的第一个星期，当成熟的豌豆象开始搬迁时，我看到了一种很小的小蜂，它是我们的豌豆的保卫者。我看见它在我的那些作培育用的短颈大口瓶里，大量地从象虫那儿出来。雌性小蜂头和胸呈棕红色，肚腹黑色，并带有长长的螺钻。雄性小蜂个头儿稍小一些，一身的黑衣裳。雌雄两性都有泛红的爪子和丝状触角。

为了钻出豌豆，豌豆象为获得最终解脱而在豌豆表皮上雕刻出了天窗，豌豆象的歼灭者自己则在天窗圆封盖上开启了一扇小天窗。被吞食者为其吞食者铺平了出去的道路。看到这一细节，其余的就不难猜测了。

当豌豆象幼虫变化的最初阶段结束，当出口已经钻通时，小蜂急匆匆地突然而至。它仔细检查还长在茎上的豆荚中的豌豆；它用触角探来探去；它发现了表皮上的薄弱部位。于是，它便竖起它的探测尖桩，插进豆荚，在豆粒的薄薄的封盖上钻孔。象虫的幼虫或者蛹，无论躲在豆粒多深的部位，小蜂的长尖桩都能触到。小蜂在象虫的幼虫或蛹上产下一只卵，大功便告成了。象虫现在还处于半睡眠状态或者呈蛹状，不可能进行反抗，所以这个胖娃娃将被吸干，直到只剩下一个皮囊。

真遗憾，我们不能随心所欲地帮助这种热情的歼灭者大量繁殖！唉！这就是令人大失所望的恶性循环，我们无法放开手脚，因为如果想有许多的豌豆的探测者——小蜂来帮忙，首先就得有大量的豌豆象。

## 精华赏析

本篇讲述豌豆象的产卵、孵化和饮食过程，仍然是作者惯用的拟人化写法。在描写中，结合不同细节，作者对人类的思考方式，以及大自然的奇妙平衡都做了阐述。

## 延伸思考

请总结豌豆象产卵的特点。

# 菜豆象【精读】

名师导读

在各种豆子中，菜豆很特别，味道甜美，口感极好，却没有虫子以它为食。“我”四处探访菜豆的来历，试图找出原因。最后，“我”终于找到了吃菜豆的菜豆象，不过，它们的食量相当惊人。

如果上帝在世间创造过一种蔬菜，那就是菜豆。菜豆有种种的优点：口感绵软，味道甜美，产量很高，价格低廉，营养丰富。它是植物性的肉，但却不会令人看着不舒服、不血腥，不像屠户在砧板上切下的肉那样。为了记住它的好处，普罗旺斯方言称它为“穷人的点心”。

作者赋予菜豆以人的道德情操，继续强调菜豆在生活中的普遍存在，为下文讲述菜豆象做铺垫。

你是神圣的豆子，是穷人的慰藉，你价格低廉，你让劳动者、让从来得不到好运的善良而又有才的人食以果腹；敦厚的豆子，加上两三滴油和一点点醋，你曾是我青少年时代的美味佳肴；现在我已年迈，可你仍然是我那粗茶淡饭中最受欢迎的蔬菜。让我们直到我生命的终结都是好朋友吧。

人与豆子虫子进行对话，这是童话中常见的写法。

今天，我并不打算颂扬你的功绩，我只想问你一个好奇的问题。你的祖籍是哪里？你是不是同马蚕豆和豌豆一起从中亚地区来的？你是同那些农作物先驱者从他们的小园子里为我们带来的那些种子一起的吗？古人知道你吗？

公正的、消息灵通的昆虫对此回答道：“不，在我们这一带，古人并不知道菜豆。这种珍贵的豆子不是同蚕豆一起经过同样的路径来到我们这里的。它是个外来客，很晚才被引入旧大陆的。”

昆虫的话语值得认真考虑，因为这番话言之有理。情况是这样的，我很久以来一直在关注农业方面的事情，从来没有见到有菜豆受到昆虫科中任何一种抢劫者，特别是受到专爱侵犯豆科植物的象虫的劫掠的。

我就这个问题询问过我的那些农民邻里。一涉及其收获物，这些农民就非常地警觉。触及他们的财产，那简直是罪不容恕，他们很快就能发现是谁干的坏事。另外，农妇们就在家里，在盘子里一粒一粒地剥出准备下锅的菜豆，她们心细手巧，触到歹徒很快就能把它捉出来。

喏，他们全都一致地以微笑来回答我所提出的问题，那笑容是在笑话我有关小虫子方面的知识少得可怜。他们说："先生，您要知道，菜豆里是从不长虫的。它是受上帝赐福的一种豆子，象虫不敢伤害它的。豌豆、蚕豆、扁豆、山黧豆、小豌豆都是生虫子的。可菜豆是穷人的点心，是从不生虫的。我们是穷苦人，如果虫子也来同我们抢夺它的话，我们可怎么活呀？"

的确，象虫科昆虫确实是瞧不起菜豆，如果大家看看其他的豆类是如何受到它们的疯狂侵害的，那就会觉得这种对菜豆的蔑视极其奇怪了。所有的豆类，连最小的小扁豆都难逃一劫，而菜豆个头儿又大，味道又美，却安然无恙。这可真让人难以理解。无论好的次的豆粒，豆象都毫不犹豫地要吃，为何唯独不吃最美味的菜豆呢？它吃了山黧豆吃豌豆，吃了豌豆吃蚕豆和野豌豆，无论豆粒大小它都感到满意，可偏偏却对菜豆的诱惑无动于衷。这是为什么呀？

显然，它并不了解菜豆。而其他的豆类，无论是当地的还是来自东方却适应了当地水土的，几百年来它都已经很熟悉了。它每年都要尝尝这些豆类是否品优质高，而且深信过去所获得的经验教训，按照古代的习俗对未来作出安排。对于它来说，菜豆作为它根本就不了解其优点的新来者，是令人生疑的。

昆虫完全证实了菜豆属于新来者这一点。它是从很远的地方，肯定是从新大陆来的。任何可食用的东西都会招引一些有意者来食用它。如果菜豆源自旧大陆，它就会像豌豆、小扁豆和其他豆类一样招来自己的消费者。就连豆类植物中最小的、往往没一个针尖大的豆类，也会供养自己的豆象——一种矮小的昆虫，它能耐心地咀嚼这种小豆粒，并在其间造窝筑巢；可菜豆却是肥嘟嘟的，味道又美，怎么就被放过了呢？

对这种奇特的豁免权，除下面的解释外没有其他的解释：同土豆和玉米一样，菜豆是来自新大陆的一件礼物。它来到我们这里时没有昆虫伴随，肯吃它的昆虫留在了当地。而在我们这儿的田野里，它遇到了另外一些吃豆粒的昆虫，可这些昆虫又不认识它，所以便对它不屑一顾了。

这种状况没能持续下去。如果说我们的田间地头没有喜爱这种豆子的昆虫，那么新大陆却有这种豆子的爱好者。通过商业交易，某一天总会有这么一两袋生虫的菜豆为我们带来那些昆虫的。这是不可避免的事。

读书笔记

根据我所掌握的资料，新近的这种入侵似乎不乏其例。三四年以前，我从罗讷河口地区的马雅内弄到了我一直在我家附近徒劳地寻找的东西。我当时在寻找时曾问过家庭主妇和农民，他们对我所提的问题感到十分惊讶。他们谁都没有见过什么菜豆虫，也从来没有听说过有这种虫。我的一些朋友听说我在寻找这种虫子，给我从马雅内寄来了可以说是大大地满足了我的博物学好奇心的东西。那是一斗受到严重驻蚀的菜豆，千疮百孔，简直像是海绵状。这些豆子里蠕动着无以数计的一种象虫，小得就像小扁豆中的小象虫。

寄豆子来的那些朋友跟我谈到他们在马雅内所遭受的损失。他们说，这种可恶的虫子毁掉了大部分庄稼。真是一种从未见过的大灾害，把菜豆给毁得差不多了，几乎让主妇们没有菜豆可供煮食了。至于这罪魁祸首的习性、活动情况，大家都不清楚。这得由我去进行实验，以便搞清是怎么个情况。

得赶快进行实验。环境和条件很适合做实验。现在是六月中旬，我的园子里有一块地上长着早熟菜豆，是比利时黑菜豆，是种了自家吃的。即使损失了这宝贵的豆子，也得把这可怕的虫子放到这片绿色植物上去。根据我所看到的豌豆象的情况来判断，这些比利时黑菜豆已经成熟：枝繁叶茂，豆荚也十分饱满，青翠欲滴，大小不一。

既是猜测，也是期待，表现了博物学家进行实验时想知道结果的急切心情。

我在一只盘子里放了两三把马雅内菜豆，并把在太阳下蠕动着的一堆虫子放在比利时黑菜豆地边儿上。将要发生的情况，我觉得我已猜到了。获得自由的、很快就被阳光刺激而变得兴奋的虫子将会飞起来。它们将在附近寻找供养它们的植物，然后便停在上面，将植物据为己有。我将看到它们探测豆荚和豆花，无须等得太久，我就会看到它们产下卵来。豌豆象在这样的条件下，也会这么做的。

可是，事情并非如此。我很困惑，为什么情况与我预料的会不一样。昆虫们在太阳下动来动去了有几分钟的工夫，微微张开鞘翅，然后又闭合上，以利飞行机械的运行，然后便起飞了，一只又一只。它们飞向明晃晃的空中；它们慢慢飞远，不一会儿便不见了踪影。我一个劲儿地紧盯着，但一无所获，飞走的昆虫们一只也没停在菜豆上。

获得自由的幸福感满足了之后，它们今天晚上、明天、后天还会飞回来吗？没有，它们没有飞回来。整整一个星期，我都在最佳时刻检查一垄一垄的菜豆，一朵一朵的花，一个一个豆荚，挨个儿地查了一遍，都没见着有菜豆象，也没发现有虫卵。可是，这正是产卵的有利时期，因为此刻被我囚于短颈大口瓶内的受孕雌虫们正在把它们的卵大量地产在干菜豆上。

我们换个季节再试一试。我安排了两块地，种上了晚熟菜豆——红科科特豆，这点儿是为居家食用的，但首先是为菜豆象准备的。这两块地相隔开来，弄成梯形，一块八月成熟，另一块九月或更晚些时间成熟。

我用红菜豆重新进行先前用黑菜豆所做的实验。我多次适时地把一窝一窝菜豆象放进绿叶丛里。它们是从总货仓——我的短颈大口瓶里取出来的。每次的结果都宣告失败。整个收获季节里，我几乎每天都在延长研究的时间，直到两次收获全部结束，全都以失败告终。我到最后也没能发现一只有虫子占据的豆荚，甚至连一只在植物上驻足的象虫都没看见。

但我并未中断监视。我还嘱咐我的家人尽心尽力地看管我为自己的研究而专门种植的那几垄地，并要他们采摘时留意豆荚上可能会有卵。我自己则先用放大镜仔细查看之后再把豆荚交给妻子去剥豆。但这都是在白忙活，哪儿都未见菜豆象卵的踪迹。

我除了在露天地里做这些实验而外，还在玻璃瓶子里做过一些实验。我用长形瓶子装了一些还挂在枝上的新鲜豆荚，有一些是青翠碧绿的，另有一些呈胭脂红色，里面的豆粒接近成熟。每只瓶子里都放了不少的菜豆象。这一回，我获得了一些菜豆象卵，但我对这些卵不太有信心：菜豆象妈妈把这些卵下在了玻璃瓶内壁上，而不是下在豆荚上。但不要紧，反正它们也在孵化。我看见孵出的幼虫游来荡去了几天，以同样的兴奋劲头儿探测豆荚和瓶子内壁。最后，它们一个个全都悲惨地死了，却没有触动放在瓶内的那些食物。

这种结果是必然的：鲜嫩的菜豆并非它们之所爱。与豌豆象相反，菜豆象不愿把自己的孩子们托付给不是自然成熟和因干燥而变硬的豆荚。它不屑于在我的苗圃上停留，因为它在那儿找不到它所需要的食物。

那么它到底需要些什么呢？它需要老的、硬的、掉在地上像石头子儿似的嘭嘭响的豆子。我马上就满足它。我在我的玻璃瓶里放进一些熟透了的、硬邦邦的、经太阳长时间照射而晒干了的豆荚。这一回，菜豆象人丁旺盛，幼虫们在干干的豆荚壳上，触到了豆粒，在豆粒上进行钻探，这之后一切都如愿地在发展。

名师点评

作者通过反复实验才掌握菜豆象的习性，再次强调了菜豆象的与众不同。

从观察到的情况看来，菜豆象就是如此这般地侵入农民们的谷仓的。收获时在田野里，留下了一些菜豆，让太阳把枝茎和豆荚晒得又干又透。这样一来脱起粒来就容易得多。也就是在这个时候，菜豆象找到了自己中意的东西，便在上面产下卵来。农民们稍后把豆子收回去时，顺带着也把侵害者带回家中。

不过，菜豆象主要是吃我们存入谷仓的豆子。同专爱嚼咬粮仓中的麦粒而不喜欢田野里麦穗上的麦粒的象鼻虫一样，菜豆象也讨厌鲜嫩的谷粒而喜欢定居在谷堆上那又暗又静的环境之中。它们是农民的敌人，但更是储粮商的可怕敌人。

这种侵害者一旦在我的宝贵的谷仓中安顿下来，它们的破坏劲儿可大着哩！我的小瓶子就充分地证明了这一点。光一粒菜豆上面就住了一大家子，常常有二十来个。而且还不只是一代，一年之中足有三四代安居其上。只要是豆皮下有可食物质，就有新消费者定居其上，直吃到菜豆粒只剩个空壳，惨不忍睹。豆粒表皮幼虫不屑去吃，最后成了一个满是窟窿眼儿的空袋子，而袋内的物质用指头一触，便立即成了一摊令人作呕的粉状物。菜豆被完全毁坏光了。

读书笔记

豌豆象是一粒豌豆上只有一只，它只吃掉为自己挖掘狭小的孵化室所必须弄掉的物质，而其余部分则完好无损，因此豌豆粒仍可发芽，并且还仍可以食用，只要你不厌恶就行，再说，这也没什么可以觉得厌恶的。来自美洲的菜豆象则不会这么手下留情，它要把自己所在那颗豆子吃个干干净净，只剩下一堆连猪都不吃的垃圾。

美洲在把它的昆虫灾害给我们带来时，可是来势凶猛的。美洲就曾给我们带来过根瘤蚜这种害人不浅的虫子，我们的葡萄种植者们一直在同这种害虫进行斗争；今天，美洲又给我们带来了菜豆象，这将给未来造成严重的威胁。我做了几次实验，可以看出其危害之严重。

将近三年以来，在我的昆虫实验室的桌子上，大大小小的瓶子排列了好几十只，全都是由纱罩罩住瓶口的，既可防止入侵者又可让空气保持流通。这些瓶子是我的野兽笼子。我在瓶子里培育菜豆象，并随意改变其饮食供应。我从这些瓶子中获知了菜豆象对居所的选择并非是专一的，除了几个罕见的例子以外，它们对我们的各种豆子都很适应。

各种菜豆，无论白的和黑的，红的和杂色的，大的和小的，当年收获的和好几年前收获的几乎煮都煮不烂的，都适合于菜豆象。脱了粒的菜豆则更受青睐，因为容易侵入，但是如果脱了粒的菜豆数量不足时，有豆荚保护着的豆粒也同样受到菜豆象的喜爱。刚孵化出来的幼虫往往会钻透又皱又硬的豆荚去触及豆粒。在田间地头菜豆象就是这样侵害菜豆的。

长荚果扁豆的优良品质也得到菜豆象的认可。这种扁豆在我们这里称作独眼菜豆，因为在豆荚的梗洼处有一黑点，好似带眼囊的眼睛，因此而得名。我甚至能看出来我的那些豆象寄宿者对这种扁豆更加情有独钟。

直到这之前，没有出现任何异常情况：菜豆象的食谱没有越出菜豆属植物这一食物范围。但是，这之后，情况变得危险了，菜豆象向我展示出它的意想不到的一面。它毫不犹豫地去吃干豌豆、蚕豆、山黧豆、野豌豆、鹰嘴豆；它总是津津有味地从这一种吃到那一种；它的孩子们同吃菜豆一样，吃这些豆类也吃得膘肥肉壮的。唯独小扁豆不受欢迎，也许是因为小扁豆个头儿太小的缘故。这种美洲来的象虫科昆虫真是个可怕的侵略者！

如果像我一开始所担心的那样，菜豆象总这么贪吃，从豆类吃到谷物，那灾害就更加严重了。但并未严重到如此地步。居于我的短颈大口瓶，与小麦、大麦、稻谷、玉米等在一起的菜豆象全都无一例外地没留下后代便死去了。它同油性种子，如蓖麻、向日葵等在一起时情况也是如此。除了豆类，再没有别的什么适合菜豆象的。尽管有此局限，但它的胃口仍是一种大胃口，而且吃起来极其疯狂，祸害不浅。

它的卵是白色的，呈小圆柱形。产卵无序，对产卵地点也不作任何选择。菜豆象妈妈产卵时，或只产下一个，或产下一小堆，既产在短颈大口瓶的内

读书笔记

壁上，也产在菜豆上。在粗心大意时，它甚至把卵产在玉米、咖啡、蓖麻和其他种子上，孩子们因在其上找不到合乎口味的食物而很快死去。在这里，妈妈的远见又有何用？卵只要是下在豆荚堆中的任何地方，都是合适的，因为新生儿自己会去寻觅并找到侵入点。

卵顶多五天就孵化。刚孵出来时是个棕红脑袋的白色小家伙，是个勉强可以看得出来的一个小点点。幼虫上身鼓起，让自己的工具——大颚这个圆凿更加有力，因为它要利用这一工具在坚硬如木头似的种子上钻孔。树干上的矿工——吉丁和天牛的幼虫也是这么挺着上身的。小爬虫一出生便以一种我们不相信这么小小年纪就会有的积极劲头儿随意地闲逛着，它这是想着尽快地找到栖身之所和食物。

一到第二天，大部分幼虫都办好自己的事了。我看见它们在种子的坚硬表皮上钻孔；我观看着它们的执着劲头儿；我还偶然看到幼虫半个身子下到刚凿出一点的坑道的开口处，坑口边有白色粉末，那是钻孔时弄出的粉屑。它钻进洞中，钻到种子的中心部位。五个星期后，它长大成为成虫后再爬出洞来，因为它长得很快。

作者以精确的数学计算提供证据，用数字达到让人震惊的效果，让人充分认识到小虫子可能带来的巨大危害。

菜豆象的快速发育成长使它一年能有好几代。我就见过四代。另外，单单一对夫妇便给我提供了八十个孩子。我们就只按一半来统计，因为夫妇双方是两个人，我是按两个性别的等量加以计算的。那么，到了年底，这第一对夫妻所生的后代就将是四十的四次方，那么幼虫时期的菜豆象总数就是五百多万只。这么一个强大的军团要糟蹋掉多大一堆菜豆呀！

菜豆象的本领从各个方面来看都与我们所了解的豌豆象并驾齐驱。每只幼虫都在菜豆内为自个儿凿个小屋，但并不伤及菜豆的表皮这个保护屏障，待长成成虫要出去时，只需稍稍一顶，封盖便会脱落。到了蛹的末期，一个个的小屋宛如暗淡的星星似的在菜豆表面上闪现。最后，封盖脱落，幼虫爬出屋外，菜豆上留下一个个小洞，里面有多少幼虫就有多少个小洞。

尽管菜豆象成虫吃得很少，有点粉质碎屑就足够了，但在这大堆的食物上只要有可供利用的东西，它似乎就不想弃之而去。它们在菜豆堆中交尾；菜豆象妈妈随意地在菜豆上产卵；孩子们在菜豆中安顿下来，有的住在完好无损的豆粒里，有的则栖息于被钻了洞但并未被吃光耗尽的豆粒中；在美好的季节里，每隔五个星期，就有新的幼虫重新开始钻来钻去。最后，最后的那一代，也就是九月或十月的那一代，便得在小屋中昏昏欲睡，等待热天的归来。

如果菜豆的毁坏者一旦变得过分的危险，对它们进行一场歼灭战也并非难事。从它们的生活习性中我们得知应采取什么手段。它以收回来存在谷仓里的干燥豆类为食。在田间地头是很难对付它，而且也很难奏效。它干坏事主要是在我们的谷仓里。这时候，敌人就待在我们家里，在我们力所能及的范围内。只需用农药喷洒，很容易就能将它们除尽。

## 精华赏析

作者在描写菜豆象之前，几乎用了相同的篇幅对“菜豆”追根溯源。菜豆的神秘和独特恰好给菜豆象蒙上了一层相同的神秘面纱。然后，作者以观察实验来解开谜题，揭开了菜豆象的本来面目。先营造神秘气氛，再揭示答案，这种写作方法收到了很好的效果。

## 延伸思考

菜豆象的食物不仅限于菜豆，但为什么叫它“菜豆象”，而不是别的名字呢？请仔细阅读本篇中描写菜豆的部分，试着找出答案。

# 金步甲的婚俗

名师导读

金步甲的婚俗令人毛骨悚然，新郎竟会成为新娘口中的美食。

众所周知，金步甲是毛虫的天敌，所以无愧于它那园丁的称号。它是菜园和花坛中时刻保持警惕的田野卫士。如果说我的研究在这方面不能为它那久负盛名的美誉增添点什么的话，那至少我可以从下面的介绍中向大家展示这种昆虫尚未为人所知的一面。它是个凶狠的吞食者，是所有力不及它的昆虫的恶魔，但它也会惨遭灭顶之灾。是谁把它吃掉的呢？是它的同类以及其他许多昆虫。

有一天，我在我家门前的梧桐树下看见一只金步甲慌乱地爬过。朝圣者是受人欢迎的，它将使笼中居民增强团结。我把它抓住后，发现它的鞘翅末端受到损伤。是争风吃醋留下的伤痕吗？我看不出有任何这方面的迹象。要紧的是它可不能伤得很厉害。我仔细地查验一番，看不见什么伤残，可以大加利用，便把它放进玻璃屋中，与二十五只同类常住居民为伴。

第二天，我去查看这个新寄宿者。它死了。头天夜里，同室居民攻击了它，那残缺的鞘翅没能护好肚腹，被对方给掏空了。破腹手术干净利落，没有伤及一点肢体。爪子、脑袋、胸部，全部完好无损，只是肚子被大开了膛，内脏被掏个精光。我眼前所见的是一副金色贝壳架，由双鞘翅合拢护着。对照一下被掏空软体组织的牡蛎，也没有它这么干净。

这种结果颇令我惊诧，因为我一向很注意查看，不让笼子里缺少吃食。蜗牛、鳃角金龟、螳螂、蚯蚓、毛虫以及其他可口的菜肴，我是换着花样地放进笼中，菜量充足有余。我的那些金步甲把一个盔甲受损、容易攻击的同胞给吞吃掉，是无法以饥饿所致作为借口的。

它们中间是否约定俗成，伤者必须被结果，其要变质的内脏必须掏空？

昆虫之间是没有什么怜悯可言的。面对一个绝望挣扎的受伤者，同类中没有谁会驻足不前，更没有谁会试图前去帮它一把。在食肉者之间事情可能变得更加地悲惨。有时候，一些过路者会奔向伤残者。是为了安慰它吗？绝对不是，它们是为了去品尝它的味道，而且，如果它们觉得其味鲜美，则会把它吞吃掉，以彻底解除它的痛苦。

当时，有可能是那只鞘翅受损的金步甲暴露了它受伤的地方，同伴们受到了诱惑，视这个受伤的同胞为一只可以开膛破肚的猎物。但是，假如先前并没有谁受伤，那它们之间是否会相互尊重呢？从种种迹象来看，一开始，相互间的关系还是相安无事的。吃食时，金步甲们之间也从未开过战，顶多只不过是相互从嘴中夺食而已。它们在木板下躲着睡午觉，而且睡得很长，也没见有过打斗。我那二十五只金步甲把身子半埋在凉爽的土中，安静地在消食、打盹儿，彼此相距不远，各睡各的小坑中。如果我把遮阴板拿掉，它们立刻惊醒，纷纷四下逃窜，不时地相互碰撞，但却并不干仗。

平静祥和的气氛很浓，似乎会永远这么持续下去，可是，六月，天刚开始热时，我查看时发现有一只金步甲死了。它没有被肢解，同金色贝壳一模一样，如同刚才提到的被吞食的那只伤残者的样子，使人想到一只被掏干净的牡蛎。我仔细查看了残骸，除了腹部开了个大洞，其他地方完好无损。由此可见，当其他的金步甲在掏空它时，那只受伤的金步甲是处于正常的状态的。

不几天，又有一只金步甲被害，同先前死的一样，护甲全都完好无损。把死者腹部朝下放好，它似乎好好的；而让它背冲下的话，它便是一只空壳，壳内没有一点肉了。稍后不久，又发现一具残骸，然后是一只又一只，越来越多，以致笼中居民迅速减少。如果继续这么残杀下去的话，那我笼子里很快就什么也没有了。

我的金步甲们是因年老体衰，自然死亡，幸存者们是瓜分死者尸体呢，还是牺牲好端端的“人”以减少“人口”呢？想弄个水落石出并非易事，因为开膛破肚的事是在夜间进行的。但是，我因时刻警惕着，终于在大白天撞见了两次这种大开膛。

将近六月中旬，我亲眼看见一只雌金步甲在折腾一只雄金步甲。后者体型稍小，一看便知是只雄的。手术开始了。雌性攻击者微微掀起雄金步甲的鞘翅末端，从背后咬住受害者的肚腹末端。它拼命地又拽又咬。受害者精力充沛，但却并不反抗，也不翻转身来。它只是尽力在往相反的方向挣扎，以摆脱攻击者那可怕的齿钩，只见它被攻击者拖得忽进忽退的，未见其他任何抵抗。搏斗持续了一刻钟。几只过路的金步甲突然而至，停下脚步，好像在想："马上该我上场了。"最后，那只雄金步甲使出浑身力气挣脱开来，逃之夭夭。可以肯定，如果它没能挣脱掉的话，那它肯定就被那只凶残的雌金步甲开了膛了。

几天过后，我又看到一个相似的场面，但结局却是完满的。仍旧是一只雌性金步甲从背后咬一只雄性金步甲。被咬者没做什么抵抗，只是徒劳地在挣扎，以求摆脱。最后，皮开肉裂，伤口扩大，内脏被悍妇拽出吞食。那悍妇把头扎进其同伴的肚子里，把它掏成个空壳。可怜的受害者爪子一阵颤动，表明已小命休矣。刽子手并未因此心软，继续在尽可能地往腹部深深掏挖。死者剩下的只是合抱成小吊篮状的鞘翅和仍旧连在一起的上半身，其他一无所剩。被掏得干干净净的空壳便被撇在原地。

金步甲们大概就是这样死去的，而且死的总是雄性，我在笼子里不时地看见它们的残骸。幸存者大概也是这般死法。从六月中旬到八月一日，开始时的二十五个居民骤减至五只雌性金步甲了。二十只雄性全都被开膛破肚，掏个干干净净。被谁杀死的？看样子是雌金步甲所为。

首先，我有幸亲眼所见，可以为证。我两次在大白天看见雌性金步甲把雄性金步甲在鞘翅下开膛后吃掉，或至少试图开膛而未遂。至于其他的残杀，如果说我没有亲眼看见的话，我却有一个非常有力的证据。大家刚才全都看见了：被抓住的雄金步甲没有反抗，没有进行自卫，而只是拼命地挣扎、逃跑。

如果这只是日常所见的对手之间的寻常打斗，那么被攻击者显然会转过身来的，因为它完全有可能这么做。它只要身子一转，便可回敬攻击者，以牙还牙。它身强力壮，可以搏斗，定能占到上风，可这傻瓜却任凭对手肆无忌惮地咬自己的屁股。似乎是一种难以压制的厌恶在阻止它转守为攻，也去咬一咬正在咬自己的雌金步甲。这种宽厚令人想起朗格多克蝎，每当婚礼结束，雄蝎便任由其新娘吞食而不去动用自己的武器——那根能致伤其恶妇的毒螯针。这种宽容也让我回想起那个雌螳螂的情人，即使有时被咬得只剩一截了，仍在不遗余力地继续自己那未竟之业，终于被一口一口地吃掉而未做任何的反抗。这就是婚俗使然，雄性对此不得有任何怨言。

我喂养在笼子里的金步甲中的雄性，一个一个地被开膛破肚，一个不剩，这也是在告诉我们那同样的习性。它们是已经对交尾感到满足的雌性伴侣的牺牲品。从四月至八月的四个月里，每天都有雌雄配对，有时是浅尝辄止，有的时候，而且比较经常的是有效的结合。对于这些火辣辣昆虫的性格来说，这绝对是没有终结的。

金步甲在情爱方面是快捷利索的。在众目睽睽之下，无须酝酿感情，一只过路的雄金步甲便向一眼见到的雌金步甲扑将上去。雌金步甲被紧紧搂住，微微昂起头，以示赞同，而在其上的雄金步甲便用触角尖端抽打对方的脖颈。迅即就交配完毕，双方立即分开，各自跑去吃蜗牛，然后又各自另觅新欢，重结良缘，只要有雄金步甲可资利用即可。对于金步甲来说，生活的真谛即在于此。

我本想让雌雄比例趋于合理的，但纯属偶然而非有意才造成这种比例失调的。初春时节，我在附近石头下捕捉遇上的所有的金步甲，无法分辨雌雄，因为仅从外部特征去看也挺难辨出雌与雄来。后来，在笼子里喂养之后，我知道了，雌性明显地要比雄性大一些。所以说，我那金步甲园地里的雌雄比例严重失调实属偶然所致。可以确认的是，在自然条件下，不会是雄性比雌性多这么许多的。

再说，在自由状态之中，不会见到这么多金步甲聚在一块石头下面的。金步甲几乎是孤独生活着的，很少看见两三只聚在同一个住所里。我的笼子里一下子聚着这么多实属例外，而且还没有导致纷争。玻璃屋中场地挺大，足够它们爬来爬去，自由自在，优哉游哉。谁想独处就可以独处，谁想找伴儿马上就能找到伴儿。

再说，囚禁生活似乎并不怎么让它们感觉厌烦，从它们不停地大吃大嚼，每日一再地寻欢交尾就可以看得出来。在野地里倒是自由，但却没这么受用，也许还不如在笼子里，因为野地里食物没有笼子里那么丰盛。在舒适度方面，囚徒们也是身处正常的生活状态，这里完全满足了它们的日常要求。

只不过在这里同类相遇的机会比在野地里多。这也许对雌性来说是个绝妙的机会，它们可以迫害它们不再想要的雄性，可以咬雄性的屁股，掏光它们的内脏。这种猎杀自己旧爱的情况因相互比邻而居而加剧了，但是肯定没有因此就花样翻新，因为这种习性并非是一时兴起所造就的。

野外环境中，一只雌性的金步甲待交尾一结束，便把对方当成猎物，将它嚼碎，以结束婚姻。我在野地里翻动过不少石头，可从未见到过前述这种场景，但这并没有关系，我笼子里的情况就足以让我对此深信不疑了。金步甲的世界是多么地残忍呀，一个悍妇一旦卵巢中有了孕，无需情人时便把后者吃掉！生殖法规拿雄性当成什么，竟然如此这般地残害它们？

这类相爱之后同类相食现象是不是很普遍？目前来说，我已经知晓有三类昆虫是这么一种情况：螳螂、朗格多克蝎和金步甲。在飞蝗这个种族中，情况没有这么残忍，因为被吃掉的雄性是死了的而非活着的。白额雌螽斯很喜欢一点一点地嚼食已死的雄性的大腿。绿蚱蜢也是这种情况。

在一定程度上，这里面有个饮食习惯的问题：白额螽斯和绿蚱蜢首先都是食肉的。遇见一个同类尸体，雌虫总是多少要吃上几口的，不管它是不是其昨夜情郎。猎物就是猎物，没有什么情郎不情郎的。

可是素食者又是怎么回事呢？接近产卵期时，雌性距螽竟冲着它那尚活蹦乱跳的雄性伴侣下手，剖开后者的肚子，大吃一通，直至吃饱为止。一向温情可爱的雌性蟋蟀性格会突然暴戾，会把刚刚还给它演奏动情小夜曲的雄性蟋蟀打翻在地，撕扯其翅膀，打碎它的小提琴，甚至还对小提琴手咬上几口。因此，很有可能这种雌性在交尾之后对雄性大开杀戒的情况是很常见的，特别是在食肉昆虫中间。这种残忍的习性到底是什么原因促使的呢？如果条件允许的话，我一定要把它弄个一清二楚。

本篇名为金步甲的婚俗，其实写了金步甲同类相残的习性，并借此引出了许多昆虫的生殖法则。但这种习性也确实与婚俗相关。这是作者第一次写到昆虫对同类的残忍行为，作为独特的婚俗，将金步甲间的性食同类与婚姻本该具有的美满形成鲜明对比，突出了金步甲的残忍。

# 松树鳃角金龟

名师导读

松树鳃角金龟长着十分有趣的头饰，这种头饰很夸张，并且有个很特别的用处。

在开始描述松树鳃角金龟时，我是存心在发表异端邪说。这种昆虫正式名称为“缩绒鳃角金龟”。我很清楚，关于术语分类法不必过于挑剔。你随便发出一种声音，再给它续上个拉丁文词尾，你就有了一个与昆虫学家标本盒上贴着的许多标签读音相近的词。如果这个粗俗的术语词指的是所标示的那种昆虫而非别的东西，那么这个词听起来不悦耳倒还罢了，但是，通常这个从希腊文或其他文种词根翻查出来的词都具有一些词义，初出茅庐者总希望从这里面找到一点启迪。

这样他就遭殃了。那个学术味的词告诉他的是一些不得要领且无甚意义的意思，所以他常常被弄得糊里糊涂，他被引向一些与我们的观察所提供给我们的真实情况没什么关联的现象。这有时会造成极其明显的错误，有时会给你一些荒诞不经的暗喻。只要是名称叫着好听，找一些词源学无法分析的词语岂不很好！

科学研究不能望文生义。

如果说有些词不会让人立即想到其本义的话，那么“fullo”（缩绒）一词就属于此列。这个拉丁文词语意为“foulon”（缩绒工），亦即把呢绒浸湿，使之变得柔软，并对它进行加工处理的人。本篇所述之鳃角金龟与缩绒工在什么方面有些关系呢？我绞尽脑汁也百思不得其解，找不到一个可以接受的答案。

老博物学家普林尼在其著作中用“fullo”给一种昆虫命了名。在其中一篇文章中，这位大博物学家谈到了一些治疗黄疸、发烧、水肿的药物。在他的古方中，几乎应有尽有：黑狗的大长牙；粉红色布包着的鼠嘴；从活绿蜥蜴身上取下来放在羊皮袋里的蜥蜴右眼；用左手掏出的一条蛇的心脏；用黑布包好的带着毒螯针的四条蝎尾（三天中不能让病人看到此药以及制作此药的人）；此外，还有不少怪诞的玩意儿。我吓得连忙把这本书合上，为这种治疗方法之愚昧无知而骇然。

读书笔记

在这些假借医学为幌子的荒谬药方中就有缩绒。书中写道，将缩绒金龟子一分为二，一半贴于右臂，另一半贴在左臂。

那么这位古博物学家所说的缩绒金龟子是什么呢？我并不很清楚。在描述这种东西时还说身上带有白点，这与松树鳃角金龟的特征相符，后者也带有白点，但这并不足以说明这就是松树鳃角金龟。普林尼自己似乎也没有十分确定其这种“最好的药物”究竟是何物。在他那个时代，肉眼还不会观察这种昆虫，因为它太小，只是孩子们的玩物，他们用一根长线拴住它，抡圆了甩着玩，有教养的大人对它是不屑一顾的。

这个专有名词看起来像是出自农村的没有知识又爱瞎起名字的观察者。老博物学家接受了也许是孩子们想象出来的这个乡野叫法，而且也未多加考证，差不离儿就这么用上了。这个词古色古香，出现在我们面前，现代博物学家们接受了它。这就是我们最漂亮的昆虫之一成为“缩绒工”的由来。许多世纪以来就这么沿用了这个怪异的称谓。

尽管我对古老语言非常尊敬，但我还是不喜欢这么一个术语，因为它用在这儿是毫无道理的。常理应该战胜分类目录中的谬误。为什么不称它为松树鳃角金龟，以纪念那种它所喜欢的树，那是它在空中生活的那两三个星期的天堂呀！其实这是很简单的事，是顺理成章的事。

作者摒弃了晦涩难懂的术语，改用通俗易懂的名称，一方面说明了他对科学研究的独到见解，另一方面也说明了他对这种昆虫的熟悉。

在找到光明普照的真理之前必须在荒谬的黑夜之中久久地徘徊。我们所有的科学都证明着这一点，甚至数字科学。你试试把一组数字用罗马数字相加，你肯定会被那些复杂的符号搞得晕头转向而放弃，而且你将会承认零的发明在计算上是多么大的革命。这就是哥伦布的那只蛋，实际上不算是一回事，但却必须想到它。

在把不合时宜的“缩绒工”这个词抛弃之前，我们先把它叫做松树鳃角金龟吧。用这个名称谁也不会搞错，因为我们的这个昆虫只光顾松树。

它仪表堂堂，可与葡萄根蛀犀金龟媲美。它的服装如果说没有金步甲、吉丁、金匠花金龟的金属外衣那么豪华的话，那至少也是罕见的高雅。在一种黑色或栗色的底色上散布着一层厚厚的散花白绒点，既朴素又大方。

作为头饰，雄性松树鳃角金龟的短须尖上有七片重叠的大叶片，根据其情绪的变化或呈扇形张开，或闭合起来。人们一开始可能会把这漂亮的簇叶当作一个高灵敏度的感官，可以嗅到极微弱的气味，可以感知几乎听不见的声波，可以获知我们的感官都感觉不到的其他一些信息。雌性松树鳃角金龟却不如雄性的同类感官灵敏，它作为母亲的职责要求它也必须像做父亲的一样要感觉灵敏，然而它的触须头饰很小，由六片小叶片组成。

雄性松树鳃角金龟那呈扇形张开的大头饰有什么用处？对于松树鳃角金龟来说，那个七叶器官犹如大孔雀蝶的颤动的长触角，犹如牛蜣螂额上的全副甲胄，犹如鹿角锹甲大颚上的枝杈。到了寻偶求欢之时，它们全会以各自的方式挑逗异性，以求得逞。

漂亮的鳃角金龟在夏至将近时出现，与第一批蝉出现的时间差不多。由于它出现的时间很准确，所以在昆虫历中都被标明了，而昆虫历并不比四季年历的精确性差。最长的白昼来到，天总不见黑，麦子一片金黄，这时，鳃角金龟总会准时爬到自己的树上去。村里的孩童为纪念太阳节，都要在村子里的街道上点起圣让节篝火，但这个节日都没有鳃角金龟出现的日子更加准确。

在这一期间，每天日暮黄昏时分，如果天气晴朗，鳃角金龟就会来到院子里的松树上。我仔细地观察着它们的一举一动。尤其是雄性鳃角金龟，在默默地充满激情地使劲儿，飞来转去，把自己那触角头饰张得大大的。它们向着雌性鳃角金龟在等着它们的树杈飞去；它们飞过来飞过去，在最后一线光亮逐渐消失的苍茫天空中画出一道道黑线。它们歇了一会儿，又飞起来，重新开始繁忙的巡视。在这半个月左右会一直持续的狂欢之夜，它们在树上都干些什么呢？

事情是明摆着的：它们在向美人儿们示爱，不断地献媚致意，直至夜色浓重。翌日清晨，雄的和雌的通常都占据着那些矮枝。它们单独地待在那儿，一动不动，对自己周围的一切无动于衷。人们用手去捉，它们也不逃走。大

多数都在用后爪吊住身子，蚕食一根松针，它们咬着松针在悠悠地打盹儿。黄昏又来临时，它们又开始嬉戏调情。

想看它们如何在树的高处嬉戏不怎么可能。我们就试着把它们捉来观察吧。早晨，我捉了四对，放进一个放着一根松枝的大笼子里。我看到的情景并未符合我的期望，原因是它们失去了飞翔的自由。顶多是不时地可以看到一只雄性鳃角金龟向它所心爱的雌性靠近。它展开自己的触角叶片，轻轻地抖动它们，也许是在探询对方是否接受它；它把自己打扮成美男子，炫耀着自己那了不起的触角。但它未能遂愿，对方一动不动，仿佛对它的展示无动于衷。囚禁生活使之忧伤悲痛，难以克制。我未能继续观察下去。交尾似乎应该是在深夜进行，因此我错过了大好时机。

有一点尤其让我感兴趣。雄性鳃角金龟能够发出乐声，雌性亦然。雄性是否在用这种乐声作为逗引和召唤雌性的手段？雌性听到求爱者的乐声是否也用一种类似的乐曲回答对方呢？正常条件下，在树冠中发生这种情况是极有可能的，但我无法肯定这一点，因为我无论是在松树上还是在笼子里都没听见过类似的乐声。

这声音是从其腹部尖端发出的，腹尖轻轻地轮番抬起落下，尾部环节就会摩擦正保持静止状态的鞘翅后边缘。在摩擦面和被摩擦面都没有什么特殊的发音器。我用放大镜反复地观察来观察去，也没有发现有专门用来发声的细微条纹。两个面都是光滑的。那么声音是如何发出来的呢？

我们用湿手指在一块玻璃上或在一块窗玻璃上划过，就可以听见一种挺响的声音，与鳃角金龟所发出的声音有些相像。如果用一块橡皮在玻璃上摩擦，效果更佳，发出的声音更像鳃角金龟所发出的声音。如果注意音乐节拍，准能以假乱真，因为模仿得太像了。

鳃角金龟运动其腹部柔软部分时，就如同手指头上的肉质部分或那块橡皮，而玻璃片或窗玻璃就如同光滑的鞘翅，它极薄又很硬，而且极易震颤。因此，鳃角金龟的发声方法非常地简单。如果想让它发出声音，只需用手指捏住它，并稍稍触动它一下即可。但它这并不是在歌唱，而是发出一种哭诉，是对自己不幸的命运的抗争。在它那奇特的世界中，歌声在表达痛苦，而沉默则是表示欢乐。

## 精华赏析

作者对昆虫命名的方法十分有见地。本篇围绕着给鳃角金龟起的新名字，对这种昆虫的具体特点展开了描写，说明作者充分抓住了给昆虫取名的要领。

## 延伸思考

请你说说，鳃角金龟的特点有哪些？

# 蟹 蛛①

名师导读

蟹蛛与螃蟹有几分相似，是个捕食蜜蜂的好猎手。而且蟹蛛产卵和孵化的方式也有点特别。

蟹蛛因爬行时像螃蟹一样，横行霸道，因此得名。它也像螃蟹一样，前步足比后步足粗壮，只是它的两条前足不像螃蟹前足那样戴着“拳击手套”。

这种蟹蛛不会织网捕猎。它的捕猎方法是：埋伏在花丛中窥视着，一旦猎物出现，它会飞快地掐住对方的脖子。它尤其喜爱捕捉家蜂。一贯爱好和平的蜜蜂，为了采蜜来到花间草丛，用口器先在花丛中探测，选好一处花粉多的开采区，立刻便忙于收获了。待它的花篮里装满了花粉，肚子慢慢地鼓起来的时候，蟹蛛便从花丛下的隐藏处突然蹦了出来，纵身跃起，掐住蜜蜂的后脖颈根部。后者无助地拼命挣扎，用螫针乱扎一气，但攻击者始终不肯放手。

蜜蜂的奋力挣扎、反抗，未能奏效，由于颈部的神经被死死地掐住，脖子被迅雷不及掩耳般地咬住，没一会儿便蹬着小腿儿，一命呜呼了。刽子手自在满意地吮吸着被害者的血，吸干之后，便不屑一顾地将蜜蜂干尸弃之一旁，又埋伏在花丛之中，伺机捕捉下一个采集花粉者。

受肠胃制约的动物和人，简直像是恶魔。为了获得鲜美肉嫩的猎物，他们是根本不会去顾及对方的工作之神圣，生活之快乐，母性之温柔，临终之痛苦，只要自己能大快朵颐就可以了。我们所说的这种蟹蛛，可能很像古罗

① 蜘蛛不是昆虫，是节肢动物，属蜘蛛目。本书按作者原著，节选了蟹蛛、圆网蛛等几篇有关蜘蛛的内容。

马执法官手下的手持束棒的侍从，专司捆绑犯人于行刑柱上。许多蜘蛛都是这样，为了制服猎物，以便随心所欲地把它吃掉，就用“绳子”先把猎物捆绑结实，从这一点来看，上述比喻还是挺恰当的。但关键的问题是，蟹蛛名不符实，它并没有用绳子捆绑蜜蜂，蜜蜂是被它咬伤颈部而死的，而且几乎没有对刽子手进行任何反抗。

蜘蛛几乎总是有着一个大肚子，里面储存着大量的丝，有些蜘蛛用腹中的丝来制细丝线，而所有的蜘蛛都会用自己的丝来织卵袋中的莫列顿双面起绒呢。蟹蛛也不例外，它也同其他的蜘蛛一样，用肚子里的丝为自己的婴儿编织保暖服装，只是它的肚子不像其他蜘蛛那么大，那么臃肿。

这个蜜蜂杀手很怕冷，在法国，它几乎没有离开过橄榄树的故乡。它尤其喜欢一种名为岩蔷薇的灌木。这种灌木开出的花呈粉红色，花朵很大，有点皱皱巴巴的，保持的时间不长，只有一个上午。第二天，凉爽的黎明来临时，新开的花便取代了昨日的花，花期通常要持续五六个星期。

蜜蜂很爱到这里来采花蜜。它们在雄蕊那宽大的管圈上飞来飞去地忙碌着，满身都蹭上了黄色的花粉。蟹蛛闻讯，匆忙赶来，躲藏在一片花瓣构成的粉红色帐篷下面，随时准备着向猎物发动攻击。我朝这片花丛望去，只见四处的花上都落着蜜蜂。如果我发现有一只不动弹了，伸直了舌头和腿脚，我便连忙赶过去，因为那无疑是蟹蛛在作怪，它刚杀了“人”，正在吮吸尸体里的血。

话说回来，这个蜜蜂杀手长得十分漂亮，尽管它那金字塔形的躯干上坠着个大肚子，下端左右两侧各隆起一个驼峰状的乳突，但它的皮肤看上去简直比绸缎还要柔软。有些蟹蛛的皮肤呈乳白色，有些则呈柠檬色；有一些挺讲究的蟹蛛还在腿上戴着不少的粉红色的镯子，背上饰有胭脂红的曲线，胸部两侧有时还佩戴着一条淡绿色的细带子。蟹蛛的服装色彩虽然不如彩带蛛那么丰富，但是，就简明、精致和色彩搭配而言，要比后者的服装色彩优雅许多。即使对蜘蛛感到恐惧和厌恶的没有经验的人，也不得不承认蟹蛛的优雅，忍不住要抓起一只看似温顺平和的蟹蛛来观赏一番。

蜘蛛类昆虫中的这个宝贝有何才干呢？首先，它会建造适合自己的巢穴。金翅鸟、燕雀以及其他鸟类建筑师善用植物的侧根、植物纤维、棉絮团等在树枝丫上构建贝壳形的巢。蟹蛛也喜欢在高处盖房造屋。为了建造自己的屋子，它会在自己平时捕猎的岩蔷薇上，选择一根长得很高、因炎热而枯萎了的树枝，枝上还挂着一些卷成小窝棚的枯叶。蟹蛛便在其上搭建巢穴，生儿育女。

蟹蛛肚子似梭子状，里面装满了丝，它让肚子上下轻轻地摆动，把丝拉向四周。它织成一个袋子，袋壁与周围的干树叶浑然一体。这个白色的不透明的巢，一部分露在外面，一部分被树叶所遮掩。它插在树叶间的夹角里，呈圆锥形，像丝蛛所织的袋子，但体积要比丝蛛袋来得小些。

当卵产人袋子里之后，一个用同样的白丝织成的盖子便把这个袋子口给盖严盖实，最后，蟹蛛再用几根丝织成一个薄薄的帘子，在卵袋上做成一个床顶华盖。然后，它再用弯曲的叶尖做成一间凹室，母亲便居于其中。

这不仅是疲劳的产妇产后休息之所，还是一个很好的掩蔽所，一个监视哨所。母亲就坚守在这个监视哨所之中。它平趴着，直到自己的孩子们大批地迁移。它因产卵以及筑巢建窝耗费了大量的丝，所以身体变得十分消瘦。现在，它只是为了保护自己的窝巢而活着。

如果有不速之客从附近经过，它会立即冲出哨所，抬脚踢蹬，把这不速之客赶跑。当我用一根草去撩拨它时，它便奋力地反击，用拳头击打我所使用的武器，仿佛在跟那根草进行着拳击。如果我想做些试验，故意让它挪挪窝，那就得花费点工夫，因为它会死死地抱住丝质地板不放，让我无法得逞。我因害怕伤着它，也不敢太用力。这个顽强的家伙刚被逗引出窝，立即便会返回自己的岗位，它放不下自己的孩子们。

蟹蛛同纳尔仓那狼蛛一样，当别人夺它的宝贝时，它便会奋力反击。这两种蜘蛛都同样的勇敢，同样的忠诚，但也同样的糊涂，分不清孩子是自个儿的还是别人的。

我们也无法用母爱来形容它们，因为它们那只是出于冲动，是一种机械性的爱，没有真正的温情孕育其中。生活在岩蔷薇上的高雅的蟹蛛，也不见得就比狼蛛聪明，如果把它移到另一个形状相同的窝里去的话，它便在那儿安下家来，不再挪窝，尽管那个袋子上排列规则有所不同的叶子已经明显地在告诉它，这儿并不是它原先的家，但它只要脚下踩着丝，它就不会发现自己摸错了门，被弄到别人的家里了，它像监护着自己的巢穴一样地谨慎有加地监视着这个新家。

在母性的盲目这一点上，狼蛛则表现得尤为突出。它把我用锉刀锉成的软木球、纸团和线团当成了自己的卵袋，粘在纺丝器上，带着走来走去。我想了解一下蟹蛛是不是也会这么犯糊涂，便在封闭的圆锥形卵袋里放了一些蚕茧的碎片，把碎片那较细较平的一面朝上。我的诡计未能奏效。离开了自己的家，被安置在人造袋子上的母蟹蛛死活不肯在那儿安家。这么看，它好像是比狼蛛要聪明一些吧？也许是这样，但是，也别因此就过于对它加以赞扬，因为我仿制的那个巢模仿得不够标准，过于粗糙。

五月底，产卵的任务完成了，平趴在巢顶上的母蟹蛛无论白天还是黑夜，都不离开其掩蔽体。见它那么干瘦，我便准备为它提供几只蜜蜂，它一定会开心的，因为我仿制的我以前就这么做过。

可我推断错了，这并不是它所需要的。此前它一直偏爱的蜜蜂已经引不起它的兴趣了，被我放进网罩里的蜜蜂，尽管是唾手可得，它也无动于衷，任由它在嗡嗡地叫。但是，虽然如此，它却并未擅离职守，仍在坚守着自己的岗位，靠着母爱的执着在维持着生命。因此，我只能眼睁睁地看着这个蟹蛛母亲在日益衰弱，越来越干瘪。这只消瘦的蟹蛛究竟死死地在等待什么呀？

它是在等着自己的孩子出世，它这个垂死者对它的孩子们还有用。彩带蛛的孩子从“气球”里一出来，便无人照看，成了孤儿。这些孤儿根本无力从自己的袋子里挣脱出来，必须靠“气球”自行爆裂，气球爆裂时，把小彩带圆形蛛和棉床垫一股脑儿地弹了出来。

蟹蛛的袋子外面大部分地方都加了一层树叶，它永远不会自动爆裂，只要封条仍贴在盖子上，它就不会自行打开来。当小蟹蛛获得解放后，我发现盖子周围有一个小洞口敞开着，宛如天窗。这个天窗原先并不存在，是谁把它打开的？

袋子的布料质地很好，非常地厚实牢固，里面关着的年幼体弱的小蟹蛛根本就扯不破它。那是它们的母亲解救了它们。母亲感觉到丝棉顶篷下的孩子急于出来，在乱蹬乱踢乱拱，就帮它们把袋子捅破了。蟹蛛母亲拖着病体坚持了三周，就是等着这一天，好最后用牙把卵室咬开。母亲的天职完成了之后，它便欣慰坦然地逝去了，紧紧地贴在自己的窝上，变成为干尸。

七月到来，小蟹蛛出世。我早就知道它们有表演杂技的习性，便在它们出生的那个罩子顶上放了一把很细的枝条。它们果然全都钻过纱网，聚到那把枝条上来，并很快地在那上面用自己的丝交错地编织出一个宽阔的临时营地来。开头两天，它们躲在营地里，比较安静，随后便在一个物体与另一个物体之间架设起天桥来。这是我进行观察研究的大好时机。

我把一束爬满了小蟹蛛的枝条置于开着的窗户前的一张桌子上，放在背阴的地方。不一会儿，它们便开始进行大迁移，但速度缓慢且毫无秩序。小蟹蛛们有些迟疑，有的在向后倒退；有的则吊在丝的一头垂直坠落，然后丝往上收，又把吊在半空中的小蟹蛛带了上去。总之，一片忙碌，不见成效。

大约十一点钟光景，我灵机一动，想把急于迁移的小蟹蛛所盘踞的那束枝条放到烈日照射的窗台上。被太阳暴晒了几分钟之后，情况便大不相同了。这帮小移民们爬到小树枝的顶上，十分活跃，动弹个不停。这儿简直成了一个令人眼花缭乱的制丝绳的车间，几千条腿都在从纺丝器里往外拉丝。丝绳制好后，便被甩了出去，任凭风儿将它带走。我得实话实说，我并未看见丝绳，只是凭借自己的猜想。三四只蟹蛛同时出发，然后分道扬镳，各行其道，看着它们的爪子在灵巧地忙碌着，我就知道它们都在往上攀爬，顺着一个支撑物攀缘着。但它们身后的那根丝仍然可以看得出来，因为这是一条复线。等到到达某一高度时，它们便停止了攀登，在空中荡了起来。经阳光一照，只见它们一个个闪闪发光，缓缓地晃动着，然后便突然飞了起来。

这是怎么回事呀？原来，外面微风吹来，飘荡的丝断了，小蟹蛛吊在“降落伞”上，被吹走了。我看着它们远去，像点点光点似的闪着光亮，落在了二十步开外的那片墨绿的柏树林中。第一只小蟹蛛消失了，其他的小蟹蛛也随之跟着消失不见了，有的飞得高一些，有的飞得低一些，飞向不同的方向。

在阳光的照射下，骤然发出耀眼光芒的小蟹蛛犹如焰火一般。它们紧攥住飘荡的飞丝，飞向了辽阔的世界。但或早或迟，或远或近，它们都得落地。唉！生活所迫，必须降落，哪怕是降落到很低洼的地方去。这就如同带冠毛的夜莺，为了填饱肚子，不得不将路上的驴粪蛋捣碎，从中觅食。它在天上飞时，唱出动听的歌来，其实，那是它饥肠辘辘，找不到燕麦粒充饥所导致的，它必须落到地上，寻找食物充饥，以解燃眉之急。这是动物求食的本能使然。小蟹蛛因同样的原因也不得不降落，它们因有降落伞的保护，削弱了重力作用，不致被摔伤。

在有能力捕捉蜜蜂之前，小蟹蛛能够抓获多少小飞虫？采用什么方法去捕捉？是靠一些雕虫小技吗？它们最后将去哪儿过冬？凡此种种，我不得而知。春天到来时，我们还会见到它们，但它们业已长大，并潜伏在蜜蜂采花蜜的花丛之中。

从蟹蛛的产卵到幼虫的孵化、成长，作者的观察和描写贯穿了蟹蛛的整个生命过程，生动而形象。

## 延伸思考

根据作者的描写，蟹蛛与其他蜘蛛有哪些不同？

# 纳尔仓那狼蛛

名师导读

纳尔仓那狼蛛在建筑方面表现得很有个性，而且它们的孩子竟然可以靠太阳能维生。

纳尔仓那狼蛛又称黑腹舞蛛。它们选择咖里哥宇群落[①]为其定居点。那儿土地荒芜，遍地卵石，是百里香所喜爱的环境。这种狼蛛的居所酷似堡垒、深约一拃的地穴，直径只有瓶颈那么宽。在当地土质条件下，如不遇障碍物，其所挖掘的洞穴是垂直的。如果遇到一颗小砾石，它倒是可以弄出洞外；但是，如果遇到较大一些的卵石，无法挪动，它就只好改道、拐弯；如果多次遇到障碍，那它挖出的地下住所就会成为带有石拱门的地下堡垒，弯来绕去，阡陌纵横，大街小巷相连。

如果地下居室的主人能够凭着长期养成的习惯，知道哪儿是拐角，有多少层，这种曲曲折折也就无伤大雅了。如果屋外有动静，有引起屋主注意的响声，它就会从蜿蜒曲折的洞里爬出来，犹如爬出垂直竖井一样地身手敏捷。甚至可以说，当狼蛛需要把尚具有反抗能力的猎物生拉硬扯地拉入地下进行杀害时，这个曲里拐弯的洞穴反而更显现出其优越性来。

通常，洞穴底部较宽大，成为一间厢房，是狼蛛沉思默想的处所，也是它酒足饭饱之余享乐清闲的地方。

为了防止风化松散的泥土掉落到洞里，洞壁上被涂抹了一层丝浆，但狼蛛很会精打细算，不事铺张，因为它不像纺织娘那样盛产丝，所以它必须厉行节约，巧于安排。这层防止松土掉落，并使凹凸不平处平滑的丝浆，主要是抹在与出口处相邻的洞穴顶部。白日里，周围十分安静时，狼蛛喜欢待在

名师注解

① 咖里哥宇群落：指在地中海地区，因高强度放牧等人为影响形成的矮灌木群落。

门口，晒晒太阳(这是它的一大乐趣)，或者窥伺经过自家门前的猎物。必要时，它可以在洞口一待就是几个小时，或沐浴在温暖的阳光中，或突然跃起，捕捉猎物。纵横交错地布于洞壁上的防护丝网，使它的小爪子能在任何地方找到依托。在洞口四周，有一圈护栏，忽高忽低，是用细石子、碎木片以及周围禾本科植物的干树叶纤维垒砌起来的，由丝加以固定。

狼蛛进入成年后，一旦定居下来，就很少外出。我观察研究狼蛛已有三年。我把它安放在我工作室窗台上的一个大罐子里，每天都可以看到它。我很少见到它爬到外面来，它在离洞口不远的地方时，只要一有响动，便立即钻入洞中。由此可以断定，在野外时，狼蛛也不会跑到老远的地方去寻找建筑材料，整修护栏，而是就地取材，就在家门口寻找。因此，洞口附近的砾石很快就会告罄，狼蛛不得不停工待料。

我想观察一下，如果狼蛛能够不断地得到建材供应的话，它可以把护栏修到多高。我可以利用被我囚禁着的狼蛛，亲自担任它的供货商。这件事很好办，没有什么困难。

我把一个一拃深的大罐子装满含有大量碎石子的黏性红土，这种黏性红土与狼蛛经常出没的地带的土质相仿。我把黏性红土加上适量的水，和成泥团，然后，一层一层地放在一根直径与狼蛛洞穴一样宽的芦苇周围。当罐子完全装满之后，我便把芦苇拔出来，泥土里就留下了一口竖井。一个用来代替野外洞穴的居所就算是大功告成了。然后，我便在附近用小铲子把一只狼蛛从它的住所里挖了出来，把它移到我刚为之建成的新居中来。一到新居，它便迷恋上了，乐不思蜀，不再出门，也不再去别的地方寻找更好的住所了。我把罐子用金属纱网罩好，以防它逃逸。不过，我这也纯属多此一举，因为这个对自己的新居心满意足的囚徒，对原先的天然居所没有丝毫眷恋的表现，根本就没有逃出牢笼的企图。但得补充一句，每个罐子里只能留住一只狼蛛。狼蛛极具排他性，在它的眼里，邻居即猎物，当它认为自己强于对方时，它会毫不客气地把对方吃掉。尤其到了交配期，这种排他性表现得尤为突出。我曾经亲眼看到过在同一个罩子下生活的狼蛛那相互残杀的残忍。

现在，让我们来看看那些独居单处的狼蛛。它们并没有对我用芦苇建造的居所加以改造，顶多也就是不时地从洞里扔出一些土来，那也许是想在洞底为自己扩建一间休息室。被扔出的这些小土块，渐渐地堆积在洞口周围，形成了一个土石井栏。

我为这些独居的狼蛛提供了不少它们非常偏爱的材料，比它们自己寻找到的材料要好得多。在我所提供的材料里，有打地基用的光溜的小石子，其中有的大若杏仁，而且我还往砾石堆里掺了一些酒椰短纤维，这种纤维很柔软，很容易折弯。它可以代替狼蛛通常所用的细胚茎和禾本植物的枯叶。最后，我还为它们准备了一些一寸长的粗毛线，这可是它们从未使用过，而且也从未听说过的好东西。

我在想，狼蛛那豆大的明亮的眼睛，能不能辨别色彩？它们对某种颜色是否情有独钟？因此，我把不同颜色的毛线混在一起，红、黄、绿、白都有。如果它们对颜色有所偏爱，那它们会从中加以选择。

狼蛛总是在夜间工作，这对我的观察十分地不利。我只能从结果去加以判断。即使我掌灯前往它们的工地进行观察，也无法获得更多的信息。狼蛛见到亮光，会一下子躲进洞穴中去，我非但观察不到它的劳动情况，反而白白地搭上了自己的睡眠时间。再者，狼蛛工作劲头并不大，很爱磨蹭，一个晚上也只能用掉两三束毛线或酒椰纤维。

两个月过去了，材料的消耗大大地超过了我的预期。那些被我认为只会利用就近找到的材料的狼蛛，用其家族从未使用过的方法为自己建造起了堡垒来。洞穴周围，稍微有点倾斜的斜坡上，光溜的石子被断断续续地铺成了石板路，即使是那些最大的，对搬动它们的狼蛛来说显得巨大的石头，也都同其他光溜的小石子一样被用掉了不少。

砾石堆上立起了一座塔，是一座用酒椰纤维和随手拾到的毛线垒成的塔，红、黄、绿、白杂乱无章地混杂在一起。由此可见，狼蛛对颜色并没有什么偏好。

建筑物成形后的样子就像是一个套筒，高约两寸。纺丝器吐出的丝把一块一块的散料黏合在一起，整个儿看来，像是一块粗布。这虽说算不上是一件完美的作品，有些不好处理的材料不很服帖，露在外面，但它仍旧具有其长处，比鸟儿筑的巢搭的窝要漂亮得多。别人来参观时，见到罐子里那一座座别致的彩色建筑，还以为是我自己搭建的哩。当我把实情告诉他们时，他们全都感到惊讶，没有想到狼蛛竟然是建筑行业的高手。

当然，自由的狼蛛在贫瘠的咖里哥宇群落时，根本就造不出这么豪华的建筑来。个中原因我已经说过了，因为它们不太喜爱外出，所以不会心甘情愿地去寻找建筑材料，只能利用身边仅有的那么一点点资源。因此，它们所能够使用的材料，也只是小土块呀、碎石子呀、细枝条呀、干枯的禾本科植物呀什么的，建起的建筑物当然也就相当地简陋，只能是个引不起人们注意的石井栏而已。

我囚禁的那些狼蛛告诉我们，只要有足够好的材料，特别是拥有可以防止坍塌的纺织材料，它们是喜欢建高塔豪宅的。它们了解建塔的方法，一有机会就会建起高塔来。

这种技艺与另一种技艺不无关系，它似乎是从另一种技艺中衍生出来。太阳光过于强烈时，或者雨水威胁着洞穴的安全时，狼蛛就会用丝网把洞口封住。丝网上挂着各种各样的材料，有时还挂着吃剩下的猎物的残渣。古代的盖耳人①把俘虏的头颅钉在茅屋门扉上，野蛮凶残的蜘蛛同样也把被它残杀的猎物的头盖骨嵌于洞顶盖上。

猎物的头盖骨镶嵌在圆屋顶上颇为合适，但别因此就认为这是好战者的战利品，狼蛛根本就不了解我们人类的那种野蛮的虚荣心，它只不过是利用自己洞口边所能找到的建筑材料而已。诸如蝗虫的残骸、植物的残渣，特别是小土块，它对材料的使用完全是不经意的，随手拈来。一个被太阳晒干了的蜻蜓脑袋，对狼蛛来说，就相当于一个石头子儿，大小正好合适。

狼蛛用丝和其他任何细小物质建造其住宅出口处的顶盖。我不明白它们为什么这么谨慎小心地把自己围在居所里，再说，它们的住所还是临时性的，隐居于此的时间长短又大不相同。有一个狼蛛家族在我对它们的家庭分布情况进行研究之后，仍有许多成员居住在这个围墙之中。这个家族在这一方面为我提供了一些确切的资料，我以后会加以介绍。

八月来临，炎热酷暑，我发现有些狼蛛不时地爬到洞口去垒砌一个很深的凸面，但与周围地面又很难区别开来。垒砌这个凸面干什么用呢？是为了遮挡毒日头吗？这不太可能，因为过了没几天，尽管太阳仍旧很毒，但那块天花板却被挖掉了，狼蛛又出现在洞口，任由强烈的阳光照射着自己。

很快便进入了十月，雨天多了，狼蛛的那个屋顶尚可遮风避雨，似乎它们未雨绸缪，早有所准备似的。但是，这也不尽然，有好几次，恰逢天阴下

名师注解

① 盖耳人：苏格兰人的一部分，克尔特人的后裔，公元前1000年，居住在苏格兰北部和西部山地里，以牧业为主要生活来源。

雨，狼蛛却硬是把屋顶给捅破了让住所大门洞开。也许是只有家里有重大事情出现，特别是母狼蛛产卵之时，才需要把洞口关上。我的确也看到有一些尚未成为母亲的年轻雌狼蛛把自己关在洞穴中，过了一段时间，出现在洞口时，身后便已吊着一个卵袋了。这么说，它们之所以把门关起来，是为了在编织卵袋时，有个安静的环境，不受外界干扰，可是，这似乎又跟大多数狼蛛那无忧无虑的性格不太相符。我看见过狼蛛在洞中产卵时不关门，我还看见过狼蛛拥有自己的住所之前在露天地里编织丝袋，并把卵装了进去。总之，这似乎与天气无关，无论天冷天热，天晴天阴，狼蛛都会关闭洞口的，个中原委，我尚不清楚。

不管怎么说，反正洞口封盖还是时而打开时而关闭，有时甚至一天内多次地在关关开开。封盖上是泥土，但封盖底下就是丝网，因此，封盖是软的，一顶就可以把它顶开来，而且还不会顶塌。顶盖上的泥土被顶开时会向外翻倒在洞口边缘。由于一次次地被顶翻，洞口边上的碎土碎石便越聚越多，形成一道石井栏，狼蛛便利用闲暇时间一点一点地把它加高。洞口上方的堡垒最初就是源于这个临时封盖，捅破的天花板渐渐地变成了小塔楼。

这个小塔楼有何作用呢？我的那些大罐子会给大家以答案的。狼蛛在拥有固定住所之前，热衷于围猎，一旦定居下来，便宁可守株待兔，等待猎物送上门来。我每天都能看到它们不畏酷暑，从地下爬出洞外，趴在羊毛筑成的小城堡的碉楼上，表情严肃，姿态优美。它们的身子藏于洞中，只是脑袋露在外面，呆滞的目光死死地盯着前方，爪子收拢着，随时准备蹿起来。它们就如此这般地死守着，一小时又一小时，任随烈日的暴晒。

只要一看到一只合乎其口味的猎物经过，我们的窥伺者便立即冲出塔楼，其势如离弦之箭。它先对我所提供的蝗虫、蜻蜓或其他猎物的脖子上来一刀，然后把猎物掐死，随即把猎物拖回垒堡，速度之快，令人叹服。

只要是猎物进入它的伏击圈内，距离适当，它是很少有失手的时候的。如果猎物离它较远，譬如说是在金属罩的网纱上，狼蛛就不予以理睬。它不屑于追击，任随猎物游荡，该下手时才下手。它是凭着智慧、计谋获取猎物的。它隐蔽着，窥伺着，然后，以出其不意的方法，把猎物捕获到手，万无一失。无论猎物是会飞的还是会跑的，只要进入它的埋伏圈，飞也飞不掉，跑也跑不脱。

这种伺机突击是对耐心的一种考验。洞穴里并没有什么可以作为诱饵来勾引猎物的，顶多也就是那个作为栖息地的凸出的城堡也许还能引来少许疲劳不堪、寻觅歇息处的过往路人。不过，今天等不到猎物，明天、后天或以后几天，总会有的，因为在咖里哥宇群落，欢蹦乱跳的蝗虫可不少，它们总会冒冒失失地跳到狼蛛窝边来。狼蛛必须时刻警惕着，坚持到这一美好时刻的到来。

狼蛛并不害怕等待，因为它的胃很听话，有得吃的时候，可以吃个撑破肚皮，没得吃时，空着肚子也能熬上多日。有时，我故意一连几周不向它们提供食物，它们并未因此就脑袋耷拉，浑身无力，体力不支。狼蛛节食一段时间之后，遇到食物便暴饮暴食。今天的大吃大喝，是为明天的缺食挨饿做好准备。

狼蛛年纪轻轻尚无洞穴时，谋生手段则与此不同。它跟成年狼蛛一样身着灰衣服，但没穿黑丝绒围裙，要等到达到生育年龄时才会穿上这种围裙。它在青草稀疏的草地上到处流浪，它这是在真正地进行追猎。当它发现合适的猎物时，便立刻追了过去，把猎物从藏身之处驱赶出来，穷追不舍，待猎物爬上高处，准备起飞时，它猛地一纵身，把对方扑落在地。

我看见我的那些今年刚出生的小狼蛛，见我所提供的双翅目昆虫逃到两寸高的草地上，立刻扑了上去，比猫捉老鼠的动作都要来得敏捷迅猛。当然，这只是年轻狼蛛所特有的不凡身手，它们身轻体健，当它们挺着装满了卵和丝的大肚子时，就玩不了这种漂亮的体操动作了。这时候，它们就只能为自己建造一个固定居所，一个捕猎的隐蔽处，在它的小城堡顶上守株待兔。

狼蛛是在何时，又是如何获得地下居所，由流浪者变为隐居者，在洞中度过漫长的一生的呢？是在天气由炎热转为凉爽的秋季。田野上的蟋蟀也是如此，只要天气晴朗，夜间又不太凉，蟋蟀们就会在休耕的田间游荡，不为住所发愁，遇到阴天下雨，找片树叶藏身，也就挺过去了。直到寒冬将至，它们才会把那永久居所建好。

狼蛛在这一点上倒是与蟋蟀习性相同。它们同蟋蟀一样，喜欢自由自在的流浪生活。将近九月时，狼蛛身上的那种婚配年龄的标记——里丝绒围裙才会出现。夜幕降临时，在皎洁的月光下，它们频频约会，彼此调情，待过了洞房花烛夜之后，柔情蜜意顿失，彼此凶相毕露，相互残杀。白天，它们漂泊四方，在草丛中追猎，享受温暖阳光的沐浴，这比孤单单地藏于阴暗的洞穴之中要惬意得多。因此，腆着大肚子，甚至是拉家带口的年轻母亲尚无居所的情况并非少见。

到了十月，安家的时候来临，这时，我们可以观察到两类洞穴，直径互不相同，最大的有瓶颈那么粗，是老媪们居住的，它们拥有这种居所至少在两年以上；最小的直径只有粗杆铅笔那么粗，屋主系当年生的年轻母亲。年轻母亲们的居所会经过不断地加工修缮，深度和宽度都会有所增加，变得与前辈们的豪宅一样地宽敞。这两类住宅的女主人都有孩子，有的已经出生，有的则仍在那个丝袋中。

我没发现狼蛛有挖土所必需的工具，我猜想，它们也许是在利用一些现成的洞穴，比如蝉或蚯蚓的洞穴。但我猜错了，狼蛛的洞穴完全是凭借自己的劳动挖掘而成的。

那么，它的挖掘工具究竟藏在哪儿呢？我首先想到的是它的腿和爪子。可是转念一想，我又觉得不妥，这么长的工具在这么狭小的空间如何施展得开呢？这种洞穴需要用矿工们所使用的那种便于敲击硬物的短柄镐头，镐头深入土里，往上一撬，就能挖出一块土来。那就只有狼蛛的螯牙了。这两个锋利弯曲的螯牙闲着的时候，像弯着的手指似的藏在两根大柱子后面，那两根柱子垂直地立在面前，里面有控制锋利的爪子的肌肉。

我无法到地下去观察它如何进行挖掘，只好耐心地等待它们把土屑弄到地面上来。挖掘工程基本上是在夜晚进行的，中间自然是干干歇歇的，如果我坚持不懈地每天一大清早起来就去观察它们，最终总会碰上它们负着重物从地下爬到地面上来。

可是，与我期盼的恰恰相反，它的爪子根本就没有参与载物活动，而是用它的嘴巴起着独轮车的作用。它的螯牙咬着一个小泥团，底下有用来进食的短手臂似的触须托着。它小心谨慎地走下堡垒，走出一段距离之后才把重物卸下来，随即便又返回洞中，继续把剩下的废物运到地面上来。

这一下我明白了，狼蛛的螯牙不怕黏土和砾石，它们把挖掘出来的泥土揉成团，然后咬在嘴里，运到洞穴外面来。它是在用自己的螯牙敲击、挖掘、运土。这就说明它的螯牙既锋利又坚硬，不怕磨不怕碰，既能掘土，又能刺杀敌人。

由于地下挖掘工程干干歇歇，工期拖得较长，地面的石井栏自然是隔相当长一段的时间才会加高一点，而住所的加深加宽工作拖的时间就更长了，通常，这地下庄园一连好几个季度都保持着原样。到了冬末，尤其是三月份，

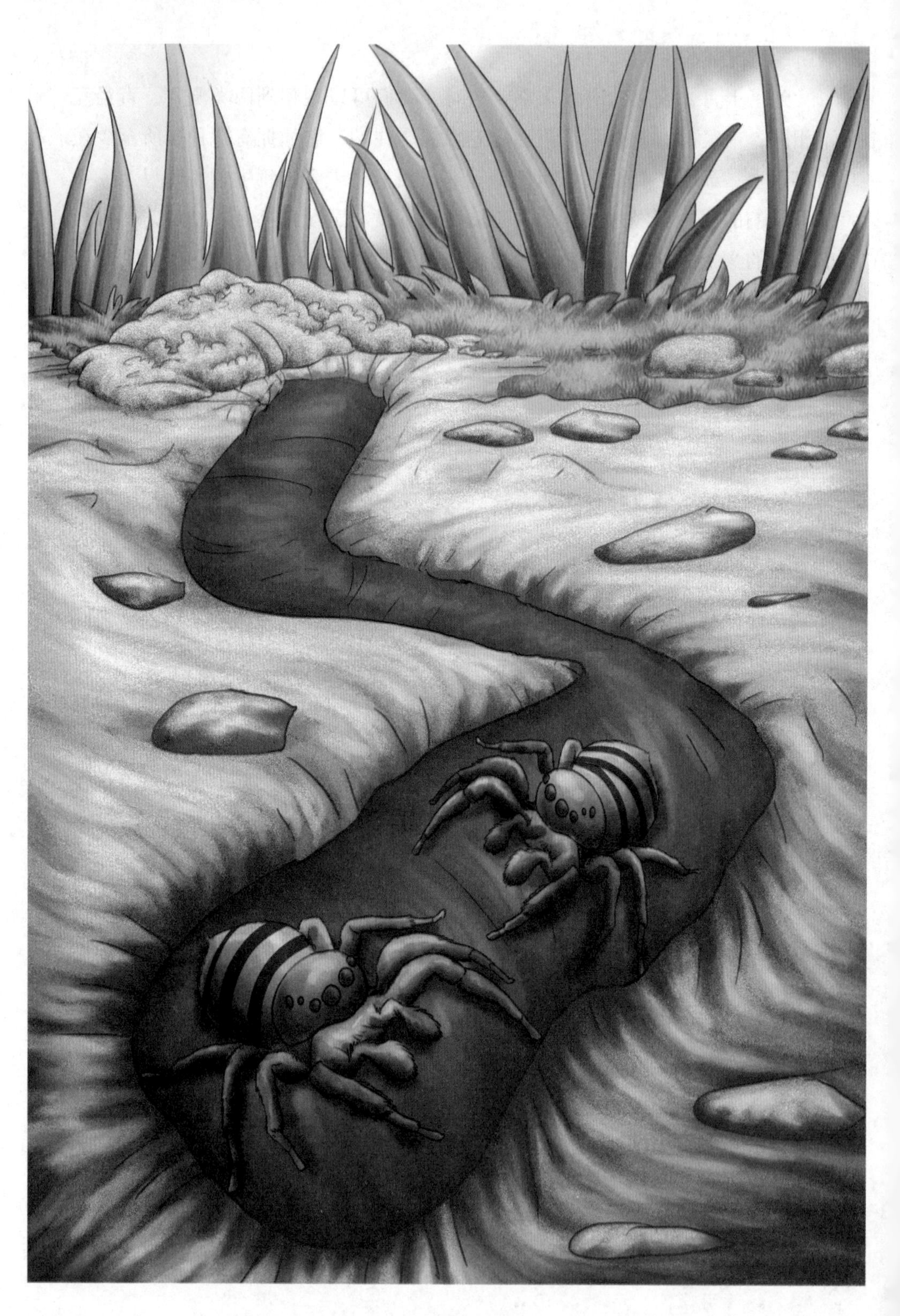

狼蛛看起来比在其他任何季节都更想扩大自己的住所。

我把一只当天从野地里捕捉到的狼蛛放到用纱罩罩住的洞穴里，我事先已替它准备好了合适的泥土。如果我先用一根芦苇弄一个洞穴，与它原来在野外的洞穴基本上一样，它被放进洞中之后，就立刻对新居表示满意。它丝毫不做任何改建，就在其中安顿下来。随着日子一天一天地过去，唯一可见到的变化就是洞口建起了一座堡垒，洞穴顶部也用丝给加固了一下。住在这个人工建造的地下住宅的狼蛛的行为举止，仍旧与其在自然状态下生活时一样。

但是，如果我们事先不为它挖好洞穴，就把它放在泥土表面，它会如何行事呢？它大概会为自己建造一个小屋，它完全具有这种能力，它充满着活力。而且，我为它准备了与它老家的土质相同的泥土，没有两样。我企盼着看到它很快就会以它自己的方式把它自己安顿到一口竖井里去。

可是，我的希望落了空。都好几个星期了，它什么都没有干，它因无处埋伏而沮丧气馁，几乎对我提供的猎物不予理睬。它在绝食，在苦恼，慢慢地在消耗自己，最后死去了。

它为什么会这样呢？因为它过去的挖掘技艺已经忘记了，因为年岁大了，无法持之以恒地坚持挖掘了，因为它的智商有限，记忆力欠佳，要把以前做过的事重做一遍，非它力所能及。它看上去一副深沉的模样，却解决不了重建家园的问题。

现在，让我们来观察一下比较年轻的、挖掘能力正旺盛的狼蛛的情况，看看是怎么回事。大约在二月底的时候，我挖到了六只年轻的狼蛛，个头儿只有老狼蛛的一半大。它们的洞穴只有一个小指头那么粗，井口四周抛撒着一些新鲜泥土，说明是新近挖掘出来的。

我给它们中的几只提供的只是一口刚开始挖掘的竖井，只挖了一寸深。有了这个地基，这些年轻狼蛛就可以毫不迟疑地继续它们刚才正在田野里进行的而又被我给打断了的工作。入夜，它们便开始勤奋地挖掘起来。我是从它们抛撒在洞外的一大堆泥土看出来的。最后，它们终于建好一座新住宅，洞口同样立着一个堡垒。

而另外几只则完全相反。我没有向它们提供用铅笔做模子、按照自然洞穴的特点建造的竖井，它们就坚决拒绝干活儿。尽管我向它们提供了丰富的食物，它们最终还是死了。

前面的那几只狼蛛，在我趁它们正在野外建造住宅时把它们抓住的时候，我便立刻让它们在我的实验容器里继续干活。它们被我刚开始挖了一点的小井给蒙骗了，沿着我埋下的铅笔留下的印记往深处挖去，还以为是在继续建造那野外的住宅哩。它们这不是重新挖掘，而是继续未竟的事业。

后面的那几只狼蛛没有中这种圈套，没有可以当作类似于自己的作品的洞穴，因此拒绝开工，宁可死去。这是因为它们得回到先前的一系列工序上去，要重新用镐头挖。重新开始就需要重新思考，这就超出了它们的能力范围。

对于昆虫而言，做完了的事就算完了，绝不会再去重复的。这种特点，我们在许多昆虫身上都发现了。手表的指针不会自己倒转，昆虫的行为方式也有点大同小异。它的行为牵着它朝一个方向走，总是向前而不许后退，即使出现意外，也不返工。

狼蛛的情况向我们证明了这一点。当第一个家园被毁坏后，由于无力重新再建一个家园，它将会到处流浪，四处漂泊，它会闯进邻居的家中，如果它不够强大，就会被强过它的昆虫吃掉。即使如此，它也不准备重建一个家园。

现在，就让我们来观察一番纳尔仓那狼蛛的家吧。狼蛛得把它那吊在纺丝器上的卵袋拖带着有三周多的时间。母亲受如此拖累，却乐此不疲，其表现出来的母爱令人不禁为之惊叹。

无论是从井下爬到井口晒太阳，还是遇有危险立即返回地下，或者安家之前四处流浪，它始终没有把它那碍手碍脚，妨碍它行走、攀登、跳跃的东西扔掉。万一意外事故造成卵袋脱落，它会惊慌不已地扑上去，紧紧地搂抱住，并且准备去咬任何敢于夺取自己宝贝的敌人。

通常，狼蛛在洞口晒太阳时，只是为了自己，它趴在堡垒上，上半身伸出洞口，下半身藏于井内；一旦有了卵袋，情况就不同了，上半身藏在井里，下半身露出井外，用其后足支撑着卵袋，并轻轻地转动它，让它每一面都能晒到太阳。只要气温高，这种姿势可以保持半天。这种日光浴会在三四周内反复进行。九月初，封闭了一段时间的卵已经成熟，即将出壳。一窝小狼蛛一下子全部从卵袋中钻了出来，立即爬到母亲的背上，而那个空卵袋则被弃之于洞穴，无人理会。母亲将日夜不歇地驮着自己的孩子们长达七个月之久。小家伙们倒也乖巧，在母亲背上也不乱折腾，彼此也不争斗，相互交错，构成了一块完整的帷幔，一件粗布衣服，把下面的母亲完全给遮掩住了。

母亲饿了，只管自顾自地大吃大喝，不管背上的孩子们是否肚子饿。而孩子们在母亲的背上却显得十分平静，不吃不喝，这表明它们的胃不需要食物。那么，在漫长的七个月的时间里，它们靠什么维持生命呢？有人会以为它们靠吮吸母亲体内的分泌物质发育成长，将母亲身上的营养吸食殆尽，榨干自己的母亲。其实不然，我从未看见它们把嘴贴在母亲的乳房上，而且，狼蛛母亲也没被吸干，体态依然十分丰满，与往日一样大腹便便，不但没瘦反而更胖了，并为下一次生育吸够了营养，等到来年夏天，又将生下一大堆宝宝来。

我们还是来观察一下小狼蛛吧。它们自出生之日起直到脱离监护的这段时间里，根本就没有长大。我看见过一些小狼蛛，出生都七个月了，仍然如刚出生时一样大。小狼蛛在漫长的七个月里，没有吃任何东西，而且有时还在运动中消耗能量。它们为了恢复肌肉的肌理，直接依靠光和热来恢复体力。当卵袋还挂在母狼蛛腹部末端的时候，母狼蛛就趁白天太阳最好的时候，把卵袋暴露在太阳下，让它充分地接触阳光。它用两只后足把小卵袋托出洞口，轻轻地转动它，使之每一面都受到日光的照射。这种唤醒了生命萌芽的日光浴，现在仍在继续维持着稚嫩的新生儿的生命活力。

只要天气晴朗，母狼蛛每天必定会背着孩子爬出洞穴，趴在洞口边，一连晒上数小时。只见小狼蛛在母亲的背上，又打哈欠又伸懒腰，获得了充足的热量，储存了动力，充满了活力。

它们在母亲背上待着，一动不动，但我只要朝它们吹上一口气，它们便待不稳了，纷纷落到地上，但是，不一会儿，它们又迅速地聚集到母亲背上去了。这足以证明，这些小家伙，尽管没有消耗食物，但在迫不得已的情况之下，仍然能够像机器一样，照常运转。待到天色渐晚，母亲才带上吸足了阳光的孩子们回到地下家园里去。即使在冬天，只要天气晴朗，有太阳的日子，它们也要爬出洞来，天天如此，直到小狼蛛的监护期结束，它们能够自己用餐进食为止。

三月份过去了，四月来临，在一个晴朗的正午，太阳高照，小狼蛛们开始出发。母狼蛛从洞中爬出来，趴在洞口的石井栏上，似乎对眼前的事无动于衷，既不鼓励孩子们走，也不挽留它们，没有任何的离情别绪，一切顺其自然，想走就走，想留就留。

小狼蛛一旦开始讨厌阳光的时候，便会一伙一伙地离开母亲，一批又一批地离去。它们穿过网纱，爬到高处。它们一定是看到了纱罩顶上的那个垂直的环，以为那儿是健身房，全都纷纷向那高处攀爬着。它们在圆环的空当儿里拉了几条丝线，又从那儿往四周拉出几条丝线。这就成了它们的钢丝绳，它们在上面练习走钢丝的技巧，不停地走来走去，腿不断地伸开，似乎想要往更高更远的地方爬去。我把一根树杈架在网罩上，高度比原先增加了一倍。只见小狼蛛拼命地往上挤，一直爬到树杈的最高点，然后立即拉上几根悬丝，丝的另一端系在周围的物体上，这样，一座座吊桥便出现了。小家伙们又纷纷地往吊桥上爬去，在桥上来回地走动着，似乎还想往高处去。

为了满足它们的愿望，我拿了一根三米长的芦苇，把它接到小树杈上。这根芦苇垂直竖在纱罩上，小狼蛛们一见，便向上面爬去，一直爬到芦苇顶端。从那儿又拉下来更长的丝，有的荡在半空中，有的则把另一头系在周围的支撑物上，变成了桥。走钢丝的小演员们站在桥上，形成了一个花环，微风吹来，花环轻摇慢晃着。当丝线桥没有暴露在光线下时，是看不出来的，这么一来，你就会发现，这些小家伙像是在空中跳芭蕾舞似的。

突然间，一阵风吹来，丝线固定的一端脱落，丝线荡在空中，悬于其上的杂技演员们就要出发了。如果是顺风，它们会到很远很远的地方去着陆。在一两周内，根据气温与日照的变化，它们组成大小不等的一个个小组，陆续出发。如果遇到阴天下雨，就谁都不想启程了，因为启程的小狼蛛需要得到给予它们以生机与活力的阳光的抚慰。

最后，孩子们全都走了，被索道车带走了，只剩下母亲孤身一人，形单影只，但是，它并未因孩子们的离去而忧伤。它依然光鲜亮丽，体态丰满，这说明作为母亲，它并未经受太多的煎熬。我甚至还发现，它捕捉食物的热情更高了。身背一大群孩子时，它真的是非常地节俭，在攻击猎物时，它非常地谨慎，这也许是因为寒冷季节不易得到丰盛的食物所致，也许是它背着孩子、碍手碍脚、施展不开使然。

现在，孩子们走了，它一身轻快，天气晴朗加上行动自如，致使它的活力得到了恢复。当我在洞口让它所喜食的猎物发出响声时，它就会从洞中爬上来，从我手中叼走猎物。只要我时间允许，能够照顾它，我就每天都这么做，它就每天出洞叼食。经过一个冬天的节衣缩食，也该轮到母亲大快朵颐了。

母亲的胃口大开，说明死期尚未到来。如果死期将至，它的食欲就会减

退，不会大吃大喝的。我所喂养的狼蛛已经进入了第四个年头。冬天里，我见到过一些带着孩子的母亲和另一些个头儿小一半的母亲，它们是三世同堂。

孩子们离去后，在我的罐子里的老母亲还活着，仍和从前一样地健壮、硬朗。种种迹象表明，尽管已当上了祖母，但仍旧保持着生育能力。事实也证实了我的这种推断。秋季到来时，我的这些囚徒们又拖上了卵袋，大小与头年一样。母狼蛛每天都爬到洞口边来晒它的卵袋，即使其他的卵已经孵化了几周了，它仍坚持这么做了很久。它这么坚持不懈并未见成效，没有小生命再从卵袋中爬出来。卵袋里无任何动静。这是怎么回事呀？这是因为囚禁在纱罩中的卵没有父亲。母狼蛛等待得太久，已经厌烦了，并且也意识到剩下的卵是无法孵化的，所以便把卵袋推放到洞外，弃之不顾了。春暖花开，春意浓浓，老狼蛛死了。它的那些孩子们如果出生了的话，此时也该已经长大，独立生活了。与其邻居圣甲虫相比，咖里哥宇群落里的狼蛛们，算是很幸福的了，它们至少活了五年，够长寿的，该满足了。

我们回过头来再讲述一下母狼蛛的孩子们吧。注定先要生活在矮草丛中，然后长期居住在地下的狼蛛们，一开始却喜欢耍杂技，攀高枝。在入地之前，它们需要攀登，越高越好。我所提供的那根三米长的芦苇秆儿，比较粗糙，便于攀登，但这并不是它们攀登高峰的极限。攀登至顶端的小狼蛛，正在用爪子摸摸探探的，试探着是否还有高枝可攀。小狼蛛到了该迁徙的时候，一种本能会突然地在它们的身上表现出来，但几小时过后，这种本能就会消失，不再出现。成年狼蛛丧失了攀登的本能，并且很快地就被小狼蛛们忘却，成为无家可归的流浪者，注定要在地上长期地四处漂泊。

无论成年狼蛛也好，还是年轻狼蛛也好，它们都不会冒冒失失地爬到禾本科植物的顶端去的。成年狼蛛潜伏在塔楼里，发现猎物就立刻蹿上去捕杀；年轻狼蛛则在草地上追捕猎物。这两种捕猎方法都用不着织网，所以无需高高的黏接点。这么一来，登高的必要性也不复存在了。

但小狼蛛在离开母亲的城堡，去远方旅行时，却需要登高远望。这种情况我前面已经叙述过了。它们的目的我似乎可以明白，因为登到高处，可以看到辽阔的空间，可以让随风飘荡的丝线带着自己荡悠。我们人类可借助热气球飞行，狼蛛也有它们自己的飞行器具。旅行结束之后，这种绝技也就没有了用处，渐渐地也就丧失殆尽。登高的本能会在需要时突然出现，也会在不需要时突然丧失。

本篇内容不仅关注了狼蛛的母亲，也关注了她的孩子们；不仅描写了狼蛛的建筑才能，也描写了它的捕食特点。文中很多细节都使人印象深刻，尤其是狼蛛在建新屋时的执着劲儿。

延伸思考

文中从哪些方面写了狼蛛的生活习性？请用简练的语言进行总结。

知识拓展

## 咖里哥宇群落

纳尔仓那狼蛛生活在咖里哥宇群落。那么“咖里哥宇群落”到底是什么呢？

“咖里哥宇”是英文 garigue 的音译，是指“地中海区常绿矮灌丛”。地中海地区冬季降雨、夏季干旱，生长了一片自然林区，因长期受到人类放牧等活动的强烈影响，最终形成了矮灌木群落。咖里哥宇群落中的植物，要么浑身长刺，要么带有浓烈气味，有的还分泌汁液，都是家畜不爱吃的东西。除了矮灌木以外，这里还有不少块茎类的地下植物。

这样的植物群落，为昆虫提供了滋养的居所。法国南部也分布着咖里哥宇群落，法布尔观察的纳尔仓那狼蛛，应该就在这里。

# 圆网蛛【精读】

名师导读

对圆网蛛来说，结网是其天生的本能，根本不需要后天学习。它的生活就是围绕着网进行，织网、在网上捕猎、成婚。所以，它相当注重网的结构。

我在我的荒石园里，观察了六种圆网蛛，它们是彩带蛛、丝蛛、角形蛛、苍白色蛛、冠冕蛛和漏斗蛛。

圆网蛛的才能不因年龄不同而发生变化。小圆网蛛未成年时如何工作，老年圆网蛛即使积累一年的工作经验，也会同幼年时一样地工作。在它们的行会中，既无师傅也无徒弟；从铺第一根丝起，个个都对自己的行当非常精通。

本句强调了生物的本能。

七月初，一天傍晚，暮色苍茫，当新居民们正在我的荒石园的迷迭香上编织蛛网时，我突然在门前发现一只肚大腰圆、高傲而美丽的蜘蛛，是一位胖夫人，去年刚出生，其威风凛凛之态，在此季节实属罕见。我认出它是角形蛛，一身灰衣服，两根暗色饰带嵌于身体两侧，于后部相汇，聚成一个尖尖。它从左右两侧把肚子底部短时间内胀得鼓鼓的。

此段侧重对圆网蛛的外貌进行描写。

我注意观察着它，看到它拉出了一批丝来。七月整个一个月以及八月的大部分日子，每晚八点到十点，我都可以追踪观察它的织网过程。蛛网因每晚都有小飞虫冲撞落网，或多或少地都会有些破损，所以它每天都得要加以修补，免得洞越弄越大，难以修补，影响捕猎。晚间，我提着灯笼，很容易观察它所做的各种作业。它身子藏于一排柏树和一丛月桂之间的高处，面对着飞蛾经常飞临的狭窄通道。它的网设置的位置极佳，因为在整个夏季里，它虽然每晚都得修补破网，十分辛苦，但也说明它的猎获成绩斐然。有时候，黄昏时分，我们全家都会跑去看它。看到它在颤动不已的绳网上大胆地做着那么惊险的杂技动作，大人孩子全都十分惊叹。在我的提灯照亮之下，蛛网变成了一个美丽的圆形花饰，仿佛是月光编织而成的。

名师点评

记录和积累材料，是良好的写作习惯。

我把角形蛛的业绩记录下来，每日一记，毫不遗漏。从这些大事记中，我们首先可以了解到建造这个圆形建筑物的丝线是如何取得的。圆网蛛白天就蜷缩在柏树的绿叶中，到晚上八点光景，它便走出自己的隐居地，来到树梢上。它立于这高地上，先仔细地观察现场，制订计划，还要观云望天，看看夜间天气是否晴朗。

拟人的手法。

这之后，它便突然完全伸展开它的八条长腿，身子悬吊在从纺织器里拉出来的丝桥上，直线坠落。在下坠的过程中，丝也随之抽出。它就凭借自身重量作为拉力。但下坠并不因重量而加速，而是由纺织器在进行调节。它边下坠边收缩，或扩张或闭合纺织器的毛孔。这样缓缓地下降时，这条充满活力的垂直丝线就越拉越长。降到离地面两寸高时，它突然停下，纺织器停止了工作。它抓住自己刚刚拉出来的丝，回转身来，一边纺织一边沿原路往上爬去。但这一次体重却帮不上忙，它得另外想法拉丝：其后面的两个步足迅速地交替运作，把丝从丝囊里拉出来，再逐渐地把丝抛弃掉。

作者抓住了圆网蛛拉丝的行为中最具决定性的细节。

它回到了两米高处的出发点。它已拥有一根双股丝线，结成环柄状，在空中轻轻地飘荡着。它把这双股丝线的一端固定在适当的地点，等着另外的那一端被风吹起来，把环柄黏结在附近的细树枝上。

也许要等待很久才能得到预期的结果。圆网蛛看上去倒挺有耐心，一点也不着急，可我却按捺不住，便走上前去助它一臂之力。我用麦秸把飘荡着的环柄挑起，把它搭在高度适当的一根细树枝上。经我这么一弄，丝桥搭建成功了，圆网蛛看来颇为满意。当它感到丝的另一端已经粘住时，便从桥上一头到另一头一连跑了几个来回，每跑一趟都会在丝桥上加上一股丝线。它就这么不停地编织着框架的主要构件，悬挂缆绳便铺设好了。这丝缆很细，看起来也很简单，但它的两端却像是开花似的分散开来，形成树枝状。圆网蛛来回多少趟，便有多少个分叉。这一股股的分叉丝线，黏着点各不相同，把丝缆两端固定得十分牢靠。

悬挂缆绳则比整个蛛网的其他部分都更加地牢固，所以它留存得也就更久。经过一夜的捕猎，蛛网一般都会受到不同程度的损坏，第二天晚上几乎都得被加以织补。在彻底清理过的地方，战场打扫完了，就得重起炉灶，只有丝缆除外，因为重新编织的网还得悬挂在这根粗粗的丝缆上。这条丝缆架设起来并非易事，因为架设成功与否并不完全凭借圆网蛛的技艺，还得依靠空气的流动，把细丝吹到灌木丛中去寻找一个依托。所以，架设起来会费不少的时间，而且还无法保证必然成功，一旦架设好了一条既牢固、方向又好的丝缆，圆网蛛是不会轻易更换掉它的，除非发生了严重的事件。每天晚上，圆网蛛都从丝缆上走过来走过去，用新的丝来加固它。

每天对丝缆进行加固，正是圆网蛛巧于建筑的证明。

当圆网蛛无法下坠到必需的位置，丝线太短，不能将环柄固定在远处，以致无法形成双股丝，搭不成丝桥的时候，它便采用另一种方法。它仍然下坠，然后又爬上来；不过，这一次丝的一端像蓬松的毛笔，各个细杈没有黏在一起，宛如从淋蓬头里洒出来的水似的。然后，这根如同浓密的狐狸尾巴似的细丝，像是被剪刀剪断了一样，伸展开来，整根丝拉长了一倍。现在，它的长度便达到了要求，圆网蛛便把丝的一端固定起来，另一端则随着分散的枝杈随风飘荡，不一会儿就会很容易地黏结到灌木丛上去。

圆网蛛无论是以何种方式铺设丝缆，只要是铺设成功了，它就有了一个基地，可以随时接近或离开作为依托的枝丫了。这根丝缆是它扩建工程的上限。圆网蛛从这根丝缆可以变换降落点，往下滑一点，边滑边抽丝，再沿着抽出的丝往上攀爬，同时也抽出丝来，形成双股丝。圆网蛛在大丝桥上行走时，这双股丝便一直延伸到系着丝桥的细枝，随即便把双股丝自由的一端或高或低地系在细枝上，从而在左右两边造出了几个斜向横档，把丝缆和枝丫连在了一起。而这些斜向横档转而又支撑着其他的方向都有变化的横档。待到横档达到一定数量的时候，圆网蛛就无须再用下坠的方法来抽丝了，它可以从一根丝索到另一根丝索，用它的后足拉丝，逐渐地把丝架设起来，因此便出现了一系列的直线组合。这种组合并无一定之规，但却是保持在几近垂直的同一平面上。一个极不规则的多边形空地就这样圈定了，蛛网就编织在这片空地上，应该指出，网本身却是

读书笔记

一个非常有规则的作品。

名师点评：这是一个稳定的几何结构。

圆网蛛都是以中心瞄准点作为标杆来铺设等距离的辐射丝的。在铺设时都有辅助螺旋丝作为脚手架，但这脚手架只是临时性的，用完就丢弃。而且还都有许多圈相互紧密靠拢着的用来捕捉飞虫的螺旋丝。铺设这种捕捉飞虫的螺旋丝是一项极其精细的工作，因为工程要求必须有规则性。这么精细的工作是否需要极其安静的环境，不受外界的干扰，以免走神出错呀？它是不是需要安静的环境边干活边思考呀？其实是用不着的。我在一旁观察，而且手里还提着提灯，但它并未因此而分心走神，照样在细心地工作着。它就像一架在黑暗中转动着的纺车，即使被光线照射着，仍旧在继续忙着自己的活计，既没加快速度，也没放慢步伐。

八月的第一个星期日是主保圣人节[1]。星期二是庆祝活动的第三天，这一天晚上九点钟是村里放烟花庆祝节日结束的时间。烟花燃放点正巧设在我家门前的大路上，离我的圆网蛛的工作地点只有几步远。当大家敲着鼓，吹着号，手持树脂火把，再加上村里的小孩的欢闹，真的是一片熙熙攘攘，吵吵闹闹。这时，我的纺织姑娘正好在铺设它的大螺旋丝。我提着灯在观察着，但是，我仍旧看见纺织姑娘在静静地专心工作着，人群的喧闹声、鞭炮的噼噼啪啪声、烟火的嗞嗞声，以及五颜六色的火花散落时的亮光，丝毫没有引起纺织姑娘的惊慌不安，它不紧不慢地继续忙碌着，如同平常在寂静的夜晚里一样。

读书笔记

圆网蛛刚刚在休息区边上结束了铺设大螺旋丝的活计，便把用节余的丝头线脑儿做成的中央坐垫给吃掉了。但是，在把这顿标志着织网工作结束的夜餐吃掉之前，蜘蛛目中只有两种蜘蛛——彩带蛛和丝蛛——还要对自己的工程进行最后的检查、认定，也就是说，它们还要从中心到休息区下部边缘铺设一条紧密相靠着的白色“之”字形带子。有的时候，它们甚至在上部也会再铺设一条同样形状，但稍许短些的带子。这种带子看似古怪，其实是用来加固蛛网的。

名师注解

① 主保圣人节：此处指法国的一个宗教节日。

年幼的圆网蛛开始时并不做这种加固工作，因为它们并未到考虑未来的年龄，还不懂得节约用丝的重要性，所以，尽管网并未完全受到损坏，仍可以使用，它们每晚都要重新编织新网。既然还要重织新网，那旧网加固不加固又有什么关系呢？

描述实际情况加上拟人的想象，以反问句结束，作者将蜘蛛的行为变化写得更加生动。

可是，到了秋末冬初，成年蜘蛛感到产期临近，便不得不勤俭节约了，因为不仅卵袋的耗丝量很大，而且，成年蜘蛛的网做得也大，需用的丝也就多，因此，它们不得不厉行节约，使网用的时间长些，免得筑巢搭窝要用丝时，捉襟见肘，日子难熬。

也许是出于这一考虑，或者有其他我尚不知晓的原因，反正彩带蛛和丝蛛认为有必要建造持久耐用的工程，用一根横向贯穿的带子来加固它们的捕虫网。而其他的圆网蛛的卵袋只不过是个简简单单的小弹丸，用丝不多，所以它们没有必要去编织加固丝网的“之”字形带子，它们与年轻蜘蛛一样．每天傍晚都要重新编织一个蛛网。

我们再来看看角形蛛是如何进行重新织网的工作的。日暮黄昏时分，角形蛛便从其隐居地小心翼翼地爬出来，离开遮蔽着它的柏树叶，来到捕虫网的悬挂缆上。在上面稍稍待上一会儿之后，它便下到网上，大把大把地收拢废网，把螺旋丝、辐射丝和框架也全都扒拉到步足下面来，只把悬挂丝缆留着，因为这个结实的部件是原建筑物的基础，稍事加工，仍可留作结新网之用。

前文略写的内容，单拿出来进行详写。这样既使内容更加详细，又照顾了结构的平衡。

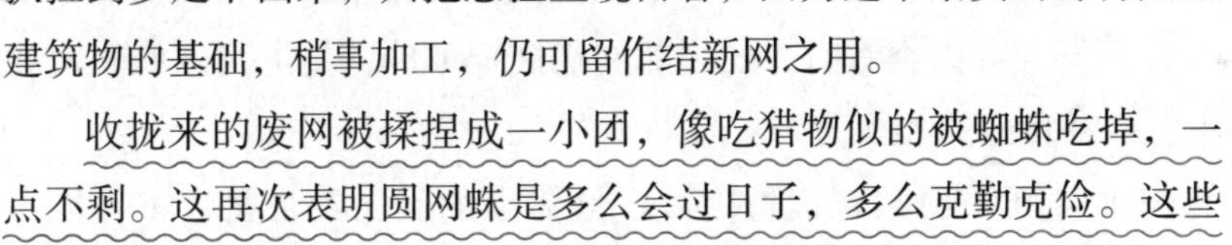

收拢来的废网被揉捏成一小团，像吃猎物似的被蜘蛛吃掉，一点不剩。这再次表明圆网蛛是多么会过日子，多么克勤克俭。这些废网丝经过蜘蛛胃的加工，又变成液体，将留作他用。

本段描写节约用丝的实际行动。

清扫完场地之后，角形蛛便在留下的那根悬挂丝缆上开始编织框架和网。晚上九点钟光景，角形蛛把网编织好了。晚间天气甚好，树梢纹丝不动，正是飞蛾夜巡、自投罗网之时。刚才我已经说了，在弄好大螺旋丝之后，圆网蛛就将中央小坐垫给吃掉了，然后回到休息区去守株待兔。这时候，我便用小剪刀沿着一条直径把蛛网剪成两半。辐射丝立即收缩回来，网上便出现了一个可以伸进三个指头的空洞。

躲藏在丝缆上的蜘蛛看着我在搞破坏，倒也并不太惊慌。当我剪完之后，它便平静如常地爬了回来，在剩下的那半张网上停下，待在整个圆面的中央。由于身体的一侧的步足没有地方可以支撑，它便明白这网已经破损，便立即拉了两根丝横穿在缺口上，没有地方支撑的步足便伸到这两根丝上，它就不再动弹了，一心在窥伺着飞虫的落网。

这个纺织姑娘整个晚上都没有像我所企盼的那样去把破网织补好，而只是死守在那半张剪剩下来的残缺不全的网上，等着捕获猎物。因为第二天早晨，我又去看时，那网仍旧与我头天晚上离开时一模一样，没有任何织补了的迹象。

横拉在缺口上的那两根丝并不是它想修补破网的证明。由于它身体一侧的那些步足失去依托，要去打猎时，它便从裂缝中穿过去。在它往返的路上，它像其他的圆网蛛一样，留下一根丝来。但这也并不说明它想织补破网，而只是心情不佳、闷闷不乐、来回走动，借以消除愤怒而留下的丝而已。我用剪刀剪坏它的网，它却固执地不去织补，那好，一计不成，我另设一计。

第二天，蜘蛛把头一天的网吞吃下肚之后，又织出了一张新网。工作完毕之后，我趁它回到中央区待着时，用一根麦秸小心翼翼地拨动螺旋丝，把它拉出来，但并不破坏辐射丝和休息区。螺旋丝晃动着，一截截地断了。捕虫螺旋丝损毁，蛛网就没有用了，尺蛾飞过也捕捉不到。面对这场灾难，圆网蛛会干什么呢？它什么也没干。它只是一动不动地待在我给它预留的休息区里，等待捕捉猎物。但那网已经起不了捕捉飞虫的作用了，它白白地守候了一夜。翌日清早，我去查看时，发现那网仍破损如昨，足见圆网蛛虽饥肠辘辘，仍不思修补自己的大本营。

也许它在铺设好那根大螺旋丝之后，丝器里的丝已经告罄，不可能再连续不断地吐丝了。但我却希望不是这个原因造成的，盼着另有别的原因，我坚持不懈地等待着，终于有了结果。在我紧紧地盯着它在绕大螺旋丝时，有一只猎物傻乎乎地落入这个残缺不全的陷阱。圆网蛛一见，立刻放下手上的活计，冲向那个倒霉的冒失鬼，用丝把它缠住，美美地吃了起来。在与那个挣扎的倒霉蛋搏斗时，圆网蛛看到网的一角被撕破了，出现了一个大洞，这会影响捕猎。面对这个大洞，它会如何处置？这时候必须赶紧修补，否则就永远无法进行修补了。事故就出现在它的脚下，它不会不知道的，再说，此刻，它的纺织厂正在开工，纺织器里不会没有丝的。可它根本就没去理会，它把猎物吮吸了几口之后便撇下了，回到因捕食尺蛾而中断了工作的地方，继续去铺设它的大螺旋丝。有些人不知出于什么理论的需要，竟然大肆颂扬蜘蛛的织补能力，可我所做的实验却证明完全不是这么回事：蜘蛛根本就不会织补破网。它尽管苦恼，若有所思，但却不会去给破洞补上一块布的。

人们主观臆断的看法很可能与实际情况谬之千里，所以实验和求证显得格外重要。

其他的一些蜘蛛不会编织大网眼的网，经它们织出的绸缎上，丝线随意地交叉着，形成了连续不断的丝绸料子。这类蜘蛛中包括家蛛。它们在我们的墙角上铺就一块宽大的丝绸布，固定在墙角突出的地方。它就躲在侧面的角落里，那是它的住所，这住所是一根丝管，管口呈锥形的一个长廊，它就藏于其中，窥伺外面的情况。这块丝绸布胜过我们最柔软的平纹布，极其精细，但它并不是一个捕猎工具，而是一座平台，蜘蛛可在上面巡逻，特别是在夜晚。真正的捕猎器是平铺在这个平台上的一团乱丝线。这类蜘蛛编织捕猎器的规则与圆网蛛不同，因而其运作方式也有所不同。那上面没有黏稠的线，只有简单的线圈，由于被铺就得密密麻麻，猎物一旦落入，甭想溜掉。一只飞虫落入此陷阱，越是挣扎，就越是被缠得紧紧的，家蛛见状，立刻冲上前去，把它掐死。

我做了个实验。我把家蛛的这块丝绸布弄了个圆洞，直径有两指宽。一整天，洞就这么敞开着，但是，到了第二天，我却发现洞已经被盖住了。盖着洞口的是一片细密的薄纱，薄得看不出来，必须用一根麦秸去挑一下，才能感觉得到，因为麦秸往那儿一戳，丝绸布便会摇动，家蛛便会知道是遇到障碍物了。

圆网蛛和家蛛在是否修补丝网的行为上有区别，为后文埋下了伏笔。

事情是明摆着的：夜里，家蛛把破损建筑物修补过了，给破丝绸布添了个补丁，这可是圆网蛛所不具备的才能。家蛛的这块丝绸布既是它的监视哨所，又是它的捕猎网，猎物一旦被上面的吊索抓到，便会坠落到这块丝绸布上。这个捕猎场不断地会有猎物坠落，但却并不很牢固，因为墙皮斑驳，有细泥灰落下，把网坠破，所以家蛛得经常加固，每天夜晚都要在上面加上新的一层。

它每次从管状隐蔽所出来或回去，总要把系在身后的一根丝牵长，留在走过的路上。我每每可以看见搭在表面的丝线，其方向全都汇聚在管状隐蔽所的入口处，无论家蛛随心所欲地走的是直道，还是拐来绕去。这就表明，它每走一步，都要给这块丝绸布添上一根丝线。这与松毛虫倒是如出一辙，松毛虫夜晚从其丝屋里出来进食或返回屋里休息，总要在其住所的表面留下一条丝线。它们每次出征都要为自己的住所“添砖加瓦”。

家蛛正是如此，它每天夜晚都要到平台上来溜达，同时也就给平台加上了一层，无论平台上是否出现空洞。它这并非有心在为撕破的地方织补一块，而只是继续在做自己的习惯动作。如果说破洞终于给补上了，那也只是说明是习惯使然，而非家蛛特意为之。

读书笔记

再者，如果说要把破洞织补上的话，那它就该集中全部注意力，把丝全都用在破洞上，一下子把损坏处弄得与其他地方一样的平展。可我所看到的却是，破损的地方只留下一层薄薄的几乎看不见的细纱。显然，它在破洞上的所作所为，与它在别处的做法一模一样，不多也不少。它并没把丝全用在破洞上，它这是在节约材料，以便留着丝好织一整张网。所以，要把损毁处逐渐地修补好，它得花好长的时间。

足见，无论是地毯女工还是纺织姑娘，都不懂织补这门手艺。

现在，我们还是来仔细观察一下圆网蛛是如何巧妙地编织自己的螺旋丝网的。只要稍加留意，我们就会发现，组成捕虫网的丝与构成框架的丝是不一样的。它们在阳光下闪烁着，显现出其中的结节，状似一串小颗粒编成的念珠。因为一有点风，网就飘来荡去的，无法用显微镜直接观察。于是，我便把一块玻璃片放在网下，抬起那张网，取下几段丝来，平放在玻璃片上，然后把它放在放大镜和显微镜下面仔细地观察。

我简直无法相信，这些肉眼看不太清的丝的末端，竟然是一圈圈密实的螺旋丝，而且，这丝还是空心的，是一根极细极细的管子，管内满是类似于阿拉伯树胶的黏液。这黏液从丝端流出半透明状的液体。我用玻璃片压住它，放在显微镜下的载物台上，只见螺旋卷便延伸成细带，带子从一头到另一头全都扭卷着，中间有一道暗线，即为空腔。

丝里面的黏液就穿过这卷曲的管状丝的壁，一点一点地往外渗，使整个网都具有黏性，而且黏度很高。我用一根细麦秸轻轻地触碰了一段丝的第三、四节。尽管是轻而又轻地一触，麦秸还是被粘住了。我抬高麦秸，丝被拉起，长度比原先增长了一两倍，最后，由于绷得过紧，丝便脱落了，但并没有断，只是缩回到原先的长度了。

蛛丝与弹簧的原理类似。

丝被拉长时，螺旋卷便松开来，缩回去时，又卷曲起来。最后，黏液渗到丝的表面，使丝变成了黏合物。

总之，这螺旋丝是我从未见过的纤细如发丝的细管。它卷成螺旋状以便具有弹性，使之经得住猎物的挣扎而不致被拉断，让猎物得以逃脱。丝管里储存着大量的黏性物质，不断地渗透出来，在丝的表面因暴露于空气中而减弱黏附力的时候，又可以恢复丝的黏性。这简直是太奇妙了。

圆网蛛并不是在一般的网上捕食，而是在带粘胶的网上捕猎。其黏性之大，令人叫绝，就连蒲公英的冠毛轻轻擦过，也都会被粘牢的。可是，圆网蛛天天在这张网上爬来爬去，怎么就没被粘住呢？

我前面已经介绍过，蜘蛛在其捕虫网的中央留着一个区域，黏性螺旋丝是不进入这一区域的，它们在离这个中心区尚有一定的距离时便终止了。这个中心区域在整张网中占有掌心那么大的面积，它由辐射丝和辅助螺旋丝的开端构成，不具有黏性。我用麦秸在这个中心区试探过，在这个中心区内的任何地方，都不会被粘住。

圆网蛛只是驻守在这个中心区，这个休息地内，几天几夜地监视着，等待猎物自投罗网。但是，猎物经常是在大网的边缘被粘住的，蜘蛛一见，立即冲上前去，把猎物五花大绑，让它挣扎不了。那么，它是如何在那黏性丝上行走的呢？我见它行动时快如闪电，毫不犯难，黏性丝并未因其步足的移动而被带起来。这到底是怎么回事呀？

我小的时候，每逢周四下午不上课时，同学们都会三五成群地跑到田野里去抓金丝雀。我们在给竹竿头上涂粘胶之前，总要先用点油抹抹手，以免粘住了自己的手。圆网蛛是不是也了解油脂的这个用途呢？

我用纸沾了点油把麦秸擦了擦，再把它拿到螺旋丝上试了试，果然，麦秸没被丝粘住。于是，我便从一只活圆网蛛身上取下它的一只步足，把它放在涂了油的麦秸上让它与黏丝相接触，它就像是在非黏性丝上一样，没有被粘住。圆网蛛在任何情况之下都不会被粘住，这一点我们早就应当预料到。

我又做了一个实验，但结果却完全不一样了。我把这只步足先放在油脂物的最佳溶解剂——硫化钠中浸泡了一刻钟，然后，用一支浸泡了这种溶解剂的毛笔仔仔细细地把这只步足清洗了一番，然后，把它与捕虫网的螺旋丝一接触，它就立刻被粘得牢牢的了。我因此得出结论，圆网蛛之所以不会被黏性极强的螺旋丝粘住，说明它身上肯定有一种脂肪物质。仅仅由于出汗，也会在蜘蛛身上轻轻地涂上一些这样的脂肪性物质的。蜘蛛身上涂着一层特殊的汗液，在网上就能行动自如，不用惧怕那黏性螺旋丝了。

不过，即使如此，圆网蛛也不可在螺旋丝上待得太久。与这种黏性丝接触得太久，就会造成黏附，从而妨碍它行动自由，而它必须保持敏捷的身手，才能在猎物挣脱蛛网之前，把猎物尽快地捆绑起来。因此，它用来长时间窥伺的地方绝对不能有黏性极强的螺旋丝。

圆网蛛只是在这块休息区里才这么静止不动地长时间待着。它伸开自己那八只步足，时刻准备着，一旦发现蛛网晃动，有猎物落网，它便冲将出去。它即使是用餐进食，也是待在这个休息区里。因为有时猎物较大，得吃上好长时间，只能把猎物弄到休息区里来美美地细嚼慢咽。它在把猎物五花大绑，使之失去挣扎能力之后，把它拖到一根丝的末端，以便在没有黏性的中心区里享用。

这种黏性胶数量很少，我无法对它的化学特性加以研究。我们从显微镜下可以看到从断丝里流出一种略带粒状的透明液。我通过实验了解到了这种液体的情况。

我用一块玻璃片穿过蛛网，采集到了一些固着成平行线的粘胶丝，然后，把这块玻璃片放在水面上，用一个罩子把它罩起来。罩子里湿度很高，不一会儿，蛛丝边儿便伸展开来，在一种可溶于水的套管中逐渐膨胀，变成了流体。这时候，丝管的螺旋形状消失了，在蛛丝的管道里出现了一种半透明的圆珠，也就是出现了一些极小极小的颗粒。

二十四小时之后，丝里面的汁液没有了，丝变成了几乎难以看出的细线。我如果在玻璃片上滴上一滴水，几乎立即便会看到一种黏性分解物。由此可见，圆网蛛的粘胶是一种对湿度极其敏感的物质，在湿度饱和的环境下，它会大量地吸收水分，然后通过丝管渗透出来。因此，圆网蛛通常不会在大雾天里织网，更不用说在雨地里了，因为捕虫网被雾浸湿便会溶解成黏性破片，由于受潮而失去效用，但这并不妨碍它们构建总的框架，架设辐射丝，甚至缠绕辅助螺旋丝，因为这些部件不会因湿度过大而受到损毁。

在毒日头的暴晒下，捕虫网为什么没有变干、萎缩，变成僵硬而无活力的细丝呢？反而始终是那么具有弹性，而且黏附力越来越强呢？这完全是由于它对湿度的极大的敏感性导致的。空气中永远都存在着湿气，湿气会慢慢地浸入黏性丝里去，随着丝里原有的黏性逐渐消失，它会按照要求稀释丝管里浓稠的胶汁，并让胶汁渗透到管外来。这就解决了螺旋丝变干变硬的问题。尽管如此，我仍旧没有弄明白这个出色的拉丝厂是如何工作的。丝质的东西怎么会铸造出极细的管子来？这管子又怎么会内部充满粘胶，而且卷成螺旋形？这同一家拉丝厂怎么既能提供普通丝，用来加工框架、辐射丝和螺旋丝，又能提供彩带蛛丝袋里的那种棕红色的丝以及装饰在丝袋上的横条黑色饰带的？我看见了这许许多多不同品种的产品，却不了解这部机器是如何运作的。我才疏学浅，这个问题只好留待解剖学家和生物学家去解决了。我们现在还是来看看圆形蛛身上是否有“电极线”吧。

在我所观察的六种圆网蛛中，只有彩带蛛和丝蛛这两种蜘蛛即使是烈日当头，也始终待在自己的网上，而其他的蜘蛛一般都是在夜晚活动。它们在离网不远的灌木丛里有自己的简易隐蔽所，白天通常都待在那儿静止不动，专心窥伺外面的动静。

但是，它毕竟离得较远，它到底怎么发现猎物落网的呢？其实，网的颤动比亲眼看到猎物更会引起它的警觉。我做了一个实验，在彩带蛛的粘胶网上放了一只刚刚死去了的蝗虫。不管我怎么放，蜘蛛都没有任何反应，即使我把蝗虫放在它的前方不远处，它仍旧是一动不动，似乎毫无知觉似的。于是我便用一根长麦秸轻轻地拨动了一下死蝗虫，彩带蛛和丝蛛立即从中心区冲了过来，其他的一些蜘蛛也从树叶下面钻出来，奔向猎物，用丝把猎物捆个结结实实，如同平常捕捉活物一样。这就证明，必须让网震动才能使蜘蛛发动攻击。

会不会是因为蝗虫体色泛灰，不太能引起蜘蛛的注意？那么，就给它换一个颜色鲜亮的猎物，红色的。在蜘蛛捕食的猎物中，我还没见过有穿红颜色外衣的，我便用红毛线绕了一个小圆团，大小与蝗虫一般，粘在蛛网上。

此计甚妙。只要小毛线团一动，蜘蛛就立刻冲过来；我没让毛线团动弹时，蜘蛛却是静止不动地待在蛛网的中心区域里。有一些冲过来的蜘蛛，傻乎乎地用脚尖触碰小红线团，用丝把它捆绑了起来，甚至还咬了咬这个诱饵。这时候，它们才发现那不是什么猎物，便悻悻地离去了。另外一些蜘蛛比较狡猾，虽然也被这红毛线制作的诱饵吸引了过来，但它们先用触须和步足进行了试探，立刻便发现那不是什么可吃的东西，就没浪费自己的丝去捆绑诱饵。经过一番检查，它们便弃之离去了。

但是，不管怎么说，聪明的也好，愚笨的也好，反正它们都冲了过来。

那么，它们究竟是怎么获得情报的呢？肯定不是靠视觉。在发现错误之前，它们必须先用步足抓住“猎物”，甚至还要咬一咬。蜘蛛的视力极弱，诱饵不动弹，即使近在咫尺，它们也看不见，何况，多数情况之下，捕猎是在夜间进行的，即使视力再好，在夜里它们也看不清东西。所以，它们一定各自配备有一个远距离接收信息的仪器。我们随便找一只蜘蛛来观察，就发现当它白天躲在隐蔽处窥伺时，有一根丝从网的中心被拉出来，斜向被拉到蛛网平面之外，一直通向蜘蛛白天时所在的隐蔽哨所。这根丝线除了与中心点相连之外，与蛛网的其他部分没有任何关系，与框架的线也不发生交叉。这条线通常长约半米。角形蛛因为高居于树上，它的这根丝线就更长些，达两米。虽然，这根斜向丝线是一座丝桥，当蜘蛛遇有紧急情况，便会迅速地从桥上跑到网上来，巡查结束后，又从桥上返回隐蔽哨所。实际上，这就是它来回往返所走的路。但是，可能不仅如此。如果圆网蛛只是为了在隐蔽所和网之间搭建一条快速通道的话，把丝桥搭在网的上部边缘不就行了吗？这样的话，路程既短，斜坡又不会很陡。

名师点评

先提出合理解释，接着又提出合理的反驳，产生了推动观察研究的动力。

再有，这根丝为何总是以黏性网的中心为起点，而不设在别处呢？因为这个中心点是辐射线的汇聚处，是一切震动的震中，网上的所有东西都会把其产生的颤动传到这个中心点上，因此，中心点上的这根斜向丝线就可以把猎物挣扎震颤的信息传到远处。这根线是个信号器，是根电极线。

读书笔记

我们再来做个实验。我把一只活蝗虫放到蛛网上，被粘住的猎物拼命地挣扎。只见蜘蛛立即兴冲冲地爬出隐蔽所，从丝桥上下来，扑向蝗虫，把它捆绑住，注射上麻醉药，然后，用一根丝把俘虏固定在丝器上，拖到隐蔽所，美滋滋地享用起来。

过了几天，我又对它进行实验。仍旧用的是一只蝗虫。但这一次，我先把信号天线给剪断了。猎物放到网上后，同样是拼命地挣扎，震颤着蛛网，但蜘蛛却一动不动，好像无动于衷似的。这并不是因为丝桥断了，它来不了了，它有几十条道可以去到该去的地方，因为网由许多丝系在枝丫上，通道多的是，来去自由，方便至极。可是，捕猎者就是没动窝。为什么呀？因为它的“电极线”被我给剪断了，没有获得引起猎物的震颤的消息。整整一个钟头了，蝗虫仍旧在踢蹬着腿挣扎着，捕猎者仍旧是一动不动地待在原地。最后，它发觉那根信号线绷得不紧，很是蹊跷，便顺着框架上的一根丝，毫不困难地来到网中，了解情况。于是，它发现了猎物，立即将它捆绑起来，然后，又去架设“电极线”，取代被我剪断了的那一根。它通过这条新丝桥，拖着战利品，回到隐蔽处。

名师点评

作者采用设问句，增加读者对蜘蛛捕食原理的好奇。

这之后，我又对其“电极线”长达三米的粗壮的角形蛛进行了实验，后来，又对另一种圆网蛛——漏斗蛛进行了实验。这两次用的猎物是蜻蜓，实验的方法相同，结果也完全一样。实际上，各种蜘蛛都有这种捕猎所必需的“电极线”，不过，只是到了喜欢休息和长时间地打盹儿的年龄才会有。年幼的圆网蛛则没有，一来是因为它们比成年蜘蛛更加警觉，二来它们尚未掌握收发电极信息的技术。再者，年幼蜘蛛编织的网存在的时间短，没等到第二天，就全都不能用了，所以没有架设“电极线”的必要。

读书笔记

埋伏着的蜘蛛的脚一直踩在“电极线”上，这样一来，它就可以不必总要强打起精神来时刻警惕着，可以安然地休息，用不着过分劳累，甚至背朝着网也能知晓网上的动静。我就观察过一只胖大的角形蛛，它在两棵月桂树中间编织了一张直径有一米的大网。阳光照射在网上，而角形蛛在黎明时分便已离开了网，躲藏在它白天时用于休息的庄园里。我顺着那根“电极线”查过去，很容易地就发现了它的庄园。那是一个用几股丝连起来的枯叶建成的隐蔽所。此屋极深，角形蛛除了它那圆乎乎的屁股之外，身子全都被隐蔽得看不见了，而它那肥臀却把隐蔽所的大门堵了个严严实实。

它把前半身整个儿地藏进隐蔽所里，根本就看不到它的那张大网，即使它视力再好，而非弱视，它也无法看见猎物的。这并不说明，在这阳光普照的时刻，它只顾歇息，不想捕猎了，我们再来仔细地观察一下。只见它的一只后步足伸到屋外来，而那根电极线就连在这只足的足尖上。突然间，有只猎物撞到网上，这只步足立刻接收到了震颤的消息，角形蛛睡意顿失，立即惊醒过来，冲了出去。那是我故意放到蛛网上的一只蝗虫，引得它匆匆地赶来。它见了那只蝗虫后，非常满意，而我则因为刚才所获得的资料，比它更加地开心。

作者在两种不同的成年蜘蛛身上做了相同的实验，实验结果都一样，说明这种现象在蜘蛛身上是普遍存在的。

第二天，我切断了“电极线”。然后，我放了两个猎物(一只蜻蜓和一只蝗虫)在那张大网上。蝗虫那带刺儿的长腿拼命地踢蹬着，而蜻蜓的翅膀则一直在颤抖着，几片离蛛网很近的树叶，由于与蛛网框架的丝线连在一起，也跟着摇动个不停。这么大的动静就发生在离角形蛛非常近的地方，可却没有引起它的注意，它根本就没有扭转身子来探看一下发生了什么事情。报警线路断了，角形蛛成了睁眼瞎，什么都不知道了，整整一天，它就这么待着，一动不动。晚上八点光景，它爬出隐蔽所来重新织网时，才突然发现这两只天赐猎物。

另外，我也想介绍一下圆网蛛的“洞房花烛夜”的情况。圆网蛛同其他昆虫一样，也要交配，也要繁衍子孙后代。不过，这虽然十分重要，可我也不想赘述，因为圆网蛛野性十足，它们神秘的一夜情，很容易变成悲剧性的葬礼。说实在的，我只见过一次蜘蛛交尾，这我还得感谢我的胖邻居——角形蛛，是它给了我这次观察的机会，因为我经常要去拜访它。事情经过是这样的：八月的第一个星期，晚上九点来钟，天气晴朗，炎热无风。我的这位胖邻居还没开始织网，一动不动地待在悬挂丝上。此刻本应是忙着干活儿的时候，它却如此悠闲自在，我好不纳闷儿，觉得必定有什么事情发生。果不其然，我看到一只雄蜘蛛从附近的灌木丛中奔来，爬上了缆绳。来者是个侏儒，矮小瘦弱，却跑来向胖夫人献殷勤。这个小东西，待在偏僻的角落里，怎么会知道这儿有一只已达适婚年龄的雌蜘蛛呢？夜深人静，没有呼唤，没有信号，它们是怎么了解到的？雄性大孔雀蝶是闻到神秘的气息，才从方圆几公里的地方飞到我的房间里来，拜访被我罩在玻璃罩下的雌性大孔雀蝶的。今晚的这个小家伙也是个夜间朝圣者，它越过乱七八糟的树叶，准确无误地直奔那位走钢丝的女杂技演员。它有可靠的指南针在为它指引方向，帮它径直奔向雌蜘蛛。雄蜘蛛在悬挂丝缆上小心翼翼地一步一步地向前爬着，爬到一定的距离，它却停了下来。它在犹豫不决？它还会更靠近些吗？时机成熟了吗？不是的，只见雌蜘蛛举起了步足，来者便吓得连忙走下丝缆。过了一会儿，害怕劲儿过去了，雄蜘蛛又爬了上来，走得更近了些。它这么忐忑不安地来来回回地爬来爬去，

作者联系自己从前获得的研究成果，为解决新问题提供了想象空间。

正是热恋者的一种求爱的表示。

坚持就是胜利。现在，它俩面对面地停住了：胖夫人一动不动，表情严肃凝重，而侏儒则显得十分激动。它竟然胆大包天，竟敢用脚尖去撩拨胖夫人。它也真是太过分了，自己也给吓了一跳，结果顺着挂在安全带上的垂直线突然坠落下去。这都是顷刻之间发生的事情。现在，侏儒又爬了上来。雄蜘蛛心里有数，对方对自己的一再恳求有所让步了。雌蜘蛛在雄蜘蛛的挑逗下，奇怪地跳开了去，用前跗节抓住一根丝，向后连翻了几个跟斗，如同体操运动员在单杠上向后滚翻一样。胖夫人这么一翻，大肚子的下部便呈现在侏儒的面前，后者便用触须去触碰了一下。就这么一下，事情便宣告结束了。侏儒见目的已经达到，便匆匆地逃走，仿佛有复仇女神在身后穷追不舍似的。

侏儒走了，新娘从悬挂丝缆上下来，织好网，准备捕猎。必须吃点东西才会有丝，有丝才能织网捕猎，才能织出安家的茧。因此，在洞房花烛夜，尽管心情激动，新娘却无暇歇息。

## 精华赏析

作者采用了层层推进的方法来描写圆网蛛。先是描写圆网蛛结网的工作情况，再是描写其结网工作的产物——“网”的情况，然后描写圆网蛛在网上进行捕猎活动的过程和原理，最后还谈到了圆网蛛的繁衍。虽然涉及内容广泛，但作者的写作线索却非常清晰。

## 延伸思考

本篇中所写的圆网蛛与其他蜘蛛的共同特征是什么？

# 迷宫蛛【精读】

名师导读

迷宫蛛在建筑方面，与圆网蛛的造诣不同，它织的网像个火山口，什么地方该稀疏，什么地方要稠密，它都掌握得恰到好处。

诚然，圆网蛛是设置垂直陷阱的好手，是无与伦比的纺织娘，但是，其他许多种类的蜘蛛则善于运用生物界首要的法则，即想办法填饱肚皮和繁衍后代。这类蜘蛛在这方面久负盛名，其中有一种名为蜢蛛，它仿效纳尔仓那狼蛛，住在洞穴里，但其洞穴远比咖里哥宇群落里粗俗的狼蛛的洞穴要强得多。狼蛛只是在自己的洞口建起一个简陋的石井栏，而蜢蛛则在洞口安了一个活动的盖子，宛如一扇带铰链半槽边和插销装置的百叶窗。蜢蛛回到家中，盖子便落下来，卡在半槽边里，卡得严丝合缝，令人叫绝。一旦遇有来犯者执意要打开盖子，洞中的蜢蛛便会把门闩插上，也就是说，它把自己的小爪子插入与铰链相对的另一边的一个孔里，把身子紧紧地压在洞壁上，致使那扇门无法开启。

另一种知名的蜘蛛是银蛛，它用丝在水里为自己建造了一个潜水罩，以储存空气。依靠这种呼吸装置，它便能在阴凉的地方窥伺猎物了。可是，我生活的地方没有银蛛，所以无法对它的建筑技艺加以介绍。不过，我们这一带倒是常有深谙制造铰链门技术的蜢蛛出没。我在灌木林中的那条小径上倒是见过它，但只见过这么一回。因为忙于其他方面的观察研究，我只是瞥了它一眼，见它溜走，也就算了。

现在，我就用一些看似平凡、常见、易于追踪的蜘蛛来补偿这一缺憾吧。不过，话说回来，平凡普通并不等于无足轻重。通过观察，我们会发现，再不起眼的昆虫也是了不起的，值得我们去大书一笔。我在这里想介绍的就是那种极其普通的迷宫蛛。

迷宫蛛并不藏身于牧场或幽静的树篱下，而是出没于光秃秃的荒野之中，主要是那高低起伏的丘陵地带，在那被樵夫砍得光秃无物的山坡上。它们喜欢栖息在荆棘丛中，比如岩蔷薇、薰衣草、不凋花和被羊群啃啮得又短又支棱的迷迭香丛里。

读书笔记

七月里，我每个星期都要到那种地方去观察几次迷宫蛛。我一般都是在早晨太阳还不太毒的时候，带着孩子们一起去的。他们眼睛尖，腿脚利索，眼明手快，对我帮助很大。很快，孩子们便发现了远处高高悬挂着一张丝网，闪闪发亮，像节日里的彩灯一般地美丽，我们都高兴极了。

经半小时的阳光蒸晒，网上的亮光随着露珠的消失而消失了。这张蛛网张在一大蓬岩蔷薇上，如手帕一般大小。蛛丝不仅仅固定在杂乱的荆棘丛中某一束突出的枝梢上，而且是纵横交错地在荆棘丛中绕来绕去，把那簇荆棘给罩住，给它蒙上了一层密如细纹布的白色的网。网周围的每个支点都向外突出，各支点与网中心之间的距离各不相同，各支点之间是一个圆锥形的深坑，如同一个颈部逐渐变狭窄了的漏斗，垂直地插在茂密的绿色植物中间，深约一拃。迷宫蛛就待在阴暗危险的管口处，看见我们，也不惊慌。它浑身呈灰色，其胸廓上有两条黑饰带，饰带正中央杂陈着微白或棕色的斑点；其腹部末端有两个附属器官，会活动，如同尾巴似的，在蜘蛛家族中，这倒是不常见。

这张似火山口状的丝网，各部分的编织方法明显不一样，边缘较稀疏，往中间去时，渐渐地变成了轻柔的细纹布了，接着又变成了绸缎，在最陡的地方则是粗菱形格状网，最后，在迷宫蛛经常待着的漏斗颈部，变成了一种十分结实的塔夫绸。

名师点评 整体来看，越往中间，网织得越稠密。

迷宫蛛对这张地毯织得十分用心，在它看来，这是它的工作台，每天夜晚，它都要到这儿来，走过地毯，监视它设下的陷阱。它还要用新丝把它再加以扩大。它移动着自己的身体，把始终挂在纺丝器上的丝不停地拉出来。它在这漏斗颈部走动得最多，地毯织得也最厚，而次厚实一些的地毯当属火山口的斜坡，那儿也是它经常走

读书笔记

动的地方。辐射丝均匀分布，对准洞口，迷宫蛛靠尾部附属器官的晃动与配合加以导向，在辐射线上织出菱形网格。其余它不常走动的地方，地毯就显得很薄很薄了。

我们原以为会在插入荆棘丛的走廊尽头发现一个密室，一个分隔开来的小房间，供蜘蛛闲暇时休息之用，可情况并非如此。漏斗颈部底端是开放的，那儿有一扇暗门始终敞开着，蜘蛛可以从那暗门穿出，经由草丛，到达野外。如果想要捉住它而又不会伤害到它，就必须了解这个住所的布局。当遇到正面攻击时，迷宫蜘蛛就会向下跑，从底部的出口逃走。它逃跑的速度极快，待到它一钻入杂乱的荆棘丛中，再去寻觅它，就十分地困难了。要捉住它，就必须略施小计。

我发现它待在管口上。待到可以下手时，我便用手抓紧网的底部，也就是漏斗颈部往下延伸的地方。当它发现自己的后路被切断，自然就会一头钻进我为它准备的圆锥形纸袋里去。如果它实在不愿就范，我就用一根麦秸秆伸进网里，刺激它几下，就可以把它逼进纸袋中。我正是采用这一高招，把一些神气活现的迷宫蛛毫发无损地抓住了。为了捕捉猎物，圆网蛛用的是它那厉害无比的黏网，而荆棘丛中的迷宫蛛用的是它那迷宫，其凶险程度绝不逊于圆网蛛的黏网。

各种蜘蛛，各有神通。

我们再观察一番这张网的上方，那简直就是绳索交织的密林。如同遇难船只上的缆索。丝索从树枝的每一根小细枝连到每根树枝的顶端，长短不一，有垂直线也有斜向线，有直线也有曲线，所有的线交织在一起，有密有疏，错综复杂，向上延伸大约有一米。这是一个杂乱无章的乱绳套，一个谁也逃不出的迷宫，除非进入迷宫的昆虫具有极强的弹跳力，或许可以逃过这一劫难。这个迷宫与圆网蛛的黏网不同，它没有一点黏性，而靠的是它的纵横交错和错综复杂取胜。我把一只小蝗虫扔进了这座迷宫，只见它在晃动不停的蛛网上失去了平衡，拼命地挣扎着，反而把绊索踢蹬乱了，越绊越弄不开。迷宫蛛躲在洞口窥伺着，不去理睬挣扎中的小蝗虫，它不想立即上前去捕捉那个落入陷阱的可怜虫，它要等到被蝗虫弄得越抽越紧的丝绳把猎物给弹到网上来。

小蝗虫终于掉了下来，迷宫蛛一见，立刻爬了出来，向落网猎物扑了上去。向猎物扑上去并不是没有危险的。小蝗虫只是突然中计，有点沮丧，士气低落而已，它并没有被捆绑住，只是腿上拖着几根被它挣断了的丝。迷宫蛛不在乎这些，只是拍了拍猎物，觉得货色挺好，便用牙去咬，嚼而食之。它通常是从猎物的大腿根下手，也许是这个部位的肉质尤为鲜嫩的缘故。我观察了好几张蛛网，看到了迷宫蛛究竟吃些什么食物。我发现不少双翅目昆虫和小蝴蝶，还有像是并未动过似的蝗虫尸体。这些猎物全都少了前腿，起码少了一条前腿。在蛛网边缘的吊肉钩上，我往往可以看到蝗虫类昆虫被掏空了之后所剩下的肚皮。

读书笔记

迷宫蛛一旦开始对猎物的大腿根下手，它是绝对不会松口的，它死咬住猎物不放，喝猎物的血，吮吸猎物，通过吮吸来汲取营养，吸干一处伤口之后，再换一个地方。在吮吸第二条腿的时候，迷宫蛛吸得更加地来劲儿，使得猎物最后只剩下一个保持着原形的空壳了。但是，迷宫蛛与圆网蛛有所不同，它把猎物吸干榨尽之后，就把猎物撇在蛛网上，弃之而去，而不是再去把猎物的肉也吃个精光。吃饭的时间很长，但并无危险，因为迷宫蛛在下第一口时，毒液已经要了猎物的命了。

迷宫蛛的网虽说像一件艺术品，但其结构却没有圆网蛛所编织的网那么对称。它只不过是个没有形状、无一定之规的捕猎器，编织时不讲究章法，比较随意。不过，话虽这么说，它毕竟还是有其审美原则的，它的那个安着漂亮网纱的“火山口”就是一个证明，那通常被视作母亲的杰作的卵袋也将向我们作出充分的展示。

过渡段，起到承上启下的作用。

产卵期临近时，迷宫蛛就要另换住处。它丢弃了它那不很结实的网，不再回去，它需要一个更好更合适的房屋。它的新房建在何处了？我花了好几个早晨，在小树丛中左寻右觅，四下探查，但最终还是一无所获。后来，我终有所悟，便在原先的那张网周围几步远的范围内仔细搜索，在一片茂密的低矮植物丛中发现了它的隐蔽的产卵窝巢。这种窝巢只是用枯树叶和丝线混合而成的一种袋子。

这种并不雅致的袋子里，或者说套子里，有一个装着卵的细布袋。整个卵袋显得破破烂烂，因为从荆棘丛中取出来，它难免被撕扯得厉害。不过，也不能光凭外表就下断语，认为它一无是处。难道纺织方面的行家里手迷宫蛛在编织婴儿的帐篷时就不知道讲究美观雅致吗？我想，这一定是荆棘丛的恶劣环境造成的。如果把它放在不受束缚的环境之中，它是会表现出自己的高超技艺来的。为了证明这一点，我便进行了实验。

八月中旬，产卵期将至，我把十二只迷宫蛛分别放在装有沙土的罐子里，上面用金属网罩好。纱罩中央插了一根百里香小枝杈，供它们编织卵袋时作支撑物，当然四周的纱网也同样可以作为支撑物的。罐内没再放其他任何的东西，连一片枯树叶也没有，我让它们只能在我所设的支撑物上做卵袋外套。我每天提供一些肉质鲜嫩、个头儿不大的蝗虫，让它们尽情享用。

八月末，我终于获得了十只卵袋，形状优美，色泽雪白光鲜，简直是工整雅致的艺术品。这是一只用精致的白色细纹布编织成的半透明的袋子，迷宫蛛母亲将长期居住于此，监护其卵。卵袋约有一只鸡蛋那么大。小房间两头敞开；前面的洞口延伸成一个宽阔的长廊；后面的洞口变得细长，呈漏颈状。前面比较大的那一头显然是食品供应的门户，后面这个颈状漏斗的功能，我尚不得而知。我看见迷宫蛛不时地在前门停留，窥伺猎物。它通常得出去吃猎物，免得把自己的房间给弄脏。

卵袋的结构与迷宫蛛在捕猎时期的住所也有相似之处。那个漏斗状的细长的后门厅，通向附近地面可作为紧急关头的出口，前面的那个大厅，敞开成一个大的火山口，四面都绷着丝，让人想到其以前用来捕猎的陷阱，老住所的特点在这里可见一斑。这儿甚至也有一个迷宫，只是规模很小很小。火山口的前面，丝索纵横交错，猎物一旦经过此处，必然被捆缠住。

不过，这个纺织的殿堂只是个哨所，在柔和的乳白色丝墙后面，存放卵的“圣物盒”影影绰绰，外表布满着模糊不清的“法国荣誉骑士团十字勋章图案”。这是一只漂亮美观的宽大的微白色袋子，四周有闪光立柱把它固定在帷幔中央，与外层是隔离着的。立柱中间较细，上端膨胀成圆锥形的柱头，底端与上端形状相同。十二根立柱一一相对，中间形成走廊，走廊与四面相通，连接房间周围的任何地方。迷宫蛛母亲在内院拱廊内认真仔细地巡视着，这儿停一会儿，那儿停片刻，长时间地把耳朵贴在卵袋上，看看袋内有何动静。我真不忍心打扰这位尽心尽职的母亲的工作。

为了进一步地进行观察，我便利用从野外带回来的那些破破烂烂的卵袋。我观察到，卵袋是个倒圆锥体，与圆网蛛的卵袋相似。其布料具有一定的柔韧性，我用镊子使劲儿地拉才把它撕扯开来。卵袋中只有一团极细的白丝棉和卵，卵约有一百来个，还比较大，每个卵的直径约有一点五毫米。看上去，它们就像是一粒粒深黄色的琥珀珍珠。卵与卵互不粘连，当我把丝绒被揭开时，它们便会自由地滚动。我把卵都装进了玻璃试管里去，以观察其孵化的情况。

不过，我还是想再说说迷宫蛛另辟新居的原因。原先的网很好，挂在高处，自投罗网者肯定不少，它为何弃之不用，非要不怕麻烦地在僻静处另设新巢呢？我想，个中原委也不难理解，旧居虽有诸多优点，猎物会很多，但唯其如此，敌人也不在少数。挂在高处的很显眼的那个捕猎器暴露在绿色灌木上，是个标记，必然招来别有用心者。有这个网指路，它们轻易就能发现迷宫蛛视为生命的宝贵袋子的。万一来了条什么虫子，尽情享用破布袋中的卵，岂不让迷宫蛛断子绝孙了吗？到底会是什么样的敌人让迷宫蛛这么担心，我因为没有资料，尚不得而知。而我所知道的是，迷宫蛛母亲不仅要到偏僻难寻的地方去筑巢产卵，而且，它比其他蜘蛛更有爱心，更加认真负责，所以它产卵时所采取的保护措施还得满足另一个条件，因而更加复杂。它像蟹蛛一样，并不是把卵产下就完事了，它还要守护着自己产下的卵，直到它们孵化出来。但是，迷宫蛛又不像蟹蛛那样，产完卵后就不吃不喝，最后只剩下皮包骨了，等到孩子们出世离去，自己则一命呜呼了。迷宫蛛则不然，它要聪明得多，产完卵之后，非但不会消瘦、干瘪，反而始终保持着丰满富态的样子，肚子微微有点鼓凸。它每天都准备着要捕杀猎物，胃口仍旧很好。因此，在它的新居所被用作护婴房的同时，还得另辟一个捕猎场所。现在，让我们再回想一下我上面所描述的那只优美雅致的卵袋。卵袋两头延伸成门厅的球形哨所，卵袋悬于中央，十二根立柱把它与周围隔开来，前厅似火山口，看似捕猎器，边上竖着一圈圈紧紧绷着的网，我从这半透明的围墙可以看见迷宫蛛母亲正在忙着做家务。迷宫蛛母亲可以通过带拱顶的回廊走到星形卵袋周围的任何一点，不知疲倦地来回巡视着，时不时地停下脚步，慈爱地拍拍那只丝绸卵袋，听听这圣物盒里有何动静。我试着用麦秸晃动一下某个地方，它就会立即奔过来，看看究竟发生了什么事。

细心呵护、寸步不离卵袋的迷宫蛛母亲并未因此而废寝忘食，不吃不喝。我时不时地要向它提供几只蝗虫，放进它的罩子里，其中有一只刚好被大厅里的丝索给缠住了。只见迷宫蛛母亲飞也似的奔了过来，咬住这个可怜虫，把它的大腿卸下，将其内脏掏空，至于其他没内脏那么可口的部位，根据它当时的胃口情况，或弃之不食，或多少吮吸上几口。它是在其哨所的外面进餐的，就在那门槛上，而不是在里面进食。它的胃口如此之大，让蟹蛛难望其项背。傻蟹蛛也是个尽心尽职的母亲，但却拒绝我为它提供的蜜蜂等猎物，宁肯忍饥挨饿，直至死亡。

迷宫蛛有必要这么大吃大喝吗？有必要，而且是无可厚非的。在开工建房之初，它就已经消耗了许多的丝，也许是把自己的所有库存全都消耗殆尽了。这两套住房，自己的再加孩子的，可以说是工程浩大，需要很多材料。不仅如此，在将近一个月的时间里，我还看见它对第二套住房不停地扩建，一层层地加大加厚房间与中间那间小屋的墙壁，以致织出来的布由最初的透明罗纱变成了不透明的绸缎了。它似乎总认为那围墙不够厚实，老是在不停地织呀织的。消耗既然这么大，它就只好不停地进食，增加营养，以补充纺织时所消耗掉的丝。

一个月之后，将近九月中旬，小蜘蛛们孵化出来，但尚未离开那只袋子，它们要在那条软软的暖和的丝棉被里过冬。迷宫蛛母亲仍旧守护在一旁，继续不停地编织，但是，可以明显地看出，它已有些心力交瘁，体力不支。它要隔好长一段时间才吃一只蝗虫，对我给它扔进罐子里的猎物并不那么兴奋了。这是它在衰弱的征兆。它的工作节奏慢下来了，到了最后，终于不再纺织。最后，时值十月末，它抓着孩子们酣睡的卧房，幸福地死了。它已尽到了一个母亲所能尽到的责任，小蜘蛛们未来的命运就看它们自己了。春天来临时，小蜘蛛们将从自己那温暖的房间里出来，乘着被风吹走的丝飞行，飞向四面八方，并将在茂密的百里香丛中试着织出第一座迷宫来。

## 精华赏析

作者善用对比手法来描写昆虫的特点。在本篇中，圆网蛛成了一个比较固定的比较对象。作者通过对比迷宫蛛在织网、饮食和抚育幼虫等方面与圆网蛛的异同，可以让人清晰地看到迷宫蛛的特点。在文章结构上，从搭建住房到编织卵袋，前后两个部分之间，作者巧妙地使用了过渡段，使全文结构完整、紧凑。

## 延伸思考

请给本篇全文分段，并说出段落大意。

# 克罗多蛛

名师导读

正如它的名字一样，克罗多蛛是个编织界的行家里手，在建筑方面也颇有造诣。

克罗多蛛的名字是怎么来的？是因为专业词汇分类学者找不到合适的词来为之冠名，而一时心血来潮采用的吗？这倒不完全是。这种蜘蛛也被称为克罗多德杜朗。德杜朗是最早向人们介绍这种蜘蛛的人里面的一位，为了纪念他，就这么叫开了。而克罗多则是神话中编织命运的女神的名字，故以此来隐喻蜘蛛。神话中的这位女神的名字听起来十分悦耳动听，而且又很适合为一位“纺织姑娘”命名。按照传说中的描绘，克罗多掌管生死大权，掌握着人的命运，是众女神中排行最小的一位。她手中握着人类命运的纺纱杆，纺纱杆上绕着许多毛线下脚料，一些丝束，偶尔还会有一根金色的线。

我们就不去管这位女神了，还是来观察一下克罗多蛛吧。在橄榄树的故乡，在太阳晒烤着的多岩石的山坡上，不妨掀开一些平平展展的大石头来看一看。说实在的，克罗多蛛并不多见，不是所有的地方都适合于它繁衍生长。但如果我们坚持不懈，总会有所收获的，往往在翻起来的石头下，我们会看见一个建筑物，外表十分粗糙，状似一个倒置的圆屋顶，有半个橘子那么大，表面镶嵌着或悬挂着小贝壳和小土块，更多的则是干瘪了的昆虫。

圆顶边上有十二个突角，呈放射状分布，扩张开来的尖角固定在石头上。在这些尖角之间，又展现出同样数目的圆拱，形状好似一座驼毛编造的房屋，又像是犹太人的帐篷，不过是倒置的，固定在吊带间紧绷着的平顶从上面封住了的住所上面。它的门开在哪儿呀？边缘上所有的圆拱都是朝着屋顶张开来的，没有一个是通向内部的。我仔细搜寻了好久，也没发现一条联系内外的通道。屋主人总得出门进门的呀，那它是从什么地方进屋的呢？其实只要用一把麦秸试一试，就能解开这个谜团。

我用麦秸在每一个圆拱廊口上捅了捅，到处都是硬邦邦的，到处都是严丝合缝，没有见到什么缺口缝隙。在巧妙地结合成的月牙形边饰中，只有一处看上去形状与别处没有什么不同，只不过边缘分成两瓣，如同两片微微张开着的嘴唇。这儿就是门，此门可以依靠自己的弹性自动关闭。不仅如此，每当克罗多蛛回到家中，它还经常要把门闩插上，也就是说，用一些丝把两扇门粘上、固定住。这扇门比蜢蛛洞穴上的那个盖子要严实得多，安全系数要大得多。不速之客不了解个中奥妙，是无法进入克罗多蛛家大门的。每当遇有危险，克罗多蛛就会急急忙忙地往家里跑，用爪子把门一推，门即启开一条缝，克罗多蛛便立刻钻了进去，门自动关上，必要时，它再用几根丝把门锁上。圆拱廊有那么多，又全都一模一样，不速之客怎么会知道被追踪者到底是怎么消失不见的?

把简单的创造变成了防御系统的克罗多蛛，对生活质量十分讲究，远胜于蜢蛛。你不妨将它的小屋打开瞧一瞧，非常豪华。据传说称，古时候，有一位骄奢淫逸的人，因为床上有一片玫瑰叶，竟然觉得被硌得受不了，无法安睡。克罗多蛛不逊于此人，它对生活也非常地挑剔，它的被子比天鹅绒还要柔软舒适，比夏日里孕育着暴雨的云团还要白净，宛如一种非常高级的莫列顿呢。床的上方还有一个同样柔软洁白的华盖，克罗多蛛独自在华盖与莫列顿呢间的狭小空间里歇息。它的腿很短，呈灰色，背部饰有五个黄色徽章。

这座优雅小屋必须绝对平稳，否则无法让主人得到很好的休息，特别是在气候多变的日子里，常有穿堂风从石头下面钻进来。这间小屋完全达到了绝对平稳的要求，我们仔细观察一下就会明白了。该住宅的月牙边似围栏一般把屋顶框牢，其尖端被固定在石头上，支撑着建筑物的重量。另外，每个黏接点通过一束散射的丝粘在石头上，因而整条丝都粘在石头上，而且延伸得还很长，约有一拃。这些丝如同锚绳一般，相当于贝都因人用来固定帐篷的小木桩和绳子。这是一个个的支撑点、着力点，非常地密集，且排列也非常地规则，所以这张吊床是不会被连根拔起的，除非遭到意想不到的灾祸，但这种情况实属罕见。

小屋里干干净净，一尘不染，而外面却是垃圾满地，有小土块、烂木屑、小沙子，更有甚者，有时还有尸体堆，镶嵌着和吊挂着一些奥帕特粉虫和阿西德粉虫的干尸，以及其他一些喜欢藏于岩石下面的粉虫。有赤马陆，断成了一截一截的，被太阳烤干发白，也有生活在石堆里的朴帕虫的贝壳，还有很小很小的隧蜂。这些尸体不言而喻都是克罗多蛛吃过的残羹剩饭。克罗多蛛不善于捕猎，常常是从一块石头到另一块石头地去寻找食物。若有冒失鬼趁月黑之夜擅自闯入克罗多蛛的石板下面，就会被它掐死，被榨干了的尸体并不会被扔到远处，而是被悬挂于丝墙上，像是在借以吓退其他敢于冒犯者似的，其实并非如此。吊在帐篷上的贝壳大部分都是空的，少数一些里面会有软体动物，尚好端端地活着。克罗多蛛是如何处置灰色朴帕虫和卡得力当斯朴帕虫，以及其他一些蜷缩在小塔螺里的动物的呢？它既无法敲碎这些小动物那石灰质的外壳，又无法从螺口把蜷缩于其中的软体动物掏出来，那干吗还要捡这些玩意儿呢？再说，这种软体动物的肉黏黏糊糊的，未必是它之所好。我猜想，它是不是以这些石灰质贝壳作为固沙的沉子？为了不让织在墙角的蛛网因风吹而变形，家蛛往往会往网里装石膏，把旧墙上掉落的粉末积在里面。克罗多蛛是否也在利用这些东西达到这个目的呢？为了解开这个疑团，我便动手做了个实验。

喂养克罗多蛛并不困难，不必把它已做了窝的那块沉甸甸的石头搬至家中，只需用一个简单的办法就可以了。我用小刀尖把石头上的丝吊索割断，克罗多蛛多半不会逃跑，因为它非常讨厌外出，再说，我在搬动时也倍加小心。我小心翼翼地、平平安安地把这座小屋以及屋主人装入一个纸盒里，托着带回家来。我有时用柳条筐或者废弃的奶酪盒，有时用硬纸板，以代替小屋子下的那块石板，因为那块石板既重又不适合放在桌上，太占地方。我把克罗多蛛的丝吊床分别放在这些石板代用品上，将其吊角全都用黏带粘好，再找三根短棍支撑着。眼前所见即为一个如同石桌坟的仿制品。在整个安装过程中，我一直小心翼翼，绝不使这小屋子受到敲击或晃动，否则克罗多蛛就会因惊吓而跑出屋来。安置完了之后，我便把这些小屋子放进沙罐里去，上面再加上金属纱罩，万无一失。

第二天，我就有了答案。如果用柳条或硬纸板做吊顶的小屋子里，在采掘过程中有所破损或存在严重变形，克罗多蛛就会在夜里舍弃这个家，到别处去住，有时则干脆就待在丝网上。

它花了几个小时搭建的新帐篷，顶多也就一枚两法郎的硬币那么大。而且，按照老宅建筑风格建造的新帐篷，是由两层重叠的薄网组成的，上面的一层很平展，作为床顶华盖之用，下面一层则呈弧形，这就形成了一个袋状。由于这只小袋子的布料十分考究、纤细，稍有不慎，它就会变形，导致空间缩小，无法生存，因为它的空间本来就不大，仅能容下一只克罗多蛛。

为了使这纤细的薄纱保持紧绷状态，不致变形，克罗多蛛是怎么做的呢？确切地说，它是按照我们人类平衡定律的要求去做的。它给其建筑安装压载物，并且尽可能地降低小屋的重心，在袋子突出的部分挂上一长串一长串用丝线串起来的沙粒。这些如钟乳石般悬吊着的用丝粘住的沙串，排得密密的，好似浓密的美髯。沙串末端缀着一块大石子，垂得低低的，起着压载物、平衡器和压力器的作用。

这座建筑物只是一夜之间匆忙完工的，是不久即可居住的新居的雏形，建造者还得不断地给它增加一些压载物，最后，袋子的壁将变成莫列顿呢，便可保持住弧形和保留必需的容积。这时候，克罗多蛛便放弃了刚开始编织袋子时所使用的、对加压具有功效的钟乳石沙串，而采用一些较为沉重的东西作为新屋的压载物，主要使用的便是昆虫的尸体，因为这种材料取之较易，每餐饭后，其脚下便留下一些昆虫尸体的残骸，克罗多蛛把它们当作碎石，而不是当作战利品去炫耀自己的赫赫战功。另外，克罗多蛛还经常利用一些小贝壳和其他长串垂吊物来增强房屋的平衡性。由此，我们可以得出如下的结论：克罗多蛛具有自己的平衡规则，它会利用加重的方法降低建筑物的重心，使之既平稳而又有足够的空间。

房屋建造完毕，克罗多蛛在其如此柔软舒适的屋子里都在干些什么呢？据我的观察，它什么都不干。它吃饱喝足了之后，伸展开手脚，懒洋洋地很惬意地在柔软的地毯上趴着歇息，什么也不干，什么也不想，它既没睡着也没醒着，处于一种似睡非睡似醒非醒的恬适状态之中。这就像我们躺到松软舒适的床上快要入睡时的那份快意劲儿一样。思维与印象开始模糊、即将消失时的感觉是非常美好的，人也好，克罗多蛛也好，可能都具有这同样的感觉。

当我把它的房门打开的时候，每每看到克罗多蛛总这么一动不动地趴着，我便会感觉它仿佛陷入了无尽的思索之中。为了使它从沉思中摆脱出来，我就必须用一根草或麦秸去撩拨它。只有饥肠辘辘时，它才会憋不住，走出舒适的屋子。不过，它善于节制饮食，所以在外面出现的机会并不多。我整整观察了它们有三年之久，而且在我的实验室里，我可以说是与它们朝夕相处，但却一次也没看见它们大白天在沙罐里的网罩下捕食。只是等到夜深人静之时，它才会壮着胆子，外出冒险，寻觅猎物。

有一天，我耐心地等待着，终于在夜晚十点左右看见它在平坦的房顶上纳凉，也许它是在那儿窥伺着，等待猎物的出现。我把烛光移过去，喜欢黑暗的克罗多蛛立刻飞快地返回屋里，不肯让我看见它是如何捕猎的。到了第二天，我发现它的小屋墙上又多吊出一具尸体来，这就证明我离开之后，它又爬出屋来，而且捕猎有所收获。

克罗多蛛如此羞涩腼腆，昼伏夜出，致使我无法更多地了解它们的习俗。在十月份即将到来时，它们带回家的那窝卵是怎么产下的，我更是不得而知。其产下的卵分别装于五六只如透镜般的扁袋子里，占据了克罗多蛛母亲房间的一大半。这些袋状包囊，每个都有很高级的白缎子包壁，而包囊与房间的地板以及包囊与包囊之间都粘连在一起，黏得很紧密，根本无法把它们分开来。如果非要获得一个独立的包囊，那就得毁坏掉其他的包囊。所有包囊里的卵加在一起约有一百粒之多。

克罗多蛛母亲就趴在那堆小袋子上，如同母鸡孵小鸡似的，恪尽职守。母亲并未因分娩而消瘦，只不过块头儿显得小了一点，但看上去仍旧十分健康。它的肚皮仍旧圆乎乎的，皮肤也很紧绷，并不垂坠，这就说明它的任务尚未完成。

卵很快就孵化出来了。还没到十一月，小包囊里已经有小克罗多蛛在往外爬。它们个头儿很小，身着带有五个黄斑点的深色衣服，与成年克罗多蛛长得一模一样。新生儿们并不离开各自的卧室，它们紧紧地挤在一起，就这么度过整个寒冷的冬季。克罗多蛛母亲就蹲在包囊上，警惕地看护着自己的孩子，除了通过包囊壁可以感觉得到微小的颤动而外，它还不知道自己的孩子到底长得是个什么模样哩。我们知道，迷宫蛛在自己的观察哨所里会连续待上两个月的时间，保护着那些自己永远也见不到面的孩子们，可克罗多蛛则要守护近 8 个月之久。毫无疑问，而且是理所当然，它能够也应该在大房子里见到自己的孩子们，看着它们迈着小碎步在奔来跑去，并且能见到它们最后吊在丝端飞离而去，它也算是很幸福很知足的了。

六月的炎热季节到来时，小克罗多蛛们也许是在母亲的帮助之下，捅破了包囊壁，才从母亲的帐篷里出来的，它们对通过那扇神秘之门的诀窍十分清楚。它们在大门口连续几个小时地呼吸着新鲜空气，然后便相继被丝绳厂的第一件产品——丝绳气球带着，飞向了远处。

克罗多蛛母亲仍然留在老宅里，孩子们全都离去了，只剩下它一个孤单单的老太婆了，但它并未因此而沮丧绝望，伤痛难耐，它非但没有形神憔悴，反而显得更加开朗、活泼、年轻了，它的气色红润，充满着活力，简直可以说是神采奕奕，让人看了觉得它仍然还能活很久，还能再次生育。不过，过了一段时间，它便离开了老宅，在网纱上为自己建造起一座新的房舍来。它为什么要丢弃老宅呢？老宅尚未破损，从外表上看上去，还是一座很好的旧宅子呀？原因何在？我猜想，老宅尽管尚未破损，里面仍旧铺着厚实柔软的地毯，但却存在着严重的问题，里面积满了残留下来的孩子们的小卧室。我试图用镊子去夹，想把它们清理出去，但是非常地困难，因为它们与房间的其余部分连成了一体。我都做不了的事，小小的克罗多蛛恐怕就更加没法完成这一棘手的清理任务了。这个问题令它伤透脑筋，所以它干脆把这旧宅舍弃，另建新屋。

如果克罗多蛛母亲只是为了独自居住，乱一点、挤一点也算不了什么，凑合一下也就行了，毕竟它只需要不大的一点空间，能够转开身就可以了。可是，在这些碍手碍脚的婴儿废弃凹室堆旁边生活了七八个月之后，它怎么又突然心血来潮，想盖新屋了呢？我想只有一个原因：它这样做并非为了它自己，而是为了自己的第二批孩子，没有一间大屋子是不行的。

新生儿需要新房间，因为老宅已经被废弃凹室占满，小卵袋已无处安放。这也许就是克罗多蛛母亲要搬家的原因之所在。它感到自己的卵巢尚未枯竭，所以需要空间，需要新屋，为它的又一批孩子的出世做好准备。我没有像观察狼蛛那样，继续深入地去观察克罗多蛛多次产卵的情况，虽然颇觉遗憾，但也确实是出于无奈，因为我还有其他事情要做，再说，长期饲养克罗多蛛也确有一些困难，所以我对它的寿命有多长也没再去研究。

克罗多蛛的孩子、迷宫蛛的孩子，以及其他一些蜘蛛的孩子，也都与狼蛛的孩子一样，能够节食，不吃不喝，它们在运动，但却不吃东西。在整个幼年时期，哪怕是时值寒冷的冬季，也是如此。我曾在冬天撕开过一只克罗多蛛的小囊袋和一只迷宫蛛的圣物盒，我原以为会看到一群因寒冷和饥饿而被冻僵了的、没有一点生气的婴儿，但是，我所看到的完全不是这个样子。被关在小囊袋里的小家伙们，一见屋门洞开，赶忙往外跑，四下逃窜，如同适逢迁移期这个最佳时期一样地活跃。它们的逃跑速度简直是快得不可思议，甚至比被狗惊飞的小山鹑逃得都快。

不吃不喝的小克罗多蛛到底是怎么活过来的呢？我们从狼蛛、迷宫蛛、圆网蛛的情况，都已经看到，它们确实是不吃不喝的，绝不是它们的母亲有什么诀窍，在喂养它们，而我们却没有观察到。我猜想，只有借助于非物质的能量，特别是来自外界的热辐射，小家伙们通过身体器官把非物质能量转化为动力这一种解释。这是压缩到最简单形式的营养供应方式：这种热动力并不是从食物中释放出来的，而是能直接利用，如同一切生命物质的热能源泉——阳光一样。天然的物质具有令人感到困惑的秘密，镭就是一个明证。生物也有着自己的秘密，而且更加地带有神秘色彩。没有人能够说得准，由蜘蛛而引发的这种猜测，是不是有一天会被科学验证，并因此而产生生理学上的基本定理。

本篇中，作者对克罗多蛛进行了十分全面的描写，唯独到最后，关于克罗多蛛多次产子和它的寿命的问题，作者放弃了观察记录。这样有取有舍，使文章有详有略，更突出了作者的写作思路。

作者最主要地描写了克罗多蛛哪方面的才能？请简要概述。

# 天 牛

名师导读

有人说天牛具有很好的嗅觉，这其实是个天大的误会。而且，天牛的幼虫和成虫之间，在能力上有着天壤之别，既有进化的方面，也有退化的方面。

年轻时，我曾经面对著名的肯迪拉克的雕像顶礼膜拜。肯迪拉克认为天牛具有很强的嗅觉，它嗅着一朵玫瑰花，然后仅仅依靠其所闻到的香气，便能产生各种各样的念头。对于这种观点，我曾经一直深信不疑了二十来年，对于这位富有哲学思想的教士的神奇说教佩服得五体投地。我以为，只要嗅一下这个伟人的雕像他就会活过来，能使我增强视觉、记忆、判断等方面的能力。然而，经我的良师们——昆虫们的耐心教导，我抛弃了这种幻想。昆虫们所提出的问题比起教士的说教来，更加地深奥，更加地使我受益匪浅。天牛将要告诉我的就是这种颇有裨益的知识。

冬天即将来临，天老是灰蒙蒙的，这是冬日来临的明显前兆。我开始储备树段、木头，以备过冬取暖之用。我还向樵夫们订购了一些被蛀虫蛀得千疮百孔的朽木树段。樵夫们以为我是个傻子，暗地里在嘲讽我。我当然知道好木头更耐烧，但我自有用处，他们也就按照我的要求去做了。

我有了一些满是虫眼的树干，有的是一条条伤痕，有的是一道道深沟，树枝被咬烂，树干遭啃啮。我观察到，在干燥的沟痕里，各种要过冬的昆虫都已经做好了宿营的准备。吉丁已经准备好了扁平的长廊；壁蜂用嚼碎的树叶在长廊里为自己修建好了房屋；切叶蜂在前厅和蛹室里用树叶做好了睡袋；我在这一章中要介绍的天牛正在多汁的树干里休憩着，它可是毁坏橡树的罪魁祸首。

天牛的幼虫非常奇特，它们就像是一段蠕动着的小肠子。每年仲秋时节，我都能看到两种年龄段的天牛幼虫：年长些的幼虫有一根手指头那么粗；年幼些的幼虫则粗如粉笔。此外，我也见到过颜色深浅各不相同的天牛蛹，以及一些完全成形了的天牛。它们的腹部都是鼓鼓的。待到春暖花开、天气暖融融的时候，它们就会爬出树干。它们要在树干里生活大约三年时间。天牛是怎么度过这漫长孤独的囚徒似的生活的呢？它们缓慢地在粗壮的橡树干内爬行，挖掘通道，以挖掘出来的东西充饥。天牛的上颚如同木匠的半圆凿，黑乎乎的，短短的，但却非常坚硬有力，虽无锯齿，但却像是一把边缘锋利的汤勺，是天牛用来挖掘通道的有力工具。被凿出来的木屑，经幼虫消化之后被排泄出来，堆积在其身后，留下一条被啃噬过的深痕。幼虫一边挖掘通道，一边进食。随着工程的进展，道路开通了，残渣不断地被排出，阻断了后路，幼虫在不断地向前。就这样，幼虫既获得了食物，又得到了安身之所。

天牛幼虫将肌体的全部力量都集中到身体的前半部，使之成为杵头状，这样，两片半圆凿形的上颚便可顺利地进行工作。上颚既然要充当挖掘的工具，就必须有很强的支撑和强劲的力量。天牛幼虫便用围绕其嘴边的黑色角质盔甲来加固它那半圆凿形的上颚。除了这硬硬的上颚以外，其身体的其他部位的皮肤却是非常细腻的，而且白如象牙。其皮肤之所以如此细腻与洁白，全都是其体内所含之丰富脂肪导致的。确实也是，幼虫每天唯一要做的事，就是整天都在不停地啃噬。不停地进入幼虫胃里的木屑，在不断地给它补充着营养。

幼虫的足分三个部分：第一部分呈圆球状，最后一部分为细针状，这两部分都是退化了的器官。它的足长只有一毫米，对于爬行并不起什么作用，因为身体肥胖，其足够不着支撑面，连支撑身体都不能够，又怎么可以爬行呢？幼虫用来爬行的器官属于另一种类型。它既可以仰面爬行，也可以腹部冲下爬行，非常地灵活自如。它用爬行器官取代了胸部那软弱无力的足。这种爬行器官与众不同，长在背部。

天牛幼虫的身体有七个环节，上下长着一个满是乳突的四边形平面。这些乳突可使幼虫随心所欲地鼓胀、突出、下陷、摊平。上面的四边形平面又一分为二，从背部的血管分开来；下面的四边形平面则看不出有两个部分。这就是天牛幼虫的爬行器官。如果幼虫想要往前，它便先把后部的步带鼓起来，也就是说，把背部和腹部的步带鼓起来，压缩前半部的步带。由于通道表面很粗糙，后面的几个步带便把身体固定在狭窄的通道壁上，以得到支撑。

在压缩前面几个步带的同时，它尽量地把身子伸长开来，缩小身体的直径，使它能够向前滑动，爬行半步。当它走完一步时，它还要在身体伸长之后，把后半部身子拖上前来。为此，幼虫必须让前部步带鼓胀起来，作为支点，同时，又让后部步带放松，让身体的各个环节自由收缩。

幼虫凭借背部与腹部的双重支撑，交替收缩和放松身体，能够在自己所开凿的隧道里进退自如。但是，假如上方和下方的行走步带只能动用一个时，那么幼虫就无法前进了。假如把幼虫放在表面很光滑的桌面上，它便会慢慢地弯起身子，动弹个不停，一会儿伸长身子，一会儿收缩身子，总也无法向前爬去。等你把它放到有裂痕的橡树干上时，它便神气起来，因为橡树皮很粗糙，凹凸不平，像是被撕裂开来似的，它可以在上面从左往右、从右往左地缓缓地扭动身子的前半部，抬起，放低，一再重复这一动作。这是幼虫最大的行动幅度。幼虫那已经退化了的足一直都没有动，一点作用也起不了。如果说这些残肢废足作为成年天牛的前身的一部分而存在的话，成虫那敏锐的眼睛在幼虫身上却未见丝毫雏形。在幼虫身上，我看不到任何微弱的视觉器官的痕迹存在。幼虫生活在树干内，黑漆漆的一片，视力又有何用？与此同时，幼虫也没有听觉。在橡树树干那黑暗的深处，没有任何声响，与视觉一样，听觉自然也失去了作用。如果谁对此心存疑惑，我们不妨来做一个实验，以便释疑解惑。我把树干剖开来，留下半截通道，便可以跟踪监视在树干里面正在劳作的居民。环境十分安静，幼虫忽而挖掘前方的长廊，忽而停下活计，歇息一会儿。休息的时候，它便用步带将身子固定在通道的两侧壁上。我趁它休息之机，想测试一下它对声音的反应。我先用硬物互相敲击，继而用金属击打发出回响，最后改用锉刀锉锯子，但是却未见到天牛幼虫有什么反应。它对这种种声响无动于衷，既不见它的皮肤有任何的颤动，也不见它有何警觉的表现，即使我用尖尖的硬物刮擦它身旁的树干，模仿幼虫啃啮树干发出的声音，也不能奏效。这就足以证明天牛幼虫毫无听觉。

那么，天牛幼虫是否有嗅觉能力呢？各种情况都在表明它不具有嗅觉能力。嗅觉只是作为寻找食物的辅助功能，但天牛幼虫却用不着费心劳神地去寻找食物。它的住所就是它的食物，它所栖身的木头就在向它提供活命的东西。另外，我也对此做过实验。我找了一段柏树，把树干挖了一条沟痕，直径与天牛幼虫所挖掘的长廊的直径一样大小，然后，我就把幼虫置于其中。柏树的气味浓重，具有大多数针叶植物所具有的那种很浓烈的树脂味。我把幼虫一放到那条沟痕里去，它很迅速地爬到了通道的尽头，然后就一动不动了。它的这种静止不动不正是它没有嗅觉能力的证明吗？天牛幼虫长期生活在橡树干里，树脂这种独特的气味应该引起了它的不适或厌恶，它本应通过身体的颤动或逃跑的企图来表现自己的厌恶之感，但是，它却并没有做出这种反应来。它在找到合适的位置时，便立刻停下脚步，待着歇息，一动不动了。然而，我又做了另外一个实验。我把一小包樟脑放在长廊里，离天牛幼虫很近，仍然未见它有什么反应。然后，我又用萘做了同样的实验，结果依然相同。做了这么多实验之后，我觉得天牛幼虫没有嗅觉能力是毋庸置疑的了。

当然，它肯定是有味觉的。只是这种味觉应该属于“残缺不全”的。天牛幼虫在橡树树干中一直生活了三年，其食物很单一，就是橡树木纤维，别无其他。那么，幼虫对这唯一的食物又会有什么评价呢？它顶多也就是吃到新鲜多汁的橡树干时会觉得很鲜美，而吃到干燥无汁的橡树干时便觉得没太大滋味罢了。

剩下的就是它的触觉了。它的触觉点分布得很散，而且是被动的。任何有生命的肉体都具有触觉，一旦被尖刺儿刺着，就会觉得疼痛，就会抽搐、扭曲。总之，天牛幼虫的感觉只有味觉与触觉，而且还都非常迟钝。

我不禁在想，既然如此，那么天牛幼虫这种消化功能很强但感觉功能却极弱的昆虫，其心理状态又是由什么构成的呢？触觉与味觉会给那些已经退化了的感觉器官带来些什么呢？很少，几乎什么也没有。天牛幼虫只知道，好的木头有一种收敛性的味道，未经精心刨光的通道壁会刺痛皮肤，仅此而已。这就是天牛幼虫的智力所能达到的最大限度。而肯迪拉克却错误地认为，天牛具有很好的嗅觉，这是科学的一个奇迹，一颗灿烂的宝石。它可以回想往事，可以比较，判断，甚至推理。可是，现实中，这个几乎似睡非睡、似醒非醒的大腹便便的昆虫，它真的会回忆、会比较、会推理吗？我认为天牛幼虫犹如一截会爬行的小肠而已，我觉得我的这一比喻十分贴切，天牛幼虫的全部感觉能力，就是一截小肠所能拥有的能力罢了。

不过，也别小看了这个小家伙，它虽然对自己现在的情况昏昏然，但却能预知未来，具有神奇的预测能力。对我的这一奇怪的观点，请读者允许我慢慢地道来。在整整三年的时间里，天牛幼虫在橡树干里过着流浪的生活。它爬上爬下，忽而在这里，忽而又在那里；为了另一处的美味，它会放弃眼下正在啃噬的木块，不过它始终不会远离树干深处，因为这儿温度适宜，环境幽静而安全。当危险的日子来临时，它将被迫离开隐蔽所，去面对外界的种种危险。光吃还不够，它还得离开自己的生活之地。天牛幼虫有着精良的挖掘工具和强健的身体，钻入另一处去躲灾避祸，对它来说并不是难事。但是，未来的成虫天牛，将去外界度过它那短暂的时光，那么，它是否具有这样的能力呢？在橡树干内那幽暗的环境中诞生的长角昆虫，它知道要替自己挖掘一条逃离的通道吗？

这就必须依靠天牛幼虫凭借自己的直觉去解决这一难题了。我又做了点实验，以弄清这一问题。在实验中，我发现，成年天牛若想利用幼虫挖掘的通道从树干深处逃逸，是不可能的事。天牛幼虫的通道犹如一座迷宫，十分复杂，非常长，不见尽头，而且还堆满了坚硬的障碍物，另外，其直径又是从尾部往前逐渐地在缩小。幼虫钻入橡树干时，它只有一段麦秸那么长那么细，而此刻它已变得如手指头一般粗细了。它在树干里三年的挖掘工作，始终是根据自己的身体大小进行挖掘的。结果不言自明，幼虫钻入树干的通道和行动路线对于成年天牛的逃离已经起不了作用了。成年天牛触角很长，足也不短，而且其甲壳也无法折叠，原先的那条通道对它来说已经是一个无法逾越的障碍了；它若想以这通道为逃逸之路，就必须清除掉坑道内的障碍物，并且还要大大地拓宽通道。这么一来，倒不如另辟蹊径，挖掘一条新的通道来得便当一些。但是，成年天牛有这种能力吗？我们不妨做一实验来观察一番。

我把一段橡树干一劈两半，并在其中挖掘出一些适合成年天牛的洞穴。在每一个洞穴中，我都放了一只刚刚变态了的成年天牛。这些天牛是我十月份从冬储木柴中发现的。

然后，我便把两半树干用铁丝紧紧地捆在一起。六月已经来到，我听见树干里传出来敲击的声音。它们能够出来吗？它们是不是没法从里面逃出来呀？我原以为从里面逃出来，对它们来说易如反掌，因为它们只要钻一个两厘米长的通道便可逃生了。可是，竟然未见一只天牛从树干里跑出来。等到树干里面听不见一点动静时，我颇觉蹊跷，便把捆着的树干松开，却发现里面的俘虏们全都死了。洞穴里只有一小撮木屑，这就是它们的全部劳动成果。

我对成年天牛的上颚估计过高，以为它是无坚不摧的利器，但是，工具好并不一定就能造就一名好工匠。尽管良好的挖掘工具在握，但长期隐居者却缺少技艺，只好在洞穴里等死。然后，我又找了一些成年天牛，对它们进行比较和缓的实验。我把它们拘于直径与天牛的天然通道的直径相同的芦苇管里。我找了一块天然隔膜作为障碍物，这隔膜很薄，只有三四毫米厚，一捅就破。经实验发现，有一些天牛能够从芦苇管里逃生，有一些则死于其中。这就说明，遇到障碍，勇往直前者胜。一个隔膜这么小小的障碍都闯不过去，待在坚硬的橡树干里岂不是必死无疑！

从这些实验的结果来看，我相信，天牛成虫徒有其表，外强中干，靠自己的力量竟然无力逃离树干监牢。要劈开逃生门，还得仰仗貌不惊人的肠子状的天牛幼虫的智慧。这种情况在告诉我们，天牛幼虫在以另一种方式再现卵蜂的壮举。卵蜂的蛹身上带有钻头，为以后那长翅无能的成虫挖掘通道。天牛幼虫不知是由于何种神秘预感的驱动，离开其安然宁静的隐蔽所，离开其无法攻破的城堡，爬向橡树表面，不顾其正在寻找美味多汁的昆虫的天敌对它的威胁。幼虫就这么冒着生命危险，勇敢无畏地挖掘着通道，一直挖到橡树表层，只留下一层薄薄的阻隔作为窗帘，遮挡自己。有些冒失的幼虫，甚至把这块窗帘捅破，干脆留出了一个洞口。这儿就是天牛成虫的出口，它只需用上颚和额角轻轻地一触，就能把窗帘捅破，得以逃生。刚才已经说了，有的幼虫连窗帘也不留，干脆就留出了一个洞口，天牛成虫无需劳作，便可直接逃离。每到春暖花开，天气转暖时，身披古怪羽饰、笨手笨脚的成虫便从黑暗中出来了。

天牛幼虫在把逃生之路准备完毕之后，又开始忙乎起眼前的活计来。挖好逃生通道，它就退回到长廊中不太深的地方，在出口一侧，凿了一个蛹室。这间蛹室陈设豪华，壁垒森严，前所未见。蛹室为一扁椭圆形的宽敞的窝，长有近百毫米，扁椭圆结构的两条中轴，长度不同，横向轴长二十五到三十毫米，纵向轴则只有十五毫米。这么大的空间，比成虫的体积要大，使成虫的足部可以自由伸展。当打破壁垒、逃出牢笼的时刻到来，这样的蛹室不会让天牛成虫感到有任何不便。

这儿所说的壁垒，是指蛹室的封顶，那是天牛幼虫为了防御外敌入侵而建造的。封顶有两层或三层。外层由木屑构成，那是天牛幼虫挖掘树干时留下的残留物；里面的一层是一个矿物质的白色封盖，呈凹半月形。通常，在最内侧还有一层木屑壁垒与前两层连在一起。有了这种多层壁垒的保护，天牛幼虫便可在房间里踏踏实实地为变成蛹做准备工作了。天牛幼虫从房间壁上锉下来一条一条的木屑，这便是细条纹木质纤维的呢绒。天牛幼虫又把这些呢绒贴回到房间四周的墙壁上去，铺成壁毯，厚度几近一毫米。这就是天牛幼虫在自己蛹室墙壁上挂上的精细双面绒挂毯。我们不难看出，天牛幼虫为了变成蛹，在不停地劳作，做了精心的准备。

我们再来看看这间房间布置得最奇特的那个部分——那层堵住入口的矿物质封盖。这个封盖是个椭圆形帽状封盖，呈白石灰色，系坚硬的含钙物质，内部十分光滑，外面呈颗粒状突起，犹如橡栗的外壳。这种颗粒状突起表明，这层封盖是天牛幼虫用糊状物一口一口地筑成的。封盖外部由于无法触碰到，幼虫无法加以修饰，因而凝固成了细小的突起。而内侧的那一面在天牛幼虫力所能及的范围内，所以被抹得光滑平整。这种封盖像钙一样，既坚硬又容易破碎。不用加热，它就能溶于硝酸，并且立即释放出气体来。不过，溶解过程却比较缓慢，一小块封盖往往需要几个小时的时间才能逐渐地溶化掉。溶化之后，剩下一些泛黄的沉淀物质，看上去像是有机物。如果对封盖进行加热，它就会变黑，足见其中含有可以凝结矿物的有机物。如果在溶液中加入草酸，溶液会变得浑浊，并留下白色沉淀。这种情况说明，其中含有碳酸钙。我原想从中发现一些尿酸氨的成分，因为在昆虫变成蛹的过程中，常见有尿酸氨存在，可是，我在封盖的溶液里，并未发现有尿酸氨。因此，我可以认为，封盖仅仅是由碳酸钙和有机凝合剂构成，这种有机物大概是蛋白质，使钙体变得十分坚硬。

我相信，天牛幼虫的胃部是分泌这些石灰质物质的器官，而这一能乳化的生理器官为它提供了钙质。胃从食物里把钙分离出来，或者直接得到钙，或者通过与草酸氨的化学反应来获得钙。在幼虫期结束时，它便将所有的异物从钙中剔除，并将钙保存下来，留作构筑壁垒之用。这一点并不令人惊讶，某些芫菁科昆虫，如西塔利芫菁，通过化学反应能在体内产生尿酸氨；飞蝗泥蜂、长腹蜂、土蜂等，就是在自己体内生产茧所需要的生漆的。

通道修筑完工，房间粉刷装饰完毕，用三重壁垒封好之后，灵巧而勤劳的天牛幼虫便完成了自己的使命，挖掘工具也完成了其历史使命，它便进入了蛹期。襁褓状态之下的蛹十分虚弱，躺在柔软的睡垫上，头始终冲着门的方向。这一点看似无关紧要，实际上却是至关重要的。天牛幼虫身子柔软，伸缩翻转，随心所欲，因此，在这间小房间里，头无论朝向何方，都无伤大雅。可是，从蛹中出来的天牛成虫却没有随心所欲翻来覆去的自由，它浑身披挂着坚硬的盔甲，无法在小房间内将身体从一个方向转向另一个方向，甚至因房间太狭小，连弯曲一下身子都办不到。所以，它的头必须始终冲着出口，否则便只能在自己所建造的囚室里等死。

不过，不必担心有这种意外发生，因为这节小肠素来知晓要未雨绸缪，早就为将来做好了准备，不会出现头朝里地进入蛹期的这种差错。到了该出洞的时节，向往光明的天牛的面前没有太大的障碍，只不过是一些细碎的木屑，扒拉几下便可以清理掉。然后，便是那层石质封盖，它也用不着费心乏力地去把它打碎，只要用其坚硬的前额这么一顶，或者用足这么一推，封盖便会整体松动，从框框里脱落。我发现，被弃置的封盖全都完好无损。最后就是那第二层木屑构成的壁垒了，这就更不在话下了，比第一层壁垒更加容易清除。这么一来，通道畅通，天牛成虫只要沿着通道便可准确地爬到出口。如果窗帘没有掀开，它只需用牙一咬，那薄薄的窗帘也就破了，这对它来说，易如反掌。它终于走出了黑暗，见到了光明，长长的触须激动得不停地颤抖着。

天牛的幼虫和成虫具有完全不同的生理特征，一个目盲，一个视力极好；一个很会打洞，一个却白长了强壮的下颚。这种写法突出了天牛在从幼虫到成虫蜕变过程中发生的巨大变化。

延伸思考

昆虫学家运用化学方法分析了什么东西？得出了什么结论？请在文中找出，并用线条划出来。

# 萤火虫【精读】

名师导读

关于萤火虫发光的问题，人们在传统认识上有些误解。其实萤火虫的发光机理与人类使用的油灯发光机理相类似，而且，雌性与雄性之间还有所区别。

在我们这个地区，萤火虫可谓无人不知，无人不晓，没有什么昆虫像它那么家喻户晓的了。这个人见人爱的小东西，为了表达生活中的欢乐，竟然在屁股上面挂了一只小小的灯笼。炎热的夏夜里，没有人没见过它。古代希腊人把它称之为“朗皮里斯”，意为“屁股上挂灯笼者”；法语中则称它为“发光的蠕虫”。其实，萤火虫绝对不是什么蠕虫，即使是从外表上来看，它也不像蠕虫。它有六只短小的脚，而且十分明白如何使用自己的脚。它是可以用小碎步奔跑的昆虫。雄性萤火虫发育完全后，如同真正的甲虫一样，长着鞘翅。但雌性萤火虫却无此造化，享受不到飞翔的快乐，终身保持着幼虫的形态。不过，雄性萤火虫在发育到交尾期之前，形态也是不完全的。即使如此，称它为“蠕虫”也是不恰当的。法国有句通俗语，叫“像蠕虫一样一丝不挂”，用以形容身上未穿任何保护性的衣物，但是，萤火虫可是穿着衣服的，就是说它有略为坚韧的外皮，而且它还有斑斓的色彩，身体呈棕色，胸部呈粉红色，环形服饰的边缘还点缀着两个红红的小斑点。这哪能是蠕虫呢？

作者以澄清误会的方法引出自己想说的话。

我们先来看看萤火虫以什么为生吧。萤火虫看上去既小又弱，像是与他人无害，可它却是个很小很小的食肉动物，是猎取野味的猎手，而且，捕猎时还相当地狠毒。它的猎物通常是蜗牛。昆虫学

名师点评

作者指出之前的昆虫学家对萤火虫认识的局限性，给自己的研究提供了空间。

家们早已知道萤火虫的这一习性。但是，我从他们书中的介绍中，总感到人们对这一点了解得很不充分，特别是对萤火虫奇怪的攻击方法，几乎是一无所知。

萤火虫在啃啮猎物之前，先对它施以麻醉，使之失去知觉。它的猎物通常是很小的蜗牛，个头儿还没有樱桃大，是处于变形状态的蜗牛。夏日里，这种蜗牛一大群一大群地聚集在稻子和麦子的茎秆上，或者其他植物的干枯的长茎上，在上面一动不动地要待上整整一个炎热的夏季。正是在这种时候，猎物处于这种状态中，我不止一次地观察到萤火虫对猎物发动攻击，对之施以灵巧的外科麻醉手术，使猎物在颤动着的茎秆上昏死过去，然后，对其下口，美餐一顿。

萤火虫对其猎物的其他藏身处所也了如指掌。它经常飞到沟渠旁边，因为那儿土地潮湿，杂草丛生，是蜗牛喜爱的栖身之所。在这种情况之下，萤火虫便在地上对蜗牛施以麻醉术。我在家中也饲养了一些萤火虫，它很容易被捕捉到，也很容易喂养，因此，我可以仔细地观察研究这位外科医生做手术的详细过程。

读书笔记

我在一个大玻璃瓶里放上一些草，把捉到的几只萤火虫和几只蜗牛也放了进去。蜗牛个头儿正合适，不大不小，正在等待变形，正符合萤火虫的口味。我寸步不离地监视着玻璃瓶中的情况，因为萤火虫攻击猎物是瞬间的事情，转瞬即逝，不高度集中精力，必然会错过观察的机会。

我终于发现是怎么个情况了。萤火虫稍微探了探捕猎对象。蜗牛通常是全身藏于壳内，只有外套膜的软肉露出一点点在壳的外面。萤火虫见状，便立刻打开它那极其简单、用放大镜才能看到的工具。这是两片呈钩状的颚，锋利无比，细若发丝。用显微镜观察，可见弯钩上有一道细细的小槽沟。这就是它的工具。它用它的这种外科手术器械不停地轻轻击打蜗牛的外膜，其动作不像是在施以手术，而像是在与猎物亲吻。用孩子们的话来说，它像是在与蜗牛“拉钩”。它在“拉钩”时，有条不紊，慢条斯理，不慌不忙，每拉一次，都要稍事休息片刻，似乎是在观察“拉钩”的效果如何。它“拉钩”的次数并不多，顶多五六次，就足以把猎物给制服，使之动弹不得。然后，它就要动嘴进食了，它很可能也是要用弯钩去啄，因为我几次都未观察清楚，所以对这一点我说不太准。总之，萤火虫在施行麻醉手术时，动作麻利，立竿见影，快如闪电，不用问，它利用带细槽的弯钩已经把毒液注入蜗牛体内，使之昏死过去。

我检查了一下猎物。在萤火虫与蜗牛“拉了四五下钩”之后，我便立即从它口中夺下它的猎物，用针尖刺蜗牛的前部，亦即缩在壳内的蜗牛暴露在外的身体。我没看到它有任何反应，仿佛像是一具没了生气的尸体。

我还发现一个令我信服的例子。有一次，我幸运地看到一只蜗牛正在爬行，其足正在蠕动着，突然，萤火虫向它发动了袭击。蜗牛十分惊慌，乱动了几下，然后便一动不动了。它的脚不再爬行，身体的前部也失去了如同天鹅脖颈那种优美的弯曲状，触角软软地耷拉下来，如同一只折断了的手杖。它一直保持着这种状态。

蜗牛是否真的被蜇死了呢？没有，根本没有。我可以让这只表面上看似已死的蜗牛活过来。我把这位处于半死不活状态下的病人隔离开来，给它洗了个澡，尽管这对于取得实验的成功并非绝对必要。

两天过后，这只被萤火虫施以麻醉术的蜗牛终于复活了，它又能动弹了，又有了感觉了。我用针尖刺它，它有反应，它开始蠕动，爬行，伸出触角，仿佛什么危险都没有发生过，像个没事人似的。那种昏昏沉沉、如死一般的全麻状态已经消失，它苏醒过来了。

对于蜗牛这样的一个与世无争、平和温顺的对手，萤火虫有何必要先要对之施以麻醉术呢？这使我想起了另一种昆虫，名叫德里尔虫，生活在阿尔及利亚。这种昆虫虽说不会发光，但其身体结构，尤其是在习性方面，与我们的萤火虫却颇为相似。德里尔虫以陆生软体动物为食，这种动物有着美丽雅致的陀螺形外壳。一块结实的肌肉把一个石质封盖固定在这种圆口类动物身上。这个石质封盖把甲壳闭合得严严实实。这个封盖是个活动的门。居于甲壳内的隐居者只需缩回身子，封盖便立即盖上。当隐居者想要外出时，此门也很容易打开。德里尔虫利用黏附器（我们下面将会看到萤火虫也具有这种同样的器具）把自己固定在软体动物的甲壳表面，耐心地等待着、窥伺着，等着甲壳里面的软体动物憋不住，露出身子，便立刻冲到门边，把门挡住，使门关闭不上，自己则进入门内，占领了这个城堡。我并没有经常见到这种德里尔虫，但我认为，它的进攻策略与我们的萤火虫颇为相似。它钻进甲壳内，身子扭动几下，里面的隐居者也就丧失了反抗的能力。

我们还是回过头来谈谈我们的萤火虫吧。如果蜗牛在地上爬行，甚至就龟缩在壳里，萤火虫袭击它是很容易的事，因为蜗牛的壳没有封盖，而且，蜗牛身体的前部暴露在壳外，因此它无法自卫，很容易被伤害。即使蜗牛待在高处，紧贴在一棵禾本科植物的茎秆上，或者紧贴在一块光滑的石头上，袭击者无从下手，但是，只要是这个外界的封盖稍有缝隙，蜗牛仍然难逃厄运。

萤火虫施以麻醉术时，总是非常地小心、轻手轻脚地对待它的猎物，不想引起对方的注意，免得它挣扎、乱动，从高处掉到地上。如果猎物掉到地上，萤火虫也就不会再想方设法地寻找它了，因为它只是依靠运气去捕捉落入口中的猎物，而不想费心劳神地去寻来找去。因此，萤火虫在发动袭击的时候，从不掉以轻心，总是小心谨慎地不让猎物感到疼痛，使其肌肉失去反应，否则猎物便会从高处掉下地来，到嘴的猎物便化为乌有了。由此不难看出，突然对猎物施以深度麻醉，一针见血，是它捕捉猎物的绝招。

萤火虫如何享用其猎物呢？它是不是真的在吃它？也就是说，它是不是把蜗牛切成细小的碎块，然后用自己的所谓的咀嚼器把它们嚼烂、咽到肚子里去？我看并非如此。我从未发现所捕捉到的萤火虫的嘴上有固体食物的碎渣细末什么的。萤火虫的所谓“吃”，并不是真正意义上的那种吃，而是吮吸，如同蛆虫那样，把猎物化为汁液，然后吸入肚里。与双翅目昆虫爱吃肉的幼虫一样，萤火虫也是先把猎物变为流质，对之进行液化处理、加工，然后食之。我把我所见到的萤火虫“吃食”的过程介绍如下：

萤火虫对蜗牛施行了麻醉。它几乎总是单独操作，即使是遇到一只个头很大的蜗牛，它也不找助手。在它施行完麻醉手术后，总会有宾客不请自来，两三位，四五位，甚至更多。众宾客来到餐桌前，与食物的真正主人并无纷争，毫不客气地尽情享用，不分彼此。两天后，主人与食客都离去了，我便把蜗牛壳口冲下翻倒过来，只见壳里的东西如同锅口朝下倒浓汤似的，全流了出来。显然，主人与食客吃饱喝足了之后，不屑一顾地把残羹剩饭给撇下了。

事情很明显，我先前所说的“拉钩”之后，也就是萤火虫东一口西一口地轻轻拍击蜗牛之后，蜗牛昏死过去，然后，众宾客齐上阵，都在用各自特有的消化素对猎物进行加工，最后，蜗牛肉便变成了蜗牛肉汤了，接着，大家便一起尽情享用，尽兴而去。这样看来，萤火虫嘴上的那两只弯钩外表上看去并无保护层，不仅是其进攻猎物的利器，刺入对方体内，还可以注入麻醉药剂，并使对方的肉质液化，而这麻醉药剂很有可能就是萤火虫的体液。在放大镜下仔细进行观察，可以很清楚地看到它的微型器械，可我感到它们却不像是钩子。它们的中心是空的，与蚁蛉的那对工具颇为相似；蚁蛉就依靠这种工具吸食猎物的肉，而并不把猎物肉切成小细块。不过，萤火虫又与蚁蛉的表现颇为不同：蚁蛉用餐完毕，会从沙地的漏斗状陷阱中抛出大量的丰盛食物；而萤火虫有液化装置，绝不糟蹋食物，或者说，几乎不糟蹋食物。二者掌握着类似的工具，但是，一个是用来吮吸猎物的血液，而另一个则进行液化处理，使食物变成流质，吃个一干二净。

有时候，蜗牛所处的位置不太好，难以保持平衡，但是，萤火虫毕竟动作敏捷，不以为然，干净利落地就处理完了。我透过喂养着萤火虫的那个大口玻璃瓶，清楚地看到了全过程。大口瓶上盖着一块玻璃，蜗牛沿着玻璃瓶内壁往上爬，一直爬到瓶口边沿，停了下来，用少许黏液把壳体粘挂在那儿。它只是在那儿作短暂的停留，所以舍不得用太多的软体组织所生产出来的胶粘剂。这样一来，我只要稍微地震动一下瓶子，蜗牛壳口就会松脱，从粘黏的地方摔到瓶底上。

我看到瓶子里的那只萤火虫也在不断地往高处爬去，爬到蜗牛暂时停留的地方。它依靠某种攀缘器官在沿着瓶子内壁爬着，这种攀缘器官弥补了萤火虫足爪的功能缺陷。萤火虫已经来到了蜗牛的身旁，找到了一处可以下手的缝隙，便轻轻地拍击了几下躲在缝隙内的蜗牛，使之昏死过去，随即开动其液化装置，使蜗牛肉变为蜗牛肉汤，美美地吮吸起来。

当萤火虫吃饱喝足之后，蜗牛就剩下一个空壳，肉没有了，汤也没有了。但是，这只空壳虽然只用了少许黏液粘在玻璃上，却并未开胶，仍然牢牢地粘在那里，没有丝毫的移位。壳中的那个隐居者没有挣扎，没有反抗，一点一点地从固态变成了液态，全都从萤火虫开始发起攻击的那个点上流了出来，流得干干净净，只剩下一个空壳了。由此，我们不难看出，萤火虫的麻醉手术之高超、之快速，简直是迅雷不及掩耳，让对方防不胜防。而且，我们还可以看出，萤火虫吃蜗牛的手段之奇妙，让人叫绝，都没有让蜗牛空壳从极其光溜而又垂直的玻璃瓶内壁上掉落下来，甚至都没让只有些许胶黏着的空壳有丝毫的晃动、移位，这真的是不可思议。

萤火虫要在玻璃上或草茎上攀爬，它的又短又笨的爪子显然无法承担这一重任，必须拥有一种特殊的工具。这种特殊工具必须不怕光滑，能攀住无法抓住的物体。萤火虫确实拥有这种特殊工具。它的后腿末端有一个白色的点，用放大镜仔细观察，可以看到那上面约有十二个很短小的肉刺，它们有时收拢起来，缩成一团，有时却又伸展开来，好似玫瑰花瓣。这就是它用来吸附并移动的器官。萤火虫想要把自己附着在某个地方，甚至是极其光滑的表面上，比如固着在禾本植物的茎秆上，它就把这十二个短小的肉刺展开来，呈玫瑰花瓣状，就可以牢牢地铺展在所吸附的物体上了，用自己的身体的黏性，把自己紧紧地贴附在支撑物上。这个特殊器官通过抬高和放低，张开和闭合，帮助萤火虫行走。总而言之，萤火虫可以说是一个双腿残疾者，它在自己的后腿上放上一朵漂亮的白色玫瑰花，一种没有关节、可向四下里活动的有十二个趾肢节的爪子，而这种管状的趾肢节，并非抓住而是黏附着物体。这个器官还有一个用途，它可以当作海绵和刷子来使用。萤火虫在进餐之后，便用这把刷子刷头、背、尾及两侧。它之所以全身上下地刷来刷去，是因为它的脊椎很柔韧，可以弯来弯去，哪儿都能够得着。萤火虫在对全身进行擦拭时，非常地仔细，一处不漏，足见它对这种运动颇感兴趣，乐此不疲。它这样做的目的究竟是什么呢？很显然，它这是要擦去沾在身上的灰土或者蜗牛肉的残渣剩汤。

如果萤火虫只会像亲吻似的轻拍蜗牛，对它施以麻醉术，而没有其他什么本领的话，那它也就不会这么出名，这么家喻户晓了。它真正名扬四海的原因，是它能在尾部亮起一盏灯。我们来特别仔细地观察一番雌性萤火虫吧。它在达到婚育年龄，在夏季酷热期间发出亮光的过程中，一直保持着幼虫状态。它的发光器是在腹部的最后三节处。其中的前两节的发光器呈宽带状。萤火虫的总发光器官包括两个组群：一个组群是最后一个体节前面的两个体节的宽带，另外一个组群是最后一个体节的两个斑点。只有发育成熟了的雌性萤火虫才具有那两条宽带。未来的母亲用最绚丽的装束来打扮自己，点亮了这光亮灿灿的宽光带，以庆贺自己的婚礼，而在这之前，自刚孵化的时候起，它只有尾部的那个发光斑点，这种绚丽的彩灯显示着雌性萤火虫那惯常的身体变态。身体的变态使之长出翅膀，能够飞翔，从而宣告其生理演变过程的结束。这盏亮灿灿的灯点亮时，还标志着其交尾期即将来临。这之后，雌性萤火虫就没有翅膀了，不能再飞翔，一直保持着这种幼虫的可怜的卑屈形态，但是，它的那盏明灯却始终点亮着。

雄性萤火虫则有所不同，它得到了充分的发育，改变了形态，拥有着鞘翅和翅膀。与雌性一样，从孵化时起，它的尾部就有这盏明灯。总之，萤火虫不管是雌性还是雄性，不管是处在发育时期的什么阶段，其尾部均可发光，这就是整个萤火虫大家族的一大特点。而且，这个发光点从背部或腹部都可以看见，但只有雌性萤火虫才有那两条宽光带，才在腹部下面发光。

名师点评

雌性萤火虫与雄性萤火虫既有相同点，又有区别。

我的手和眼仍然很听使唤，做起解剖来还算得心应手，因此，我便想解剖一下萤火虫的发光器官，以便彻底搞清楚其构造。我终于成功地把一根发光宽带的大部分给剥离开来。我在显微镜下仔细地观察了这条宽带，发现其上有一种白色涂料，由极其细腻的黏性物质构成。这白色涂料显然就是萤火虫的发光物质。紧靠着这白色涂料，有一根奇异的气管，主干很短但却很粗，下面长了不少的细枝，延伸至发光层上，甚至深入到体内去。

发光器受到呼吸气管的支配，发光是氧化所导致的。白色涂层提供可氧化的物质，而长有许多细枝的粗气管则把空气分送到这物质上。现在，我很想搞清楚这个涂层的发光物质究竟为何物。起初，人们以为那是磷，还把它加以燃烧，以验证其为何种元素，但是，据我所知，这种办法并没获得理想的效果。显然，磷并非萤火虫发光的原因，尽管人们有时把磷光称为萤光。这个问题的答案肯定不在这里，而是另有原因。

读书笔记

萤火虫能够随意地散布它的亮光吗？它能否随意地增强、减弱、熄灭其亮光吗？它怎么做的呢？它有没有一个不透明的屏幕朝着光源，把光源或遮住或暴露呢？现在，我们对这个问题已很清楚，萤火虫并没有这样的器官，这样的器官对它来说是没有用的，它拥有更好的办法来控制它的明灯。若想增强光的亮度，遍布光化层的光管就会加大空气的流量；如果它把通气量减少甚至停止供气，亮度就变弱，甚至灯会熄灭。总之，这个机理犹如油灯的机理一样，其亮度是由空气进入灯芯的量来加以调节的。

本段介绍宽光带和尾灯两种发光器官的区别。

遇到激动的情况，气管就运作起来，灯也就亮了。需要加以区别的是光带和尾灯这两种情况。其一，发光的是那漂亮的宽光带，亦即已到婚育年龄的雌性萤火虫独特的饰物；其二，也就是那盏尾灯，萤火虫无论雌雄，无论长幼，都在其最后一个体节上点着一盏小灯。在这后一种情况下，由于突然的惊恐不安，萤火虫的情绪发生变化，这盏尾灯会完全地或近乎完全地熄灭。我在夜晚曾经捕捉过萤火虫，眼见那盏尾灯在草上发着亮光，可是，只要我稍不留神，碰着了那棵草，草一晃动，灯立即就熄灭了，我想要捕捉的这只昆虫也就不见了踪影。但是，发育完全的雌性萤火虫身上的宽光带不会这样，即使雌性萤火虫受到惊吓，也毫无影响，宽光带照样亮着。

我捉了几只雌性萤火虫，把它们关进笼子里，放到屋外，笼子旁边放了一把枪。我放了一枪，但枪声并未产生效果，宽光带依旧在发光，与没有放枪前一样明亮。然后，我又用喷雾器把水雾喷洒到它们身上，它们身上的光带依然光亮闪闪，没有一盏灯熄灭的，顶多也就是亮度上有短暂的减弱而已，而且也只是个别的雌性萤火虫这样，并不是每只都如此，我猛抽了一口烟斗，把烟吹进笼子里，光带的亮度倒是更加弱了，甚至灭了一会儿，但时间非常短暂。很快，萤火虫便平静下来，恢复了常态，灯又亮了起来，而且比先前还要明亮。这之后，我又用指头抓住它，把它翻过来掉过去地折腾，又轻轻地摆弄它，只要是捏得不太重，它照旧在发光，亮度也保持不变。即将处于交尾期的萤火虫，对于自己发出的光亮饱含热情，没有极其严重的情况发生，它们是不会把自己的灯完全熄灭掉的。

读书笔记

从各种实验的结果来看，极其明显的是，萤火虫自己在控制着身上的发光器，它可以随意地使之或亮或灭。不过，在某种情况之下，有无萤火虫的调节都无关紧要。我从其光化层上弄下来一块表

皮，把它放进玻璃管里，用湿棉花把管口堵住，免得表皮过快地蒸发干了。只见这块表皮仍在发光，只不过其亮度不如在萤火虫身上那么强而已。在这种情况下，有无生命并不要紧。氧化物质，亦即发光层，是与其周围空气直接接触的，无须通过气管输入氧气，它就像是真正的化学磷一样，与空气接触就会发光。还应该指出的是，这层表皮在含有空气的水中所发出的亮光，与在空气中所发出的亮光的强弱一样。不过，如果把水煮开，沸腾，没了空气，那么，表皮的光就熄灭了。这就更加证明，萤火虫的发光是缓慢氧化的结果。

名师点评

对一个实验结果，作者进行了一系列不同实验来进行验证。

萤火虫发出来的光呈白色，很柔和，但这光虽然很亮，却不具有较强的照射能力。在黑暗处，我用一只萤火虫在一行印刷文字上移动，可以清楚地看出一个个字母，甚至可以看出一个不太长的词儿来，但是，在这小小的范围之外的一切东西，就看不见了。因此，夜晚，以萤火虫为灯看书，那是不可能的。

如果把一群萤火虫放在一起，彼此紧挨着，每只萤火虫都放着光，那么，它的光就会通过反射而可以照亮旁边的萤火虫，我们似乎也就能够看清一只只的萤火虫了。但是，事实又并非如此。这群萤火虫只是杂乱无章地聚集在一起，就算彼此离得很近很近，我们也无法看清萤火虫的模样来，因为这所有的亮光把萤火虫全都混在了一起，成了模模糊糊的一片。

我通过照相技术非常清楚地证实了这种情况。我用钟形金属网罩罩住二十来只充分发光的雌性萤火虫，把它们置于露天地里。罩子里，有一丛百里香插在其中央，形成一片小林子。夜晚时分，那二十来只雌性萤火虫全都爬到罩子顶上去了；它们在竭力地朝着各个方向展示着它们那发光的服饰。因此，沿着百里香小枝形成了一串串的花序。我指望这一串串花序能够对相板和相纸产生作用，但是，我却未能遂愿，只得到了一些不成形的白色斑点，根据萤火虫群体的不同情况，有些地方浓些，有些地方淡些，而萤火虫的模拟斑点却一点也没有影现，连百里香丛的痕迹也没有显现出来。因缺乏充足的光照，美妙如画的光彩只在相纸上显现出一团模糊不清的黑乎乎的水浆似的东西来。

读书笔记

由此看来，雌性萤火虫的灯光并不是用来照明的。那么，它到底是干什么用的呢？我想，它是用来召唤情郎的。但是，雌性萤火虫的灯是在其肚子下面冲着地面发光的，而雄性萤火虫则是在随意乱飞，它是在上面、在空中、有时是在离得老远的地方往下看的，应该说它看不见雌性萤火虫的那盏灯。但是这种不正常的情况却被巧妙地予以纠正了。雌性萤火虫自有其高明的调情手段。每天晚上，天完全黑下来的时候，被我拘于钟形罩里的囚徒们就去到我用来作为监狱的百里香丛中。到了这个花丛中，它们便爬到显现得很清楚的细枝上，不像在灌木丛下时那样老老实实、安安生生地待着，而是在那儿做着激烈的体操运动，一个个把小屁股扭来扭去，一颠一颠地，朝这边扭一下，再朝那边扭一下，把灯光向各个方向打去，这么一来，寻偶求欢的雄性萤火虫从附近经过时，无论是在地上还是在空中，肯定都能看到这盏随时都在亮着的灯。这一招儿，有点像捕捉云雀的旋转镜子的运作方式。那面旋转小镜静止不动时，云雀对它并无什么反应，但是，它只要一旋转起来，把它的光弄成了迅速闪动的碎裂的光亮，云雀见了就会激动起来。

雌性萤火虫自有其召唤求欢者的绝招，而雄性萤火虫也不甘示弱，它有一种光学器具，能够老远就看到雌性萤火虫那盏灯所发出的最微弱的光。其护甲胀大成盾形，大大地超出了头部，像帽檐或灯罩似的伸向前去，它的作用就在于缩小视野，把目光集中于需识别的光点上去。而在其颅顶下面，长着两只大眼睛，非常地鼓凸，呈球冠形，彼此接近，中间只有一条狭窄的槽沟，以便收放触须。它的这个复眼几乎占据了它整个面孔，缩在大灯罩所形成的空洞里，真像库克罗普斯①的眼睛。

雌雄交配的时候，那盏灯的灯光会变弱，几近熄灭，只有尾部那盏小灯还亮着。春暖花开、暖意融融时节，田野里，昆虫们都在求欢寻爱，低吟婚庆颂歌，陶醉于男欢女爱之中，萤火虫的这盏尾灯虽能通宵达旦地亮，也没有哪位去注意它，不会发生任何危险。待交配完毕，萤火虫便立刻产卵，它们并无夫妻感情，没有什么家庭观念，没有慈母之爱，它把白白的圆圆的卵产在——或者更确切地说是抛撒在——随便什么地方。

名师注解

① 库克罗普斯：古希腊神话中的独眼巨人，掌管雷霆。

读书笔记

有一点却是非常奇怪的：萤火虫的卵，甚至还在其母的体内时，就是发光的。如果我在捕捉时，一不小心，捏破了雌性萤火虫那装满了卵的肚子，就会看到一道道汁液，闪闪发光地流在了我的指头上，好像我把一只装满着磷液的囊给捏破了似的。我用放大镜仔细地进行了观察，确实是被挤出卵巢的虫卵所发出的光亮。此外，将要临产时，卵巢里的萤光已经显现出来了，雌性萤火虫肚皮表面已经在透出一种柔和的乳白色的光。

卵产下不久就会孵化。无论雌性还是雄性，萤火虫幼虫的尾部都有一盏小灯。寒冬将至时节，幼虫会钻到地下不太深的地方，顶多也就是三四寸深。我在大冬天里，从地下挖出过几只幼虫，发现它们的尾灯一直亮着。四月将要来临，天气转暖，幼虫便钻出地面，继续完成其演化过程。

科学研究没有止境，解决了旧的问题，又会发现新问题。

总而言之，我通过观察研究得知，萤火虫自生下来之日起，一直到寿终正寝时止，都一直在发光。它的卵在发光；它的幼虫在发光；雌性萤火虫亮着的是华丽的灯；雄性萤火虫保留着幼年时期那盏已有的小灯。对于雌性萤火虫的光带的作用，我可以说已经有所了解，但是，它的尾灯又是干什么用的呢？我很遗憾地说，我尚不得而知。昆虫身上的物理学要比我们书本上的物理学更加地深奥，这个问题可能在很长的时间里，甚至在永远的将来，也都会是个不解之谜。

作者抓住了萤火虫发光的问题，进行了多方面研究。通过比较雌性与雄性、成虫与幼虫的异同，既解答了萤火虫为什么会发光的问题，又提出了新问题，给未来的科学研究提供了新方向。

# 昆虫与蘑菇

名师导读

我们不能根据昆虫是否食用蘑菇来判断蘑菇是否有毒，它们有不同的饮食习惯，毒蘑菇也有可能是它们的美味佳肴。不过，蘑菇的毒性是可以被去掉的，作者向当地村民学会了给蘑菇去毒的好办法，而且屡试不爽。

我对牛肝菌和珊瑚菌情有独钟，没少观察研究。但是，只谈菌类，不与昆虫联系起来，就不太合适了。

我们知道，很多菌种都可食用，而且受到人们的青睐，但是，可别忘了，另有一些菌类却是可怕的毒菌。我们如何去区别菌类是有毒还是无毒呢？根据人们普遍信奉的一条规律，凡是被昆虫及其幼虫和蠕虫所接受的菌类，就是无毒的，都是可以食用的。反之，连昆虫都不愿或不敢去触碰的菌类，可千万不能去吃，那肯定是有毒的。昆虫的健康食品也应该是我们的健康食品，而能毒害它们的食物自然也能毒害我们。

这是人们依照事物表面上所存在的逻辑关系作出的推理，殊不知不同的动物的胃，对不同的食物具有不同的消化能力。上述推理到底站得住脚吗？这正是我想研究的。

昆虫，尤其是处于幼虫状态的昆虫，是蘑菇的开发者。昆虫分为两种消费者：其中的一类是真正地啃啮蘑菇，是一点一点地蚕食、咀嚼、嚼烂了才咽下肚去；另一类昆虫则是先把食物变为流质，然后再吸食，如同食肉的蛆虫那样。前一类比较少，仅就我住处附近的情况而言，属于咀嚼食物类的昆虫有：四种鞘翅目昆虫和衣蛾的毛虫、软体动物、鼻涕虫（或者更确切地说，其棕色外套边缘有一条红色花边的小蛞蝓）。这类昆虫虽为数不多，但却十分活跃，侵蚀力很强，尤其是衣蛾。

喜食蘑菇的鞘翅目昆虫中，当数隐翅虫列于首位。隐翅虫身着红、蓝、黑三色搭配的漂亮衣服。隐翅虫及其幼虫利用自己身后的一根“柱子”作为支撑来行走，它常常光顾杨树伞菌，而且专爱吃这一种食物。我经常在春天或秋天，见到它们待在杨树伞菌上。杨树伞菌是上等菌种中的一种，尽管白得让人生畏，外表常常出现裂痕，伞盖下面的褶皱周围附着红棕色的孢子，显得脏兮兮的，但它却不失为一种优质菌种。人不可貌相，植物也同此理，有些外观十分艳丽，惹人喜爱的蘑菇却偏偏是毒蘑菇，而其貌不扬，甚至难看的蘑菇却是上等品种的好蘑菇。

还有两种喜食蘑菇的鞘翅目昆虫，分别是特里普拉克斯虫和桂皮色的球蕈甲，它们个头儿都很小。特里普拉克斯虫的头部和前胸呈棕色，鞘翅为黑色，其幼虫爱吃带刺多孔菌。这种菌类又大又肥实，表面长着直毛，侧贴在老桑树的树干上，有时也长在胡桃树和榆树上。而桂皮色的球蕈甲，其幼虫专门生长在块菰[①]中。最后，最让人感兴趣的喜食蘑菇的鞘翅目昆虫是包尔波赛虫，其叫声如小鸟啁啾，为了寻找其喜食的地下菌，不惜往地下钻洞，而且全都是垂直竖井似的洞穴。它也是块菰的偏好者。我曾从地下挖出过包尔波赛虫，看见它的足爪间夹着一块真真切切的块菰，如同榛子那么大。我尝试着喂养它，想了解它的幼虫的情况。于是，我便把它放进一只装满着新换了沙子的罐子里，罐口用罩子罩住。因为一时找不到地下菌和块菰，我便以几种较硬的、有点像是块菰的蘑菇来喂它，其中有马鞍菌、珊瑚菌、鸡油菌、盘菌等，但都遭到它的拒食。

出于无奈，我转而用一种名为“里佐波贡[②]”的植物喂它们，却得到了它的首肯。这种植物通常生长在松林里的浅土层甚至地表上，样子挺像土豆，我放了一把在沙罐里。入夜后，我去查看时，多次发现包尔波赛虫已经爬出洞外，在沙地上寻找食物，悄悄地带进洞穴中去。它把食物留在洞口，因为里佐波贡太大了，进不了家门，只好把它留在了洞口。第二天，我发现那块里佐波贡仍在原地，只是下方被包尔波赛虫啃咬过了一些。

包尔波赛虫不喜欢在露天地里进食，它必须待在地下室里独自一人用餐。在地下要是寻找不到食物的话，它就会爬出洞外来搜寻。找到合其口味的食

名师注解

① 块菰：亦称松露，一种天然真菌类植物，极为珍贵，是一种昂贵美味的调味品。菰，读 gū。

② 里佐波贡：指腹菌目须腹菌科根须腹属下的菌类植物，可食用。

物时，只要是不太大，可以拉入洞内，它就把食物运抵地下室去；如果食物太大，进不了洞内，它就只好把食物留在洞口，自己则藏在洞中，啃咬食物的底部。总之，包尔波赛虫就是不在公共场合用餐。

到目前为止，我只见过它们吃地下菌、块菰和里佐波贡。但这就说明，包尔波赛虫并不像巨须隐翅甲那样专吃一种食物，它会变换食谱，也许它会吃所有的地下菌，也未可知。

衣蛾的食物范围更广。衣蛾毛虫长五毫米多，身子洁白，头部黑亮，在大部分的菌类中都会发现它们的身影，而且其幼虫大量地聚集在菌类食物上。幼虫喜食菌类的柄把儿，因为菌柄有着一种说不出来的味道。它们一般来说，会寄居于牛肝菌、珊瑚菌、乳菇和红菇上，除了个别菌科中的个别几种菌以外，它们可以说是什么菌都吃。这种弱小的幼虫是菌类最主要的开采者，并在被其糟蹋过的菌类植物下面编织一个小白丝蚕室，然后由此而变成一只不起眼的蛾。

除了蛞蝓以外，贪食的软体动物也值得书上一笔。它们什么蘑菇都吃，而且喜欢挑大个儿的吃。它们往往在蘑菇里建造一个宽敞的窝巢，优哉游哉地在里面进食。与其他的美食家们相比，它们的数量并不算多，通常，它们都喜欢离群索居。它们的颌像刨刀，十分地锋利，能很快地把蘑菇掏出一个洞来，造成十分明显的破坏。

根据被啃啮的蘑菇上所留下的咬痕和掉下来的蛀屑，我们很容易地就能分辨得出残羹剩饭是哪一位食客所留下的。它们有的会在蘑菇里挖出洞壁清晰的隧道，有的则是挖沟挖槽，有的则专门腐蚀食物内部而表面又不留任何的痕迹，有的是专门切割食物。另一类蘑菇食客是液化者，专门靠化学作用腐蚀蘑菇，溶解食物，而这都是双翅目昆虫的幼虫所为，这些幼虫属于蝇科的“贱民”，品种繁多，我们干脆就把它们统称为蛆虫吧。

我选用撒旦牛肝菌作为蛆虫们的开发物，看看它们到底是如何进行工作的。撒旦牛肝菌是最大的菌种中的一种，我住处附近，可以说是俯拾皆是。这种菌类的菌盖呈白色，盖面上显得脏兮兮的，菌管口呈鲜艳的橘黄色，菌柄肥厚，有如鳞茎，并有美丽的胭脂红筋络。我取出一个长得很好的撒旦牛肝菌，切成均等的两半，放在两个并排放着的盘子里。其中的一半是作为参照物放在盘子里的，而另一半的菌管层上放了二十四条蛆虫，是从一个已完全烂掉了的牛肝菌上弄到的。

当天，这个试验物就显示出蛆虫巨大的溶解作用。牛肝菌的表面先是变成了鲜红色，管状层变成了棕色，渗出来的液体像黑色钟乳石似的垂挂在斜面上。接着，菌肉也很快地就受到了侵蚀，没几天，就变成了如同沥青似的糊状物，像水似的可以流淌。蛆虫在这糊状物里蠕动着，屁股一拱一拱的，尾部的呼吸孔不时地要露到糊状物的表面上来。这与灰蝇和蓝蝇的蛆虫液化尸体的方法像是如出一辙。

作为参照物的另一半，因为没有放进蛆虫，仍旧好好地放在那只盘子里，与开始一模一样，没有变质，只不过因蒸发作用，失去了水分，表面显得干燥而已。因此，可以说，液化是蛆虫的杰作，是它们的专利。

人们不禁会问，液化是不是一种简单的变化过程？我们一开始看到在蛆虫的作用下，固体很快就变成了液体，自然而然地便会作如是想。尤其是其中有几种菌，液化得很快，譬如担子菌，它会自发地发生液化，变成一种黑色液体，其中的一种名为“墨盒担子菌”的菌种，更是如此，能够自动地液化成墨水。

在某些情况之下，液化确实很快。有一天，我从一个菌托上取下了一个长得很漂亮的担子菌，对它进行素描，但是，我尚未完工，这个刚采下来还不到两个小时的鲜蘑模型就已经不成其形，化为一摊墨汁，摊在了桌子上。

不过，不能以此类推，认为其他菌类的液化过程也很快。其实不然，尤其是牛肝菌，它绝不会转瞬即逝，而是可以加以储存的。牛肝菌味道鲜美，颇受青睐，我便用可食用的牛肝菌来进行实验。我心里暗想，也许能够从这牛肝菌中提取一种可以用作调味品的李比希味素来吧。因此，我把食用牛肝菌切成了小块，一部分放在清水里煮，另一部分放在加了小苏打的水里去煮。加工过程费时两个钟头，但是，长时间地放在沸水中煮，甚至是放在加了小苏打的沸水中煮，都没有损毁食用牛肝菌。可是，双翅目昆虫的幼虫轻而易举地就迅速使之变成了流质，如同肉蛆虫把蛋白变成液体一样。这两种液化过程都是悄悄地进行，也许是依靠特殊的蛋白酶在起作用。不过，在这两种液化过程中，所使用的酶也许是不同的。肉食液化器使用的是一种蛋白酶，而牛肝菌液化器使用的是另一种蛋白酶。

现在，盘子里装满了一种黑乎乎的流质，稀得很，很像沥青。如果任由水分蒸发掉，这稀糊糊就会结成硬块，而且一弄就碎，如同甘草提取物一样。幼虫和蛹嵌于这硬块中，无法脱身，悉数死去，化学剂给它们带来了死亡的命运。当侵蚀在地面上发生时，情况就大不相同了。滴在地上的液体被地面吸收，里面的蛆虫们自然而然地也就逃离了厄运，获得了自由。

蛆虫在紫色牛肝菌和撒旦牛肝菌上的作用所产生的结果是相同的，也就是说，最终见到的是一种黑色稀糊糊。值得注意的是，把这两种菌切割开之后，特别是把它们压碎之后，会变成蓝颜色，而食用牛肝菌切开之后肉色保持不变，仍是白颜色，但被蛆虫液化之后所形成的液汁则是浅褐色的。我又用毒蝇菌做了实验，结果变成了粥状物，像杏酱似的。通过不同的菌类所做的实验，我发现了一条规律，即所有的菌类在蛆虫的液化之下，都会变成糊状物，只是稀稠有所不同而已，而且颜色上也有所区别。

那两种长着红色菌管的牛肝菌——紫色牛肝菌和撒旦牛肝菌，为什么会变成黑黑的稀糊糊呢？我好像知道了缘由。这两种菌都变成了蓝色并夹杂着绿色。第三种蓝色牛肝菌颜色的变化尤为明显，稍许受到点磕碰，碰破的地方会立即起皱，开始时是纯白的，然后就变成了漂亮的蓝色。我曾把这种牛肝菌置于二氧化碳中，即使我把它弄破，压碎，碾挤成浆，蓝色也不会出现。然后，我把压碎的牛肝菌取出一些来放到空气中，漂亮的蓝色立刻就出现了。由此可见，这些菌中含有一种在空气中易变色的颜料，这可能就是牛肝菌被蛆虫液化后发黑的原因之所在。其他的一些菌类，如肉质呈白色的食用牛肝菌，被蛆虫液化后就不会变成沥青色。

所有那些切开后变成蓝色的牛肝菌，恶名远扬，臭名昭著，被用“撒旦”这个名字冠之，听了就让我胆寒。但是，衣蛾与蛆虫却与人类持有不同的看法，它们偏偏十分喜爱令我们恐惧的那些菌类。令我不解的是，它们对那些撒旦牛肝菌情有独钟，但对人们认为极其美味的菌类都绝不食用。譬如最有名的食用红鹅膏菌，那可是古罗马帝国时期的罗马人、古代的美食家所津津乐道的，但它们却对这些被赞颂为“恺撒伞菌”的美味嗤之以鼻。在我们所食用的菌中，这种伞菌是最漂亮的一种。当它即将破土而出时，它像是一个卵形小球，整个儿地被菌托包裹着，十分地美丽。随后，这个卵形小球缓慢地裂开来，从星形的开口处可看见一部分漂亮的橘黄色球体，如同煮鸡蛋似的。剥去外壳，剩下的囊袋中的伞菌，宛如剥去蛋壳的蛋。初生的伞菌如同一个上端被剥去了部分蛋白，露出一点点蛋黄的鸡蛋，因此被通俗地称为“卢胡塞迪鸟”，意为“蛋黄”。不久之后，伞盖完全张开，平展展的，手感柔软如丝绸，看着比金苹果还绚丽，在玫瑰色的欧石南丛中显得尤为美丽动人。

可是，蛆虫却偏偏不吃这种漂亮的“恺撒伞菌”。我没少在野外观察，但却从未发现有被虫子咬过的红鹅膏菌。我还做了实验，把蛆虫关在大口瓶里，只向它们提供捣得如苹果酱似的红鹅膏菌，可是，它们却宁可饿着，也绝不去吃。

尽管如此，这种幼虫害怕去吃的漂亮伞菌还是遭到了损坏，但并不是幼虫所为，而是被一种真菌——红色不完全菌所破坏。这种真菌使蘑菇身上出现紫红色斑点，随即腐烂。至于是否有别的什么昆虫在祸害这种红鹅膏菌，我可从未发现过。

还有一种鹅膏菌，菌盖边缘有美丽的花纹，也是一种美味食物，几乎与红鹅膏菌并驾齐驱。我把这种菌称为小灰菌，因为它通常呈灰色，无论是蛆虫还是更加胆大的衣蛾，都从不敢碰它。豹皮鹅膏菌、春鹅膏菌和柠檬黄鹅膏菌都是毒菌，也同样被蛆虫和衣蛾所拒绝。

总而言之，无论是有毒的还是无毒的鹅膏菌，所有蛆虫均一概排斥，顶多是蛞蝓偶尔咬上这么一口。为了适合蛆虫的胃口，是不是需要某种介于柔嫩的牛肝菌和坚硬的乳菇之间的中性物呢？我们不妨来看看橄榄树伞菌，这是一种漂亮的枣红色菌。这种菌在老橄榄树下十分常见，故此得名，但是，我在黄杨树下、圣栎树下、李子树下、柏树下、杏树下、绣球树下，也都采到过这种菌。因此，它似乎对赖以生长的树木的性质并无苛求，它与其他菌类的明显区别在于，它会发出磷光。这磷光从它的底面发出来，如同萤火虫尾部在发光一样。它之所以闪闪发光，是为了庆贺婚礼和播撒孢子。这与化学家所说的磷无关，这是一种缓慢的燃烧，是一种比正常状态下的呼吸更急促有力些的呼吸。这种光在不适于呼吸的氮气、二氧化碳中就会熄灭，而只有在流通的空气中它才会持续地放光。另外，这种所谓的光极其微弱，只有在很暗很暗的地方才能感觉得出来。夜晚时分，甚至是在白天，在黑暗的地窖里先待上一段时间，再去看这种伞菌，真的是非常好看，它所发出的光犹如皎洁的月色。

蛆虫对这种伞菌会是什么态度呢？它们会不会被这种伞菌美丽的光所吸引呀？不，绝对不会。蛆虫、衣蛾和鼻涕虫从不去碰发光的蘑菇。看来，蛆虫们是否吃某种蘑菇，与蘑菇是否有毒，是否漂亮，并无关系。我想，我也没有必要继续去做实验了，再做实验，我也无法获得准确的答案。昆虫看来无法告诉我们什么蘑菇有毒，什么蘑菇无毒，哪种蘑菇好吃，哪种蘑菇危险。昆虫的胃并不等同于我们人的胃，我们认为有毒的蘑菇，它们可能认为是美味佳肴；而我们认为鲜美的蘑菇，它们则可能会认为是有毒的。我们经常会到林间去采蘑菇，那么，如何去区分哪种有毒哪种无毒呢？

其实，区分的方法也很简单。我在塞里尼昂住了有三十年之久，这儿的人喜食蘑菇，常去林中采摘，可我还从未听到过有谁吃蘑菇中毒的。我有时还在树林中翻看邻居们采摘的蘑菇，经常会看到一些令真菌学家极其反感的蘑菇。有一天，我对一位采摘了紫色牛肝菌的邻居指明了这种蘑菇的危险性。他竟然睁大了眼睛，惊讶不已地对我说："您说狼面包①有毒！算了吧，先生，这可是牛精髓呀，是货真价实的牛精髓呀。"他觉得我少见多怪，不以为然地走了。

另外，在有的人的采摘篮里，我还发现了环状伞菌，研究真菌的专家认为这种菌有剧毒。可是，我的邻居们却常常采摘环状伞菌去吃。这种伞菌生长茂盛，尤以桑树下为多。我还在这些采摘者们的篮子里发现过危险的诱惑者撒旦牛肝菌、如羊乳菌一般辛辣的带乳菌和光头鹅膏菌。光头鹅膏菌有一个从菌托中绽开的漂亮菌盖，边缘镶着一些粉渣，如同蛋白片末似的，有着一股肥皂味，很不好闻，令人起疑。

村民们如此放心大胆地采摘，就一点也不害怕吗？那他们是如何防止中毒的呢？在我们的这个村子以及远处的一些村庄，村民们通常要把采摘回来的蘑菇漂一漂，也就是放入沸水中去焯一下，水中放上一点盐。然后，把焯过的蘑菇浸入冷水中，清洗干净，就算完事了。经过这么热处理和冷处理，即使是毒蘑菇，其有害成分也已经被去除掉，有毒变为无毒了。因此，我也仿效了他们的做法。从我自己的经验来看，这种农村土方法还是挺有效的，我们一家也喜食蘑菇，也经常食用那种被认为毒性很强的环状伞菌，经过沸水处理，用这种蘑菇做出来的菜肴，鲜美至极。另外，经如此处理而制作成菜的光头鹅膏菌，也经常出现在我家的餐桌上。如果不做如此处理，要是吃了这种蘑菇，那就会有危险了。我还尝试过被那位采蘑菇的邻人称为"牛精髓"的蓝色牛肝菌，特别是紫色牛肝菌和撒旦牛肝菌。此外，豹皮鹅膏菌我也尝试过，书中把这种菌说得糟糕透顶，绝不可食用，但我尝试过后，并无不良反应，我的一位学医生的朋友听我介绍了这种加工方法之后，也做了尝试，他选用了与豹皮鹅膏菌同

名师注解

① 狼面包：普罗旺斯当地人把牛肝菌称为"狼面包"。

样恶名在外的柠檬黄鹅膏菌。结果他一点问题也没有，安然无恙。我还有一位盲人朋友，他也按照我所说的方法，加工了橄榄伞菌，那可是人人谈之色变的一种菌类，但他吃了也没遇到任何问题。从以上的一些事实可以看出，先用沸水把蘑菇焯一下，是防止食用蘑菇中毒非常管用的方法。

有人也许会对这种土方法嗤之以鼻，斥之为“野蛮烹调法”。他们会说，把蘑菇放进沸水中，岂不把它煮烂了，都成酱了？起码，经沸水这么一煮，蘑菇的鲜味就全没有了。这种看法荒谬至极，因为蘑菇很禁煮。我曾说过，我想从牛肝菌中提取溶液，却无法使之溶化，即使长时间地浸在水中煮，还在水里加了小苏打，都未能遂愿，一无所得。另外的一些个头儿很大、很适合做菜的蘑菇也同样是非常禁煮。

关于蘑菇的鲜味问题，我敢保证，一点儿也不会丢失，其香味也没少一丁点儿，而且，煮过的蘑菇更加容易消化，对于一种难以消化的菜来说，这一点至关重要。因此，在我们家里，大家已经习惯于先把采摘来的蘑菇放在水里煮一煮，即使是鹅膏菌，也会被我们如此的处理。

我并不讳言，我是个外行，是个野蛮人，不太容易受到美味食物的诱惑。但是，我所关注的并不是美食家，而是普通的人，尤其是农村田间的劳动者，我希望这样简单的烹调方法能得到普及，当普通人可以不用费心鉴别蘑菇是否有毒，只需要对蘑菇进行简单处理就可以放心食用，我想我会因为自己的研究得到了运用而倍感欣慰的。

不同昆虫食用不同的菌类，食用方法也不同，这与蘑菇是否有毒无关。本篇先讨论了不同昆虫对蘑菇的不同选择和食用方法，进而讲到各种蘑菇各自的特点，行文严密，逻辑性强。

# 意大利蟋蟀【精读】

**名师导读**

意大利蟋蟀夜晚出没，靠振动鞘翅和翅脉发出多变的声音。这种歌声在夏季的晚间显得尤为动听。

我们这儿见不着面包铺和乡间灶屋间常见的那种家蟋蟀。不过，如果说在我们村子里壁炉石板下面的缝隙里没有蟋蟀的叫声的话，那么作为补偿，夏夜的田野里却回荡着美妙的歌声，那是在北方所不常听到的。春季里，阳光灿烂时，田间地头的蟋蟀便开始了大合唱；夏日里，在夜阑人静时，则有树蟋蟀（或称意大利蟋蟀）在鸣唱。一个是昼间蟋蟀，一个是夜间蟋蟀，它们平分那美妙的季节。在前者停止歌唱期间，后者便开始唱起小夜曲来。

这是作者常用的对比手法，引出了意大利蟋蟀的活动特点，即在夜晚鸣叫。

意大利蟋蟀没有黑色外套，而且体形也不像一般蟋蟀那样粗笨。恰恰相反，它细长、瘦弱、苍白，几乎全白，正适合夜间活动的习惯要求。你捏在手里都会怕把它捏碎。它在各种小灌木上，在高高的草丛中，跳来蹦去，很少待在地上生活。从七月一直到十月，它们日落时分开始歌唱，一直唱到大半夜，那场景称得上是一场悦耳动听的演唱会。

作者将意大利蟋蟀的外貌描写与活动特点结合起来。

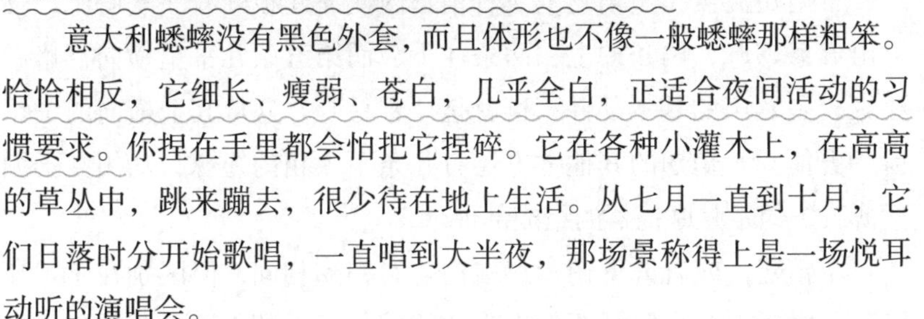

这儿的人们都非常熟悉这种歌声，因为无论多小的荆棘丛中都有这种演唱者。它们甚至还在粮仓里歌唱，那是因为人们运草料时把它们夹带了过来，使它们迷失了路径，无法回返。这种苍白的蟋蟀来历神秘，谁也不确切地知晓是什么蟋蟀唱出了这么好听的小夜曲，人们误以为是普通的蟋蟀唱的，可是这个季节普通蟋蟀尚小，还不会歌唱。

意大利蟋蟀的歌声是“格里—依—依”“格里—依—依”这种

缓慢而柔和的声音，唱起来还微微发颤，使歌声更加悦耳动听。你一听就会猜想到它的振动膜极其细薄而宽大。如果它待在叶丛中无人惊扰的话，它的声音就不会变化，但稍有动静，这位歌手便立即改用腹部发声。你刚才听见它一直在你面前歌唱，可突然间，你听见的是它在那边二十步开外的地方继续鸣唱，但音量减弱了，你还以为是距离使然。

此处描写出了意大利蟋蟀对环境的敏感。

你跑过去，但什么也没发现，声音仍旧是从原来的地方发出来的。还不仅仅如此。这一次声音是从左边传来的，也许是从右边或者是从后面传来的。你完全给弄糊涂了，无法凭借自己的听觉去辨别蟋蟀到底是在何处鸣叫的。你必须提着提灯，而且要极有耐心，还得小心翼翼，不出任何响动，才能在灯光的帮助下捉到这个歌唱家。我就如此这般地捉到了几只，放进笼中，从而多少了解了一点点迷惑我们听觉的歌唱家的情况。

读书笔记

意大利蟋蟀的两片鞘翅都是由一片宽大的半透明干膜构成的，薄如一片白色洋葱鳞片，能够整个儿地震颤。鞘翅状如圆的一端，上端略小。圆的这一端按一条粗重纵翅脉折成直角，再以鞘翅凸边沿体侧往下，在蟋蟀休息时，包住其身体。

右鞘翅覆盖在左鞘翅上。右鞘翅内侧靠翅根处有一块胼胝，辐射出五条翅脉，两条冲上，两条往下，而第五条几乎呈横向，略微泛红，是发声的基本部件，也就是“琴弓”，这从其上横向的细锯齿一看便知。鞘翅的其他地方还有几条不太粗的翅脉，功用在于绷紧薄膜，但不是摩擦器的组成部件。

左鞘翅，或者说下鞘翅，结构与右鞘翅相同，但区别在于“琴弓”、胼胝以及由胼胝辐射出去的翅脉位于上部表面。此外，我们还可以看到左右两把“琴弓”呈斜向交叉。

当蟋蟀放声歌唱时，左右鞘翅高高地竖起，宛如一张薄纱船帆，只是内边缘相互接触。这时候左右两把“琴弓”是彼此斜着咬合着的，它们相互摩擦便使得绷得紧紧的薄膜产生强烈的震颤。

名师点评

蟋蟀的歌唱，并非真正的歌唱，而是鞘翅和翅脉摩擦产生的振动。

根据每把“琴弓”是在另一个鞘翅的胼胝（其本身也是粗糙的）上还是在四条光滑的辐射翅脉中的一条上摩擦，蟋蟀发出的声音则有所不同。这也许部分地解释了为什么胆小的蟋蟀怀疑遇到危险时

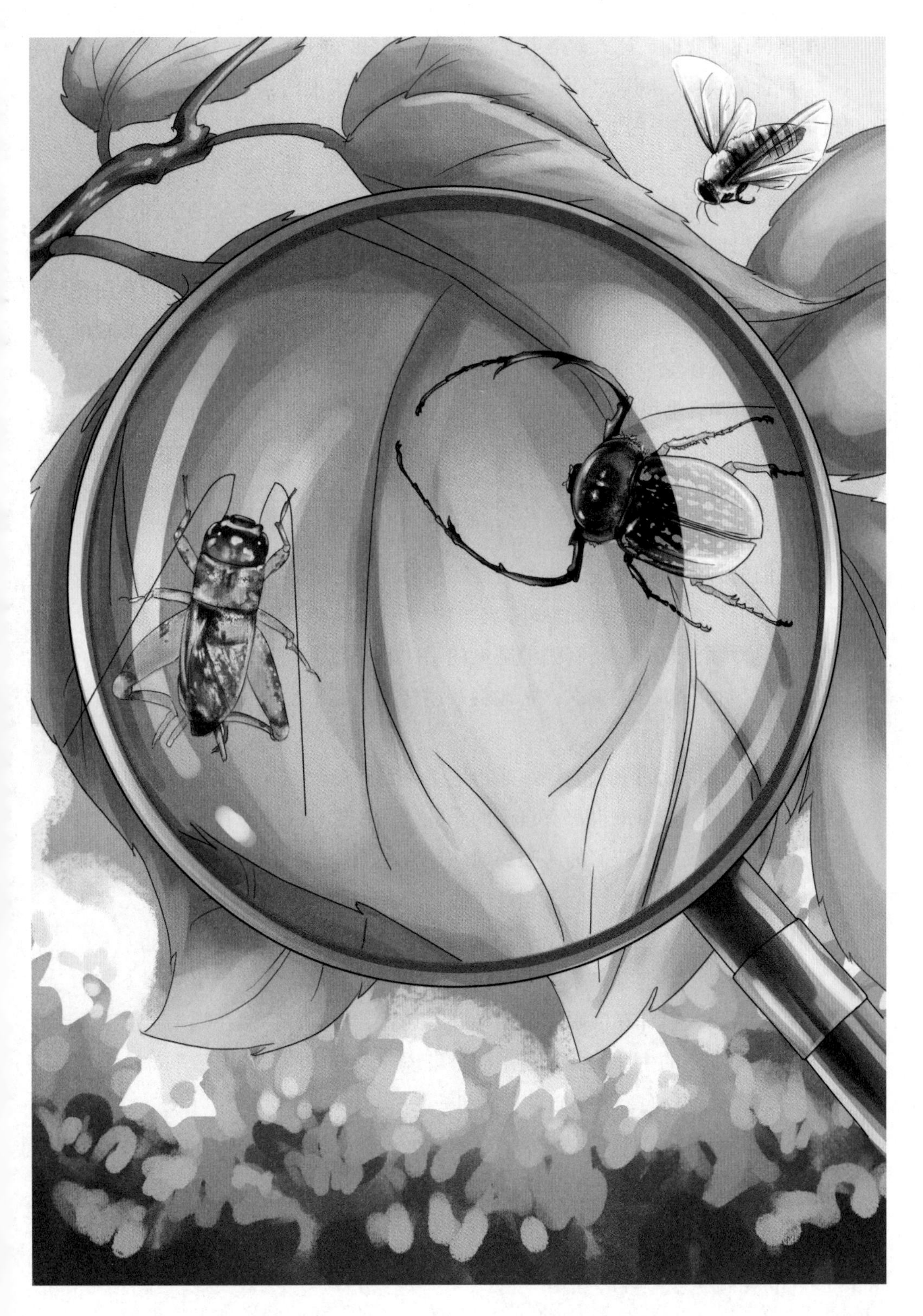

会用声音迷惑我们，让人觉得声音发自前后左右，难以捉摸。

声音的强弱、响亮、沉闷变化，使人产生距离上的错觉，这是蟋蟀这个腹语者的高超艺术手段，而这种错觉的产生还有另一个原因，这很容易发现的。声音响亮时，鞘翅是完全竖起的，声音沉闷时，鞘翅则多少有点下垂。当鞘翅处于下垂状态时，其外侧边缘不同程度地压在蟋蟀柔软的侧部，从而随之减小了振动部分的面积，声音也就随之变小。

用手指触摸敲响的玻璃杯，它便声音发闷，仿佛是从远处传来。灰白色蟋蟀深谙这个声学奥秘。当有人去捉它时，它便把振动片的边缘压在柔软的肚腹上，使人不知它身在何处。我们的乐器有制振器、消音器，意大利蟋蟀的制振器、消音器可与之媲美，而且结构简单，功效奇佳，胜我们一筹。

田间地头的蟋蟀及其同类昆虫也使用这种消音办法，把鞘翅边缘压在肚腹或高或低处，以减轻振动，但是它们中没有谁能像意大利蟋蟀的本事那么大，能产生如此神奇的效果。

我们的脚步声一靠近，哪怕是极轻极轻的，蟋蟀就会用这种办法对付我们，使我们产生错觉。除此而外，它的声音还非常纯正，带有柔和的颤音。仲夏夜，万籁俱寂时，还有哪种昆虫的鸣叫胜过意大利蟋蟀的？那么优美，那么清脆。我不知有多少次，席地躺在迷迭香花丛中，偷听那美妙迷人的音乐演唱会！

我的花园里夜间歌唱的蟋蟀非常地多。每一簇红花岩蔷薇中都有其合唱队员；每一束薰衣草中也都有自己的乐队。那枝繁叶茂的野草莓树丛，那笃耨香树丛，都成了蟋蟀们的演唱场地。这方小天地中的小生物们在以自己那优美清亮的声音在彼此探问，相互应答，或者也可以说是对别的歌手无动于衷，只是自顾自地在抒发自己的情怀。

高处，我头顶上方，天鹅星座在银河中伸长它那巨大的十字架；下方，就在我的四周，蟋蟀在演唱交响曲，此起彼伏，抑扬顿挫。在唱出自己欢乐心声的这些小小的生命使我忘记了群星璀璨。天空中的那些眼睛平静冷漠地眨巴着，在看着我们，可我们对它们却一无所知。

天文科学告诉我们它们离我们有多远，它们的速度有多快，它们的体积有多大，它们的重量有多重，还告诉我们它们是不计其数的，令我惊愕不已，但是这并未使我们有一丁点儿的激动。为什么？因为天文科学缺少了那个巨大的秘密，即生命的秘密。天上有什么？太阳在温暖着什么？理性告诉我们，有一些类似于我们的世界，有一些生命在其间进行无穷变化。这种宇宙观可谓宏大无比，但却是一种观念而已，并没有确凿的根据。确凿的事实才是至高无上的，是看得见摸得着的。所谓“可能”，甚至“极其可能”，都不是“明显”，并不是显而易见，无懈可击的。

科学的观念是冷冰冰的，但生命本身却是温暖动人的。

可我的蟋蟀们却是我的伴侣，它们使我感到了生命的颤动，而生命正是我们的灵魂。正因为如此，我才身子倚着迷迭香树篱，只是心不在焉地随意向天鹅座瞥上一眼，我的全部心思都集中在你们那小夜曲上了。

一小块注入了生命的能感受苦与乐的蛋白质，远远超过庞大的无生命的原料。

法布尔借意大利蟋蟀的“小夜曲”，抒发了他对生命的热爱。蟋蟀的生命形式虽然微小，但充满了灵动和大自然的智慧。在幽静的夏夜，感动人心的不是遥远的宇宙，而是那些隐藏在草丛中的蟋蟀的歌声。

## 延伸思考

意大利蟋蟀相比其他蟋蟀有什么特点？

# 田野地头的蟋蟀

名师导读

田野地头的蟋蟀繁殖力特别强，但幼小的蟋蟀宝宝很容易成为其他昆虫的口中美食，成活率极低。它们一生都在整修自己的家，虽然彼此之间也有争斗，但总的来讲还是能和平相处。

谁想观看蟋蟀产卵都用不着做什么准备工作，只要有点耐心就行。布封[①]说，耐心是一种天赋，我却谦虚地称之为观察者的优秀品质。四月份，最迟五月份，我们给它们配对，单独放在花盆里，放一层土，压实。食物只是一片莴苣叶，要常常换上新鲜的。花盆上盖上一块玻璃，以防它们跳出来跑掉。

这种装置简单有效，必要时还可以加一个金属网罩，那就更加高级了，这样我们就可以获得一些极其有趣的资料了。我们以后再谈这些。眼下，我们要盯着看它产卵，必须时刻警惕着，不让良机溜掉。

我持之以恒的观察有了初步令人满意的结果，那是在六月的第一个星期。我突然发现母蟋蟀一动不动，输卵管垂直地插入土层里。它并不在意我这个冒失的观察者，久久地待在那个位置。最后，它拔出输卵管，漫不经心地把那小孔洞的痕迹给抹掉，歇息片刻，溜达了一会儿，随即便在花盆内它的地界儿里继续产卵。它像白额螽斯一样重复干着，但动作要慢得多。二十四小时之后，产卵似乎结束了。为了保险起见，我又继续观察了两天。

于是，我翻开了花盆的土。卵呈淡黄色，两端圆圆的，长约三毫米。卵一个一个地垂直排列于土里，每次产卵的数目不等，有多有少，相互紧靠在一起。我在整个花盆的两厘米深的土里都发现有卵。我用放大镜勉为其难地

名师注解

① 布封（1707—1788 年）：法国博物学家、作家。

尽量数清土里的卵，我估计一只母蟋蟀一次产卵有五六百个。这么多的卵，不久以后的实际存活率肯定不会太高的。

蟋蟀卵真像是个绝妙的小机械装置。蟋蟀孵出后，卵壳似一只不透明的白筒子，顶端有一个十分规则的圆孔，圆孔边缘是一个圆帽，作为孔盖用。圆帽并非由新生儿随意顶开或钻破的，而是中间有一条特别线条，闭合不紧，可自动开启。看蟋蟀从卵中孵出挺有趣的。

卵产下之后大约半个月，前端出现两个又大又圆的黑黄点，那是蟋蟀的眼睛。在这两个圆点稍高处，在圆筒子的顶端，出现一条细小的环状肉，卵壳将从这儿裂开。很快，半透明的卵就能让我们看到婴儿在孵化过程中的小样儿。这时候我就必须倍加小心，增加观察次数，尤其是在早晨。

幸运垂青耐心的人，我的孜孜不倦终于有了回报。稍稍隆起的肉在不停地变化着，出现了一拱就破的一条细线。卵的顶端被其中的婴儿的额头顶着，顺着那条细肉线被抻着，像小香水瓶一样微微启开，分落两旁。蟋蟀便像小魔鬼似的从这个魔盒中钻出来了。

小魔鬼出来之后，壳儿还鼓胀着，光滑而完整，呈纯白色，圆帽挂在孔口。鸟蛋是由雏鸟喙上专门长着的一个硬肉瘤撞破的；蟋蟀的卵则是一个高级的小机械装置，犹如一只象牙盒子似的自动开启。小蟋蟀额头一顶，铰链就启动，壳就张开了。

小蟋蟀一脱掉身上的那件精细外套，立刻便与上面压着的土搏斗起来。它浑身发灰，几近白色。它用大颚拱土，它蹬踢着，把松软的碍事的土扒拉到身后去。它终于钻出土层，沐浴着灿烂的阳光，但它如此瘦小，不比一只跳蚤大，将要在弱肉强食的世界上经历艰险。二十四个小时后，它体色发生变化，成了一只漂亮的小黑蟋蟀，乌黑的颜色可与成年蟋蟀一争高下。它身上原先的灰白色只剩下一条白带围在胸前，宛如牵着婴孩学步的背带。

它十分敏捷，用它那颤动着的长触须在探查周围空间，它奔跑，蹦跳，开心得很，以后体态发胖就没这么欢蹦乱跳的了。它年幼胃嫩，该给它吃些什么呢？我全然不知。我像喂成年蟋蟀一样，拿嫩莴苣叶喂它。它不屑吃它，或者也许是吃了点而我没看出来，因为它咬的印迹不明显。

不几天工夫，我的十对蟋蟀大家庭成了我的一大负担。一下子冒出来五六千只小蟋蟀，当然，它们是一群漂亮的小家伙，可它们需要如何照料我却一无所知，这叫我如何是好。啊，我可爱的小家伙们，我将给予你们充分的自由，我将把你们托付给大自然这个至高无上的教育者。

我就这么办了。我找到花园里最好的一些地方，把它们这儿那儿地放生一些。如果它们一个个都活得很好，明年我的门前会有多么美妙动听的音乐会呀！但是，这美景并未出现，可能不会有什么美妙动听的音乐会了，因为母蟋蟀虽然能够大量产仔，但随之而来的是凶残的杀戮。幸存下来的很可能只有几对蟋蟀。

首先奔来抢掠这天赐美味、大开杀戒的是小灰壁虎和蚂蚁。尤其是蚂蚁，这些可恶的强盗恐怕不会在我的花园里给我留下一只蟋蟀。它们抓住可怜的小家伙们，咬破它们的肚皮，疯狂地大嚼一通。

啊！该死的恶虫！可我们一直把它们视为第一流的昆虫呢！书本上在赞扬它们，对它们赞不绝口；博物学家们把它们捧上了天，每天都在为它们戴高帽儿；动物界同人类世界一样，让自己威声远扬的办法有千万种，但最可靠的办法就是损人利己，这是千真万确的道理。

谁都不了解弥足珍贵的清洁工食粪虫和埋葬虫，可是吸血的蚊虫、长毒刺的凶狠好斗的黄蜂以及专干坏事的蚂蚁却无人不知无人不晓。在南方的村子里，蚂蚁毁坏房屋椽子的热情就好像它们掏空一棵无花果树一样。我无须赘述，每个人都能从人类的档案馆中找到类似的例证：好人无人知晓，恶人声名远扬。

由于蚂蚁以及别的一些杀戮者的无情屠杀，我花园中开始时数量多多的蟋蟀日渐稀少，使我的研究难以为继。我只好跑到花园以外的地方去进行观察了。

八月里，在尚未被三伏天的烈日烤干的草地上的小块绿洲的落叶中，我发现了已经长大了的小蟋蟀，它与成年蟋蟀一样全身墨黑，初生时的白带子已经全褪去了。它居无定所，一片枯叶、一块砖瓦足可以为它遮风避雨，犹如不考虑何处歇足的流浪民族的帐篷一样。

直到十月末，初寒来临，它才开始筑巢做窝。据我对囚于钟形罩中的蟋蟀的观察，这个活儿非常简单。蟋蟀从不在其中的一个裸露地点筑巢，而总是在吃剩的莴苣叶遮盖着的地方做窝，莴苣叶代替了草丛作为隐藏时不可或缺的遮檐。

蟋蟀工兵用前爪挖掘，利用其颚钳挖掉大沙砾。我看见它用它那有两排锯齿的有力的后腿在蹬踢，把挖出的土踹到身后，呈一斜面。这就是它筑巢做窝的全部工艺。

一开始活儿干得挺快。在我的囚室的松软土层里，两个小时的工夫，挖掘者便消失在地下了。它还不时地边后退边扫土地回到洞口。如果干累了，它便在尚未完工的屋门口停下来，头伸在外面，触须微微地颤动着。休息片刻之后，它又返回去，边挖边扫地又继续干起来。不一会儿，它又干干歇歇，歇息的时间也越来越长，我观察的劲头儿也随之降低了。

最紧迫的活计完成了。洞深两寸，目前已够用了，余下的活计费时费力，蟋蟀得抽空去做，每天干点。天气日渐转凉，它自己的身体在渐渐长大，巢穴得逐渐加深加宽。即使到了大冬天，只要天气暖和，洞口有太阳，也能常常看见蟋蟀在往外弄土，说明它在修整扩建巢穴。到了春光明媚时，巢穴仍在继续维修，不停地修复，直至屋主去世为止。

四月过完，蟋蟀开始歌唱，先是一只两只，羞答答地在独鸣，不久便变成了大合唱，每个草丛里都有蟋蟀在歌唱。我很喜欢把蟋蟀列为万象更新时的歌唱家之首。在我家乡的灌木丛中，在百里香和薰衣草盛开之时，蟋蟀不乏其应和者：百灵鸟飞向蓝天，展放歌喉，从云端把其美妙的歌声传到人间。地上的蟋蟀虽歌声单调，缺乏艺术修养，但其纯朴的声音与万象更新的质朴欢快又是多么的和谐呀！那是万物复苏的赞歌，是萌芽的种子和嫩绿的小草能听懂的歌。在这二重唱中，优胜奖将授予谁？我将把它授予蟋蟀。它以歌手之多和歌声不断占了上风。当田野里青蓝色的薰衣草如同散发青烟的香炉在迎风摇曳时，百灵鸟就不再歌唱了，人们只能听见蟋蟀仍在继续低声地唱着，仍在庄重地歌颂着。

现在，解剖家跑来啰唆了，粗暴地对蟋蟀说：“把你那唱歌的玩意儿让我们瞧瞧。”它的乐器极其简单，如同一切真正有价值的东西一样，它与螽斯的乐器原理相同：带齿条的琴弓和振动膜。

蟋蟀的右鞘翅除了裹住侧面的皱襞而外，几乎全部覆盖在左鞘翅上。这与我们所见到的绿蚱蜢、螽斯、距螽以及它们的近亲完全相反。蟋蟀是右撇子，而其他的则是左撇子。

两个鞘翅结构完全一样，了解了一个也就了解了另一个。我们来看看右鞘翅吧。它几乎平贴在背上，但在侧面突呈直角斜下，以翼端紧裹着身体，翼上有一些斜向平行细脉。背脊上有一些粗壮的翅脉，呈深黑色，整体构成一幅复杂而奇特的图画，形同阿拉伯文似的天书。

鞘翅透明，呈淡淡的棕红色，只是两个连接处不是如此，一个连接处大些，三角形，位于前部，另一个小些，椭圆形，位于后部。这两个连接处都由一条粗翅脉围着，并有一些细小的皱纹。第一处还有四五条加固的“人”字形条纹；后一处只是一条弓形的曲线。这两处就是这类昆虫的镜膜，构成其发声部位。其皮膜的确比别处的细薄，是透明的，尽管略呈黑色。

那确实是精巧的乐器，比螽斯的要高级得多。弓上的一百五十个三棱柱齿与左鞘翅的梯级互相啮合，使四个扬琴同时振动，下方的两个扬琴靠直接摩擦发音，上方的两个则由摩擦工具振动发声。所以，它发出的声音是多么雄浑有力啊！螽斯只有一个不起眼的镜膜，声音只能传到几步远的地方，而蟋蟀有四个振动器，歌声可以传到数百米以外。

蟋蟀声音的音高可与蝉匹敌，而且还不像蝉的叫声那么沙哑，令人讨厌。更妙的是，蟋蟀的叫声抑扬顿挫。我们说过，蟋蟀的鞘翅各自在体侧伸出，形成一个阔边，这就是制振器。阔边多少往下一点，即可改变声音的强弱，使之根据与腹部软体部分接触的面积大小，时而是轻声低吟，时而是歌声嘹亮。

只要是不爆发交尾期间本能的争斗，蟋蟀们便会在一起和平相处。但求欢者们之间，打斗是家常便饭，而且互不相让，但结局倒并不严重。两个情敌相互头顶着头，互相咬脑袋，但它们的脑壳是一顶坚硬的头盔，能够顶住对方铁钳的夹掐，只见它俩你顶我拱，扭在一起，然后复又挺立，随即各自离去。战败者逃之夭夭，得胜者放开歌喉羞辱对方，然后转为柔声低吟，围着情人轻唱求欢。

求欢者很会搔首弄姿。它手指一勾，把一根触须拽回到大颚下面，把它蜷曲起来，用其唾液作为美发霜在其上涂抹。它那尖钩、镶着红饰带的长长的后腿，焦急地跺着，向空中蹬踢着。它因激动而唱不出声来。它的鞘翅在急速地颤动着，但却不再发出声响，或者只是发出一阵零乱的摩擦声。

求爱无果。雌蟋蟀跑到一片生菜叶下躲藏起来。但是，它还是微微撩起门帘在偷看，而且也想被那只雄蟋蟀看见。

它向柳树丛中逃去，

但却在偷窥着求欢者。

两千年前的一首牧歌就是这么温情地唱颂的。情人间的打情骂俏哪里都一个样儿!

精华赏析

文章描写了小蟋蟀的孵化和成长，以及成年蟋蟀的求欢，都富有浓郁的温情。法布尔描写蟋蟀充满了对家的眷恋，它们一生都在修整家园，外在行为与内在感情结合得天衣无缝。

延伸思考

本篇从哪几方面描写了蟋蟀的习性？请给本章分段，并概括段落大意。

# 朗格多克蝎的家庭

名师导读

朗格多克蝎的家庭很有趣，妈妈要背着孩子们半个月，但却不给孩子准备吃的东西。而且一旦孩子们长大以后，它们便需要立刻学会独立生存寻找食物。

在解决生活中的问题时，只求助于科学书籍是不会有太大收获的，这时候，应孜孜不倦地对事实进行探究，这比藏书丰富的书橱有用得多。在许多情况下，无知反倒更好，因为这样的话，脑子可以自由思考，不会先入为主，陷入书本知识的牛角尖。我刚刚再一次地体会到了这一点。

一篇解剖学论文，而且还出自大师之手，告诉我说，朗格多克蝎九月份有家庭之累。唉！我要是没翻阅这篇论文该多好！至少在我们地区的气候条件下，朗格多克蝎的繁殖期要大大地早于论文中所说的月份。不过，好在我没太受这篇论文的影响，要不然我傻等到九月份，那就什么也看不到了。我苦苦地观察了三年，等得人困马乏，心灰意冷，但还是没有看到我预想会是非常有意思的那个场景。环境并无异常，可我却莫名其妙地坐失良机，白白地浪费了一年时间，我也许会放弃对这个问题的研究了。

没错儿，无知可能有益，抛开老路，可能会发现新东西。我们的一位著名大师曾这么教导过我，他就不怎么相信已知的课本知识。有一天，巴斯德未事先通知我，突然按响我家的门铃，就是那位很快就将闻名遐迩的巴斯德[①]本人。我当时已久仰其名了。我早就拜读过这位学者的有关酒石酸不对称结构的大作，我也怀有浓厚的兴趣一直关注着他对纤毛虫纲繁殖问题的研究。

名师注解

① 巴斯德（1822 — 1895 年）：法国著名化学家、微生物学家。

每个时代都有科学上的奇思妙想。我们今天有进化论，而那个时代却有自生论。巴斯德凭借任意设置的有菌无菌的烧瓶，通过严谨而简单的绝妙实验，把一个无理的谬论给彻底推翻了，依据这一谬论，腐败物内部的一种冲突性化学反应居然可以激发出生命来！

我知道那个被巴斯德成功地予以澄清的有争论的问题，所以我极其热情地欢迎了这位著名的来访者。他跑来找我的最主要的原因是想请教我几个问题。我能享有这份实不敢当的荣幸，应归功于我与他在物理和化学方面的同行身份。唉！我只不过是他的一个小小的、默默无闻的同行罢了！

巴斯德巡视阿维尼翁地区的目的是了解养蚕业。几年来，各个养蚕场都是一片惶恐，被一些搞不清的瘟疫灾害弄得凋敝不堪。蚕宝宝们无缘无故地就发生溃烂，继而变硬，成了一些石灰膏壳的蚕仁硬皮豆。蚕农们手足无措，眼看着自己的一项主要收成化为乌有，付出这么多心血和钱财，最终却不得不把一屋一屋的蚕扔进肥料堆里去。

我们就猖獗的灾害进行了一番交谈，谈话开门见山：

“我想看看蚕茧。”来访者说，“我还从来没见过蚕茧，只是知道其名而已。您能帮我弄一些来看看吗？”

“这很好办。我的房东就是做蚕茧生意的，我们门对门。请您稍等片刻，我去给您弄一些来。”

我三步两步地就跑到邻居家里。我把衣服口袋里装满了蚕茧后回来了，把蚕茧拿出来给大学者看。他拿起一个，在手指间翻过来掉过去地观看，那份好奇劲儿，犹如我们在看一件来自天涯海角的奇异物品似的。他在耳边摇了摇。

“居然有响声，”他极为惊讶地说，“里面有东西。”

“当然有。”

“什么东西呀？”

“蚕蛹。”

“蚕蛹是什么样的？”

“是一种木乃伊似的东西，幼虫在里面逐渐变化，最后变成蚕蛾。”

“所有的蚕茧里面都有这个东西吗？”

“当然，蚕吐丝结茧就是要保护蛹的。”

“啊！”

他没再说什么，就把蚕茧装进衣兜里去了，大概是打算留待空闲时去探究蚕蛹这个重大的新生事物。他的这种胸有成竹的非凡自信令我惊叹。巴斯德不了解蚕、茧、蛹变形的知识，却前来为蚕谋求新生。古代的角斗士们出场表演时是一丝不挂的。我们的这位与养蚕业灾害作斗争的神奇勇士同他们一样，奔向角斗场时也是赤身裸体的，也就是说他对要拯救的那种昆虫连最起码的常识都没有。我为之惊讶不已，更准确地说，我感到为之叹服。

对下面的问题我就不怎么惊奇了。巴斯德当时还关心一个问题，就是通过加温提高酒的质量的问题。他突然转换话题说道：

“请带我看看您的酒窖。”

带他看我的酒窖？我那寒酸的酒窖？我那当教师的微薄薪水只够我买少量的一点儿酒喝，所以我常常抓把红糖和苹果丝放进一只坛子里发酵，为自己弄点酸不溜丢的劣质苹果酒喝喝！我的酒窖！要看我的酒窖！何不看看我的一桶桶陈年佳酿呀！我的酒窖！那能叫酒窖吗?!

我感到狼狈不堪，一再地支吾躲闪，试图转换话题。但是他却不肯罢休，说道：

“请您带我看看您的酒窖。”

他这么一个劲儿地坚持，我也就没法拒绝了。我用手指指厨房角落里的一把没有椅垫的椅子，上面放着一只容量有十二升左右的大肚坛子。

“我的酒窖，那就是，先生。”

“这就是您的酒窖？”

“我没别的酒窖了。”

“都在这儿了？”

“唉！是的，都在这儿了。”

“啊！”

他没再说什么。学者没有发表任何看法。看得出来，巴斯德并不了解老百姓俗话说的“一贫如洗”是个什么滋味儿。如果说我的酒窖——那把旧椅子和拍着空空响的大肚坛子，没有就利用加热来抑制发酵的问题提供任何材料的话，它却雄辩般地说明了我那位赫赫有名的来访者似乎并不懂得的另一件事情。一种微生物，而且是最可怕的微生物中的一种，逃过了他的眼睛：

扼杀美好愿望的厄运。

尽管出现了酒窖这段令人扫兴的插曲，但我仍对他那镇定自若的自信深为叹服。他一点儿也不了解昆虫的蜕变，他这是生平头一次看到一只蚕茧，并获知这只茧里有点东西，那是未来蚕蛾的雏形。我们南方农村小学一年级的小学生都知道的事他却全然不知。然而，这个问了一些莫名其妙的问题的大专家，不久即将让养蚕场的卫生状况发生了翻天覆地的变化；同样，他也将在医药领域甚至整个公共卫生领域产生革命性的变化。

读书笔记

他的武器就是思想，不拘泥于细枝末节而凌驾于全局之上的思想。对他来说，变形、幼虫、若虫、蚕茧、蛹壳、蛹虫以及昆虫学的数千种小秘密有什么要紧的！对他思考的问题来说，不知道这一切也许更好一些。这样，他的思想就能更好地保持独立见解，以及大胆的腾飞，其行动摆脱了已知的东西的羁绊，将会更加地自由。

受到巴斯德摇动蚕茧细听后的惊讶神态这绝佳范例的鼓励，我便立下了一个信条，把无知的这种方法运用在我对昆虫本能的研究上。我很少看书。与其用翻阅书本这种我力所不能及的费时耗力的办法，与其向别人讨教，倒不如自己坚持不懈地与我的研究对象亲密地接触，直到让它们开口说话为止。我什么都不清楚。这样反倒更好，我的探寻也就更加地自由，可以根据已获知的启迪，今天从这个方面去探究，明天则进行反向思维。如果我偶尔翻开一本书，我便有心在自己的思绪中留下一个向怀疑大大地敞开的空间，因为我所开垦的土地上长满了蒿草和荆棘。

因为之前未曾这么去做，我已差点儿浪费了一年的时间。当时因过于相信书本，我在九月之前，没想过朗格多克蝎家庭的出现，可我却在七月里无意之中发现了这个家庭。实际日期与预计日期之间的这段差距，我把它归于气候差异造成的：我今天是在普罗旺斯进行观察，而曾为我提供信息的雷翁·迪弗尔则是在西班牙进行观察的。尽管这位大师在学术界很有权威，我还是本应该多存个疑问的。但我没有这么做，以致差点儿坐失良机，幸好，那普通的黑蝎子并不是这么告诉我有关它的家庭的信息。啊！巴斯德不知蚕蛹是

人过于相信书本，被所谓的“知识”所束缚，反而失去了好奇心和发现未知信息的能力。

怎么回事真是合情合理！

普通黑蝎子比朗格多克蝎个头儿小，且比后者安静，我一直把黑蝎们养在一些小的大口瓶中，放在我工作室的桌子上，用作参照。这些普通的瓶子不占地方，也便于观察，所以我每天都要看看它们。每天早晨，在开始往记录本上记录情况之前，我总要把为它们藏身用的硬纸板掀起一点儿，看看头天夜里有什么状况。天天这么观察在大玻璃笼子里就难以办到，因为大玻璃笼子里有许多的小格间，不得不颇费周折，大动干戈才能逐一地进行检查，而且检查完之后再恢复原状也不容易。而用小的大口瓶装黑蝎，检查起来就易如反掌了。

有一天，我眼前一亮，突然看到母蝎背着一群小蝎。那是七月二十二日早晨六点钟光景的事。我在掀开硬纸板遮盖物时，竟然发现一只黑蝎妈妈背上背着一群小蝎，仿佛背脊上披着一件白色短披风。我顿感一种温馨、甜蜜、满足，而这种时刻是观察者隔好久好久才能遇上的。我生平头一次亲眼看见黑蝎妈妈背着自己小宝宝们的弥足珍贵的场面。黑蝎妈妈是刚分娩的，大概是头天夜里的事，因为头一天它身上还是光溜溜的。

接二连三的好事在等待着我：第二天，又有一只黑蝎妈妈披上了一件白色短披风；第三天，又有两只黑蝎妈妈同时披上白色短披风。总共是四只。这比我所奢望的要多。有四个黑蝎家庭做伴，再加上几天的安静日子，我可以说是颇觉生活之甜蜜了。

好运接踵而至。当我一发现小的大口瓶中有了重大收获之后，我便立刻想到大玻璃笼子，我在思考朗格多克蝎是否会像黑蝎一样早熟。我赶紧跑去查看。

我把笼中的二十五片瓦都翻开来。大获丰收！我都一副老骨头了，但我此刻却立即觉着硬化的血管里有二十岁的年轻人的热血在涌动。在二十五块瓦片中的三块下面，我发现有蝎妈妈带着自己全家。有一只蝎妈妈的孩子们已经长大了，约一个星期大，这是我后来连续观察才弄明白的；另外两只蝎妈妈是刚分娩不久，分娩就发生在头一天的夜里，这从蝎妈妈的大肚子下面还精心地保留着一些残留物就可以看得出来。我们一会儿将要看一看这些残留物是怎么一回事。

七月逝去，八月九月也过去了，我再没有收获到什么。因此，这说明两种蝎子的生育期都在七月下旬。七月份过去之后，一切都结束了。然而，大玻璃笼子里面养的那些蝎子中，还有一些母蝎同已经给我生过蝎宝宝的母蝎一样，肚子大大的。我原指望它们能给我“添丁进口”，因为种种迹象都让我这么期盼着。冬天来了，它们中谁也没有满足我的愿望。看上去马上就要实现的事情却拖到了来年：这是一次新的漫长的妊娠期，在低等生物中，这种情况十分罕见。

我把每只母蝎及其蝎宝宝移到能够仔细观察的狭小的容器里。早晨我去查看时，发现头一天夜里分娩的那些蝎妈妈肚子下面又藏着一部分小宝宝。我用一根草尖把蝎妈妈拨开来，在那堆尚未爬上母亲脊背的小宝宝中我发现了一些东西，把我从书本上学到的有关这一问题的那一点点知识彻底地推翻了。书上说，蝎子属于胎生，这种说法虽颇有道理但却缺乏准确性。实际上蝎子宝宝并非一生下来就是我们所熟知的那个样子。

而这一点是讲得通的。如果小宝宝伸着钳子，张开爪子，蜷起尾巴，你让它怎么能够进入母蝎的产道呢？这种碍手碍脚的小宝宝永远也通不过母亲那狭窄的产道的。所以它出生时必须被紧裹着，少占空间才行。

我在母蝎腹下发现的残留物确实是一些卵，其中一些与我解剖妊娠很长时间的母蝎卵巢所见到的卵一模一样。小宝宝紧缩成米粒状，以节省空间，尾巴贴在肚皮上，双钳回收胸前，足爪紧紧地贴于腰侧，这样一来，这椭圆形的小宝宝就可以顺顺当当地滑出来了。它额头上有墨黑色的点，那是它的眼睛。小宝宝悬浮于一滴透明的液体中，此刻那液体就是它的天地，它的大气层，外面由一层精巧的薄膜包裹着。

那些残留物确实是一些卵。分娩刚结束时，朗格多克蝎有三四十个卵，而黑蝎的卵则要稍少一些。我去查看时已经太晚了，只赶上个结尾。但是，所剩无几的卵也足以坚定我的看法。蝎子实际上是卵生的，只不过其卵孵化得非常快，母蝎刚一产下卵来，小宝宝便破卵而出了。

那么，小宝宝是如何孵出的呢？我有得天独厚的特权亲眼看到了这个过程。我看见蝎妈妈用大颚尖小心翼翼地挑起卵的薄膜，把它撕破，扯下，然后把薄膜吞下。在给小宝宝剥胎衣时蝎妈妈倍加小心，犹如温柔慈爱地舔食胎衣的母羊和母猫。尽管工具很粗糙，但宝宝那细皮嫩肉上没有任何伤痕，也没伤筋动骨。

我惊呆了：蝎子是最先把类似于我们人类的母爱传给自己的孩子的。远在植物区系那远古时代，第一只蝎子出现时，生儿育女的那份爱心就已经在酝酿之中了。如同休眠状态的种子的卵，如同当时爬行动物和鱼类已经拥有的、而不久之后又将为鸟类和几乎全部的昆虫所拥有的卵，已经是一种极其微妙的有机体的等同体了，已成为高等动物胎生现象的前兆了。生命的孵化已不在危险重重的外部环境中进行，而是在母体的腰间腹下完成了。

生命的进化并非循序渐进，并非从低级到高级，再从高级往最高级。进化是跳跃形的，有的时候是在进步，有的时候却是在倒退。大海有潮起潮落。生命也是一种大海，比江河湖海更深不可测，它也有过潮起潮落。它未来还将会有潮起潮落吗？谁能说它有？谁又能说它没有？

如果母羊不想办法用嘴唇把胎衣剥下并吞食掉，羊羔就永远无法从胎盘中出来。同样，蝎宝宝也需要母亲的帮助。我就看见过一些蝎宝宝被黏膜粘住，在已经撕破了的卵囊中拼命地扭来扭去，怎么也挣脱不出来。必须有母亲的牙咬那一下才能让宝宝彻底解放。那种认为蝎宝宝在解放的过程中也起着作用的观点也是错误的。蝎宝宝软弱无力，虽然它的出生袋子像洋葱片内壁的皮膜一样细薄，但它就是挣脱不开这层细薄的皮膜。

雏鸡喙尖上有一个临时的硬茧，供它破壳而出时啄壳用。而蝎宝宝为了节省空间，是蜷缩成米粒状的，它死死地等待着外援。一切都得由蝎妈妈去完成。蝎妈妈努力地完成着自己的工作，分娩中附带排出的东西也全部被它清理掉，甚至包括那些随之而出的未受孕的卵也被清理干净了。一点碎衣破片都见不着了，全都回到蝎妈妈的胃里去了，而产卵时占用的那块地方也是干干净净的。

蝎宝宝现在一个个被收拾得干干净净，欢蹦乱跳的。它们通体雪白。从头至尾，朗格多克蝎长九毫米，黑蝎长四毫米。随着产后清洗完毕，蝎宝宝们一个一个地往蝎妈妈背脊上爬去。它们沿着妈妈的双钳缓缓地往上爬。蝎妈妈把双钳贴地，以利于宝宝们攀登。宝宝们一个个紧紧挨挤着聚在一起，并无队形，但却在妈妈背上留下了一条覆盖层。它们凭借自己的小细爪子牢牢地攀附在上面。我用毛笔尖把它们扫下来而又不想碰伤这些细皮嫩肉的小家伙，还颇费了些工夫哩。蝎妈妈背着小宝宝们时，双方谁都一动不动，这正是进行实验的好时机。

身披蝎宝宝们组成的白色短披风的蝎妈妈是值得关注的一景。蝎妈妈一动不动，尾巴高高地翘卷起来。如果我把一根麦秸移近蝎子一家，蝎妈妈立即恶狠狠地竖起双钳，这种凶相只有在自卫时才显现出来。它竖起双臂做拳击状，钳子大张着，随时准备还击。它的尾巴翘着，挥动着，这在平时是难得一见的；尾巴不能突然放平，否则会带动背脊，也许会把背上的小宝宝们甩下一些来。拳头竖起就足以威胁敌人的了，那突然摆出的架势既勇猛，又威武。

我对此并不觉得好奇。我拨弄下来一个小宝宝，把它移至其母亲面前，离开有一指宽的距离。蝎妈妈好像并不在意这个事故，它原先一动不动，现在仍纹丝不动。掉下去几个小家伙有什么可大惊小怪的？小家伙会自己想法摆脱困境的。掉下去的小蝎子举手蹬腿，紧张焦急，然后，突然发现妈妈的一只钳子就在自己面前，于是，便迅速爬上去，回到了兄弟姐妹们的中间。它又骑到妈妈身上，但动作笨拙得要死，与狼蛛的孩子们相去甚远，后者一个个都是高空杂技的好手。

实验又开始了，规模更大。这一次我拨弄下来一部分小蝎子，小家伙们散落一地，但相距并不太远。它们迟疑不决了挺长一会儿时间。正当它们不知如何是好，在转来转去的时候，蝎妈妈终于害怕会有不测了。它用我称为“胳膊”的两只钳式触角合抱成半圆，搂住自己面前的沙子，把迷途的孩子们搂到自己的面前来。它干这种活儿时笨手笨脚，做得很粗糙鲁莽，根本没考虑会不会把宝宝们给压碎了。母鸡轻轻一声召唤，跑开去的鸡雏们就会立即回到自己的怀前膝下；母蝎却是用耙子一耙，把孩子们耙回到自己面前来。但是，掉下去的小蝎子们全都安然无恙。它们一回到妈妈面前，便立即往它身上爬去，又聚集在妈妈的脊背上了。

即使并非自己的孩子，蝎妈妈也会像是对待自己亲生子女似的接纳它们。如果我用毛笔尖把一只蝎妈妈背上的蝎宝宝全部或部分地扫下来，弄到另一只蝎妈妈伸手可及的地方，后者也会把它们耙到自己面前，如同对待自己的亲生儿女似的，而且心甘情愿地让这些新来的小宝宝爬到自己的背上去。它好像把它们“收养”下来了，如果“收养”一词不算过分野心勃勃的话。“收养”其实谈不上，那是狼蛛的事，因为它分不清自己的孩子和别人家的孩子，所以凡是在自己爪子前面爬动的小狼蛛它都全部接受下来。

我经常看到在地中海一带的常绿灌木丛中有母狼蛛背驮着小狼蛛们在散步，我一直也期盼着看到母蝎也这样驮着小蝎子们溜达。然而，母蝎并不喜欢这种消遣方法。一旦当了妈妈，母蝎有一段时间就不再外出了，即使晚上，其他人都外出嬉耍的时候，它也不出门。它把自己禁锢在自己的小屋里，不吃不喝，一心想着抚养子女。

小宝宝们也确实弱不禁风：可以说它们必须经历第二次出生。它们正一动不动地在等待着第二次出生，就像由幼虫蜕变为成虫一样。尽管小蝎与成年蝎外貌挺相像，但轮廓线条却不够清晰，看上去仿佛是蒙着一层雾气似的。我怀疑它们得脱去身上的衣服才能变得矫健，变得威武。

它们“第二次出生”过程中必须一动不动地待在母蝎背上一个星期。这时，“弃皮”(我不敢称之为“蜕皮”)完成了。这之所以被称为“弃皮”，是因为这与真正的蜕皮有所不同，真正的蜕皮以后还要经历许多次。真正意义上的那几次蜕皮，是在胸廓上裂开一道缝，成虫从这唯一的一道裂缝中脱身而出，把原先的空壳旧衣裳扔掉。这空壳的形状与刚从中爬出来的蝎子一模一样，难以区分。

我们现在所看到的则完全是另一码事。我在一块玻璃片上放上几只正在弃皮的小蝎子。它们一动不动地待着，好像颇受煎熬，几乎支持不住了。外皮破裂，无特殊的破裂线，是同时在前后左右破裂的，足爪从护腿套中伸出，双钳抛开护手甲，尾巴从尾鞘中抽出。浑身的碎皮同时纷纷落下，像一堆破衣烂衫。这是一种杂乱无章的斑驳脱落。这之后，小蝎才有了蝎子的正常外貌。此外，它们的行动也敏捷灵活了。尽管仍旧呈苍白色，但它们已蹦跳自如，急忙下地，跑到蝎妈妈跟前跑动，玩耍。最让人惊讶的进步是它们突然间长大了。朗格多克蝎的小蝎子原来身长九毫米，它们现在长到了十四毫米长。黑蝎的小蝎子身长从四毫米长到了六七毫米，身长增加了二分之一，体积增加了将近两倍。

在对这种突然增长感到惊讶之余，我就在寻思这种突然增长的原因何在，因为小蝎子尚未吃过任何食物。体重并未增长，反而下降了，因为它们扔掉了一层外皮，体积增大，但质量未增。因此，这是一种一定程度的膨胀，与受到热处理的毛坯物体的膨胀相仿。其体内产生了一种变化，把生命分子聚合成占空间更大的结构体，所以虽无新的物质加入，体积却增大了。我想，谁如果有极大的耐心并配备有一套合适的器械，就能够观察到这种结构的急速变化，从而获得某些有价值的材料。我才疏学浅，无此能耐，我把这道难题留给他人吧。

小蝎弃掉的外皮是一些白色条状物，一些上了光似的碎布片，它们并不会掉落到地上，而是紧贴在蝎妈妈的背部，特别是附着在其足爪根部附近，缠成一块柔软的毯子，刚弃皮的小蝎子就栖息其上。坐骑现在已被披上马衣，骑手们坐在马上无须害怕身体摇晃。这层破衣烂衫做成的结实鞍辔为骑手们提供了把手足镫，任由它们敏捷灵活地上上下下。

当我用毛笔轻轻一拨，小蝎子们便纷纷落马，好玩的是它们又非常迅速地纵身上马，稳坐其上。它们抓住马衣垂条，用尾巴做杆，纵身一跃，又上得马来。这种奇异的马衣是真正的攀登绳梯，方便了小蝎们迅速上马。它很结实，不会破裂，差不多可以使用一个星期，也就是说用到小蝎脱离蝎妈妈的保护为止。

这时，小蝎体色显现：肚腹和尾巴染上了金黄色，钳子呈半透明的琥珀色。青春使一切变得美丽。小朗格多克蝎确确实实非常美丽动人。如果它们一直像现在这种样子的话，并且不很快就配备上咄咄逼人的毒刺的话，它们就会是稀罕宠物，大家都会乐意喂养它们的。它们心中很快便升起了摆脱母亲监护的强烈愿望。它们很乐意爬下母亲的脊背，在附近疯玩乱耍。如果它们跑得太远，蝎妈妈便要呵斥它们，用双臂耙在沙土上划拉，把它们聚拢起来。

在小憩之时，蝎妈妈与宝宝们的那副架势犹如母鸡带着雏鸡们休息一样。大多数小蝎子都在地上，紧挨着蝎妈妈，有几只待在白马衣那舒适的坐垫上。有的小蝎子在蝎妈妈的尾巴上爬高，攀上螺旋峰的高处，像是在饶有兴趣地居高临下地观看脚下的小蝎子群。突然间，又有新的杂技演员登场，把它们赶下高峰，取而代之。每个小蝎子都想看看这观景台的风景如何。

大部分家庭成员都围在蝎妈妈的身边；一个个不停地拱动着，钻在妈妈肚子底下，蜷缩着，额头露在外面，两只小黑眼睛闪烁着。最爱动弹的小家伙则喜欢妈妈的足爪，那是它们的体育器材，它们在上面做高空杂技训练。然后，当歇下来时，大家便又往妈妈背脊上爬去，找好位置，坐定下来，不再动弹，妈妈及孩子们全都不动了。

小蝎子成熟和准备离开妈妈的监护这个时期会持续一个星期，正好是不进食体积快速扩大那奇特增长期的时间。一窝小蝎子待在蝎妈妈背上半个来月。母狼蛛驮着自己的小宝宝们长达六七个月，而小宝宝们虽然不吃不喝，却精神头儿十足，动弹个不停。蝎妈妈的小宝宝们在获得新生与灵活的蜕变之后，要吃点什么呢？蝎妈妈是否会邀请它们与它一道用餐？它是不是给它们留着自己的美食中的更软嫩的佳肴？蝎妈妈谁也不邀请，它什么也没留。

我给蝎妈妈喂了一只蚱蜢，那是从我觉得适合小蝎子们稚嫩的胃的小野味中挑选出来的。当母蝎毫不关照自己的孩子们，自己独个儿地在细嚼慢咽那只蚱蜢时，一只小蝎子从其背上爬下来，伸出头去往下探看，想弄明白妈妈在干什么。它的爪尖触到了妈妈的下颌，突然，它吓得连忙后退。它走开了，这是明智之举。正在津津有味地咀嚼的妈妈根本不会给它留下一口，也许反倒会一把抓住它，毫不心疼地把它吞食掉。

蝎妈妈在吃蚱蜢脑袋，又一只小蝎子已经吊在了蚱蜢的尾部。小蝎子在轻咬轻拽蚱蜢，想吃上一点。最后，它未能如愿，因为这个部位太硬了。

我也见过一些这样的情景：如果蝎妈妈稍加关心，给小宝宝们一点吃的，那小宝宝们会很高兴享受一下的，特别是给的食物很适合它们那稚嫩的胃的话，然而，蝎妈妈只顾自个儿吃，其他的一概不管。

啊，我那让我度过美妙时刻的漂亮的小宝宝们呀，你们可怎么办呢？你们是想离家出走，去远处寻觅一些很不起眼的小虫子。我从你们焦急地乱窜中便看出这一点来了。你们要逃离自己的母亲，而它也不再认你们了。你们已长得很健壮，是该各奔东西了。

如果我十分了解你们适合吃什么样的小活食，如果我时间充裕，可以为你们去寻找，我会很高兴地继续喂养你们的，但不是把你们继续养在你们出生的玻璃笼子里的瓦片下，跟大人们混在一起。我了解那些老家伙，它们容不下别人。那些老妖怪会把你们吃掉的，我的小宝宝们。甚至，你们的母亲们也不会放过你们的。在你们的母亲们的眼里，从今往后，你们就被视作陌路人了。来年，婚俗季节，你们的嫉妒成性的母亲们在干完好事之后，就会把你们吃掉的。该离去了，小宝宝们，三十六计走为上。

否则，我让你们住在哪儿？怎么喂养你们？我们最好还是分手吧！尽管我心中不免有点惆怅。过几天，我会把你们送到你们的领地撒放出去，就是那个多石的山坡地，那里太阳可暖和啦。你们在那儿会找到一些伴儿的，它们同你们一样刚刚开始成长，但它们已经在自己的小石块下独立生活了，那些小石块有时只有指甲盖儿那么点大。在那里，你们比在我家里更能学会如何为生存而进行艰难的抗争。

精华赏析

作者先写了小蝎子和母亲在一起的温情场面，当小蝎子长大后，又写了蝎子妈妈的无情。这种情感上的巨大反差，为结尾处作者的真情流露做了很好的铺垫。

延伸思考

本篇开始写到巴斯德的造访，与后面的蝎子的活动根本没有直接联系。作者这样写的目的是什么？

# 朗格多克蝎【精读】

名师导读

蝎子有很多神秘的地方，“男欢女爱”就是其中的一个。为了揭开谜团，“我”进行了耐心观察，终于功夫不负苦心人，“我”发现了它们的小秘密。

读书笔记

这种蝎子沉默不语，其习性蒙着神秘色彩，与之接触无任何趣味可言，因此除了通过解剖所得到的一些资料之外，我对它的情况几乎一无所知。老师们的解剖刀向我揭示了它的身体结构，但是，据我所知，还没有任何一位观察者打定主意要持之以恒地研究它的隐秘习性。被酒精浸泡后开膛破肚的朗格多克蝎已清楚地为人所知，但是它在其本能范围内的活动情况却几乎鲜为人知。在节肢动物中，没有谁比它更应当在生物学方面给予详加介绍的了。世世代代以来，它让平民百姓浮想联翩，竟至成为黄道十二宫标志中的一个。卢克莱修[①]曾说：“恐惧造就神明。”因为恐惧，蝎子被人们给神化了，被尊为天上的一个星座，而且成为历书上十月的象征。我们试试让蝎子开口讲话。

在安排蝎子的住宿问题之前，我们先给它们做一个简单的有关其体貌特征的描述。普通的黑蝎在南欧许多地方都有，大家都很熟悉。它经常出没于我们住处附近的阴暗角落。一到秋天阴天下雨的日子，它便钻进我们家中，有时候还钻进我们的被子里来。这可恶的昆虫给我们造成的不仅是疼痛，更是恐惧。尽管我现在的住宅中就有不少的黑蝎，但我观察时倒并没受什么意外伤害。这种恶名很

作者指出了人们认识上的偏差。

名师注解

① 卢克莱修（约公元前 98 —前 55 年）：古罗马哲理诗人和抒情诗人。

大但又很可悲的昆虫更多地让人感到厌恶而非危险。

朗格多克蝎生活在地中海沿岸各省，人们对它害怕有余而了解不足。它们并不骚扰我们的住处，而是躲得远远的，藏于荒僻地区。与黑蝎相比，朗格多克蝎可谓一个巨人，发育完全时，身长可达八九厘米。其色泽呈干麦秸的那种金黄色。

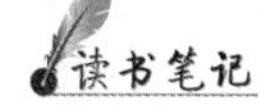

读书笔记

它的尾巴——实际上就是它的肚腹，系五节相连的状如酒桶的棱柱体，相互间由桶底板连接，形成粗细相同、错落有致的棱状条条，好似一串珍珠。这同样的纹络还遮盖着那举着大钳的大小臂膀，并把臂膀分割成一些条形磨面。还有一些纹络弯弯曲曲地分布在脊背上，好似其护胸甲结合部的滚边，而且是轧花滚边。这些凸出的小颗粒透出了盔甲那粗野厚重的架势，那也是朗格多克蝎的性格特征。就好像这个昆虫是用刀砍削出来似的。

其尾端还有一个第六节体，表面光滑，呈泡状，是制作并存储毒汁的小葫芦。蝎毒外表看上去好似水一般，但毒性极强。毒腔终端是一个弯弯的螫针，色暗，尖利。针尖不远处有一细小的孔，用放大镜方能隐约瞥见，毒汁从这细孔流出，渗进被尖头刺破的对方伤口。螫针既硬又尖，我用指头捏住螫针，让它扎一张硬纸片，就像缝衣针扎衣服似的容易。

螫针弯曲度很大，当尾巴平放伸直时，针尖是冲下的。要使用这件兵器时，蝎子就必须把它抬起来，反转过来，从下往上刺出去。这其实是它一成不变的攻击术。蝎尾反卷在背部，突然伸直，攻击被钳子夹住的对手。另外，蝎子平时几乎总是这种姿态，无论是在走动还是在歇息，尾巴都卷在背上。尾巴平拖在地上的情况十分罕见。

名师点评

作者对尾巴进行详写，突出其重要作用。

蝎钳从口中伸出，宛如螯虾的大钳子，既是战斗的武器，又是获取信息的器官。蝎子往前爬时，便将钳子前伸，钳上的双指张开着，以了解和对付所遇到的东西。如果必须刺杀对手的话，双钳便先镇住对方，让对方吓得动弹不了，然后螫针从背部伸出来攻击。最后，如果需要长时间地撕咬猎物的话，那对钳子便当作手来使用，把猎物抓送到嘴里。它们从未被当作行走、固定或挖掘的工具使用过。

读书笔记

双钳等于是起着真正的爪子的作用。它们好像是被突然截断的指头，指尖生出几只可以活动的弯爪尖，其对面还竖着一根细而短的爪尖尖，几乎可以起到拇指的作用。那张小脸上长着一圈粗糙的睫毛。身体各部件组合而成一个绝妙的攀缘器，这就充分说明蝎子为什么能够在我的钟形罩网纱上爬来爬去，能够久久地仰着身子长时间地停在罩顶上，能够拖着沉重而笨拙的身子沿着垂直的罩壁攀上爬下。

蝎子身下，紧随爪子之后的是像梳子似的东西。梳子的名称源自其结构。它们是一长排的小薄片，相互紧密地排列着，犹如我们日常所用的梳子的排齿。解剖学者们怀疑它们是一部齿轮机，旨在雌雄交尾时使双方紧连在一起。为了仔细观察它们亲热时的习俗，我把提到的朗格多克蝎关在有玻璃壁板的大笼子里，并放进一些大陶片块，让它们作为藏身之用。它们一共是十二对。

四月里，当燕子飞来，布谷鸟初鸣时，我的那些此前一直平静地生活着的蝎子掀起了一场革命。在我的花园露天安置的昆虫小镇子里，不少蝎子跑出去做夜间朝圣了，而且一去不复返。更加严重的是，在同一块砖头下面，我多次发现两只蝎子待在里面，一只在吞吃另一只。这是不是同类间打家劫舍的案子？美好季节开始了，生性好游荡的蝎子们冒失地闯进邻居家中，因为体弱而被对方吞食，丢了性命？几乎很像是这么个原因，因为闯入者被慢慢地吃了一整天，就像是被捉住的一个猎物似的。

作者采用了设问的形式，先集中提出问题，再进行详细解答。

那么，这就值得警惕了。被吃掉的，无一例外，全是中等个头儿的蝎子。它们体色更加金黄，肚腹稍小，证明是雄蝎，而且被吃的总是雄性。而那些体形更大，肚子滚圆，稍有点带暗色的雌蝎，它们就没有落得这个凄惨下场。那么，这儿发生的可能并不是邻里之间的斗殴，不是因为太喜欢独居而对任何来访者怀有敌意，随即把它吃掉，以此作为对任何冒失鬼的彻底的解决办法，而是婚俗的成规使然，在交尾之后由女方残忍地把男方干掉完事。

春回大地，我已事先准备好了一个宽敞的玻璃笼子，放了二十五只蝎子，每只蝎子上有一片瓦。一月到四月中旬，每天晚上，夜幕降临之后，七点至九点之间，玻璃宫中便闹腾开来。白天似乎像是荒漠，此刻却变成了欢乐的景象。刚一吃完晚饭，我们全家便奔向玻璃笼子。我们把一盏提灯挂在笼子前面，便可看见事件的全过程了。

我们经过一天的奔忙之后，现在有好的消遣方式了。眼前是一出好戏。在这出由天真的演员表演的戏中，一招一式都极其有趣，以致刚把提灯点亮，我们全家老少全都在池边就座了，连爱犬汤姆也前来观看。不过，汤姆对蝎子的事并不关心，坦然地躺在我们面前打盹儿，但只是一只眼睛闭着，另一只眼睛始终睁着，盯住它的朋友——我的孩子们。

让我想法给读者们描述一下眼前所发生的事情。靠近玻璃壁板的提灯照得不太亮的那个区域，很快便聚集起不少的蝎子来。其他所有的地方，这儿那儿地游荡着一些孤独者，它们被亮光吸引，离开暗处，奔向光明的欢乐处。夜蛾子扑向灯火的场面也不如它们那么兴冲冲地。后来者混入先前的那些蝎子中去，而另一些因懒于争抢，退到暗处，歇息片刻，然后激情满怀地回到舞台上去。

这个纷乱狂热的可怕场面犹如一场狂欢舞会，颇为引人入胜。有一些蝎子从老远跑来，端庄严肃地从暗处爬出来，突然像滑行似的迅疾而轻快地冲向亮处的蝎子群。它们的灵活劲儿犹如碎步疾走的小耗子。蝎子们在相互寻找着，但指尖稍一接触便像是彼此都被烫着了似的赶紧逃走。另有一些与同伴稍稍抱滚在一起，又赶紧分开，茫然不知所措，跑到暗处稳一稳神儿，又卷土重来。

不时地会有一阵激烈的喧闹：爪子相互缠绕，钳子又抓又夹，尾巴你钩我击，不知是威吓还是爱抚，谁也弄不清楚。在混乱之中，找到一个合适的视角，就可以发现一对对的小亮点，像红宝石似的在闪烁。你会以为那是闪闪发光的眼睛，实际上那是两个小棱面，像反光镜似的光亮，长在蝎子的头上。蝎子们无论大小胖瘦全都参加了混战，那就像是一场你死我活的战斗，一场大屠杀，然而那却是一场疯狂的嬉戏。那就像是小猫咪们扭缠在一起一样。不一会儿，大家四散开来，每一只蝎子都在向自己的方向蹿去，没有丝毫的伤痕，没有一点伤筋动骨。

现在，四散而去的逃跑者们又聚集到灯光前面来。它们爬过来荡过去，离开了又回来，常常是头撞头脸碰脸的。最性急的常常从别人的背上爬过去，后者只是动动屁股算是在抗议。现在还没到大打出手的时候，顶多只是两人相遇，扇个小耳光罢了，也就是说用尾巴拍打一下而已。在蝎子群中，这种

读书笔记

不使用毒针的敲敲打打是它们常见的拳击方式。

还有比爪子相缠、尾巴互击更精彩的。有的时候，会有一种极其新颖别致的打斗姿势。两强相遇，头顶头，双钳回收，后身竖起，来个大倒立，以致胸脯上的八个呼吸小气囊全部展现。这时，它俩垂直竖立的尾巴相互磨蹭，上下滑动，而两个尾梢相互微微钩住，并多次反复地钩住，解开，解开，钩住。突然间，这“友谊的金字塔”坍塌了，双方便没有任何寒暄地急匆匆溜掉。

这两位摆出新颖别致的姿势意欲何为？是不是两个情敌在肉搏？看来不是，因为二人相遇时并非怒目而视。我从随后的观察中得知，它俩这是在眉目传情，私订终身。蝎子倒立起来是在倾吐自己的热情爱恋。

如果继续像我刚开始的那样，逐日观察并把逐日积累的材料汇集在一起，很有益处，而且叙述起来也比较快，但是，这么一来，那各有特色且难以融会贯通的一幕幕细节就省略掉了，叙述的趣味性也就丧失了。在介绍如此奇特而且又鲜为人知的昆虫习性时，什么都不应该忽略不提。最好是参照编年法，并把观察到的新情况分段叙述出来，尽管这样做有重复累赘之嫌。从这种无序必然产生有序，因为每天晚上的那些引人入胜的情况都能提供一种联系，对先前的情况予以验证与补充。我现在就进行抽样叙述。

读书笔记

1904 年 4 月 25 日

啊！那是怎么了？我还从未曾见过。我一直没放松警惕，但这还是头一回让我亲眼看到了这番情景。两只蝎子面对面，钳子伸出，钳指互夹。这是友好的握手，而非搏杀的前奏，因为双方都以最平和友善的态度对待对方。这是一雌一雄的两只蝎子。一个肚子大，颜色发暗，是雌蝎；另一只相对瘦小，色泽苍白，是雄蝎。它俩都把长尾卷成漂亮的螺旋花形，步子有板有眼地在沿着玻璃墙边踱着步。雄蝎在前，倒退着走，步伐平稳，根本不像是拖不动对方的样子。雌蝎被抓住爪尖，与雄蝎面对面，驯服地跟着雄蝎走。

它们走走停停，但始终这么绞在一起。它们歇了一会儿，然后又走动起来，忽而走到这儿，忽而走到那儿，从围墙的一头转到另一头。看不出它们到底要走到哪里去。它们闲逛着，开始发情，眉来眼去的。此情此景让我想到在我们村镇，每个星期日晚祷之后，年轻人一对一对地手挽手，肩并肩地沿着藩篱墙散步。

蝎子们的行为颇有情趣。

它们常常改变方向，但总是雄蝎在决定往哪个方向走。雄蝎没有松开对方的手，亲昵地转个半圆，与雌蝎肩并着肩。这时候，雄蝎展开尾巴轻轻抚摩雌蝎片刻。雌蝎一动不动，不露声色。

我一直兴趣不减地观察着这没完没了的来去往返，足足有一个钟头。家中有人帮我一起观察这番奇情妙景，世上还没有人见过这种场面，至少是没有以善于观察的眼光看过这种表演。尽管天色已晚，而我们又是习惯早睡的，但是我们始终注意力高度集中，一点重要情节都没有逃过我们的眼睛。

最后，十点钟光景，事情要有结果了。雄蝎爬到一片它觉得合适的瓦片上，松开雌蝎的一只手，只松了一只手，而另一只手却仍旧紧攥着不放。雄蝎用松开的一只手扒一扒，用尾巴扫一扫了一个洞口张开来了。雄蝎钻了进去，然后，一点一点地，轻而又轻地把在耐心等待着的雌蝎拉进洞内。不一会儿，它们便不见了踪影。一块沙土垫子把洞门封上。这对情侣入了洞房。

读书笔记

打扰它俩的好事是愚蠢的，我如果想要马上看到洞内所发生的情况的话，那就可能操之过急，不合时宜。耳鬓厮磨，准备工作也许就要持续个大半夜，而我已年过八旬，熬长夜已让我力不能支。双腿酸痛，眼睛发涩，先去睡上一觉再说吧。

我一整夜都梦见了蝎子。我梦见它们钻进被窝，爬到我脸上，但我并没太惊恐不安，因为我脑子里满是蝎子的奇闻逸事。第二天，天一亮，我便去揭开那块瓦片。只有雌蝎独自待在那儿。雄蝎没了踪影，那个洞里没有，附近也没见。这是我的第一个失望，后面的失望大概会一个接一个到来。

5月10日

已是晚上将近七点钟的时候，天上乌云翻滚，大雨将至。在玻璃笼子的一块瓦片下面，有一对蝎子正脸对着脸，手指钩住手指，一动不动地待着。我小心翼翼地揭开瓦片，让这对居民暴露出来，我好随意观察它俩之后的一举一动。天渐渐地黑下来，我觉得不会有什么去搅扰那间没了屋顶的住所的安宁的。倾盆大雨哗哗泻下，我只好抽身回屋避雨。蝎子们有玻璃笼子防护，无惧雨点的袭击。它们的凹室被揭去华盖，就这样被丢弃在那儿，那它们该如何是好呢？

一小时过后，大雨停了，我又回到蝎子笼前。它俩走了。它俩选了旁边一所有瓦顶的屋子住下。雌蝎在外面等待着，而雄蝎则在里面布置新房，但指头仍旧钩着。家中人每十分钟替换一次，免得错过我觉得随时都会进行的交尾。但我们这么紧张一点用也没有。将近八点钟时，天已经完全黑透了，这对蝎子由于不满意所选的新房，又开始踏上“朝圣之路”，仍旧是手钩着手，往别处寻觅去。雄蝎倒退着引导方向，选择自己合意的住所；雌蝎则跟随着，温驯服帖。这和我4月25日所看到的一模一样。

它们终于找到了它俩都中意的瓦屋。雄蝎先闯进去，但这一次它俩的手一会儿都没有松开。雄蝎用尾巴这么三扫两划拉，新房便准备妥当。雌蝎被雄蝎轻柔和缓地拉着，随其引导也进了洞房。

两个钟头过去了，我满以为已经给了它俩足够的时间完成其准备活动，便前去查看。我揭开瓦片。它俩就在里面，仍旧原先的姿势，脸对脸，手拉手。今天看上去是没再多的花样儿可看的了。

第二天，依然没有什么新鲜玩意儿。一个面对着另一个，都若有所思的样子，爪子全都没有动弹，手指仍旧钩住，在瓦顶下继续那没完没了的脉脉含情。日影西斜，暮色已近，经过二十四个小时的约会之后，这对情侣总算分手了。雄蝎离开了瓦屋，雌蝎仍留在其中，好事未见一丝进展。

这场戏中有两个情况必须记住。其一，一对情侣相亲相爱地散步之后，必须有一个隐蔽而安静的住所。在露天地里，在熙熙攘攘的环境中，在众目睽睽之下，这等好事是永远也做不成的。屋瓦揭去，无论白天还是黑夜，无论我如何小心谨慎地观察，那对情侣似乎思考良久，还是决定离开原地，另觅新居。其二，那对情侣在瓦屋中停留的时间是很长很长的，我们刚才已经看到，都等了二十四个小时了，但我仍未见到决定性的一幕。

作者善于总结观察结果。

**5 月 12 日**

今晚我们将能看到些什么？天气闷热，无风，很适合夜间的幽会发情。两只蝎子已经成双配对，但我并未看见它俩是怎么勾搭上的。这一次，雄蝎体形比肚大腰圆的雌蝎要小得多。但雄蝎却是雄风不减。按规矩来，雄蝎倒退着，尾巴卷成喇叭状，领着胖雌蝎在玻璃墙边悠然散步。它们转了一圈又一圈，忽而是向同一方向转圈，忽而回过去转圈。

它们常常停下歇息。停下时，二人头碰头，一个稍偏左，另一个稍偏右，仿佛是在交头接耳，窃窃私语。前头的小爪子磨蹭着，想轻抚对方。它俩在说些什么？那无言的海誓山盟怎么才能翻译出来？

读书笔记

我们全家都跑过来看这种奇特的勾搭景象，而且，我们的在场丝毫没有影响它们。那景象让人看着颇有情趣，这么说毫不夸张。在提灯的光亮下，它俩好像嵌在一块黄色琥珀之中的半透明的、光亮的物体。它们长臂前伸，长尾卷成可爱的螺旋形，动作轻柔，一步一步地开始长途跋涉了。

什么也不能打扰它们。如果有这么一个流浪汉晚间纳凉，正像它俩一样沿着墙边漫步，与它俩途中相遇，它知道它俩是准备干风流勾当，便会闪在一边，让它俩过去。

最后，一处瓦片隐蔽所收留了它俩，于是，不言而喻，雄蝎首先倒退着走进去。时间已是晚上九点钟了。

随着这晚间的田园诗之后而来的是夜间惨不忍睹的悲剧。第二天早晨，雌蝎仍在头一天晚上的那片瓦屋内，而瘦小的雄蝎就在其身旁，但已被雌蝎吞食了一部分。它的头、一只钳子、一对爪子没有了。我把这具残尸放在瓦屋门口。整整一个白天，隐居的雌蝎没有动过它。夜色重又浓重时，雌蝎出来了，在门口遇上死者，把死者拖至远处，以便隆重地安排一场葬礼，也就是说把死者吃个干净。

作者在前文《金步甲的婚俗》中，也曾写到同类相食的情况。

这个同类相食的情况与去年我在昆虫小镇上所看到的情景完全一致。当时，我随时都能发现一只胖乎乎的雌蝎在石块下面津津有味地像吃大餐似的把自己的夜间伴侣给吃掉。当时我就在猜想，雄蝎一旦干完好事之后不及时抽身的话，必定被雌蝎或全部地或部分地吃掉，这要看雌蝎当时的食欲如何。现在，事实就摆在我的面前，我的猜想一语成谶。昨天我看见这对情侣散步之后双双入了洞房，可今天早晨，我跑去看时，在同一块瓦片下面，新娘正在享用自己的新郎哩。

毫无疑问，那不幸的雄蝎已经一命呜呼了。但是，由于繁衍之需要，雌蝎不会把雄蝎全吃掉的。昨夜的这对情侣处事干净利落，可我还看见过其他的一些情侣，时针都转了两圈了，可它们仍在耳鬓厮磨，卿卿我我的。一些无法确定的环境因素，诸如气压、气温、个体激情的差异等，会大大地加速或延缓交尾高潮的到来。而这也正是巨大困难之所在，对于爪梳的作用，观察者一心想要了解但至今仍未能探其究竟，实在是难以准确无误地捕捉时机。

**5月14日**

肯定不是饥饿使我的蝎子们每天晚上激动不已的。它们每晚狂欢劲舞与寻找食物的事毫不搭界。我刚往那些忙忙碌碌的蝎群中扔进去一堆花色繁多的食物，都是从样子上看很对它们胃口的食物中挑选出来的，其中有幼蝗虫的嫩肉段、有比一般蝗虫肉厚肥美的小飞蝗、有截去翅膀的尺蛾。天渐渐暖和时，我还捉一些蜻蜓来喂它们，那是蝎子极爱吃的食物，我还把同样受它们欢迎的蚁蛉也捉来喂它们，以前我曾在蝎子窝里发现过蚁蛉的残渣、翅膀。

这么多高级野味，蝎子却不为所动，谁都是不屑一顾的态度。在混乱的笼子里，小飞蝗在蹦跳，尺蛾以残翅拍打地面，蜻蜓在瑟瑟发抖，但蝎子们从这些野味身旁走过时却并不注意它们。蝎子们踩踏它们，撞倒它们，用尾巴把它们扒拉开，总而言之，蝎子们现在不需要它们，绝对不需要。它们有别的事情要去忙。

蝎子们要忙的事，肯定比吃饭更加重要。

几乎所有的蝎子都在沿着玻璃墙行走。有一些固执者试着在往高处爬，它们用尾巴支撑身子，一滑便倒下来，然后又在别处试着往上爬。它们伸出拳头去击打玻璃墙，拼死拼活地想要出去。不过，这个玻璃公园挺宽敞的，人人都有地方待着；小径一条又一条，足可供大家久久地散步。这它们不管，它们要往远处去游荡。如果它们获得自由，它们会散布在四面八方。去年，也是这个季节，笼中的蝎子离开了昆虫小镇，我也就再没有见到过它们。

春天，交配期到了，它们必须出游。此前一直形单影只地生活着的它们现在要抛开自己的囚牢，去完成爱情朝圣之旅，它们不思茶饭，一心只想着去寻找自己的伴侣。在它们领地的砖石堆里，大概也会有一些可以幽会、可以聚集的优选之地。如果我不担心夜间在它们的乱石冈上摔折腿的话，我还真想去看看它们在自由的温馨甜蜜之中的男欢女爱哩。它们在光秃秃的山坡上干些什么？看上去与在玻璃笼内干的没什么不同。雄蝎选好一位新娘之后，便手牵手地领着新娘穿行于薰衣草丛中，悠然漫步。如果说它们在那儿享受不到我那盏小灯的暗光的话，却有月光为之照亮。

读书笔记

5月20日

并不是每天晚上都能看到雄蝎邀请雌蝎散步的情景。许多蝎子从各自的瓦屋下出来时都已经成双成对了。它们就这么手牵着手地度过整个白昼，一动不动，面面相对，沉思默想。夜晚来临，它们仍不分开，沿着玻璃笼边重又开始头天晚上，甚至更早就开始的散步。我不知道它们是何时和怎样结合在一起的。有一些蝎子情侣是在偏僻小道上偶然相遇的，而我们又很难观察到这一点。当我隐约发现它们时，为时已晚，它们已结伴而行了。

今天，我的运气来了。在我的眼前，提灯照得最亮的地方，一对情侣已结合成了。一只喜形于色、生龙活虎的雄蝎在蝎群中横冲直撞，一下子便同一个它中意的过路雌蝎面对面了。后者没有拒绝，好事也就成了。

它俩头碰头，钳子撑着地，尾巴在大幅度地摆动着，然后，尾巴竖直，尾梢相互钩住，温柔亲切地相互抚摸。这对情侣在拿大顶，其方法我们前面已经叙述过了。不一会儿，竖起的尾巴架拆散了，它们的钳指仍旧钩着，没翻其他花样，就这么上路了。金字塔形姿势完全是蝎子结合的前奏曲。这种姿势说实在的并非罕见，两只同性蝎子相遇也会如此，但同性间的这种姿势没有异性间的正规，特别是不那么郑重其事。同性搭建金字塔时动作急躁，并非友爱的表达，其两尾是在互相击打而非彼此抚爱。

这段行为描写极其生动。

我们稍稍跟踪一下那只雄蝎。它在急匆匆地往后退，对征服了对方充满着得意。它遇到其他的一些雌蝎，它们都好奇地，也许是嫉妒地列于两旁，看着这对情侣走过。其中有一只雌蝎猛地扑向被牵拉着的新娘，用爪子箍紧它，想竭力地拆散这对鸳鸯。那雄蝎拼命地抵抗那个进攻者的巨大拖拽力，它使劲儿地摇晃，拼命地拉拽，但都未能奏效。它终于放弃了，对这个意外事件并不感到遗憾。旁边正好就有一只雌蝎。这一次，它随便商谈几句，就拉住这只新遇见的雌蝎的手，邀它一同散步。后者不愿意，挣脱开来，逃之夭夭。

那队雌蝎中，又有一只被这只雄蝎相中了，于是它又采取了同样的开门见山的方法。这只雌蝎答应了，但是这并不能说明半路上它就不会逃离这个雄性勾引者。对于年轻的雄蝎来说这有什么大不了的！走了一个，还有许多其他的在等着。那它到底要什么样的呢？要第一个投怀送抱的。

这第一个投怀送抱者，它找到了，它正领着它的被征服者散步哩。雄蝎走到了明亮区域。如果对方拒绝往前走，它就拼命地又摇又拉；如果对方温驯服帖，它就温文尔雅。它们常常停下歇息，有时候歇息的时间还挺长。

这时，雄蝎在进行一些奇怪的操练。它把双钳——更形象地说是双臂收回，然后又直伸出去，强迫雌蝎也交替地做这种动作。它俩变成了一个节肢拉杆机械，形成不断启合的状态。这种灵活性训练结束之后，机械拉杆便静止不动，僵持住了。

现在，它俩额头相触，两张嘴相互贴在一起，耳鬓厮磨。这种抚摸亲昵就是我们的接吻和拥抱。只是我不敢这么说而已，因为它们没有头、脸、嘴唇、面颊，仿佛被截肢剪一刀剪去了似的，蝎子甚至都没有鼻子尖，在应该是面庞的部位，它们长得却都是一些丑陋的颌骨平板。

但此时此刻却是蝎子最美好的时刻！它用自己那比其他爪子更敏感、更纤细的前爪轻拍着雌蝎的丑脸，可在雄蝎眼里，那可是最美丽最甜润的面庞。它心痒难熬地轻轻咬着，用下颌搔弄对方那同样奇丑无比的嘴。这是温情与天真的最高境界。据说鸽子发明了亲吻，可我却知道早于鸽子的发明者：蝎子。

雌蝎任随雄蝎轻薄，它完全是被动的，有时其心里也会暗藏着伺机逃跑的计划。可是如何才能溜掉呢？这很简单。雌蝎以尾做棒，朝着忘乎所以的雄蝎腕子猛然一击，后者立即松开了手。于是，两蝎分开。第二天，双方气消之后，好事又会开始的。

5月25日

这猛然一棒告诉我们，最初观察所见的温驯的雌蝎伴侣有自己的小性子，会固执地拒绝对方，说翻脸就翻脸。我们来举一个例子。

这天晚上，一对俊男美女——雌雄二蝎正在散步。它俩发现一片瓦甚为合意。雄蝎于是便松开一只钳子，仅松开一只，以便活动自如一些。它用爪子和尾巴扫清入口，然后，它钻了进去。随着洞穴逐渐加宽加深，雌蝎便也跟着钻了进去，看上去是自觉自愿的。

不一会儿，也许是住宅和时间不合其意，雌蝎出现在洞口，半截身子退至洞外。它在努力挣脱雄蝎。后者身在洞内，拼命地在往里拉拽雌蝎。争斗十分激烈，一个在里面拼命拽，另一个在外面使劲儿挣。双方有进有退，不分胜负。最后，雌蝎猛一用力，反把雄蝎给拽了出来。

写出了雌蝎的力量。

这两人没有分开，但已到了室外，又开始散起步来。足足一个钟头里，它俩沿着玻璃笼墙根走过来走过去，最后又回到了刚才那片瓦前。道路本已开通，雄蝎立即钻了进去，然后便疯狂地拉拽雌蝎。后者身在洞外，奋力地抗争着。它挺直足爪，踩住地面，拱起尾巴，顶住屋门，就是不肯进去。我觉得它的反抗并不让人扫兴。如果没有前奏曲进行铺垫，那交尾还有什么劲儿呢？

写出了雌蝎的性格。

这时，瓦片内的雄蝎勾引者一再坚持，耍尽花招，雌蝎终于顺从了，进入洞内。钟刚敲十点。我哪怕熬上一整夜，也非要看到剧终不可。我将在合适的时机揭开瓦片，看看下面发生了什么。好机会十分难得，机会来了，我绝对不敢怠慢。我会看到什么呢？

什么也没看到。刚过不到半个钟头，雌蝎反抗成功，挣脱束缚，爬出洞外，落荒而逃。雄蝎随即从瓦片下深处追了出来，到了门口，左顾右盼。美人儿逃出了它的手心。它只好灰溜溜地回到瓦片下。它上当受骗了。我同它

雌蝎不仅有力量、有个性，还有智慧。

一样也被骗了。

六月开始到来。由于担心光线太强会引起蝎子的惶恐不安，我此前一直都是把提灯挂在玻璃笼子外面，与之保持一定的距离。由于光线不足，我无法看清在散步的蝎子情侣你牵我拽的某些细节。它们彼此手拉手时是否十分主动积极？它们的钳指是否相互咬合着？或者只有一个采取主动？那么是哪一个呢？这一点很重要，必须弄清楚。

读书笔记

我把提灯放在玻璃笼子的正中间。笼子内四处都照得亮堂堂的。蝎子们非但不害怕亮光，而且还乐在其中。它们围着提灯跑来转去；有的甚至还试图爬上提灯好离光源更近一些。它们借助玻璃灯罩倒是爬上去了。它们抓住铁片的边缘，坚韧不拔，不怕滑落，终于爬到了顶上。它们待在上面一动不动，肚子的一部分贴在玻璃罩上，另一部分贴在金属框架上，整个夜晚都在看个没完，为这灯光的灿烂而叹服。它们让我想起了以前的那些大孔雀蝶在灯罩上的得意忘形劲儿来。

在灯下的一片光亮处，一对情侣正抓紧在拿大顶。它俩用尾巴温情地撩拨一番，然后便往前走去。只有雄蝎在采取主动。它用每把钳子的双指夹住雌蝎与之相对应的双指。它在努力，在夹紧；也只有雄蝎想解套就解套，双钳一松，套就解开了。雌蝎则无法这样，雌蝎是俘虏，雄蝎已经为它戴上了拇指铐。

经过一番费时的观察，昆虫学家终于看见了真相。

在一些较为罕见的情况中，我们还可以看得更清楚一些。我曾偶然发现过雄蝎抓住其美人儿的两只前臂往前拉拽。我还见过雄蝎抓住雌蝎的尾巴和一只后爪生拉硬扯。雌蝎拼命推开雄蝎伸出的爪子，而毫不惜力的雄蝎猛地把美人儿掀翻，顺势伸爪抓住对方。事情是明摆着的：这是货真价实的劫持，是暴力拐带，如同罗慕鲁斯王的部下抢掠萨宾妇女[①]一样。

名师注解

① 罗慕鲁斯王的部下抢掠萨宾妇女：传说，罗慕鲁斯系罗马城的创建者和第一位古罗马国王。萨宾人则是意大利境内的古代民族。

## 精华赏析

文章中穿插日记，内容看上去有断裂，实际上却很连贯，围绕着作者观察蝎子之间调情的行为展开，丝毫没有旁逸斜出。这展现了作者对行文的良好控制力。

## 延伸思考

蝎子在调情的过程中都有哪些行为，雌蝎和雄蝎有何不同？请用简单的语言概括出来。

# 附 录

## 作者生平年表

1823 年 12 月，生于法国南部阿韦龙省圣莱昂村一户农民家中。

1826 年 父母为减轻家中负担，将法布尔送到祖父母家生活。

1829 年 回到父母身边，进入村里的小学读书。

1832 年 随全家迁到本省的罗德茨市居住，后法布尔家又几度迁居。法布尔为生活所迫，曾独立出门打工谋生。

1837 年 考入沃克吕兹省阿维尼翁市师范学校。

1841 年 从阿维尼翁市师范学校毕业，到同省的卡庞特拉中学任教，从此开始了长达 20 年的教师生涯。这一年法布尔立志从事昆虫学研究。

1844 年 与一女教师结婚。

1849 年 被批准到科西嘉岛的阿雅克肖市中学担任物理教师。

1850 年 回到阿维尼翁市，继续担任中学教师。

1853 年 以两篇论文《关于兰科植物节结的研究》《关于再生器官的解剖学研究及多足纲动物发育的研究》获自然科学博士学位。

1856 年 发表关于鞘翅目昆虫变态问题的研究成果。获得法兰西研究院颁发的实验生理学奖金。

1857 年 在《自然科学年鉴》上发表《节腹泥蜂习性观察记》。

1865 年 6 月，结识法国细菌学家巴斯德，两人结下深厚的友谊。巴斯德从法布尔那里了解到蚕的变态过程，为他以后攻克蚕瘟打下了基础。

1869 年 被法国政府任命为勋级会会员，受到拿破仑三世的接见。

1870 年 法布尔全家迁至沃克吕兹省奥朗日市居住。此后 5 年中他主要撰写自然科学知识读物。

1875 年　带领全家迁至乡间小镇塞里尼昂居住。

1879 年　出版《昆虫记》第一卷。购买塞里尼昂附近荒地上的一所旧宅，取名为“荒石园”。此后法布尔在“荒石园”中不知疲倦地从事昆虫学研究，《昆虫记》一卷接一卷地出版。

1910 年　法布尔的朋友们在“荒石园”为他举行庆祝会，法国政府及国内外各学术团体也派代表前来参加。法国科学院授予法布尔一枚金质奖章，瑞典斯德哥尔摩皇家学院授予法布尔一枚林奈奖章。获诺贝尔文学奖提名。

1915 年　10 月，法布尔因病去世，享年 92 岁，遗体被安葬在“荒石园”的树林之中。

阅读链接

## 名家心得

“现在中国屡经绍介的法国昆虫学大家法布尔（Fabre），也颇有这倾向。他的著作还有两种缺点：一是嗤笑解剖学家，二是用人类道德于昆虫界。但倘无解剖，就不能有他那样精到的观察，因为观察的基础，也还是解剖学；农学家根据对于人类的利害，分昆虫为益虫和害虫，是有理可说的，但凭了当时的人类的道德和法律，定昆虫为善虫或坏虫，却是多余了。有些严正的科学者，对于法布尔颇有微词，实也并非无故。但倘若对这两点先加警戒，那么，他的大著作《昆虫记》十卷，读起来也还是一部很有趣，也很有益的书。”

——鲁迅（中国作家）

“这个大学者像哲学家一般地去思考，像艺术家一般地去观察，像诗人一般地去感受和表达。”

——埃蒙德·罗斯丹（法国戏剧家）

“法布尔那些极富天才的观察令我痴迷得毫无倦意，在一种持久不衰的期待中使愉悦得到满足。这种满足，就和痴迷于艺术创作时的感觉一样。”

——罗曼·罗兰（法国作家）

## 读者感悟

### 读《昆虫记》

天津 刘怡

大自然创造万物，孕育了多姿多彩的生命世界。昆虫的生命周期往往较短，但它们数量庞大，种类繁多，遍布我们的周围。童年，我也被好奇心驱使，曾经在树下的泥土中挖过蝉，曾经整堂活动课死盯着一只蜘蛛，曾经为家里养的蚕爬树采桑叶……随着成长，这些“游戏”都退出了人生的舞台。

法布尔的《昆虫记》不仅唤起了我儿时金色的记忆，也在我面前展现了更生动的昆虫世界。这些我见过或没见过的虫子，突然间有了各自的灵魂，它们的生命虽短暂，但有着各自的一套生存法则，有着各自的精神和灵魂。它们的一切活动，在我的印象中从此不再只是简单的生存和繁衍，而是充满了各种情绪和色彩。

法布尔为我们呈现了一个充满理性研究，又不乏感性之美的学者境界。从始至终，他相信观察实践比任何知识读本都重要，都真实。严谨求证的科学精神，锻造了既真实又感人的《昆虫记》，而《昆虫记》又成了人类充分了解昆虫世界的重要窗口，在科学史和文学史上同时具有举足轻重的地位。

我们从《昆虫记》中看到的，不仅有绚丽旖旎的虫类生活，也有一个博物学家对弱小生命的尊重。每一个生命都有其存在的价值，都不应该被忽视，都需要我们去理解。从而，我们也该反省自身，我们自己对这个世界，对与我们相携相伴的各种生命给予了多少关注？给予了多少尊敬？或者我们习惯了将自己的尊严置于一切之上？我们忽视的，往往就是普遍存在的、生命力旺盛的物种；我们的骄傲，恰恰证实了我们的渺小。

## 延伸阅读

### 《昆虫记》的诞生

我们都知道法布尔出生于法国的普罗旺斯，那里的风景美丽迷人，大自然中生活着很多的昆虫，法布尔从小就被美丽的蝴蝶和有趣的蝈蝈所吸引。

长大后的他一心扑在他所喜爱的昆虫身上，进行各种研究。他在奥朗日居住的近十年间，多次和好友去万杜山采集标本，《昆虫记》第一卷就是在这一时期完成的。

1879 年，法布尔在塞里尼昂买下了一块荒芜的不毛之地，将其上的旧宅命名为“荒石园”，并在这里度过了他的余生。这片土地上生活着非常多的昆虫，是昆虫的乐园。法布尔在这里细心地观察着、记录着，集中精力进行思考和实验。同时，他在这里也将自己前半生研究昆虫的观察笔记、实验记录和科学札记加以整理，最终完成了《昆虫记》的后九卷。

# 真题演练

## 一、填空

1.《昆虫记》的作者是______国作家_______。他被称为_______、______、______。

2.《昆虫记》共有______卷，历时______年，堪称科学与文学完美结合的典范。

3. 作者观察昆虫，并撰写《昆虫记》的主要地点是______。

## 二、简答

1. 请对作者进行简单介绍。

2. 作者为什么说“荒石园”是他的“钟情宝地”？

3.《昆虫记》介绍了很多昆虫，你最喜欢哪一种？请对它进行简单介绍。

4.《昆虫记》中大量运用了对比手法，请试举两例，并说明其作用。

## 三、思考

请模仿法布尔的研究方法，选择一种小动物进行观察，并写出研究成果。

# 答　案

## 一、填空

1. 法 法布尔 昆虫界的荷马 昆虫界的维吉尔 科学界诗人

2. 10 31

3. 荒石园

## 二、简答

1. （可参考“作家生平”。）

2. 因为“荒石园”中有作者钟爱的各种昆虫，他在这里可以尽情地观察、研究。

3. （可参考《昆虫记》内文。）

例（1）蜣螂：以其他动物的尸体和粪便为食，被称为“清洁工”。

例（2）狼蛛：一口就能咬到敌人致命的部位，是一招致死的“杀手”。

4. （1）《舒氏西绪福斯蜣螂与蜣螂父亲之本能》

“这正是圣甲虫所使用的双人运粪球法，只不过二者的目的却不尽相同。圣甲虫赶的是大型粪球车，运载的是为老相好日后偶然相逢时所摆的地下酒宴的食品；而西绪福斯蜣螂赶的却是小型粪球车，运的是为自己的幼虫所必需的食粮。”（作用：通过两种昆虫的对比，显示出西绪福斯蜣螂重视抚育幼虫。）

（2）《圆网蛛》

第二天，我切断了电极线。然后，我放了两个猎物（一只蜻蜓和一只蝗虫）在那张大网上。蝗虫那带刺儿的长腿拼命地踢蹬着，而蜻蜓的翅膀则一直在颤抖着，几片离蛛网很近的树叶，由于与蛛网框架的丝线连在一起，也跟着摇动个不停。这么大的动静就发生在离角形蛛非常近的地方，可却没有引起它的注意来，它根本就没有扭转身子来探看一下发生了什么事情。报警线断了，角形蛛成了睁眼瞎，什么都不知道了，整整一天，它就这么待着，一动不动。晚上八点光景，它爬出隐蔽所来重新织网时，才突然发现这两只天赐猎物。（作用：作者在两种不同的蜘蛛身上做了相同的实验，实验结果都一样，说明这种现象是蜘蛛身上普遍存在的。）

## 三、思考

提示：法布尔遵照的观察研究过程为：提出疑问、选择研究对象、设计观察实验、统计观察数据、得出研究结论、总结经验教训。

# “爱阅读”文库

## 首批推出

| | |
|---|---|
| 1.《红楼梦》 | 22.《在人间》 |
| 2.《三国演义》 | 23.《钢铁是怎样炼成的》 |
| 3.《水浒传》 | 24.《爱的教育》 |
| 4.《西游记》 | 25.《海底两万里》 |
| 5.《朝花夕拾·呐喊》 | 26.《简·爱》 |
| 6.《鲁迅杂文集》 | 27.《茶花女》 |
| 7.《朱自清散文》 | 28.《木偶奇遇记》 |
| 8.《论语通译》 | 29.《红与黑》 |
| 9.《孟子选注》 | 30.《假如给我三天光明》 |
| 10.《庄子选注》 | 31.《小王子》 |
| 11.《女神》 | 32.《八十天环游地球》 |
| 12.《茶馆》 | 33.《格列佛游记》 |
| 13.《骆驼祥子》 | 34.《昆虫记》 |
| 14.《呼兰河传》 | 35.《汤姆叔叔的小屋》 |
| 15.《小学生古诗文阅读》 | 36.《呼啸山庄》 |
| 16.《初中生古诗文阅读》 | 37.《少年维特之烦恼》 |
| 17.《高中生古诗文阅读》 | 38.《名人传》 |
| 18.《羊脂球》 | 39.《鲁滨孙漂流记》 |
| 19.《巴黎圣母院》 | 40.《莫泊桑短篇小说选》 |
| 20.《童年》 | 41.《傲慢与偏见》 |
| 21.《我的大学》 | 42.《爱丽丝漫游奇境记》 |

# 读者反馈卡

“爱阅读”文库作为课外阅读的系列图书，内容广泛，知识实用，针对性强，对全面提高中小学生的语文素质，大力推进新型的学习方式具有重要作用。我们相信本套书一定能够成为中小学生的良师益友，同时我们也热忱地期盼您的反馈意见，快快发邮件给我们吧！

## 您的信息

姓名：__________ 性别：__________ 年龄：__________

学校：__________ 班级：__________ 电话：__________

通信地址：______________________________

购书时间：______________________________

## 您的评价

本书的优点：______________________________

本书的缺点：______________________________

阅读本书的收获：______________________________

______________________________

您在本书中发现的错误：______________________________

______________________________

您对本书的改进建议：______________________________

______________________________

## 我们的联系方式

邮箱：shuxiangwenya@126.com

爱阅读